北斗卫星导航系统
智能运行维护理论与实践

杨长风　陈谷仓　郑　恒等　著

中国宇航出版社
·北京·

图书在版编目（CIP）数据

北斗卫星导航系统智能运行维护理论与实践 / 杨长风，陈谷仓，郑恒等著. -- 北京 : 中国宇航出版社，2020.10（2021.5 重印）

ISBN 978-7-5159-1864-8

Ⅰ.①北… Ⅱ.①杨… ②陈… ③郑… Ⅲ.①卫星导航－全球定位系统－运行－中国 Ⅳ.①P228.4

中国版本图书馆 CIP 数据核字(2020)第 262863 号

责任编辑　彭晨光　　　封面设计　宇星文化

出　版
发　行　中国宇航出版社

社　址　北京市阜成路 8 号　邮　编　100830
　　　　(010)60286808　(010)68768548
网　址　www.caphbook.com
经　销　新华书店
发行部　(010)60286888　(010)68371900
　　　　(010)60286887　(010)60286804(传真)
零售店　读者服务部　(010)68371105
承　印　北京中科印刷有限公司

版　次　2020 年 10 月第 1 版
　　　　2021 年 5 月第 2 次印刷
规　格　787×1092
开　本　1/16
印　张　18　彩　插　4 面
字　数　438 千字
书　号　ISBN 978-7-5159-1864-8
定　价　98.00 元

序

卫星导航系统是国家重大战略性时空信息基础设施，可为国家安全、国民经济、社会发展和大众消费等领域提供最基础的时空信息保障。北斗卫星导航系统是我国自主建设运行的全球卫星导航系统，自20世纪90年代启动建设以来，按照北斗一号、北斗二号、北斗三号“三步走”发展战略稳步实施。2020年7月31日，习近平总书记在人民大会堂郑重宣布北斗三号全球卫星导航系统开通，标志着北斗卫星导航系统正式迈入全球服务新时代。

在我经历的航天任务当中，北斗卫星导航系统是规模最大的，要求极高。不同于一般的航天系统，它需要几十颗卫星、几十个地面站组网，以及星地一体化运行，其复杂性和难度显而易见。不仅如此，系统建成只是一个起点，更重要的是维持长期稳定运行，提供连续可靠服务，十年乃至数十年服务不中断。要实现北斗卫星导航系统“天上好用、地上用好”，前提和基础是要运行好、管理好，通过科学、有效、精准的运行维护，确保所提供的高精度定位导航授时等各类服务连续不中断、性能不下降。

本书作者通过工程创新与实践，提出了北斗卫星导航系统智能运维理论、方法和技术体系，包括星地一体化组网运行、数据感知融合、系统复杂状态评估、故障诊断与预测、系统运维决策等。在这些理论和方法指导下，北斗卫星导航系统构建了覆盖全面、流程清晰、简约高效的运行维护工作体系，建立了功能完备、性能优越、智能先进的运行维护管理系统，为系统高稳定、高可靠、高安全运行提供了保障。

本书是我国航天领域第一部关于智能化运行维护理论与实践的专著，对北斗卫星导航系统智能运维进行了创新设计和实践总结，明确了发展路线图。全书由浅入深、循序渐进，具有很高的理论前瞻性、技术实用性和工程指导性，可为我国航天能力提升和大型复杂信息系统建设、运行、维护提供重要借鉴。

孙家栋

2020年9月

前　言

2020 年 7 月 31 日，习近平总书记向世界宣布北斗三号全球卫星导航系统正式开通，标志着北斗“三步走”发展战略取得决战决胜，北斗迈进全球服务新时代。北斗卫星导航系统运行服务面向全球大众、各行各业用户，既涉及国民经济、社会发展和国家安全，又涉及我国全球发展战略和强国梦想，对稳定性、可用性、连续性、完好性提出了极高要求。

作为复杂航天系统的典型代表，北斗系统自运行服务以来，探索出了北斗一号“以卫星为核心”、北斗二号“以系统为核心”的运行维护模式，即从“两个工程（精稳工程、备份卫星工程）、两个机制（三方联保机制、监测评估机制）”，到“五位一体（发星固系统、地面强系统、融合保系统、升级换系统、稳定用系统）”，积累了许多宝贵的运维经验，在工程实践中发挥了重要作用，系统服务性能稳步提升。

本书在总结北斗系统运行维护经验的基础上，根据北斗三号系统星地一体化运行特点，以服务为核心，融合系统内外多维多源数据，应用人工智能、大数据、云计算等新技术手段，提出了北斗三号系统智能化运行维护体系、要素和方法，解决了系统数据信息联通、融合、挖掘和应用问题，开展了系统实时在线评估、快速故障诊断定位、故障预测与预警、辅助决策支持等具体场景应用，可有效实现北斗系统平稳过渡和系统稳定运行，对北斗系统运行风险进行精确定量分析和智能管控，提高北斗系统运行管理科学化水平，确保北斗系统安全、可靠、稳定运行，提供优质服务。

全书共分 7 章，其逻辑结构如图 1 所示。

第 1 章概论，介绍北斗系统及其稳定运行发展情况，并在充分调研国内外相关领域运行维护经验和人工智能、大数据技术发展的基础上，总结阐述北斗系统运行维护的发展趋势与机遇。第 2 章北斗系统智能运维理论与技术体系，介绍北斗系统智能运维的理论基础、“三环三融合”原理、智能运维模型、内涵与特征、技术体系和发展路线；第 3 章北斗系统数据感知融合，从数据类型与标准、监测感知、数据联通和数据管理、数据融合和数据应用场景等方面，介绍北斗智能运维的数据基础；第 4 章北斗系统运行评估，介绍系

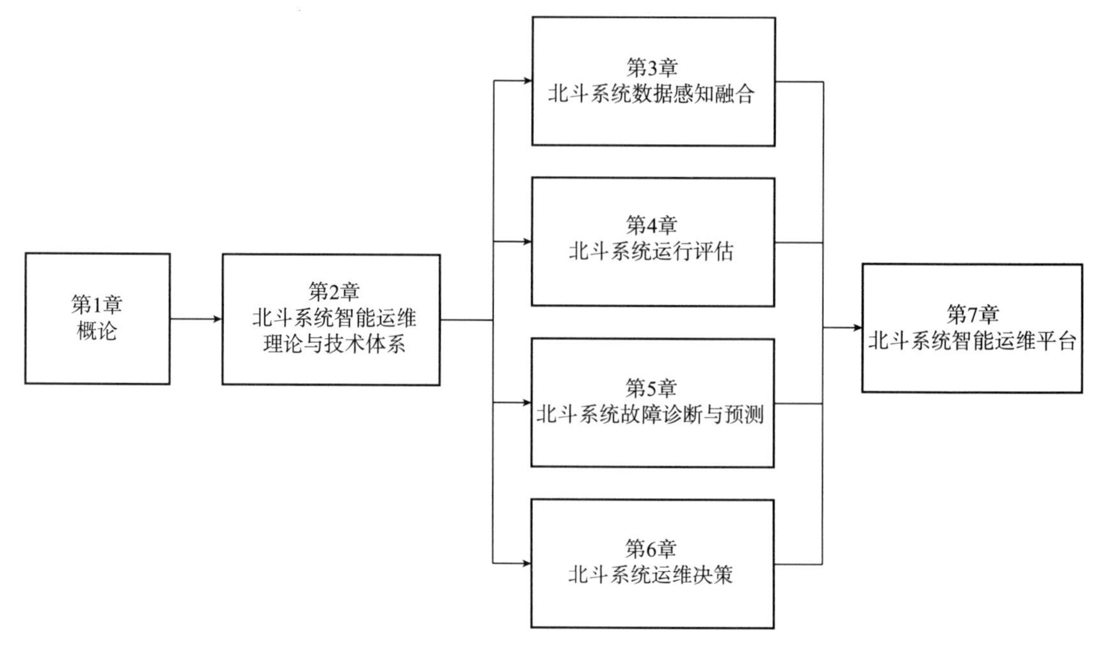

图 1　全书各章逻辑关系图

统运行状态评估、服务性能评估、质量风险评估及相应的技术方法与应用示例；第 5 章北斗系统故障诊断与预测，介绍故障报警分级标准、系统智能故障诊断预测及相应的技术方法与应用示例；第 6 章北斗系统运维决策，介绍常态运维调度、系统运行故障处置决策和系统运行风险管控及相应的技术方法与应用示例；第 7 章北斗系统智能运维平台，介绍北斗系统智能运行维护平台系统组成、主要功能、技术指标体系和主要特点。

本书主要的编撰者有：第 1 章，杨长风、卿寿松、陈谷仓、杨健、赵廷弟、景博、刘国梁；第 2 章，杨长风、陈谷仓、郑恒、卿寿松、焦文海；第 3 章，吴斌、刘利、焦文海、袁莉芳、袁勇、孙剑伟、蔡毅、周波、王慧林；第 4 章，杨慧、陈金平、高为广、胡小工、耿长江、周波、蒋德、龚佩佩、曹月玲、杨卓鹏；第 5 章，陈谷仓、汪勃、陈韬鸣、凤建广、张军、周传珍、龙东腾、李海生；第 6 章，郑恒、杨宁虎、蔡洪亮、陈雷、孙剑伟、马利、郑紫霞；第 7 章，杨长风、顾长鸿、任立明、翟君武、张军、郑恒、龙东腾。杨长风、陈谷仓、郑恒对全书进行了统稿，最终由杨长风定稿。

“共和国勋章”获得者、“两弹一星”功勋奖章获得者、北斗卫星导航系统高级顾问孙家栋院士对编写本书给予了热情鼓励，并欣然为本书作序。李祖洪、杨元喜、冉承其、谢军、杨军、郭树人、吴海涛等参加了本书编审工作并提出了宝贵建议；中国卫星导航系统管理办公室、中国科学院、中国卫星发射测控系统部、中国航天科技集团有限公司、中国兵器工业集团有限公司、中国电子科技集团有限公司等单位和部门为本书编写提供了支撑和保障；中国宇航出版社为本书的编辑、出版提供了许多帮助。在此一并表示衷心的感谢！

本书于2016年开始编写，历经四年有余，经过多次修改，几易其稿，力求做到结构完整、概念准确、阐述清晰、反映最新成果，但因涉及专业面广、探索性强、作者水平有限，书中难免有不妥之处，恳请广大读者指正。

杨长风

2020年10月

目　录

第1章　概　论

本章介绍了北斗卫星导航系统（简称北斗系统）概况，包括北斗系统基本组成、北斗系统特点；阐述了北斗系统运行维护（简称运维）特点和要求，回顾了北斗系统运维发展历程并描述了现状，指出了北斗系统运维面临的挑战，分析了系统运维发展趋势与机遇，包括国外卫星导航系统运维体系发展情况、航天器健康管理技术发展情况、人工智能与大数据技术发展及其在系统运维中的应用情况、现代信息技术给北斗系统运维带来的机遇。

1.1　北斗系统概况

北斗系统是中国着眼于国家安全和经济社会发展需要，自主建设、独立运行的卫星导航系统，是为全球用户提供全天候、全天时、高精度的定位、导航和授时服务的国家重要空间基础设施。20世纪后期，中国开始探索适合国情的卫星导航系统发展道路，逐步形成了“三步走”发展战略：2000年年底，建成北斗一号系统，向中国和周边地区提供服务；2012年年底，建成北斗二号区域卫星导航系统，向亚太地区提供服务；2020年，建成北斗三号全球卫星导航系统，向全球提供服务。

1.1.1　北斗系统基本组成

北斗系统由空间段、地面段和用户段三部分组成。

（1）空间段

北斗系统空间段是由若干中圆地球轨道（MEO）卫星、地球静止轨道（GEO）卫星和倾斜地球同步轨道（IGSO）卫星组成混合导航星座。2000年，北斗一号系统完成2颗GEO卫星发射部署；2003年，北斗一号系统完成第3颗GEO卫星发射部署。2012年年底，北斗二号系统完成5颗GEO卫星、5颗IGSO卫星和4颗MEO卫星发射组网；2020年7月，北斗三号系统完成全球组网建设，由24颗MEO卫星、3颗GEO卫星、3颗IGSO卫星组成。

（2）地面段

北斗系统地面段由地面运控系统、测控系统和星间链路运行管理系统组成。地面运控系统包括主控站、时间同步/注入站和监测站等若干地面站。主控站的主要任务包括收集各时间同步/注入站、监测站的观测数据，进行数据处理，生成卫星导航电文，向卫星注入导航电文参数，监测卫星有效载荷，完成任务规划与调度，实现系统运行控制与管理等；时间同步/注入站在主控站的统一调度下，主要负责完成卫星导航电文参数注入、与主控站的数据交换、时间同步测量等任务；监测站对导航卫星进行连续跟踪监测，接收导航信号，发送给主控站，为生成导航电文提供观测数据。测控系统和星间链路运行管理系统包含测控站、测控中心、星间链路运行管理站及运行管理中心。其中，测控站与测控中心完成星座构型保持、卫星平台运行管理；星间链路运行管理站和运行管理中心完成星间链路资源调度与运行管理。

（3）用户段

北斗系统用户段包括北斗兼容其他卫星导航系统的芯片、模块、天线等基础产品，以及终端产品、应用系统与应用服务等。随着北斗系统建设和服务能力的发展，相关产品已广泛应用于交通运输、海洋渔业、水文监测、气象预报、测绘地理信息、森林防火、通信时统、电力调度、救灾减灾、应急搜救等领域，涉及我国社会生产和人民生活的方方面面，北斗系统已成为我国服务全球、造福人类的新名片，为全球经济和社会发展注入了新的活力。

1.1.2　北斗系统特点

北斗系统具有以下特点：

1）北斗系统是天地一体化复杂动态网络系统，是采用 3 种轨道卫星组成混合星座，具有星间和星地动态链路、软硬件高度集成、一体化工作的特点。

2）北斗系统提供多个频点的导航信号，能够通过多频信号组合使用等方式提高服务精度；北斗系统创新融合了导航与通信能力，除定位、导航和授时服务外，还具有短报文通信、星基增强、精密单点定位、国际搜救等多种特色服务。

3）北斗系统属于长期连续稳定运行服务的系统，对可用性、连续性、完好性要求极高。

4）北斗系统由三段八大系统、多种服务平台组成，运行管理的接口界面极为复杂，具备多种运行模式，系统运行管理难度极大。

1.2　北斗系统运维概况

北斗系统运维与北斗系统同步发展。北斗一号系统运维以卫星为核心，以保障单颗卫星安全运行服务为牵引，重点围绕故障处置和快速恢复开展工作；北斗二号系统运维以系统为核心，重点围绕系统运行状态、服务性能的监测开展工作；北斗三号系统运维以服务为核心，重点围绕构建智能运维体系开展工作。

1.2.1　北斗系统运维特点和要求

与一般单颗卫星或者小型卫星星座组成系统的运维相比，北斗系统运维具有以下特点：

1）系统运维要求高：卫星导航系统需要全天候 24 h 不间断地向广大用户提供服务。

2）系统运维与服务耦合强：一方面，各类服务需要空间段和地面段的一体化支持；

另一方面，系统的一些运维操作会影响服务的连续性。

3）地面设备管理难度大：导航星座在轨卫星数量多，功能复杂，其地面运行管理需要的支持设备和监测设备种类繁杂，数量众多，且分散在不同地区，设备管理难度大。

北斗系统为满足全天时、全天候的定位、导航和授时信息的特点，其运行和维护需达到以下要求：

1）运行稳定：确保北斗二号、三号系统连续稳定运行，服务性能满足要求。全球定位精度优于 10 m，测速精度优于 0.2 m/s，授时精度优于 20 ns，服务可用性优于 99%。

2）平稳接续：确保北斗二号向北斗三号系统平稳过渡，保障用户服务无感，不受影响。

3）性能提升：在系统稳定运行的基础上，进一步提升系统性能，实现稳中有升，全面满足总体方案设计指标要求，确保系统服务性能保持世界一流。

4）治理能力提升：实现系统间数据汇集共享，提升信息化联合保障水平，不断提高系统治理能力。

1.2.2　北斗系统运维发展历程

（1）北斗一号系统

北斗一号系统是北斗系统“三步走”发展战略的第一步，于 2000 年年底建成并正式投入运行。北斗一号系统是基于双星定位原理的卫星导航试验系统，通过 3 颗 GEO 卫星对目标实施快速定位，具有卫星少、投资少等特点，能实现区域的导航定位、通信等功能，可满足我国陆、海、空运输导航定位亟需的使用要求，解决中国自主卫星导航系统的有无问题。考虑到北斗一号系统工作体制的限制，不具备无源定位和测速功能，服务范围和精度均受限，故系统运维以卫星为核心，以保障单颗卫星安全运行服务为牵引，重点围绕故障处置和快速恢复开展工作。

2009 年 7 月，为保障北斗一号系统向北斗二号系统平稳过渡，启动了应急保障北斗一号系统稳定运行的任务，要求北斗一号卫星在超寿命工作的情况下，确保系统稳定运行、连续服务至 2010 年 7 月，力争至 2010 年年底。

该任务首次提出了联合保障（如卫星系统、地面运控系统、测控系统等）的在轨管理措施，主要内容包括：

1）在统一报警门限的前提下，卫星、地面运控、测控等系统均安排专人 24 h 共同值班；

2）异常时，根据联合保障应急处置办法和流程，及时通报、协同处理；

3）对于重大事件，如地影期管理等，卫星系统、地面运控系统、测控系统等共同商讨方案，做到万无一失；

4）共同判读数据，及时发现潜在问题，提出预防措施。

任务期间，卫星系统面临着北斗一号 2 颗 GEO 卫星超寿命运行、部分主份单机设备存在常驻故障、卫星推进剂余量不足、部分蓄电池放电终压偏低等问题，突发故障风险较大。针对以上困难和挑战，卫星系统在轨管理人员提前识别风险和薄弱环节，建立快速的沟通机制，优化应急处置流程，合理调配资源，分级制定单机级、分系统级及整星级故障预案以及健康检查方法，加严报警门限设置，定期进行遥测判读、健康评估等工作；同时，卫星系统、地面运控系统、测控系统密切协作，联合 24 h 不间断监视值班，及时处置多次在轨异常现象，最终确保北斗一号系统稳定运行、连续服务至 2010 年 12 月。

(2) 北斗二号系统

北斗二号系统是北斗系统“三步走”发展战略的第二步，自 2012 年年底建成并正式投入运行以来，根据对系统运行状态评估和系统稳定运行形势的分析，不断归纳总结运行管理经验，加强和完善系统运行管理工作，逐步形成了系统稳定运行的工作体系。

该体系经由最初的“精稳工程”的“保精度和保稳定性，提升系统性能”，以及“备份卫星工程”的“2018 年以前北斗二号系统稳健运行，2018 年以后与全球系统顺利衔接”，伴随着“三方联保机制”和“监测评估机制”的完善，逐步演化为“发星固系统、地面强系统、融合保系统”的三维工作体系。随着北斗三号系统研制建设的启动，工程面临双线并行、界面交错、亟须统筹的复杂局面，北斗二号系统向北斗三号系统平稳过渡为稳定运行工作赋予了新的使命，三维工作体系得到进一步丰富和完善，拓展为“发星固系统、地面强系统、融合保系统、升级换系统、稳定用系统”“五位一体”的运维工作体系，如图 1-1 所示。北斗系统稳定运行工作体系的发展与工程建设运行的时间脉络如图 1-2 所示。

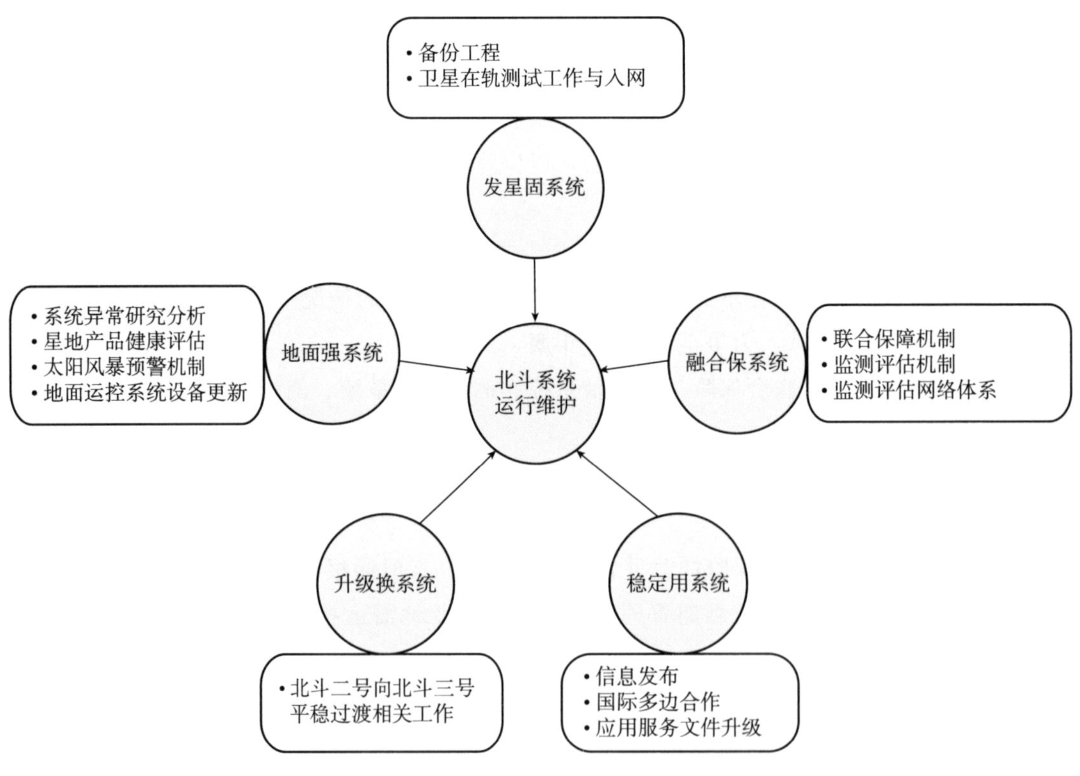

图 1-1　“五位一体”运维工作体系

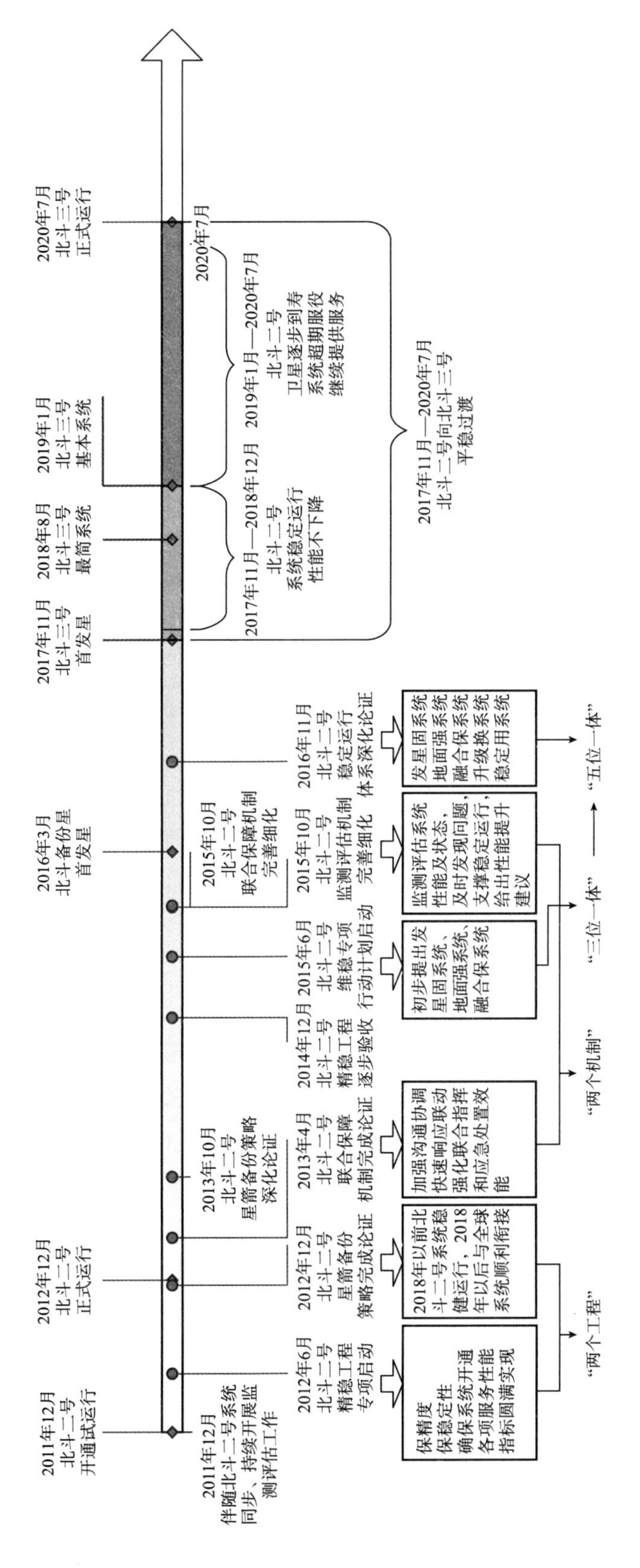

图 1－2 北斗系统稳定运行工作体系的发展与工程建设运行的时间脉络

“五位一体”运维工作体系主要内容如下。

发星固系统：主要通过开展备份卫星工程、卫星在轨测试与入网测试评估等工作，提升系统可靠性裕度和适应性。备份卫星工程是指加强备份卫星研制计划与质量管理，制定卫星备份策略；卫星在轨测试与入网测试评估是指对卫星性能进行在轨测试，并评估卫星入网后系统服务性能。

地面强系统：主要通过开展精稳工程、地面运控系统设备更新等工作，强化系统运维能力。精稳工程包括系统异常研究分析、星地产品健康评估、太阳风暴预警机制等工作。系统异常研究分析是指开展星座薄弱环节分析与预案制定，在轨卫星、地面运控、测控系统异常分析与措施制定，系统服务中断、标识位更新不及时等专题研究；星地产品健康评估是指在轨卫星寿命评估与预测，地面运控、测控系统健康评估；太阳风暴预警机制是指分析空间环境对北斗系统的影响，建立太阳风暴预警机制。地面运控系统设备更新是指建立稳定的设备更新经费保障渠道，确保系统运行控制管理稳定持续。

融合保系统：主要通过三方联保机制、监测评估机制、监测评估网络体系，提升系统故障处置能力。三方联保机制是指建立联合保障平台、建立异常处置保障链、优化异常处置流程；监测评估机制是指建设北斗大数据融合与处理中心，完善监测评估机制；监测评估网络体系是指构建地面监测评估网络体系。

升级换系统：主要通过开展北斗二号向北斗三号平稳过渡的相关工作，实现系统在用户无感情况下平稳接续。

稳定用系统：主要通过总结固化系统服务性能规范、ICD 文件工作，保障北斗用户满意度。具体内容有：构建信息发布体系，定期发布系统服务性能规范、ICD 文件，发布监测评估信息；定期开展系统服务性能规范、ICD 文件升级修订工作。

1.2.3　北斗系统运维现状

北斗三号系统是北斗系统“三步走”发展战略的第三步，于 2020 年 7 月完成全球组网建设，服务区扩展到全球，通过系列体制创新，实现系统服务性能大幅提升，成为世界一流卫星导航系统。北斗三号系统运维以体系为核心，重点关注智能运维。利用系统多维多源数据，采用大数据、云计算、机器学习（ML）等新技术，开展系统实时在线评估、快速故障诊断定位、故障预测与预警、辅助决策支持等具体场景应用，实现对系统健康的精确定量分析和智能管控，提高北斗系统稳定运行工作科学化管理水平。

北斗三号系统在北斗二号系统“五位一体”运维工作体系的基础上，实行了多项举措。一是完善运维机制，建立北斗系统空间段、地面段、用户段的多方联动的常态化机制，不断提高大型星座系统的运行管理保障水平；二是建设和完善在轨技术支持系统，加强地面运控、测控、卫星等系统间的沟通与协调，提升卫星在轨日常监测、异常快速处理、风险分析评估等能力；三是实施卫星在轨自主管理，通过改进卫星设计，具备卫星在轨自主管理能力，缩短卫星中断恢复时间，提升卫星的可用性与连续性；四是建设地面运控大数据分析系统，为系统稳定运行提供数据支撑。

（1）完善运维机制

根据系统运行管理特点，专门成立了由相关单位组成的运行管理机构，在三方联合保障的基础上，探索并初步建立了地面运控、测控、卫星及星间链路运行管理系统等多方联合保障机制。通过各方团结协作、精心维护，系统运行保障能力大幅提升，有效应对了各种突发事件，有力保证了系统稳定运行。

（2）建设和完善在轨技术支持系统

为加强地面运控、测控、卫星系统之间的信息沟通和协调，提升系统对星座在轨运行管理的技术支持能力，强化系统稳定性保障手段，确保星座长期稳定运行，有关部门集中优势力量进行攻关和建设在轨技术支持系统。该系统在日常监测、异常处理、健康评估、日常维护、协同办公等方面发挥了重要作用。在日常监测方面，实现了对重要事件和重点单机持续监测，提高了工作效率；实现了全面、有效的数据监测，减少了地面误判、漏判。在异常处理方面，缩短了在轨异常处置时间，提高了在轨异常发现的及时性、准确性和处置效率；改进了在轨策略，提高了设备在轨可靠性。在健康评估方面，进一步优化维护策略，提高了在轨工作可靠性；识别单点故障和薄弱环节，降低在轨运行风险；实现单星健康评估，完善在轨故障处置策略。在日常维护方面，主要依托日常维护计算软件、预报软件、分析软件三大类软件，完成在轨日常维护工作，大大提高了在轨管理工作效率和维护策略的准确性。在协同办公方面，加强双方的信息沟通和协调，提高了在轨协同办公的便利性。

（3）实施卫星在轨自主管理

针对导航卫星连续稳定运行要求，结合卫星在轨异常问题，以保障服务连续性和快速恢复为目标，对北斗三号卫星进行自主管理能力提升设计，开展的主要工作包括：在卫星平台方面，对多类故障进行自主处理措施的优化，进一步提升平台的自主故障处理能力和安全性；针对各飞行阶段，在卫星太阳电池阵输出功率不足、蓄电池放电功率过深的紧急情况下，制定能源供应紧急处理措施；在卫星业务方面，以基本导航业务——定位导航授时服务中断（即导航信号中断）作为顶事件进行梳理，将铷钟故障后信号切换、导航任务处理机工作异常、星间链路中断等子事件均更改为由星上自主监测和处理，使业务中断恢复时间从小时级降低到分钟级或秒级，大大提升了卫星的可用性和连续性。

（4）建设地面运控大数据分析系统

在北斗三号地面运控系统中建设大数据分析系统。大数据分析系统是主控站的数据长期存储、管理与应用中心，其主要任务是：

1）接收主控站各系统发送的静态数据、原始观测数据、业务处理结果、出站信息、导航电文信息、控制指令信息、工作参数、运行状态信息、日志信息等各类信息。

2）将接收数据进行解包、预处理后，通过大数据存储技术对其进行长期存储。

3）对各类数据进行分类整理、存储、归档备份、查询与报表输出、安全管理等。

4）利用大数据存储技术为存储数据提供数据备份、数据恢复以及异地灾备等数据安全保障。

5）利用各类数据实现对卫星、地面运控、测控、星间链路等系统状态及服务性能的长期评估与统计分析，实现卫星导航系统星地一体化的实时健康评估、故障快速诊断与故障提前预测，优化系统运行维护策略，为整个系统技术升级提供依据。

6）利用3D建模、虚拟仿真及大数据分析结果实现对物理设施、业务运行逻辑、系统服务性能的可视化展示。

7）按照接口约定，将各类处理结果发送到主控站其他系统。

8）完成本系统各类使用数据的存储与管理以及运行状态的监视与控制。

1.2.4 北斗系统运维面临的挑战

北斗系统是迄今为止我国航天史上规模最大、系统性最强、涉及面最广、技术最复杂和建设周期最长的航天工程，具备星星组网、星地组网、地地组网的显著特点，是具有星间链路功能的天地一体化动态系统。针对北斗系统运维特点，对标“中国的北斗，世界的北斗，一流的北斗”的要求，北斗系统在精稳运行服务能力、运行管理手段建设等方面，仍面临巨大挑战。

1.2.4.1 精稳运行服务能力方面

北斗系统实现高质量运行服务，主要涉及两个方面：一是“精”，即高精度服务；二是“稳”，即连续稳定运行。

（1）系统高精度服务能力

为提升系统高精度服务能力，需要在精度和完好性方面进行改进。

1）在精度方面，需要进一步提升空间信号精度和服务精度，并实时掌握系统服务性能变化时的诱导因素，建立与用户交互的机制，提升用户体验。

2）在完好性方面，需要进一步分析完好性要求，充分识别完好性故障模式，通过分析故障数据，确认故障原因、影响及故障发生概率，确定完好性异常对用户的影响，并提出预防措施。特别是要关注因卫星和地面段故障引起的完好性异常，完善完好性异常监测方法，有效识别和改进空间段和地面段的设计局限，预防可引发完好性降级的故障发生，并对误操作实施有效防控。

（2）系统连续稳定运行能力

为提升系统连续稳定运行能力，需要在处置中断方面进行改进。

1）要防患于未然，尽量不出现中断，这就要求对卫星和地面系统及设备实施准确的故障预测和健康评估，及时掌握系统和设备的性能和运行状况，把握其故障发展规律，科学预测其工作寿命，从而提前采取措施防范风险。

2）出现中断后要能够快速恢复。这就需要进行准确快速的故障定位、隔离与恢复，尽量缩短中断时间，从而降低对服务可用性的影响。虽然卫星和地面系统及设备在可靠性、连续运行方面做了大量改进，但中断仍然是影响稳定运行的重要因素，需要高度关注，寻求解决措施。

1.2.4.2 运行管理手段建设方面

(1) 监测覆盖性与数据联通融合

1) 增强系统监测覆盖性。空间环境监测数据的利用还不够充分，监测评估系统的覆盖面和实时监测能力还有待提升，需要在现有网络连接的基础上，补充建设必要的网络传输链路，确保卫星系统、地面运控系统、测控系统、星间链路运行管理系统，以及北斗系统外监测资源等之间的链路畅通、数据共享联通。

2) 统筹使用监测数据，发挥更高效益。当前为确保北斗系统稳定运行，在系统内外已投入大量监测评估等资源，构建了卫星在轨技术支持系统、快速恢复系统、地面试验验证系统等，并且将空间预警系统及大量用户单位纳入监测评估工作。但是北斗系统内部各系统间的部分操作与互动方式还要依靠人员操作，尚未形成高效联动；系统内外积累的大量监测数据资源并未有效统筹使用，难以发挥应有效益；卫星、测控、地面运控等监测数据在技术实现、应用环境、数据库平台等方面表现出较大的异构性，各系统之间监测数据交换、功能联动以及分布协作需要耗费很高的人力和时间成本。

3) 建立北斗云平台，统一数据标准。虽然，各系统已经建立了成熟、稳定的数据库系统，用于保障北斗系统稳定运行，但是各系统以及对外的数据交换格式没有统一规范和标准的数据接口，造成数据交换困难，增加了数据使用的难度。需要利用大数据、云平台等新技术，在现有的各系统数据库基础上建立北斗云平台，实现数据联通、数据挖掘、可视化决策支持等。

4) 强化多源数据融合。产品从研制到在轨应用的整个寿命周期中，会产生丰富多维的数据，包括产品设计数据、工艺数据、生产过程数据、地面测试数据、运行使用数据等。这些数据包含产品运行规律和产品特征信息，是了解产品性能、运行状况等工作状态的重要依据，在产品运行故障诊断中需要对这些数据进行充分挖掘和利用，以提升诊断的快速性和准确性。由于这些数据来自不同部门，数据规范性差、形式多样化，既包括时序类数据，也包括文本、图像、视频等数据，即使是同一类数据，测点、采样间隔也不尽相同。由此产生的问题是：一方面，缺乏面向故障诊断的星上产品多源数据的规范，给不同维度数据的融合带来极大困难；另一方面，缺乏面向多源异构数据的数据融合方法，难以从不同阶段、不同类型的数据中提取有效的故障诊断信息。因此，亟须针对产品研制、测试与运行特点，开展多源数据融合。

(2) 服务性能评估与故障诊断能力

1) 服务性能评估的时效性与连贯性。目前服务性能评估和GNSS数据分析由监测评估系统通过布设在各地的导航信号监测接收机采集伪距、电文、定位结果等数据，通过对这些数据的处理得到卫星空间信号精度、钟差预报精度等评估结果，但是分析结果不能实时反馈至卫星系统，难以及时发现卫星导航空间信号的异常，评估的时效性不强。另外，当前服务性能评估的数据连贯性不高，故障数据的分析不完整。故障分析需要空间信号异常时完整的导航信号原始数据以及监测站点周围环境信号信息，时间跨度较长，相关数据量极大，监测评估系统保存的卫星原始监测数据难以支撑故障的分析和溯源。

2）故障诊断的有效性与准确性。北斗导航卫星遥测参数量大，各星遥测参数的变化规律互有差别，仅靠地面技术管理人员难以全面掌握数以千计的遥测参数的变化规律，难以在快速变化的众多参数中及时准确地发现数据异常。同时，在北斗系统“核心关键器部件100％自主可控”的总体原则要求下，卫星采用了大量国产化器部件，为考核和保证这些器部件长期工作的可靠性、稳定性，需要对国产化器部件工作状态及趋势进行长期评估，对故障进行准确诊断。另外，目前在轨故障诊断中，一般是根据“地面正常测试结果＋故障模式分析”设定诊断阈值，然后利用这种阈值对在轨数据进行诊断。由于在阈值选择中未考虑拉偏数据、可靠性试验数据以及在轨特殊环境的影响，不能充分了解产品在不同环境下的故障差异，不能融合和挖掘不同环境下的故障特征，诊断方法不适应天地环境差异，诊断准确性降低。因此，需提高利用计算机系统来实现遥测参数的全面快速检测的能力，解决当前投入大量时间与人力对数据进行整理与统计的问题，通过评估诊断系统自动化软件对有价值的数据进行深度挖掘与关联应用，融合地面和在轨的各类数据，充分提取产品的故障演化机理和性能退化特点，提高评估诊断系统自适应和自学习能力，根据历史数据实现对诊断阈值、诊断分类的自调整，提高数据利用率和诊断有效性。

（3）运行风险管控与异常处置

1）贯通各系统的运行风险评估与预警控制。目前卫星系统、地面运控系统、测控系统均开展了自身系统及产品的健康评估工作，但从系统总体层面看，应加强横向贯通各系统的运行风险评估与预警控制，对由于某个事件引发“连锁故障风险”的识别、分析评估与防控极为重要。例如，国外在研究信号完好性、连续性风险时，将空间段、地面段综合起来，进行各种事件链的分析，找出相应的薄弱环节；而我国在空间信号完好性、连续性风险的研究上，还停留在局部系统层面。

2）调度规划的优化。目前实现了以自动化为主、同时支持人工干预的工作机制，采用了面向规则的优化调度算法，自动生成规划，支持全网的上行注入、星地测距、星间测距和星间通信任务，但未采用人工智能技术开展深入的星地、星间全链路规划调度方法的优化研究。

3）多方协同的处理技术。建立了支撑多方数据共享的技术手段，但未建立常态化的数据共享机制，应加强多方联合处理的流程协同，亟须建设基于联合保障链的支撑多方协同处理的技术手段。

4）故障复现平台建设。地面异常复现能力不足，卫星在轨运行期间，如发生异常现象，需要在地面尽快查明原因，以采取相关解决措施。目前，由于北斗三号卫星还处在运行初期，迫切需要在地面建设一套故障复现平台，与在轨卫星状态保持一致，在卫星出现异常时能够及时有效地在地面进行排查复现，快速拿出应急预案。

5）快速响应支持系统建设。在卫星发射前，针对所有卫星均制定了卫星在轨长期运行段故障预案，如果卫星在轨运行出现异常，可根据相应异常现象进行预案匹配，采取异常解决措施。对于可提前预知的异常，该种方式可以快速响应，但实际上卫星在轨运行期间出现的异常现象大多数是不可预知的，并没有相应的故障预案。因此，需建立一套快速决策响应支持系统，在卫星监测状态出现告警后，判断异常等级，并推送至相应等级处置人群，快速给出处置预案。

1.3 发展趋势与机遇

随着信息化技术、人工智能技术和大数据云平台技术的发展，智能运维系统从理论发展到了实践阶段。各行各业都在尝试探索发展智能运维技术，实现系统升级，提高生产力和生产效率。本节介绍国外卫星导航系统运维体系发展情况、航天器健康管理技术发展情况、人工智能与大数据技术发展及其在系统运维中的应用情况，以及现代信息技术给北斗系统运维带来的机遇。

1.3.1 国外卫星导航系统运维体系发展情况

卫星导航系统组网建成后，一方面需要保证系统在全寿命周期内的长期稳定运行，另一方面仍需根据应用战略需求不断改进，以适应和满足不同用户在不同应用阶段对系统所提出的精度、稳定性等方面的要求。

卫星导航系统是天地一体化的复杂系统，系统运维涉及空间段、地面控制段和其他条件保障等多方面工作，需要通过全面策划和组织实施一系列系统化、规范化的建设、运行与管理活动，确保系统性能的维持与提升。本节拟通过介绍 GPS 在运维方面的经验，并简单比较 GPS 与 GLONASS 的运维差异，得出经验启示，为北斗系统运维提供参考借鉴。

1.3.1.1 GPS 运维经验

GPS 由美国空军负责设计、开发、采购、操作、维持和现代化建设。GPS 的运行管理由 GPS 联队（GPSW）负责。其中，美国空军太空司令部（AFSPC）负责制定发展演化路线，制定政策及提供资金；美国空军太空司令部第 14 航空队对 GPS 主控站、地面天线、监测站、发射场执行操作控制权；第 14 航空队下属第 50 太空联队负责维护星座的健康运行，确保 GPS 性能和可靠性满足军用和民用用户的需求。

（1）系统运行和升级情况

①空间段

GPS 是全球首个实现全服务运行的全球导航卫星系统，至今已经历了 30 多年的发展。纵观其发展历程，GPS 能够长久维持其星座的生命力，与合理的阶段部署策略和务实的星座维护准则关系密切。自 2000 年以来，为了进一步提高 GPS 导航定位精度，提升系统的连续性、完好性、可用性、抗干扰和自主生存能力，美国积极推进 GPS 的现代化建设，使之成为国际领先的全球导航卫星系统。GPS 的部署与发展大致可分为四个阶段：在轨验证（IOV）阶段、全服务运行（FOC）阶段、后续更新阶段、全面现代化阶段。

1）在轨验证阶段主要是验证初期的 GPS 概念和原理，部署时间为 1978 年至 1985 年，未形成全球星座构型，共发射 11 颗 Block Ⅰ卫星。在轨验证了 GPS 星座的各项关键技术，为后续的全服务运行阶段打好基础。

2）全服务运行阶段主要是提供系统满星座全服务运行，部署时间为 1989 年至 1994 年，星座构型为 Walker 24/6/1，基础构型为 24 轨位，共发射 24 次，包含 Block Ⅱ和 Block ⅡA 卫星。借助 Block Ⅰ卫星所提供的宝贵经验，对卫星进行包括抗辐射加固、自主运行时间扩展、卫星自主动量控制等方面的改善，支持系统全服务运行。基线星座构成后，系统对同一轨道上的部分卫星间距进行调整，使其形成“星对”，以提升部分重要地区的覆盖性能，同时解决旧代卫星因临近退役对系统性能产生的影响。

3）后续更新阶段的目的在于替换临近退役卫星，更新并升级卫星功能，部署时间为 1997 年至 2009 年。共发射 23 次，包含 Block ⅡR 卫星和 Block ⅡRM 卫星。星座构型为 Walker 30/6/1，基础构型为 27 轨位。后续更新阶段的卫星在全面兼容 GPS 已有功能的基础上，引入超高频（UHF）星间链路能力；同时，将已制造好的 Block ⅡR 升级为 Block ⅡRM，具有播发 L1&L2（M）信号的能力，先期验证 GPS Ⅲ的可行性。在该阶段，系统利用按需部署的方式，根据基线星座的卫星服役状况适时补星；在应对发射失败状况时，系统及时对补星顺序进行调整，利用发射旧代备份卫星来缓解平稳过渡的压力。在成功发射首颗新型卫星后，系统对该卫星进行了在轨测试与试验，间隔 2 年再进行新一轮新型卫星的部署；基于超龄服役卫星不断增多的情况，系统将原有的 24 轨位的基础构型扩充为 27 轨位的可扩展基础构型，并将增设轨位用于新发射卫星的在轨测试和临近退役卫星的在轨维护。

4）全面现代化阶段主要是修正前几代卫星所存在的卫星缺点，全面提升卫星信号的抗干扰能力。部署时间为 2010 年至 2016 年，星座构型为 36/6/1，基础构型为 30 轨位。在该阶段，共发射 12 颗 Block ⅡF 卫星，逐步替换旧代卫星，未来在轨工作卫星将主要由 Block ⅡRM、Block ⅡF 和 Block Ⅲ构成，并具备 L1、L2C、L5、L1C 四种民用信号和两种军码（L2P 和 M 码）的播发功能。同时，基于 GPS 卫星高寿命的特性，预计 GPS 未来还将继续扩展其基础构型，由现在 27 轨位扩展至 30 轨位，并将在轨工作卫星增加到 36 颗左右。基于后续更新阶段中 Block ⅡRM 卫星的现代化实践成果，在系统进入全面现代化阶段后，卫星将具有更高的定位、导航与授时精度，提供更完备的系统完好性解决方案，引入更高数据容量的星间链路技术，增加更多具有抗干扰能力的新型信号。

截至 2020 年 3 月，GPS 星座由 30 颗在轨工作卫星组成，不包括已退役的但仍然在轨道上的卫星。GPS 在轨工作卫星概况见表 1-1[2]。

表 1-1　在轨工作卫星概况

卫星批次	Block ⅡR	Block ⅡRM	Block ⅡF	Block Ⅲ/ⅢF
部署时间	1997—2004 年	2005—2009 年	2010—2016 年	2018 年—至今
在轨工作个数	9	7	12	2
信号	L1C/A L1P L2P	L1C/A L1P L2P L2C M	L1C/A L1P L2P L2C L5	L1C/A L1P L2P L2C L5 M L1C
卫星改进	在轨卫星钟监测	军码增强功能	改进了卫星钟； 改进了精度、信号强度和质量	改进了信号可靠性、精度和完好性 无选择可用性（SA） GPS ⅢF 增加了激光发射装置和搜救载荷
设计寿命	7.5 年	7.5 年	12 年	15 年

②地面控制段

GPS 地面控制段的现代化是 GPS 现代化计划的重要组成部分，其目标是满足 GPS 卫星现代化不断提高的控制与运行要求。GPS 地面控制段的现代化分为三个阶段：精度改进计划（L-AII）、体系演进计划（AEP）和新一代运行控制系统（OCX）[5]。

（a）精度改进计划

1997—2008 年，美国空军实施了精度改进计划。在原有全球 6 个监测站基础上，先后加入了美国国家地理空间情报局（NGA）的 10 个监测站，使监测站总数增加至 16 个。该计划使得系统对 GPS 在轨卫星收集的数据量增加了 2 倍，GPS 星座广播信息的准确性提高了 10%～15%。

2007 年，美国空军部署了发射/早期轨道、异常恢复和处置操作系统（LADO），以处理非运行中的 GPS 卫星（ⅡA/ⅡR/ⅡRM，ⅡF），包括对新发射卫星的在轨检测、对停止服务的卫星进行异常恢复、冗余卫星的在轨备份，以及处理到寿卫星等。LADO 有三大功能：1）遥测、跟踪和控制；2）卫星机动的规划和执行；3）GPS 有效载荷和子系统的不同遥测任务模拟。LADO 仅使用空军卫星控制网（AFSCN）远程跟踪站，而不使用专用 GPS 地面天线。LADO 已多次升级改进，2010 年 10 月，增加了对 GPS ⅡF 卫星的管理能力。

（b）体系演进计划

2007—2016 年，美国空军实施了体系演进计划，主要增强对现代化 GPS ⅡRM 和 GPS ⅡF 卫星的运行控制能力，包括 GPS 主控站改造、新建 GPS 备份站，增强抗干扰、抗欺骗能力，利用商用货架（COTS）产品，改进 GPS 监测站和地面天线，大大提高了可持续性和准确性；利用美国空军卫星控制网（AFSCN）的 8 副天线对 GPS 原有的 4 副地面天线进行补充，增强上行注入能力。通过实施该计划，美国空军具备了运行和管理目前所有在轨卫星的能力，用一个基于现代 IT 技术的全新 GPS 主控站取代了原来的集中式架构的 GPS 主控站，提高了 GPS 操作的灵活性和响应能力，为下一代 GPS 的空间段和控制能力铺平了道路。

2007 年以来，AEP 得到多次升级：

1）2014 年，AEP 得到升级，以支持现代化的民用导航（CNAV）能力，允许 GPS ⅡRM 和ⅡF 卫星在 L2C 和 L5 信号上广播预运行的导航信息。

2）2016 年，AEP 的 COTS 硬件和软件基线得到升级，网络安全和支持能力大大提高，可以支持系统运行到 2020 年以后。

3）2019 年，AEP 通过 GPS Ⅲ应急操作（COps）项目实现对 GPS Ⅲ卫星的运行和管理控制。为了确保 GPS 星座运行支持没有空白，目前 GPS 运行控制部分（OCS）正在升级为应急计划，以应对现代化的信号支持，直到 OCX 完全运行。计划要求使用新软件更新 OCS AEP，并为 GPS 地面设施进行硬件升级。根据 OCX Block 1 当前的采购计划，当前控制段无法运行管理 GPS Ⅲ卫星，使 GPS 星座具有运行风险。GPS Ⅲ COps 项目通过对当前控制部分的修改，以操作 GPS Ⅲ卫星的定位导航授时（ PNT ）以及核爆炸探测系统（ NDS ）等有效载荷，并保持有限的测试 M 码能力，直到 OCX Block 1 交付。COps 依靠 OCX Block 0 进行 GPS Ⅲ重大异常恢复和处置能力。

4）2020 年，AEP 进行进一步升级，具备向军事用户提供现代化军事信号的能力。

（c）新一代运行控制系统

未来，OCX 将取代 AEP 和原有的 OCS。OCX 采用分布式构架来替代原来的主控站集中式管理框架，于 2008 年开始进行部署，将运行管理所有现代化和传统的 GPS 卫星，管理所有民用和军用导航信号，并为下一代 GPS 提供更好的网络安全和弹性功能，包括主控站和备用主控站、专用监测站、地面天线、全球定位系统模拟器（用于软件开发和测试地面设施）和标准化空间培训系统（专门的操作员培训系统），OCX 采用边建边用、循序渐进的方法开发和交付。当前，OCS 和 OCX 同步运行，直到 OCX 功能齐全并可以控制 GPS 星座（约为 2023 年）。OCX 建设分为三个阶段：Block 0 阶段、Block 1 阶段和 Block 2 阶段。

Block 0 是发射和控制系统，旨在控制发射和早期轨道操作以及所有 GPS Ⅲ卫星的在轨检查。Block 0 是 OCX Block 1 的子集，为 Block 1 提供硬件、软件和网络安全基础，Block 0 已于 2017 年 11 月通过验收。

Block 1 具备控制所有前期卫星民用信号（L1C/A）、军用信号［L1P（Y）、L2P（Y）］、GPS Ⅲ卫星和现代化民用信号（L2C）以及航空飞行安全信号（L5）的操作能力；此外，Block 1 具备控制现代化军事信号［L1M 和 L2M（M - Code）］以及全球兼容信号（L1C）的基本操作能力；满足信息保证/网络防御要求。

Block 2 具备控制现代化军事信号［L1M 和 L2M（M - Code）］的先进操作能力。

Block 2 将与 Block 1 同时交付。

OCX 将使 GPS 定位导航授时（PNT）信号的准确性提高一倍，提高网络攻击的安全性，并增加可控制的卫星数量。

虽然 OCX 主要是软件开发工作，但新的 GPS 接收器将安装在全球分布的监测站，以监控所有 GPS 信号，具有上行链路功能的 4 个地面天线都将升级并加强抵御网络攻击。OCX 是向后兼容的，能够在新功能和信号可用时进行集成，还将使当前的 GPS ⅡRM 和ⅡF 卫星实现全部功能。

GPS OCX 可以管理当前系统将近 2 倍的卫星，增加难以到达区域的信号强度，比如密集的城市和山区。此外，先进的自动化将使工作人员能够更专注于关键任务，如更新卫星位置等。

2017 年 10 月，美国国防数字服务部（DDS）提出了将 GPS OCX 搬到云端的建议，通过互联网访问数据中心或“服务器群”的网络计算机服务器实现云计算和信息存储功能。目前，GPS 正在使用亚马逊网络服务（AWS）来构建和运行多个 OCX 虚拟环境，并对该环境并行开展大量的测试工作。GPS 计划将该环境集成到新一代 OCX 硬件上，然后进行全面的验证测试和验收测试。OCX 计划要求超过 200 个专用主机运行 1 000 个以上的单个虚拟机，每个虚拟机至少需要 8 个 vCPU 和 32 GB RAM。AWS 已经获得了美国国防信息系统局（DISA）规定的影响级（IL）5 级的授权，可以为客户提供极高的安全级别。AWS 表示他们采用了一套强大的安全技术，超过了国防部安全要求的加密和访问控制功能；未来，还将进行更多的改进和测试，以适应 GPS Ⅲ卫星的运行需求，并持续评估 OCX 部署云平台给 GPS 运行带来的积极影响。

（2）系统健康管理与维护情况

①卫星寿命设计与健康管理

GPS 各代卫星的功能和性能不断提升。第一代 Block Ⅰ卫星设计寿命为 5 年；第二代 Block Ⅱ、Block ⅡA、Block ⅡR 卫星设计寿命为 7.5 年，Block ⅡF 卫星设计寿命为 12 年；第三代 Block Ⅲ卫星设计寿命为 15 年。大部分 GPS 第二代卫星的实际使用寿命更是远远超出了设计寿命，个别 Block ⅡA 在轨运行达 20 多年[2]。

GPS 卫星的长期稳定运行，一方面来自于可靠的设计，另一方面则得益于有效的在轨健康管理。美国从 2000 年起开展了针对 GPS 卫星星座健康的监控与寿命预测研究，制定了健康评估与寿命预测的相关准则和实施方法。通过对卫星的健康状态进行监测与评估、对卫星的剩余寿命（RUL）进行预测，进而对整个卫星星座系统进行健康状态评价，给出卫星星座运行健康风险预警，提供卫星替换与补充发射建议。

GPS 建设之初，就将卫星故障预测与健康管理（PHM）概念植入卫星和地面系统中，经过不断的技术改进，已对在轨导航卫星的铷钟、动量轮、电源、推力器等关键单机成功实施故障预测，并制定出合理的应对策略，大大提高了在轨卫星的可用性[45-47]。值得重点关注的是，GPS 十分强调基于遥测数据的故障预测，用以反馈和提升卫星设计、制造、测试、集成、发射和在轨运行全寿命周期的可靠性。美国空军资助波音公司成立了一个故障预测工程团队，评估 GPS 卫星的长期运行状态，为设计改进提供支撑，GPS 利用基于遥测数据的故障预测技术准确预测了铷钟的故障。

②持续开展完好性故障模式影响分析（IFMEA）[3]

GPS 完好性异常一直是 GPS 军/民生命安全服务的关注重点。由 GPS 跨部门管理委员会（IGEB）和定位联合计划局（JPO）联合资助的 IFMEA 工程，主要任务是准确理解 GPS 完好性要求、检查识别完好性故障模式，通过分析 GPS 故障数据，确认故障原因和影响，以及故障发生概率，并提出预防措施。IFMEA 主要关注因卫星和地面控制段故障引起的完好性异常，通过定义一种完好性异常监测算法，识别和改进 GPS 空间段和地面控制段的设计局限，预防可引发完好性降级的故障发生，或对误操作进行防护。IFMEA 工程成果已纳入 GPS 服务性能规范，并对 Block ⅡRM 或 Block ⅡF 系列卫星，尤其是 GPS Ⅲ系列卫星，以及地面控制段现代化改进发挥了重要作用。

GPS 项目管理指导小组（PMD）领导 GPS JPO 建立了测量标准，编制并给出了标准定位服务（SPS）和精密定位服务（PPS）报告。IGEB 认识到针对异常的军民联合开展 IFMEA 研究模式对满足服务要求是一种很好的工作方式，IFMEA 概况如图 1－3 所示。

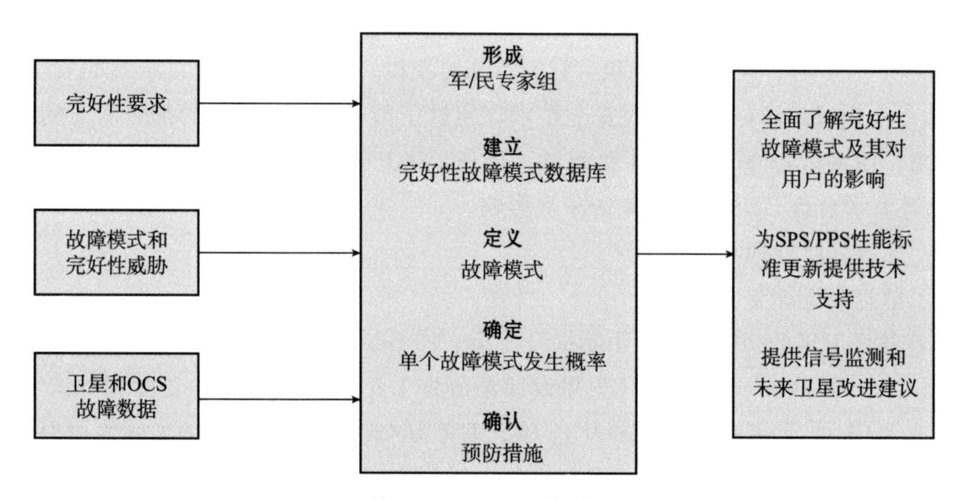

图 1－3　IFMEA 概况

1）IFMEA 工程的背景。GPS 当时的监测系统都是有关组织针对特定应用而设计的，不具有普遍性。有些组织之间虽然存在一定量的数据分享，也在特定领域的专家组之间形成了少许数据交换，但多数情况下每个组织的信息收集网络只能满足该组织服务用户的要求。如果通过数据分享，每个组织能同时获得其他组织信息，有助于各组织的效益最优化。2002 年 IGEB 首次资助了 IFMEA 工程，IFMEA 的首要工作是形成军/民专家组，并由其提出工作计划。表 1－2 为 2002 年 IFMEA 工程参与单位。

表1-2　2002年IFMEA工程参与单位（*是指受IGEB资助的单位）

DOT/Volpe Center *	GPS JPO（CZC/CZE）
AJ Systems *	2SOPS
ARINC *	US Space Command
ARL：UT *（GDMS Project）	NIMA
Mitre CAASD *	Navy
Overlook Systems *	State Dept.
SAIC *	Aerospace Corp.
FAA	Boeing
USCG	Lockheed Martin
FHWA	Spectrum Astro
FRA	Northrop Grumman
Stanford University	Honey Well
	Rockwell Collins

2）IFMEA数据的收集与分析。IFMEA从军用或民用相关部门处收集和整理GPS历史故障数据并进行评估，并与相关部门确认GPS故障评估结果。

IFMEA组织可使用的数据资料包括：

卫星运行的军方数据：

• 基于观测值与卡尔曼滤波状态的实时PPS测距性能；

• 基于遥测数据的实时卫星平台性能；

• 日常PPS钟性能。

卫星承包商数据：

• 基于卫星遥测的日常或长期预测。

GPS支持中心数据：

• 日常GPS用户性能评估；

• 双频PPS用户性能评估。

数据库的维护和使用贯穿于整个评估时段，且需要不断积累和发展，目标是建立一个全面的完好性故障模式数据库，将不同来源数据汇编入库并允许识别和分析单个的故障模式。该数据库的格式需要协调一致。未经发现的潜在故障模式（完好性风险）也需要识别出来，最终形成异常特性表（ACS）。

3）IFMEA在数据安全方面的考虑。异常特性表可对外公开，为保证数据安全，IFMEA对数据进行分类定密和管理，在该方面民用运行发展计划（COEP）项目给予IFMEA工程很大的帮助。

非密材料有四个级别：

• 非密数据：一般可用在公众领域的公开数据；

• 仅供官方使用的数据：敏感数据，但不保密，数据的使用受限于数据的来源；

• 私有的/竞争者间的敏感数据：为保持公司优势的保密数据，通常是该公司自己积累而来的；

• ITAR：在可以公布给外国之前，受国家部门控制的所有其他类别的非密受限数据。

在 GPS 的敏感领域可能保密的是：

• 选择可用性：距离误差，伪距误差，精密星历；

• 选择可用性反欺骗模块（SAASM）；

• 导航战；

• 精度：全部的 PPS 用户设备。

③监测评估保障

GPS 的长期稳定运行离不开遍布全球的系统运行监测评估体系，其监测网包括 DoD 监测网和民用监测网。民用监测网分为区域监测网和全球监测网，由不同的政府或科研组织运行。全球监测网包括全球差分 GPS（GDGPS）和国际 GPS 服务网（IGS）。GDGPS 通过安全的互联网接口为授权用户提供服务，包括 MCS 的 2SOPS 运营商等，可在 4 s 内提供端到端的告警；IGS 为全球用户提供开放服务，系统一般会在系统发生异常或故障后与 IGS 联系，但均为临时性连接。

2002 年，GPS 跨部门管理委员会（IGEB）资助了多个工程项目，包括全球双重监测系统（GDMS）、民用运行发展计划（COEP）和完好性故障模式影响分析（IFMEA）等项目，其工作成果对支持生命安全服务的 GPS 增强系统设计至关重要，并有助于实现 GPS 的国际承诺，为支持和更新 GPS SPS 和 GPS PPS 性能标准提供输入，为 GPS 空间段和地面控制段的改进提供意见。其中完好性监测要求和假设，作为全球双重监测系统组的输入，用以确定监测要求级别。GDMS 主要目的是借助于当前阶段所有 GPS 空间信号的监测能力，来支持完好性监测、数据收集以及确保实现即将形成的 SPS、PPS 性能标准要求。COEP 是根据 IFMEA 工作形成完好性定义和相关参数，用于更新服务性能规范等，还要确保任何公开发布的 IFMEA 工程数据研究符合安全性准则。IFMEA、GDMS 和 COEP 之间的关系如图 1-4 所示。

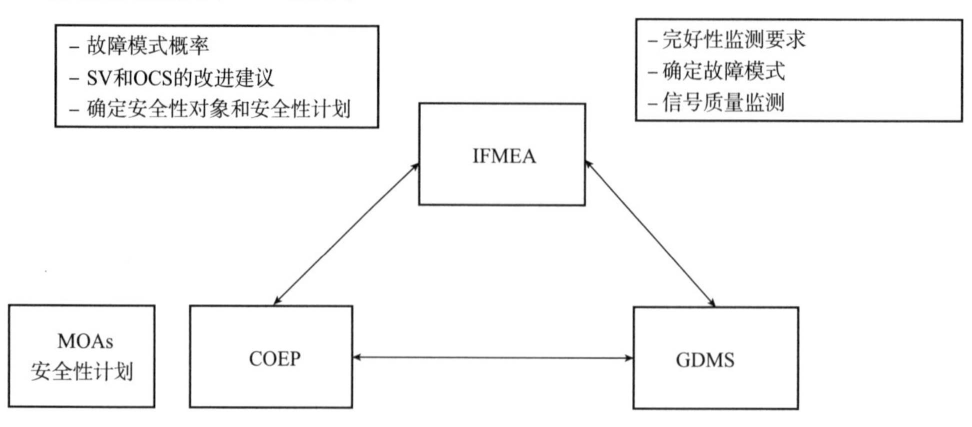

图 1-4　IFMEA、GDMS 和 COEP 之间的关系

④GPS星座风险评估与星座备份策略优化[4,44,55]

星座风险评估（CRA）技术主要研究卫星星座在长期运行中的性能变化以及预测什么时间需要更替卫星以避免服务中断等。通用可用性程序（GAP）是由Aerospace的航天可靠性部门设计和开发的、用于实现CRA的软件工具，是卫星寿命预测、发射成功概率评估和风险概率评估等数学模型的综合集成化工具，综合利用了电子领域、能源领域、运载和卫星等不同领域的可靠性和性能分析专有技术。现如今，GAP已经被美国空军太空司令部（AFSPC）专用于其所管辖的包含GPS星座在内的所有星座的备份策略优化制定，为“按需发射”的星座备份补网提供技术支撑。

目前，Aerospace的航天专家正致力于采用现代化的平台，开发新一代的GAP，可以满足对CRA更加先进的分析需求。新一代系统命名为通用可用性和性能程序（GAPP），该系统将为Aerospace的航天用户制定星座管理决策提供更加精确和完整的信息，也是未来太空事业的发展方向之一。

⑤卫星发射保障

卫星发射的高可靠性是系统运维的基础。虽然，GPS卫星在组网和后续补网发射中均出现过发射失利，但整体发射成功率已超过96%，未对组网和长期运行造成不利影响。

1.3.1.2 GLONASS运维经验

GLONASS和GPS对等，并与之同时段投入运行，两者具有相似的系统构成、定位原理和服务方式，其差异在于采用不同的信号通信体制、坐标参考系统、时间基准系统和广播星历格式。1995年，GLONASS在轨卫星达到24颗，正式开通运行，于1996年1月完成了24颗工作卫星和1颗备份卫星的部署。然而1996—1999年，由于俄罗斯经济困难、政府混乱，用于GLONASS后续研制、发射的财政预算削减了80%，导致没有足够资金及时补发新卫星，所以至2000年年底，卫星数一度减少为6颗，系统无法正常工作。随着经济情况的好转，俄罗斯政府制定了“拯救GLONASS补星计划”，并于2001年开始投入大量资金，着手对系统进行现代化改造[6]。至2011年，星座在轨运行卫星达到24颗，恢复了全服务能力。2012年至2014年，政府GLONASS预算投入2040亿卢布（约合144亿美元），用于卫星数保持、新卫星研制、地面设施改造，以及用户设备和导航地图更新等。截至2014年10月，在轨卫星数已达28颗。

（1）系统运行和升级情况

①空间段

GLONASS星座采用的是构型为24/3/1的Walker-δ星座，星座中所有卫星重复相同的星下点轨迹，这给地面测控和管理带来了很大的便利。GLONASS采用在轨冷备份，备份卫星在轨载荷关机不工作。GLONASS星座部署大致分为三个阶段。

1）全服务运行阶段（GLONASS第一代）：目的在于提供系统满星座全服务运行，部署时间为1982—2005年，包含Block Ⅱa、Block Ⅱb和Block Ⅱv卫星，各为6颗、12颗和59颗，设计寿命为1～3年。1982—1995年，先后发射73颗，最终建成24颗满星座。

由于卫星可靠性差、寿命短，导致系统备份维持成本极为高昂，甚至不能满星座运行，许多早期发射的卫星很快失效，使整个星座迅速退化。

2）恢复全服务运行阶段（GLONASS 第二代）：目的在于补救系统满星座全服务运行，部署时间为 2003—2014 年（计划到 2016 年），主要为 GLONASS - M 卫星，设计寿命为 5～7 年。至 2011 年，星座在轨卫星已达到 24 颗，重新恢复全服务运行。

3）现代化阶段（GLONASS 第三代）：目的在于修正前两代卫星所存在的缺点，全面提升卫星寿命以及与其他系统的信号兼容性能等，部署时间从 2011 年开始，主要是 GLONASS - K、GLONASS - KM 卫星，设计寿命为 10 年。GLONASS - K 提高了卫星钟的稳定性，信号增加了 CDMA 制式。

②地面控制段

与 GPS 的地面监测站均匀分布在全球范围内不同，GLONASS 的监测站则是布设在国内，在卫星上配备了后向反射棱镜，以助于对所有卫星进行较均匀的跟踪观测。此外，由于俄罗斯处于高纬度地区，卫星轨道倾角大约提高了 10°，以便对高纬度进行更好的覆盖。

由于 GLONASS 卫星的更新换代与现代化，并改进了地面控制系统及坐标系统，使其与国际地球参考框架（ITRF）保持一致，改善了系统性能。

（2）系统健康管理与维护情况

①延长卫星寿命

GLONASS 卫星的设计寿命与 GPS 差距非常大。GLONASS 组网卫星设计寿命是 1～2 年；后期的 GLONASS 卫星设计寿命为 3 年。由于卫星设计寿命短和发射周期长的原因，给系统健康管理与维护带来了极大的困难。系统建成后需要不断发射新的卫星保证系统正常提供服务，但是又无法及时发射足够的新卫星代替老化的卫星，以致到 20 世纪 90 年代后期，工作卫星数量减少到不足 10 颗，整个系统陷入功能不完善的状态。

经过设计改善，目前正在部署的新型 GLONASS - K、GLONASS - KM 卫星设计寿命达到 10 年。截至目前，新型卫星工作时间最长的已达到 8～9 年。

②加强组网发射能力

与 GPS 卫星发射组网的高可靠性相比，GLONASS 在初期组网以及后续补网阶段可谓是“发射屡遇失败，组网计划频遭推迟”。在 GLONASS 早期组网阶段，两年之内曾一箭三星连续两次发射失利（损失 6 颗 Block Ⅱb 卫星），致使满星座服务运行遭受延迟。而在 GLONASS 补网阶段的 2010—2013 年，再次发生一箭三星连续两次发射失利，导致星箭俱毁（损失 6 颗 GLONASS - M 卫星），再次推迟了 GLONASS 全服务运行部署计划，严重影响了 GLONASS 星座的完整性和服务性能，也给俄罗斯航天工业造成了巨大损失。

1.3.1.3 经验启示

从 GPS 和 GLONASS 的运维经验，可以得到以下几点启示。

（1）持续提升星座稳健性

GPS采取研发一代、改进一代和部署一代同时并举的方针，在GPS Ⅱ和GPS ⅡA卫星完成24轨位星座组网后，对同轨道上的部分卫星间距进行调整，使其形成“星对”，完成对星座的扩展。后续GPS ⅡR/ⅡRM/ⅡF卫星在全面兼容已有功能的基础上不断改进，增加星间链路、抗干扰、军民新信号等能力，同时完成对已有星座的补充、备份和更替，以及先期验证GPS Ⅲ的可行性。GLONASS系统卫星设计寿命由最初的1～3年提升到10年，GLONASS-K专门提高了卫星钟的稳定性，信号增加了CDMA制式，有效提高了空间信号可靠性。卫星的长寿命设计及有效的更新换代和补充是提升星座稳健性的关键。

（2）不断加强地面段控制能力

GPS地面控制段的现代化满足了GPS卫星现代化不断提高的控制与运行要求。GLONASS系统也注重改进其地面控制系统及坐标系统，使其与ITRF保持一致，有效改善了系统性能。

（3）通过多源数据融合改善服务性能

GPS不断进行卫星延寿工作、不断提高卫星设计寿命，积极开展卫星在轨健康管理；持续建设和完善军/民用GPS监测评估系统；持续推进多方融合的IFMEA工程、GDMS、COEP等，促进数据融合共享，为系统改进等提供有力支撑。此外，GPS的运行维护由军方负责，系统日常操作维护任务繁重，正在积极探索高效、经济的自动化、智能化运行新模式。

（4）加快升级换代

GPS Ⅲ-01卫星已成功入轨，GPSⅢ星座即将进入密集组网发射期，OCX系统已部分交付；GPS当前正处于平稳过渡时期，老一代地面控制系统不能管控新一代信号、星间链路等，正在使用应急系统维持；新一代地面系统全面升级，采用分布式架构，具有极高的网络安全性，投入使用后将全面替代已有系统（含OCS、AEP等）。

（5）以服务性能标准牵引应用服务

在GPS官网全面介绍系统概况，及时发布系统顶层文件，在美国海岸警卫队（USCG）导航中心网站及时发布卫星中断信息；积极拓展国外合作和国际应用，积极发展与其他系统的兼容与互操作；由FAA负责构建广域和局域增强系统，由USCG负责构建海上差分系统等。

1.3.2 航天器健康管理技术发展情况

1.3.2.1 技术架构

从20世纪末到21世纪初，为支持新一代可重复使用运载器（RLV）的高性能要求，提高航天器的可靠性与安全性，降低成本，NASA正式提出了航天安全计划——飞行器综合健康管理技术，简称IVHM技术。通过集成和应用先进的软件、传感器、智能诊断、数字通信、系统集成等技术，将航天器各子系统的故障监测、故障诊断、影响评估、故障预测，及相应的故障处理与保障措施，综合集成为一个航天器健康管理系统，实现对航天器系统智能的、系统级的健康评估和控制、信息和决策管理，帮助操作人员完成飞行任务，降低风险，减小危害。

IVHM 技术从概念提出到具体实现，经历了一个漫长的发展过程，目前已在航天器安全性、可靠性、经济性等方面发挥了显著作用，得到世界航天工业的广泛认同，成为航天工业发展的一种必然趋势。

按照数据、信息、知识、决策的管理过程，以及信息传递过程，一个 IVHM 架构可划分为基础层、分系统层、主题层、航天器层 4 个层次，如图 1－5 所示。

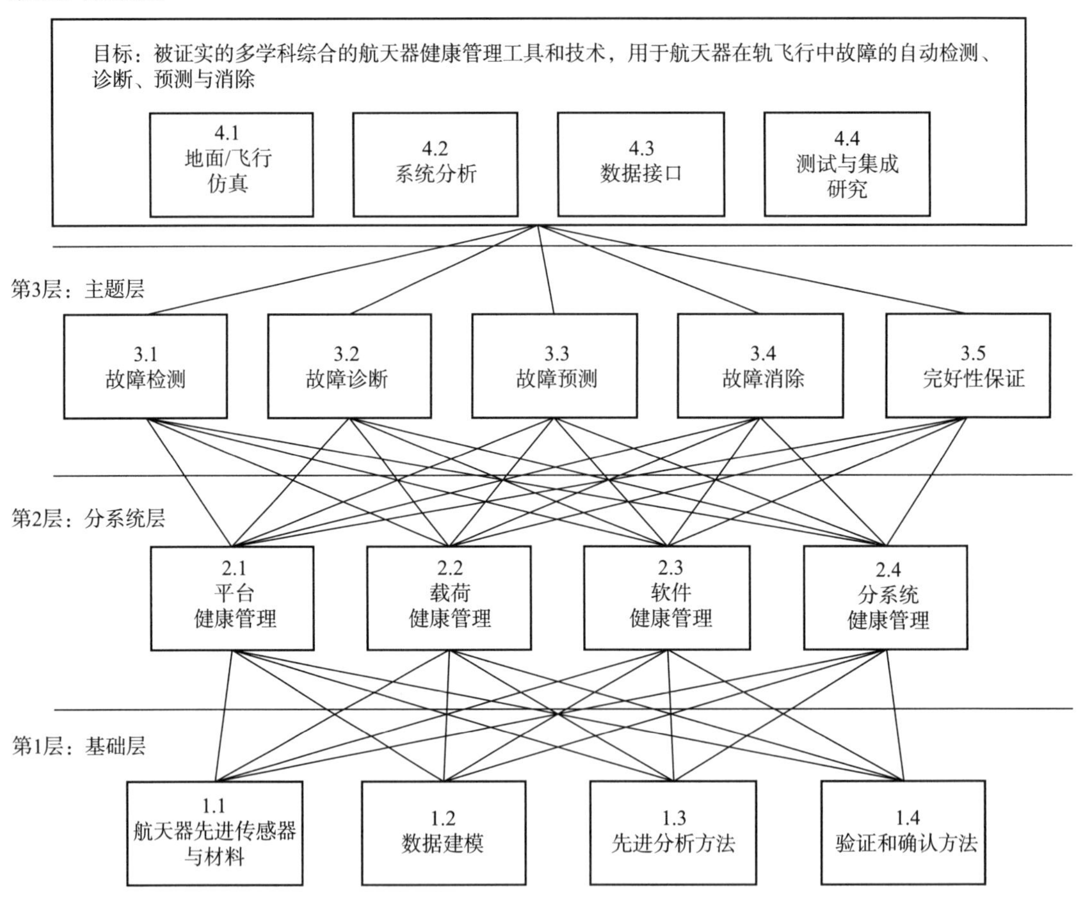

图 1－5 IVHM 系统层级划分

（1）基础层

基础层主要关注航天器先进传感器与材料、数据建模、先进分析方法以及相关的验证和确认方法。航天器健康状态的数据来自布设于航天器上的各种传感器和航天器系统的各种总线数据，经过信号调制、A/D 转换、时间同步等信号处理后发送到信号处理模块进行处理。传感器类型包括温度、压力、位移、应变、振动、流量等，数据信息包括数据速率、流量、带宽占用率等，其他数据还有仪器设备的电压、电流、磁场强度等。

（2）分系统层

分系统层主要关注平台健康管理、载荷健康管理、软件健康管理以及分系统健康管理。通过对分系统的健康状态进行预测和评估，判断监测分系统或者部件的健康状态是否下降，生成诊断记录，以一定置信度提出可能的故障状态，诊断处理过程应将健康历史的趋势、操作状态和负荷以及维护保障的历史等信息进行综合。

（3）主题层

主题层主要关注故障检测、故障诊断、故障预测、故障消除、完好性保证五方面内容。面向这几大主题的工作被认为是健康管理中最难的一步，一般采用基于物理的模型、基于数据的模型、基于规则的模型等方法来实现。

（4）航天器层

航天器层对整个航天器生命周期的健康状态进行评估。IVHM 是由多个分系统组成的系统，各个分系统的功能划分、成本效益分析，各分系统之间的相互协作机制、数据流程、数据通信的标准、数据接口、数据库等都是关系到整个 IVHM 架构完整、高效、经济的重要组成部分。航天器层的目标包括对系统各部分功能的完整定义，新型高效的自主学习机制，高效的任务调度机制，建立高效、稳定的数据通信标准，建立功能强大、安全可靠的数据库等。

1.3.2.2　故障预测方法

一般地，针对航天器的故障预测方法主要包括三类：基于概率统计的方法、失效物理方法以及数据驱动方法。基于概率统计的方法是一种传统的故障预测方法，该方法在航天器故障预测中需要大样本，以获得失效经验概率模型，在航天领域的应用具有一定的局限性；失效物理方法适应了航天领域样本量少的情况，主要依靠地面试验建立部件的失效机理模型，一般应用于航天器部件的设计阶段；数据驱动方法是一种较为普遍的现代故障预测方法，主要依靠关键数据和数据处理方法，完全不用考虑对象的模型特征，避免了前两种故障预测方法在模型建立和知识获取方面的困难，适用于航天器全寿命周期特别是总装、测试、试验和在轨故障预测。

（1）基于概率统计的方法

基于概率统计的方法基于寿命分布模型，着眼于预测总体的故障分布规律，实现对产品的寿命预测。其核心是构造合适的寿命分布模型和确定合适的分布参数。通过大样本的历史故障数据拟合得到寿命分布模型（指数分布、正态分布、对数正态分布、威布尔分布等），并根据不同的研究对象和外界因素选择相应的分布参数。

佐治亚理工学院通过定义卫星 11 个分系统的多种工作状态（包括完全运行、轻微失效、丧失备份、严重失效和失效），根据故障分布情况及其影响，利用非参数分析和威布尔拟合等概率统计方法，给出各种状态发生的概率以及状态转移概率，评估了 1990—2008 年间 1 584 颗在轨卫星及其分系统的可靠性。

（2）失效物理方法

失效物理方法基于产品失效机理、失效位置和寿命周期内负荷情况，识别产品的故障模式，确定故障产生和传播规律，建立产品在特定条件下的退化模型，在模型基础上进行产品剩余寿命预测，具有较高的预测精度。

NASA、欧洲空间局（ESA）针对动量轮、太阳帆板驱动机构（SADA）等空间活动部件进行了大量失效物理研究，包括空间环境（如真空、升华、失重、强挥发性、热应力、高温度梯度、辐射、微陨石等）对润滑失效的影响，建立了特定条件下润滑剂消耗和变质的模型（如球通模型、挥发模型、大分子分解变质模型等），预测了润滑剂耗损和润滑失效，在此基础上预测了活动部件寿命。2002 年，国外 8 家公司（即 United、Airlines、Lufthansa、Continental、Northwest、Southwest、UPS 和 Air Canada）联合进行了陀螺仪加速退化试验，得出了陀螺仪寿命与陀螺马达轴承寿命之间的定量关系，准确预测了陀螺仪的剩余寿命。

（3）数据驱动方法

数据驱动方法通过分析训练大量历史数据，学习输入与输出变量之间的映射关系，建立非线性、非透明的数据驱动模型（如自回归滑动平均模型、人工神经网络模型、卡尔曼滤波模型等），进行产品故障预测。数据驱动模型的构建过程相对简单，在获取准确、全面的数据资源前提下，只需要描述数据输入、输出关系和相关参数，即可进行故障预测，不需要建立精确的物理模型，逐渐成为故障预测研究和应用的热点。

NASA 在 IVHM 及故障检测、隔离与恢复（FDIR）计划中，重点解决电池、半导体部件、制动器等的寿命预测问题。Kai Goebel 等专家提出的相关向量机-粒子滤波（RVM - PF）方法，以内阻为特征量开展的高功率锂电池寿命预测，比传统回归分析方法和高斯过程方法精度提高 30%以上[63]。Jon 等专家针对第二代锂电池寿命预测，提出了基于人工神经网络原理的循环寿命双 Sigmoid 模型，利用这种模型不仅拟合程度高，还能够准确预测功率衰退到 50%时的寿命[64]。Kozlowski J. D. 等专家在基于模型的电池健康状态评估和寿命预测中，将电池的电化学模型、热模型与测量参数联合，采用数据融合方法预测电池状态，采用神经网络（NN）和决策方法进行寿命预测[65]。

霍尼韦尔公司通过测量陀螺仪的激光强度、读出强度，导出每个模式的电压以及其他陀螺参数，将最近 1 000 h 的性能数据进行预定的线性、二次或高次的多项式拟合，进而根据预定的临界工作温度来生成寿命性能特性数据，外推预测激光陀螺仪的剩余寿命。

Failure Analysis 公司提出了十几种卫星数据驱动故障预测算法（见表 1 - 3）[7]，在 GPS 卫星姿控飞轮、陀螺仪、发射器、铷钟等的寿命预测中，可提前 1 年预测卫星寿命，预测成功率达 100%。在远紫外线探测器（EUVE）卫星寿命预测中，采用统计模式识别方法确定失效征兆，并基于历史失效记录成功预测部件剩余寿命。该公司称使用其成果，可使卫星设计、制造、试验、发射、运行的早期故障率从 25%降低到 1%，每年可节省数十亿美元。

表 1-3 卫星数据驱动故障预测算法

算法	目的	设备制造	卫星制造	火箭制造	发射台	任务控制
基线分析	识别短期和长期正常数据行为	√	√	√	√	√
设计更改分析	确定正常行为的变化		√	√	√	√
对比分析	确定偏离正常行为的变化	√	√	√	√	√
故障时间	搜集相同时间内常见行为的大数据集	√	√	√	√	√
数字处理	通过更换外部来提升精度和解决方案					√
辨识度分析	识别偏离正常的行为	√	√	√	√	√
数学建模	从不充足的数据总量中生成正常行为	√	√	√	√	√
多自由度极限分析	在几个变量之间进行同步性分析	√	√	√	√	√
比率变化分析	识别行为变化的重要度		√	√	√	√
剩余使用寿命	确定剩余使用寿命	√	√	√	√	√
统计抽样	降低不消除期望行为的数据总量		√	√	√	√
状态变化分析	识别待评价数据		√	√	√	√
超强度接受	识别待评价的数据，进一步用于故障特征		√	√	√	√
高精度	提高数据的完整性					√
遥测验证	提高数据的完整性					√
实际遥测	无可用数据时创造正常的数据	√	√	√	√	√
数据整合	为分析创造镜像	√	√	√	√	√
数据集产生	当路径不可用或不切合实际时人工创造数据					√

1.3.2.3 国外航天器健康管理技术应用

(1) 基于遥测数据的单机设备故障预测

国外对在轨航天器（尤其是 GPS 卫星）寿命/故障进行的准确预测、评估和智能维护，大大提高了航天器的运行可靠性和服务质量。GPS 强调基于遥测数据的单机故障预测，用以反馈和提升卫星设计、制造、测试、集成、发射和在轨运行全寿命周期的可靠性。经过不断的技术改进，目前已成功实现了对 GPS 在轨卫星铷钟、动量轮、电源、推力器等关键单机的故障预测（如图 1-6 所示），并制定出了合理应对策略，大大提高了在轨卫星的可用性（见表 1-4）。

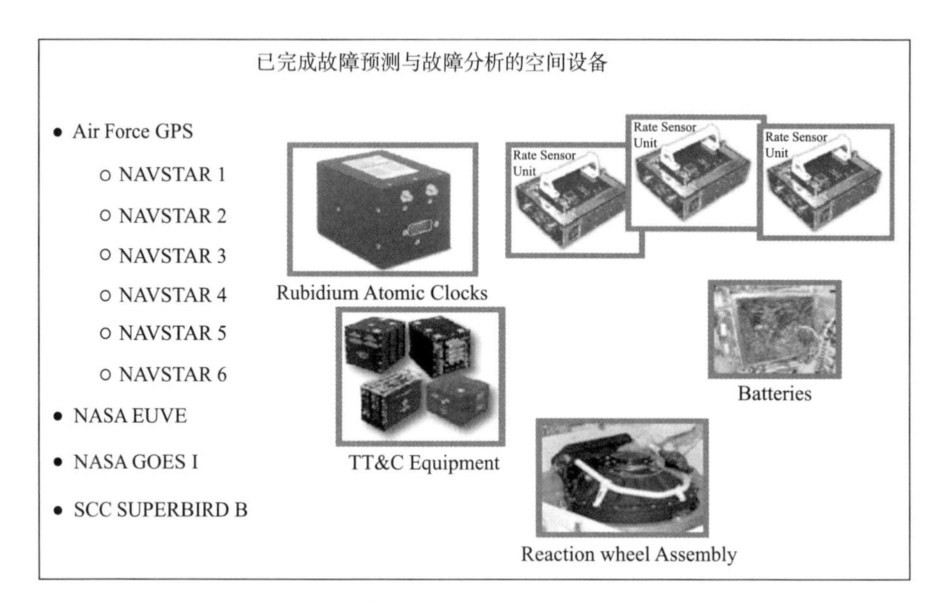

图 1-6 基于遥测数据驱动的 GPS 关键单机故障/寿命预测

表 1-4 GPS 卫星基于遥测数据驱动的寿命/故障预测结果

在轨 GPS 卫星遥测预测结果						
故障	导航卫星 1	导航卫星 2	导航卫星 3	导航卫星 4	导航卫星 5	导航卫星 6
FS ＃1 初始模式	无预报[1]	预报	预报	预报	预报	无故障
FS ＃2 初始模式	无预报[1]	预报	预报	预报	预报	无故障
FS ＃3 初始模式	无预报[1]	预报	预报	预报	无故障	无故障
FS ＃1 VCXO 模式	预报	预报	预报	预报	无故障	无故障
FS ＃2 VCXO 模式	预报	预报	预报	预报	无故障	无故障
FS ＃3 VCXO 模式	预报	预报	预报	预报	无故障	无故障
FS ＃4 初始模式	无故障	无故障	无故障	预报	无故障	无故障
1 号 SGLA 发射器	无故障	无故障	无故障	无故障	预报	无故障
1 号反作用轮	无故障	无故障	无故障	无故障	预报	无故障
2 号反作用轮	无故障	无故障	无故障	无故障	预报	无故障
太阳电池阵温度监控器	预报	无故障	预报	无故障	无故障	无故障
3 号电池超温	预报	预报	预报	预报	无故障	无故障
催化剂床推力器加热器	无预报[2]	无故障	无故障	无预报[2]	无故障	无故障

注：1. 工程组发现的 2 个铷钟初始模式故障提高了预测故障的能力；

2. 催化剂床推力器加热器故障不能被预报是因为工程组在卫星任务初期就停止了对加热器的温度跟踪。

对于铷钟、动量轮等影响较大的关键单机，着重开展了智能感知＋预测性维护。例如，GPS 利用基于数据驱动（性能遥测数据和地面主控站的频率稳定度数据）的故障预测技术，能够提前6个月准确预测铷钟故障[66]（如图1-7所示），为卫星钟切换等在轨维护预案制定提供量化依据。NASA利用智能预测技术对EUVE/哈勃卫星上的陀螺仪进行了剩余寿命预测[8,9]。

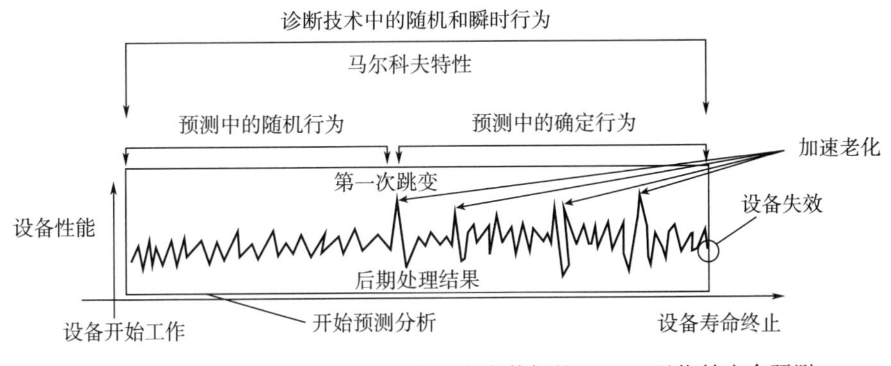

图1-7 基于性能遥测数据和频率稳定度数据的GPS卫星铷钟寿命预测

（2）基于数据融合的系统故障诊断与健康评估

美国从2000年起就开展了针对GPS卫星健康的监控与寿命预测研究，制定了健康评估与寿命预测的相关准则和实施方法，即针对各卫星的健康状态实时监测与评估，对卫星的剩余寿命进行预测，进而对整个卫星系统的健康状态进行评价，对象包括所有在轨工作卫星，评估要素包括在轨期望寿命估计、载荷失效情况、平台失效情况等。由于应用了故障预测与健康管理技术，GPS卫星的可靠性大幅提升，可靠性已接近100%[10]。

此外，NASA在遥感、通信等其他卫星型号上也成功应用了故障预测与健康管理（PHM）技术[8]。特别是，在EUVE遥感卫星上开展基于数据驱动的寿命预测，能够准确预测在轨剩余寿命。

2010年以后，GPS提出了卫星内部监测数据融合空间环境数据的大数据驱动故障预测总体框架（如图1-8所示），主要包括多源数据、数据融合和资源管理（DF&RM）算法、人机接口三部分内容。其中，多源数据包括卫星遥测数据、空间环境数据和其他数据，DF&RM算法包括监测、评估、计划、执行四部分功能。

在DF&RM算法的大数据驱动故障预测总体框架基础上，进一步研究提出了贝叶斯融合节点网络模型。该模型通过异常探测、事件跟踪和数据融合，得到一定置信度下卫星态势评估和故障预测结果。具体处理过程为：对GPS卫星到站点的信噪比数据进行事件跟踪算法处理；将信噪比原始数据、事件跟踪算法处理后的信噪比数据经过滤波后，得到位置、时间等信息；将站点与卫星的无线电干涉、站点穿过的电离层区域作为输入；根据GPS卫星与站点的电离层穿刺点数据，预测出闪烁点区域的数据；最后，综合以上信息及其他空间高能粒子数据、空间气象数据、地磁活动数据，输入到贝叶斯融合节点，通过相关配置，按照一定规则，得到一定置信度下GPS卫星到地面站点的健康状态跟踪更新结果，为提前采取预案处置措施提供了决策依据。在2015年3月的太阳风暴中，GPS卫星无一中断，而相比之下，同期北斗导航卫星则出现多颗卫星中断的情形。

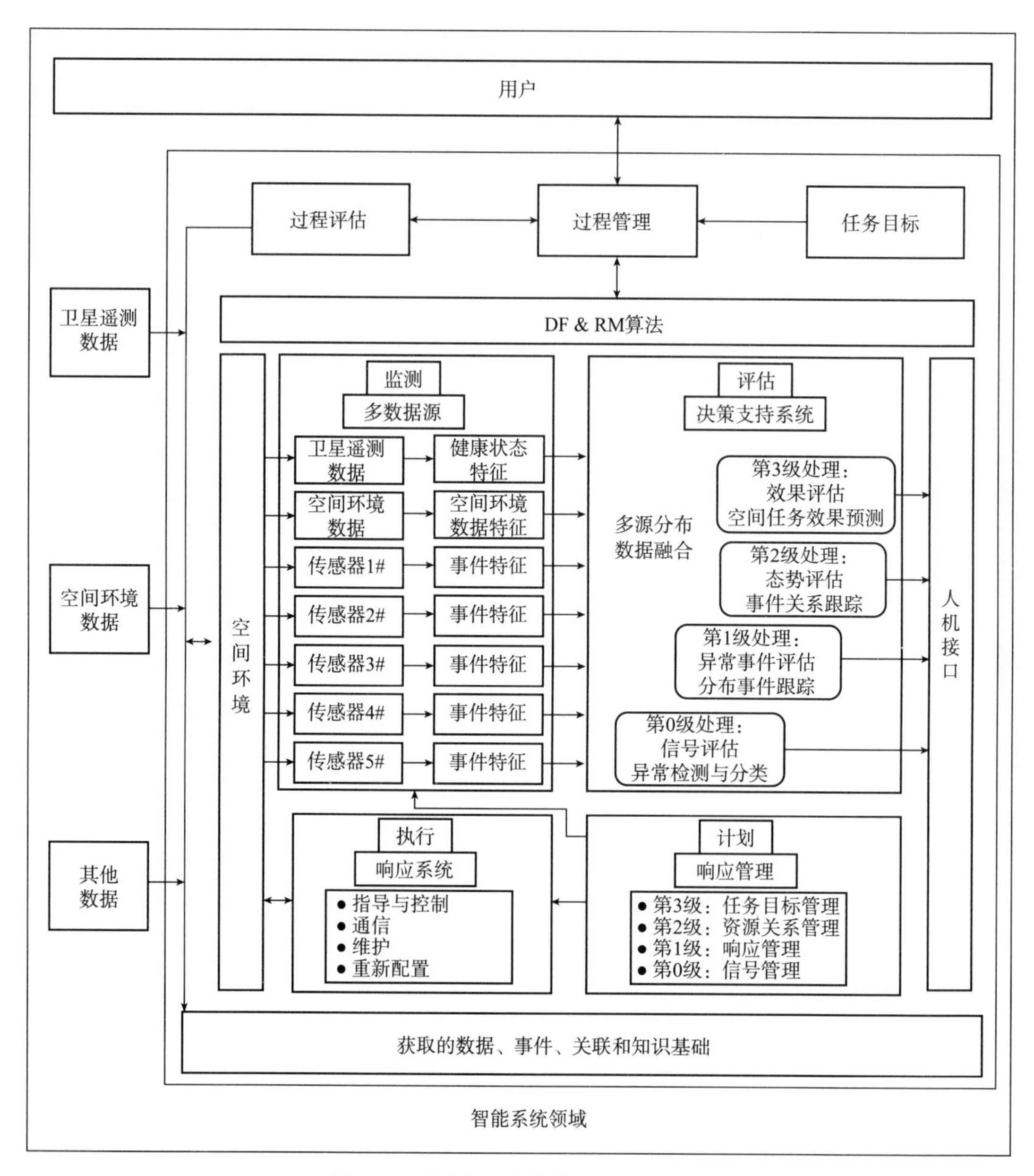

图 1－8　大数据驱动故障预测总体框架

1.3.3　人工智能与大数据技术发展及其在系统运维中的应用情况

1.3.3.1　技术发展情况

智能运行维护技术是多学科、多技术综合的一门技术，其核心是人工智能、大数据和云平台技术，本节重点介绍该技术的发展现状及发展趋势。

（1）人工智能技术

人工智能是研究、开发用于模拟、延伸和扩展人的智能的理论、方法、技术及应用系统的一门新的技术科学，是计算机科学的一个分支，它试图了解智能的实质，并生产出一种新的能以人类智能相似的方式做出反应的智能化系统。该领域的研究包括机器人、语言识别、图像识别、自然语言处理和专家系统等。相对于自动化系统，智能化系统具有四个方面的特点：一是具有感知能力，即具有能够感知外部世界、获取外部信息的能力，这是产生智能活动的前提条件和必要条件；二是具有记忆和思维能力，即能够存储感知到的外部信息及由思维产生的知识，同时能够利用已有的知识对信息进行分析、计算、比较、判断、联想、决策；三是具有学习能力和自适应能力，即通过与环境的相互作用，不断学习积累知识，使自己能够适应环境变化；四是具有行为决策能力，即能够对外界的刺激做出反应，形成决策并传达相应的信息。

智能有一定的“自我”判断能力，是根据“事件”来工作；自动化只能够按照已经制定的程序工作，没有自我判断能力，是根据“时间”来工作。自动化与智能化最主要的差别在于，自动化只是单纯地控制，而智能化则是在控制端加上数据挖掘，采集后的数据必须能无缝传送到后端累积成庞大数据库，管理系统再依据数据库的信息，分析、制定出正确决策，而这些决策同时也附加自动化设备与以往不同的功能，即智能化体现在自我诊断和自组织能力上。

（2）大数据和云平台技术

大数据云平台是基于云计算的大数据存储和处理架构、分布式数据挖掘算法和基于互联网的大数据存储、处理和挖掘服务模式。大数据云平台一般分为三层：平台层、功能层、服务层。平台层为大数据提供存储和计算平台；功能层为大数据提供集成、存储、管理和挖掘功能；服务层基于 Web 和 Open API 技术提供大数据服务。其中功能层位于平台层之上，只有分布式的平台层和完善的功能层，才能为上层的业务提供可靠的服务。

自从谷歌首次提出云计算概念后，亚马逊、微软和雅虎等公司相继提出了各自的云计算解决方案，美国、中国、韩国等政府相继宣布了云计算发展战略，将云计算提升至前所未有的高度。云计算可以满足新一代数据中心对网络、存储与计算业务的需求，这为新一代北斗智能运维系统的构建提供了新的思路。基于云计算的新一代智能运维系统的基础架构如图 1－9 所示。

在基础设施层，利用虚拟机监视器或虚拟化平台对服务器、存储设备、遥测设备、网络设备等硬件资源进行虚拟化，屏蔽不同系统之间千差万别的硬件资源，以虚拟机为单位进行统一的自动化管理，包括资源抽象、资源监控、资源部署、负载管理、安全管理等，一方面可以提高资源利用率，另一方面使管理维护人员摆脱对服务器等硬件资源、操作系统与中间件的繁重的管理工作，专注于虚拟机与业务系统的维护，从而简化数据中心的管理与维护工作。

在云计算平台层，以虚拟机为单位构建 Web 服务器集群、应用服务器集群与数据库服务器集群，作为数据中心的运行环境。采用云计算的分布式文件系统、分布式数据库管理系统、分布式数据处理系统、数据仓库与数据分析工具实现系统海量数据的大规模存储，为数据挖掘与辅助决策等高级应用提供高性能的分布式计算环境。

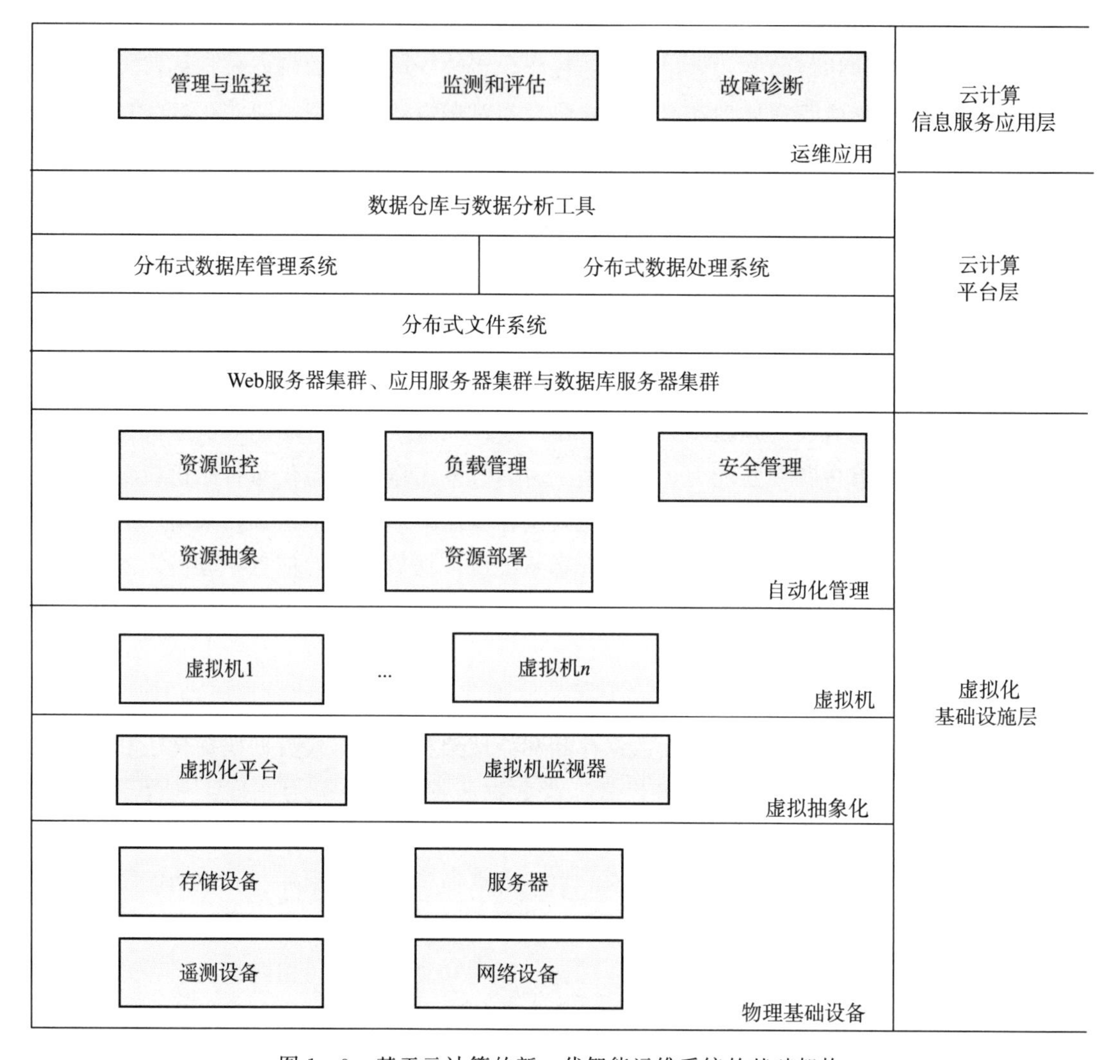

图 1-9 基于云计算的新一代智能运维系统的基础架构

在云计算信息服务应用层，开展管理与监控、监测和评估、故障诊断等应用，以及针对系统特点开展其他方面的应用。

目前，国内主要云平台包括阿里云、华为云、百度云、腾讯云等，也可以根据行业不同需要，采用相应的云平台技术搭建私有云。目前，人工智能和大数据技术在工业系统的设备智能维护、轨道交通环境与设备监控智能维护、智能电网运行控制，以及智慧城市交通的精细化调度与管理等行业中得到应用。

1.3.3.2 人工智能和大数据技术在有关行业系统运维中的应用

本节重点介绍人工智能和大数据技术在电网智能运维、民航安全运管、轨道交通智能维护、工业系统智能维护、智慧城市交通等方面的应用情况。

(1) 电网智能运维

电网的运行维护依靠电网调度部门完成，电网调度中心保障电网的安全稳定运行，保证发电与用电的瞬间平衡，保证电能质量符合国家标准。根据《电力法》《电网调度管理条例》，按照“统一调度，分级管理”的原则，我国电网形成了相对成熟的五级调度体系，较好地适应了电力生产的客观需求，在我国电力建设和发展过程中发挥了重要作用。五级调度体系包括：1）1个国调中心；2）6个调度分中心；3）27个省级调度中心；4）381个地级调度中心；5）1 346个县级调度中心。

我国智能电网调度控制系统于2008年启动研发，累计投入科研经费1.1亿元，产学研40多家单位联合攻关，并得到国家重大项目支持。2010年完成项目研发和验证，2011年试点工程正式投入运行，随后在国家电网省级以上调度控制中心全面推广应用。项目在原有能量管理技术、二次安全防护技术、离线数字仿真技术基础上，按照标准化、一体化、国产化的技术原则，采用“横向集成、纵向贯通”的做法，将每个原调度中心10余套独立的应用系统整合成一套平台和四类应用，从而使不同级调度中心共享信息，有效开展协同，同一调度内不同专业之间进行有效交互与协同。智能电网调度控制系统已用于国家电网全部（34个）省级以上调度控制中心，并推广到地市调度控制中心等，共249套，推动了电网调度控制技术的升级换代，实现了全网的实时监测从稳态到动态、稳定分析从离线到在线、事故处置从分散到协同、经济调度从局部到全局的重大技术进步。

在运维系统智能化建设的同时，电网运维还通过制定相关管理规程，提升运维软实力。各调度中心依据行业标准《电力调度自动化系统运行管理规程》（DL/T 516—2017）进行系统运行管理。该标准明确了运行管理范围、职责、主要岗位和厂站岗位等内容。

电网调度中心针对电网存在的缺陷进行分类管理，防止缺陷发展为故障，包括：危急缺陷、重大缺陷和一般缺陷三类。危急缺陷是指严重影响实时监控业务，需在4小时内处理；重大缺陷是指对调控或变电运行业务有一定影响，需在72小时内处理；一般缺陷是指系统、设备和数据异常，对调控或变电运行业务无明显影响，需在2个月内消除。利用电子表单的形式进行检修，包括计划检修、临时检修和故障抢修三类；采用专职的值班制度，值班大厅是网络安全与调度自动化联合值班场所，承担调度控制系统业务和网络安全的双重保障任务。采用“五班三用”的值班制度，进行三班24小时值班；国家电网公司组织各单位编制调度自动化系统故障应急预案，规范危险源分析、故障分析、应急处置机构及职责、预防与预警、应急响应、信息报告、后期处置、应急保障、培训和演练等，基于风险管理方法，在“风险辨识—风险评估—风险控制”的统一框架下建立完善的面向调度运行的电网安全风险管控体系，以做到对电网安全风险的预测感知，提升调度驾驭大电网、纵深风险防御与科学管理决策的能力。面向电网运行的安全风险管控体系流程如图1-10所示，电网运行风险预警管控工作流程如图1-11所示[12,13]。

（2）民航安全运管

①国航安全管理体系

国航安全管理体系由生产运行系统和安全监督系统共同构成，其中安全监督系统独立于公司的生产运行系统，履行安全监督管理职责。安全监督系统由航空安全管理部和各生产单位的安全管理部门共同构成，其中航空安全管理部是航空安全生产监督管理中心，

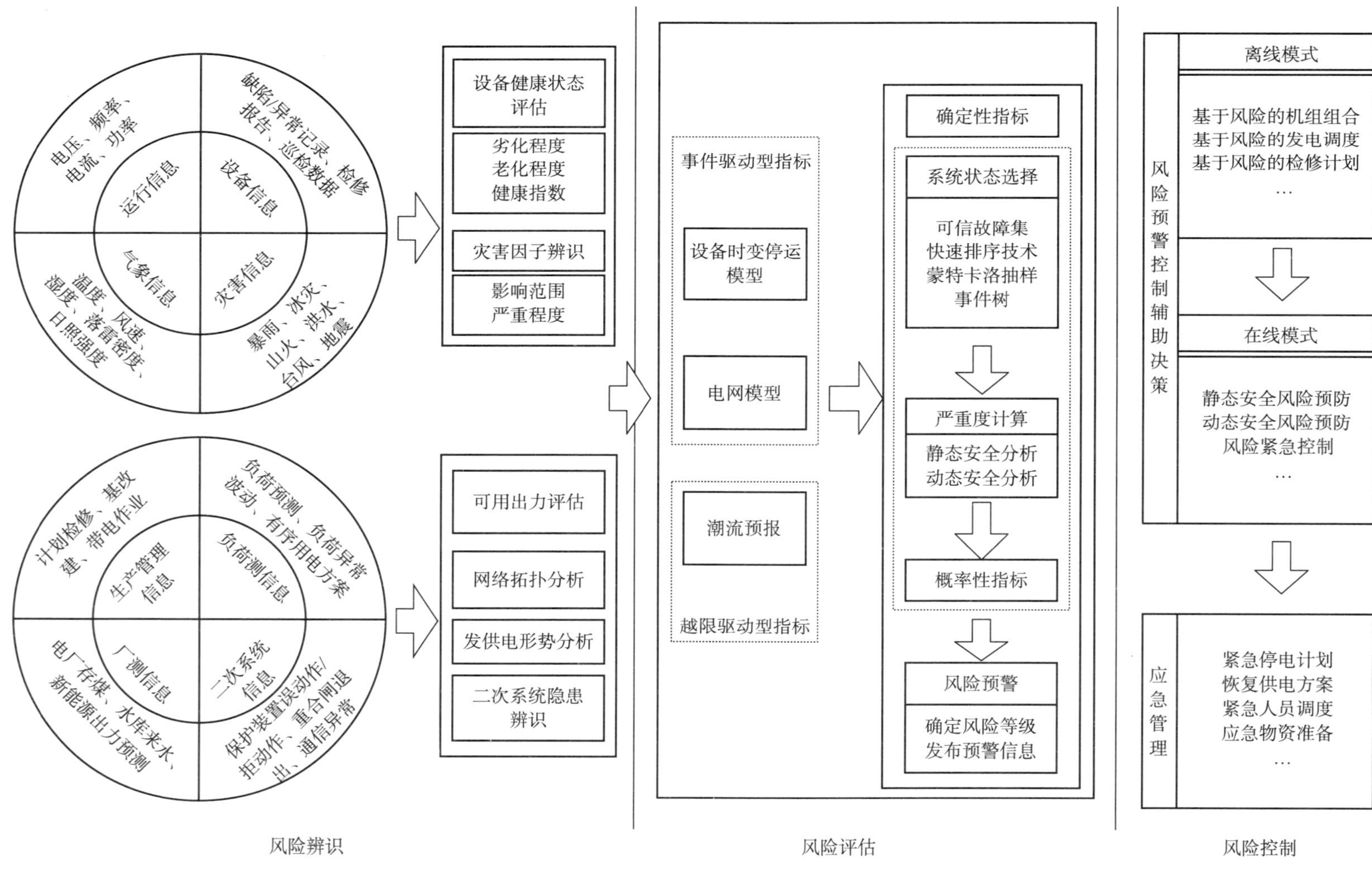

图1－10　面向电网运行的安全风险管控体系流程

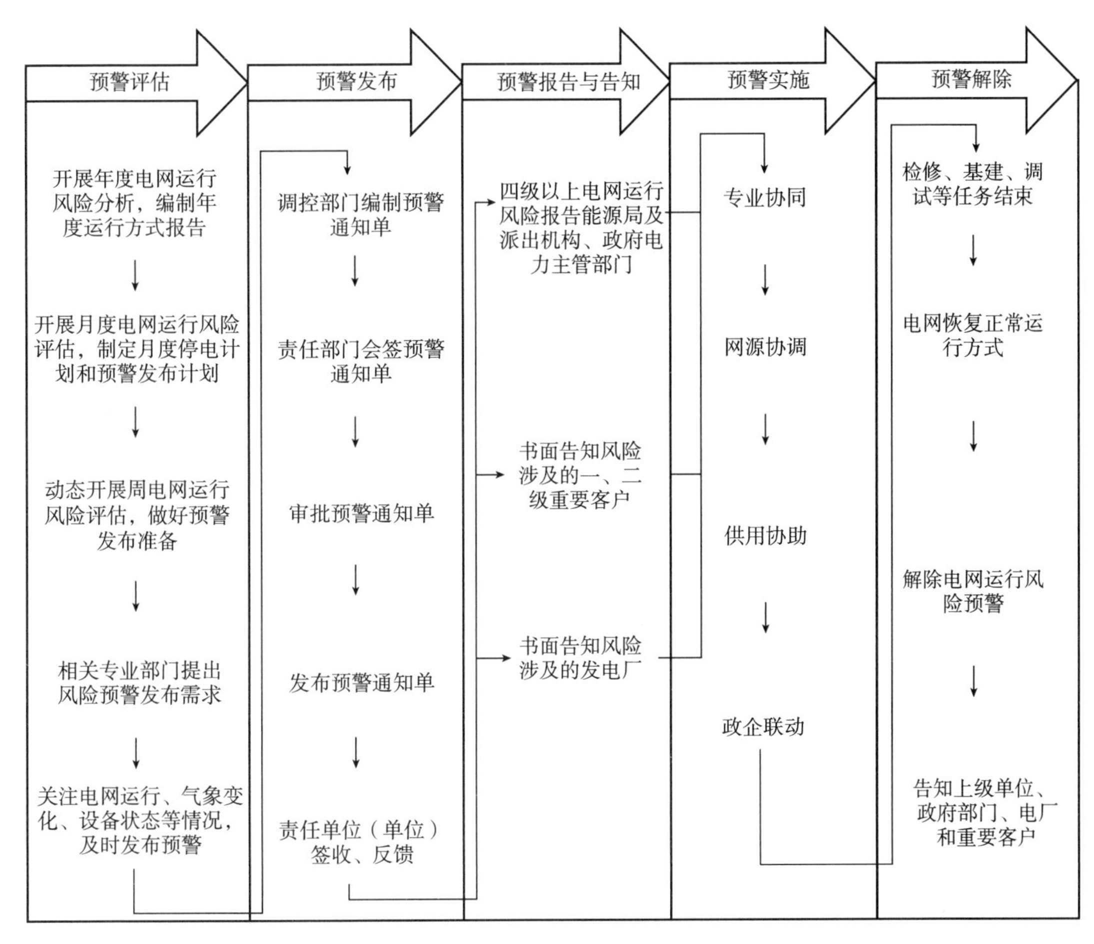

图1-11　电网运行风险预警管控工作流程

具体负责制定航空安全政策、标准、规划，推动安全管理体系的完善和有效实施，开展安全信息、安全检查、风险管理等安全管理工作，监督、指导国航、控股子企业和与航空安全相关的专业公司的安全管理工作。

②持续适航管理

持续适航管理包括规范和标准、维护和修理、可靠性管理、维修方案及维修方案持续优化。机务对国航机队运行维护类有两项指标，分别是客机可用率和机队航班不正常千次率。厂家的持续适航性责任主要如下：提供持续适航性手册或其补充，包括厂家规范及标准、工程图纸、其他维护类和运行类手册并提供持续的改版服务，以保证其现行有效；持续监控机载设备和系统的安全性和可靠性，并通过工程文件对机载设备和系统的安全性、可靠性和经济性进行持续改进，提供使用、维护方面的技术信息。指定技术代表和客户服务代表，提供技术支持和服务保障；提供机载设备和系统使用、维护、修理、大修方面的培训；提供备件、专用工具设备的支持；提供机载设备的修理、大修支持。

③国航运行管控体系

国航运行管控体系共包含三级。一级——航空公司运营通信系统（AOC）：在公司总运行控制主任的领导下，由地面运控中心、飞行总队、商务委员会、北京飞机维修工程有限公司（AMECO）、客舱服务部等14个主要运行单位组成，负责全公司航班、飞机、机组等运行资源的调控与航班整体动态控制。二级——各级生产指挥和调度部门：在北京枢纽和西南区域枢纽，由枢纽控制中心（HCC）负责地面运行保障；在其他分公司和基地，以生产指挥中心联合AMECO维修分公司、营业部、飞行队、客舱等部门组织各地运行；在飞行总队、客舱服务部等单位设立各级生产调度部门，负责组织本业务领域的航班生产。三级——各级现场和航站：由航站站长或授权的运行负责人负责安全、服务监管、组织指挥现场运行。

系统运行控制（SOC）是一个每天围绕航班生产运作，控制公司飞机、机组和航班三大资源的跨部门管理的综合体。国航SOC自2005年开始建设，已于2011年全面上线，陆续投产四个模块：运行动态管理、签派放行、机组排班和配载管理。2019年，国航计划对运行动态管理模块进行升级，实现快速恢复的功能。SOC主要功能包括：保障飞行安全；提高航班正常性；资源优化配置；降低运行成本；高效应急处置。目前国航联合使用自主研发的国航监控系统和美国Sabre公司的Flight Explorer系统，实现航班监控、气象监控、位置报文监控、其他报文监控、油量监控、备降监控、进港监控和出港监控，并可提请七种类型的告警：中断起飞告警、偏航告警、盘旋等待、油量告警、返航备降告警、超时未落地告警和复飞告警。

（3）轨道交通智能维护

轨道交通对智能维护在方式上的要求主要有：远程维护、协同维护、分布式维护和预知维护。轨道交通环境与设备监控系统智能维护平台需要：1）持续地从安装于设备中的传感器和环控系统处收集设备运行状态、环境状态等参数；2）持续地处理收集到的信息并在线评估系统及设备各个组件的健康状况，同时侦测性能下降或异常征兆，健康状态评估是基于系统、设备组件的正常行为模型，而初期故障诊断将基于多种智能故障诊断技术；3）持续在系统设计者、制造者和维护者三者之间共享和交换一切必要的设备维护信息、维护知识，以互相支持。智能维护平台架构如图1-12所示[11]。

在高铁领域，随着京张高铁的建成通车，中国高铁迈进更加安全高效、更加绿色环保、更加便捷舒适的智能高铁时代。智能高铁采用云计算、物联网、大数据、移动互联、人工智能、5G、空天地一体化等先进技术，通过新一代信息技术与高速铁路技术的集成融合，实现高铁移动装备、固定基础设施及内外部环境空间信息的全面感知、泛在互联、融合处理、主动学习和科学决策，使铁路运输生产更加有序，客货服务更加便捷，业务管理更加协同，安全保障更加有力。智能高铁遵循统一规划、统一标准、统一平台的原则，按照安全、可靠、先进、可扩展的要求，采用云边融合方式，利用深度与自主学习、协作、分享等技术手段，搭建智能运维管理平台，与既有信息系统和各专业相关应用充分衔接，汇集各专业应用数据，实施精准的状态感知、可靠的状态预测以及应用“互联网+”，

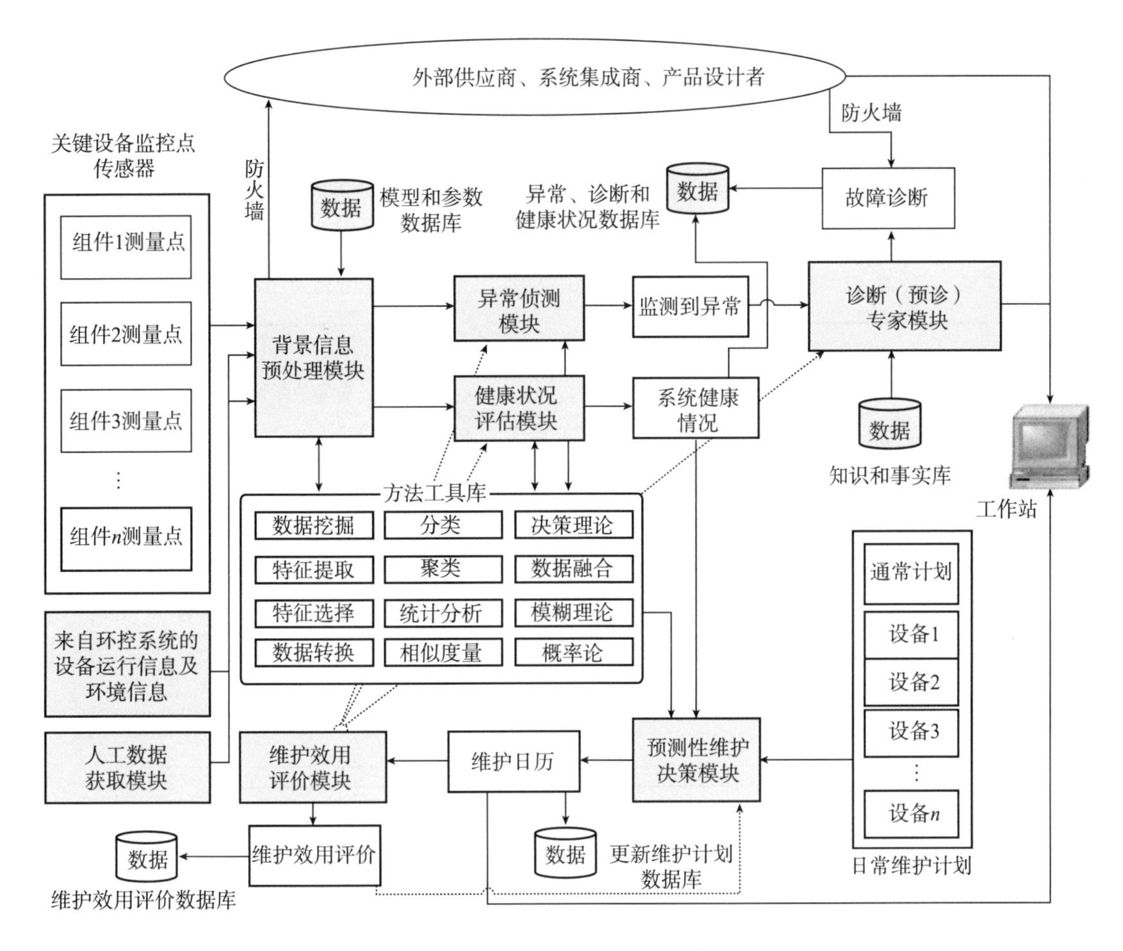

图1－12 智能维护平台架构

通过流程管理、事件管理、问题管理、变更管理、发布管理、运行管理、知识管理、综合分析管理，为各应用系统提供主数据、元数据、时空信息、大数据分析、人工智能等服务，实现运营故障处置、驾驶行为评估、运营组织管理、列车能耗管理、设备健康评估、设备安全预警和数据共享等，实现数据的全生命周期传递。

（4）工业系统智能维护

目前将智能技术与维护技术相融合，以辅助专家解决纷繁复杂的维护问题已成为研究热点。智能维护系统是采用性能衰退分析和预测方法，结合融合技术（融合互联网、非接触式通信技术、嵌入式智能技术），使产品或设备达到近零故障的性能或生产效率的一种新型维护系统。智能维护属于预测性维护，智能维护技术的出现进一步提高了企业设备的开动率，并且随着技术的发展，其可使企业的制造设备达到近乎零的故障停机性能。工业设备智能维护方法与传统维修方法的对比如图1－13所示[15]。

智能维护系统可通过Web驱动的电子信息平台对设备和产品进行不间断的监测诊断和性能的退化评估，并做出维修决策。同时智能维护系统还能通过Web驱动的智能代理

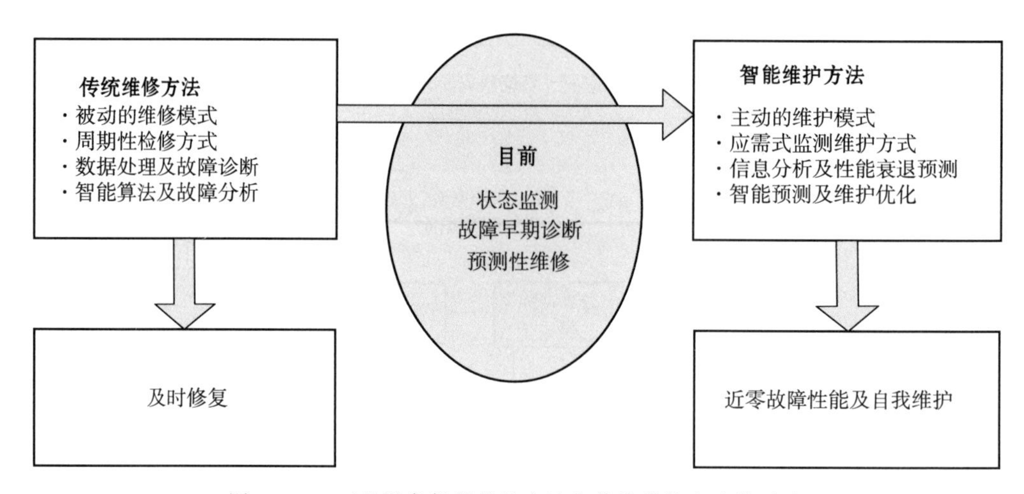

图 1-13　工业设备智能维护方法与传统维修方法的对比

与电子商务工具（如客户关系管理、供应链管理、企业资源管理）进行整合，从而获得高质量的全套服务解决方案。另外，智能维护系统所得到的信息知识还可用于产品的再设计和优化设计，从而使未来的产品和设备达到自我维护的境界。工业设备智能维护系统（IMS）构架如图 1-14 所示[15]。

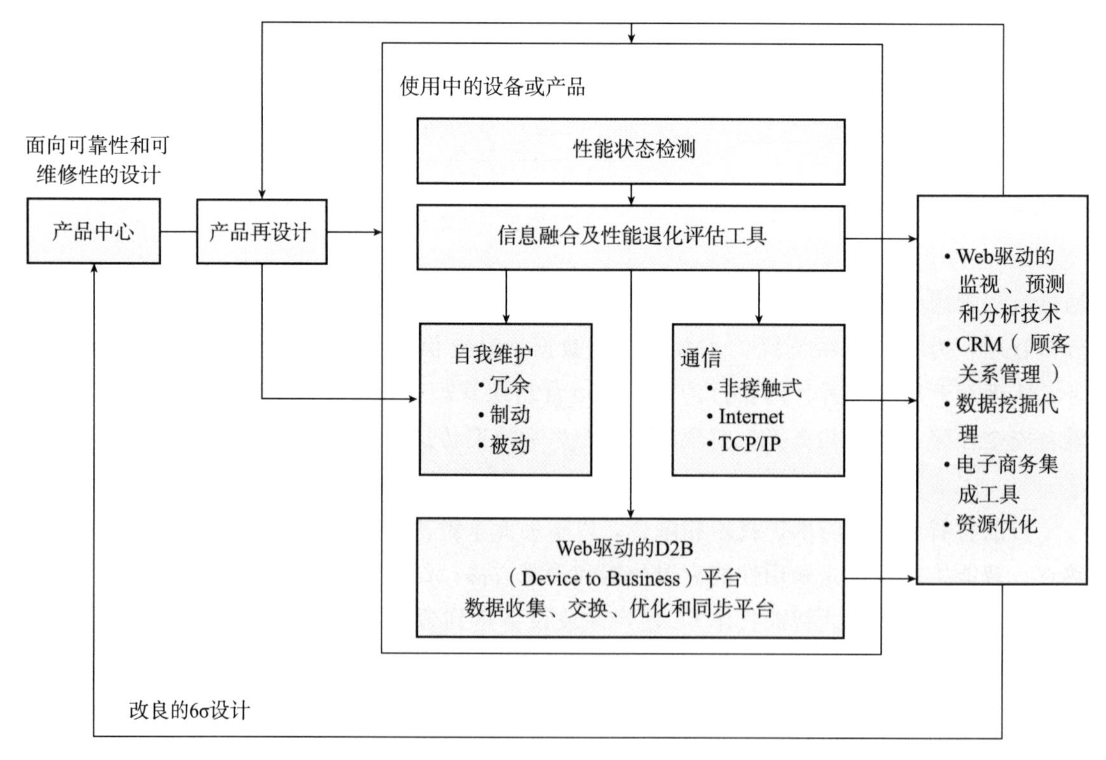

图 1-14　工业设备智能维护系统（IMS）构架

在对设备进行预诊时，首先通过内置在设备中的传感器，采集现场设备运行中的各种信号并传递给专家（专家系统），最常用的是振动信号；然后专家运用特征提取、特征选择的方法对数据进行预处理；对选择的特征进行融合，建立性能评价模型，输出相应的性能衰退指标；建立寿命预测模型，对性能的衰退趋势进行预测，获得相应的剩余寿命；最后通过网络把得到的预诊信息反馈给现场，以提供设备维护的决策。

（5）智慧城市交通

在国内虽然有一部分大中型城市建立了交通管理和指挥中心，但是各中心之间以及各中心的各个交通管理子系统之间尚未实现信息共享。目前已有的这些交通系统，相互之间都是独立存在的，缺少联系和信息接口，因此无法实现系统与系统之间信息的联网共享，导致各系统带来的社会效益有限。

城市交通大数据的公交精细化调度与管理系统将公交要素标识标签、公交车载信息中心（车载 RSU）等物联网设备大规模部署于公交车、公交站台等场所，采集公交车辆状态信息、站点信息、行驶信息、客流信息，并通过建设公交大数据处理分析平台，基于大数据技术对上述采集数据进行分析，通过数据的集成、计算，形成各类数据应用，为公交企业、公众出行者、政府管理部门提供公交调度服务、公交个性化信息服务以及公交行业监管服务，彻底解决公交站点智能维护、公交“飞站”、车距监管、精准报站、发班与客流匹配等公交运营和监管难题，最终提升城市公交服务水平。

1.3.4　现代信息技术给北斗系统运维带来的机遇

人工智能和大数据云平台技术的迅猛发展，不仅使智能运维系统从理论发展到实践阶段，为北斗系统智能运维提供了理论依据和工程实现基础，还在某些行业领域成功应用，给北斗系统智能运维带来了机遇。利用智能运维新技术成果，充分利用空间段和地面段运行内部监测数据、产品研制数据、外部监测数据和空间环境数据等多源多维数据信息，能够更准确、更快速地进行卫星系统和地面系统的故障诊断、健康评估和寿命预测，实现更优化的决策控制（如：故障快速处置、地面备品备件、星座备份策略优化等），达到高可用性、高连续性和高完好性的指标要求。

1.3.4.1　智能运维是提升天地一体化动态网络系统运维能力的发展方向

为保证系统连续稳定运行，需要有效降低信号短期非计划中断和短期计划中断的影响。一方面需要加强在轨卫星和地面关键设备的实时健康监测评估、故障诊断和寿命预测，提前识别风险点和薄弱环节，科学制定在轨维护、地面备品备件、星箭备份等控制措施，实现“先于故障发现问题，先于影响解决问题”。另一方面，需要完善计划中断处理流程，健全在轨故障快速响应机制，缩短短期计划中断时间，有效提升系统可用性和连续性，保障北斗系统连续稳定运行服务。当前，系统内外部积累了大量监测数据和空间环境数据以及地面测试数据，充分利用这些多源多维数据，借助大数据、云平台、人工智能等新技术，可以破解存在的多源数据融合难题，提升天地一体化动态网络运维能力，有效开展北斗系统实时状态评估、快速故障诊断和提前寿命预测，实现对系统健康的精确定量分析和运行维护的智能管控，提升北斗系统连续稳定运行能力。

例如，针对控管资源增多、规划调度更加复杂、在轨异常处置模式较为低效、处理链条较长的问题，通过构建基于大数据、云平台、可视化技术的多源数据融合与可视化操作平台，可以打通卫星、地面运控、测控、星间链路等多方数据信息，实现操作透明化，促进统一调度规划，缩短故障处置管理链条，实现快速处理恢复。如充分利用星间链路数据，在境外时做好预判和相关预案，从而缩短卫星操作的响应时间；及时掌握系统和设备的性能和运行状况，把握其故障发展规律，提前发现设备恶化征兆，及时预警，将非计划中断转变为计划中断，早判断早处理，从而减少系统不可用时间。

此外，提供更高的服务性能、更优的用户体验已成为各大卫星导航系统的追求目标。我国全球系统服务性能指标较区域系统有较大的提高，相应地需要对在轨管理工作进行统筹协调和精心安排。通过大数据技术，能够实时评估、掌握系统的服务性能，保证服务性能指标的提升；同时建立起与用户交互的机制，大大提升了用户体验。

1.3.4.2 人工智能大数据等新技术为北斗智能运维提供了有效技术手段

提高卫星导航系统健康评估、寿命预测和故障诊断的准确性、及时性，以及运维措施的有效性，需要突破基于多源数据融合的故障预测诊断方法和智能运维决策优化技术。人工智能、大数据、云计算技术的突破和应用，为利用多源和多维数据进行系统预测性智能维护，从而实现系统的近零故障运行，提供了有效技术手段。

在数据采集、存储和管理方面，虽然以往卫星运管部门会存储大量的设备使用数据，但只有当设备出现问题时才会查看当前的数据是否出现异常，并且只处理当前的问题，造成大量的使用数据浪费；同时，我们采集到的数据可能90%以上都是无用的数据，而技术人员却需要为此花费大量的时间进行数据处理。现在，随着信息技术的发展，数据感知能力、计算能力和存储能力均大大加强。通过先进的传感器技术、通信技术、物联网技术，大量原始数据的获取变得简单。通过构建统一的运维大数据云平台，开展数据清洗和融合，形成面向应用的分级分类主题仓库，大大提升了日常运维、异常处置和风险防控的效率，有效支持了卫星运管部门和设计单位开展卫星运维、战略决策、设计改进等工作。

在数据分析和挖掘方面，基于大数据驱动的技术，比基于模型驱动的技术更适用于系统健康评估与故障预测。在大多数的工业系统寿命/故障预测应用中，建立复杂部件或系统的数学或物理模型十分困难甚至无法实现，因此，部件或系统设计、仿真、运行和维护等各个阶段的测试、传感器数据就成为掌握系统性能下降的主要手段。特别是针对航空航天等复杂系统，很难直接获得或构建出表征部件、系统退化、剩余寿命的物理模型，而这些对象系统和部件又具备大量可用的状态监测和测试数据，因此，以数据驱动为主的寿命/故障预测方法体系，获得广泛重视。数据驱动寿命/故障预测基于先进的传感器技术，采集和获取与系统属性有关的特征参数，并将这些特征参数和有用信息关联，借助智能算法和模型进行检测、分析和预测，给出目标系统的剩余寿命分布、性能退化程度或任务失效的概率，从而为维护和保障系统提供决策信息。在故障诊断方面，基于大数据知识图谱的故障诊断技术，也比传统的基于专家规则的故障诊断技术，更为高效和准确。

此外，卫星导航系统在运行过程中，未知因素众多，包括空间环境等，利用智能技术，可以提前感知环境和解决突发情况。利用内部运行和外部环境等多源异构大数据，开展多源数据的多维度关联、评估及预测，实现多问题、多环节的协同优化，进行各设备的柔性配置、软件重构与优化控制，从而保障卫星导航系统提供高稳定、高可靠、高安全服务。

第2章 北斗系统智能运维理论与技术体系

2.1 概述

本章从复杂系统智能运维的基本理论出发，针对北斗系统星地一体化动态网络高精度、高实时、高可靠性运行服务等特点，结合人工智能、大数据技术，以及系统健康管理和运行风险评估预警技术，提出北斗系统智能运维的“三环三融合”原理、理论模型、内涵特征、技术体系，并讨论了北斗系统智能运维技术发展路线。

2.2 北斗系统智能运维理论

2.2.1 北斗系统运维理论基础

北斗系统运维遵循系统工程基本理论。所谓“系统工程”，是组织管理“系统”的规划研究、设计、制造、试验、使用的科学方法[1]。NASA对系统工程定义为：系统工程是对系统的设计、建造和运行的全面研究和探索。这种研究和探索包括：系统目标的确认、分解和量化，系统设计备选方案的产生，设计性能的权衡，最佳设计选择和实现，设计的验证，正确地制造和正确地组装，以及工程满足目标程度的事后评估等。这种研究通常需要反复迭代递推进行。美国军用标准（MIL-STD-499）中对系统工程的定义是：系统工程是一个跨学科的研究领域，它从综合的和全生命周期的角度研究系统产品和过程求解的发展和验证过程，这些过程包括：1）与系统产品和过程的研究、制造、验证、部署、使用、维护和弃置有关的科学与工程尝试；2）提供用户培训需要的设备、程序与资料；3）建立和保持系统技术状态管理；4）研究WBS和工作报告；5）为管理决策提供信息[5]。

北斗系统建设和运行中的“分解-集成-运行”可用图2-1来描述。“V”型图从左上方的大系统需求论证与设计开始，到“V”型图右上方的大系统组网部署和用户确认，并开展长期稳定运行服务，代表了整个工程项目生命周期管理过程。图的左侧是“分解与定义”过程，它由上而下进行，从卫星导航系统的用户需求（即高标准的精度、可用性、连续性、完好性）出发，综合多种专业技术，权衡确定工程各系统的功能、性能和可靠性，然后将它们分解为分系统，分系统再分解为单机。图的右侧是“集成与验证”过程，它由下而上进行，从优化的角度协调单机级与分系统、分系统与系统、系统与系统之间的接口关系，设计并组织单机、分系统、工程各系统乃至整个大系统的集成与测试试验，完成大系统组网部署和用户确认，从而开发出一个满足大系统生命周期使用要求、总体优化的卫星导航系统，并长期连续稳定运行和提供优质服务。

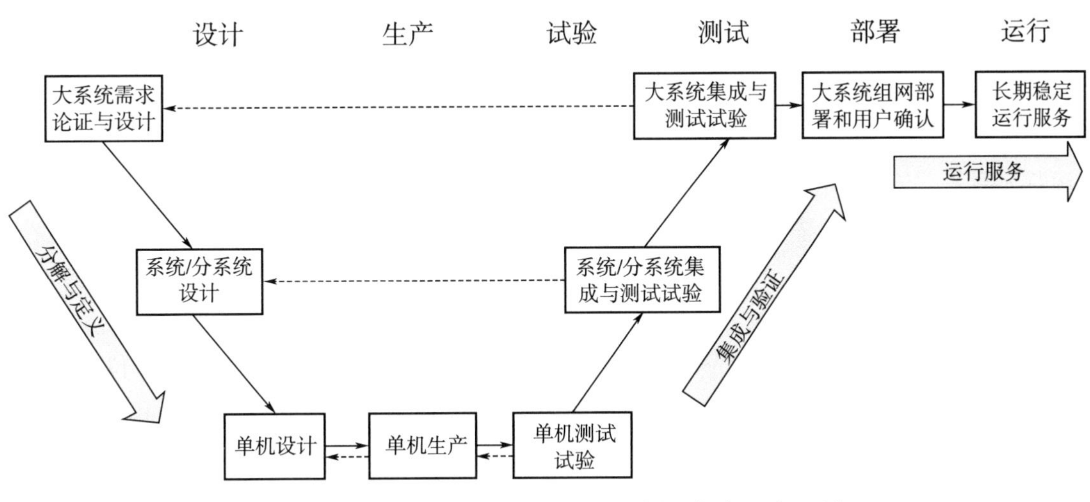

图 2-1　基于系统工程的北斗系统“分解-集成-运行”图

北斗系统长期稳定运行服务，依赖于高效率高质量的北斗系统运维。通常，对于复杂大系统的运维包含以下过程：数据采集、监测→数据处理→建模仿真、评估、诊断、预测→决策和编配→操作与控制→北斗系统运行等循环过程。上述运维过程可以归纳为“监测、评估、控制”三个方面，如图 2-2 所示。

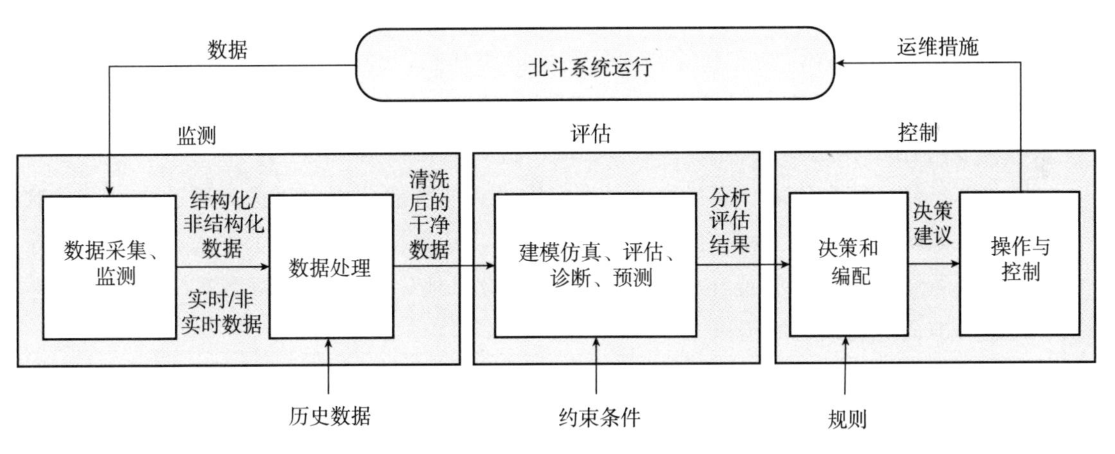

图 2-2　北斗系统运维基本理论

第一是“监测”，主要步骤包括数据采集、监测，数据处理，主要内容是监视收集来自复杂系统内外部的数据信息，并开展数据清洗、抽取转换加载（ETL）、关联分析、分类聚类融合等工作，其作用是随时监测北斗星地一体化网络系统的运行状态，主要包括大系统性能监测、系统级功能性能监测、单机及其以下器部件功能性能监测等。

第二是“评估”，是北斗系统运维业务流程的核心环节，主要步骤包括建模仿真、评估、诊断和预测，主要内容是开展系统建模、性能和故障风险仿真，评估北斗系统性能、运行状态和运行风险，进行故障诊断与预测，及时发现系统存在或出现的问题及薄弱环节，作为优化以及控制的基础。性能评估按照产品层次划分，可分为大系统服务性能评估、各系统功能性能评估、单机/设备级功能性能评估。运行状态评估（也称为健康评估）与风险评估，按照产品层次划分，可分为大系统健康/风险评估、系统健康/风险评估、单机健康评估。故障诊断预测也可分为大系统故障诊断预测、系统故障诊断预测、单机故障诊断预测。

第三是"控制"，主要步骤包括决策和编配、操作与控制，主要内容是根据评估结果确定薄弱环节和资源、提出工作分配建议和风险防控预案，并完成操作和优化控制。它是在监测和评估的基础上，开展常规操作、异常处置和风险防控等工作。常规操作包括路由优化、系统间操作流程透明化与可视化、系统功能性能有关操作（如位置保持等）、单机功能性能有关操作（如调频调相等）。异常处置和风险防控是故障和风险预案的制定与实施，包括星座备份/补网策略优化、软件重构、单机切换、单机自主健康管理等。

不同于传统的单星运维，北斗系统是包含星间链路、星地链路、地地链路的星地一体化动态网络系统，其运行特点和运维模式更为复杂。可以说，单星运维已相对成熟，但对于连续运行服务的星地一体化动态网络系统的运维，在"监测、评估、控制"等方面，与单星运维有诸多区别，难度更大。此时，每颗卫星处于网络当中，并非孤立存在，需要不断与其他个体发生动态交互作用。仅靠单颗卫星的数据，难免测得不全、评得不准、控得不优。这就需要借助大数据、云计算、人工智能技术，实施智能运维，以及时感知运行风险因素，动态和综合评价系统健康状态，规避因某些单机部件故障引起的整星乃至整个系统瘫痪，同时，优化调度规划策略，从而节省计划中断时间，提升北斗系统服务可用性和连续性。

以北斗三号系统为代表，卫星导航系统运维正在向智能化方向迈进。通过将卫星导航工程技术、系统工程技术与新一代信息技术相结合，从数据平台、技术方法和管理机制等方面对北斗系统运维进行智能化升级，进一步适应星地一体化动态网络系统在监测、评估、控制等方面的高效运维需求。

2.2.2 北斗系统智能运维"三环三融合"原理

北斗系统是典型的巨型信息系统。从数据信息流的角度来看，其功能主要是基础数据产生、采集、传输，至相应处理中心对数据加工处理产生信息，将信息应用到相关地点产生效益。根据数据信息的不同来源以及不同应用效益，可以用外环、中环、内环这"三环"对其进行描述，如图 2-3 所示。

外环数据主要包括全球连续监测评估数据、空间环境监测数据、地基差分增强数据等，主要是发挥第三方服务性能和空间环境监测评估作用。中环数据主要包括卫星载荷及关键单机研制过程数据、云平台等主要地面业务系统研制过程数据等，主要是支撑总体运行状态分析评估。内环数据主要包括卫星、地面运控、测控、星间链路运行管理系统、民用短报文、BDSBAS 服务平台、国际搜救地面系统等运行及业务数据，是直接支撑北斗系

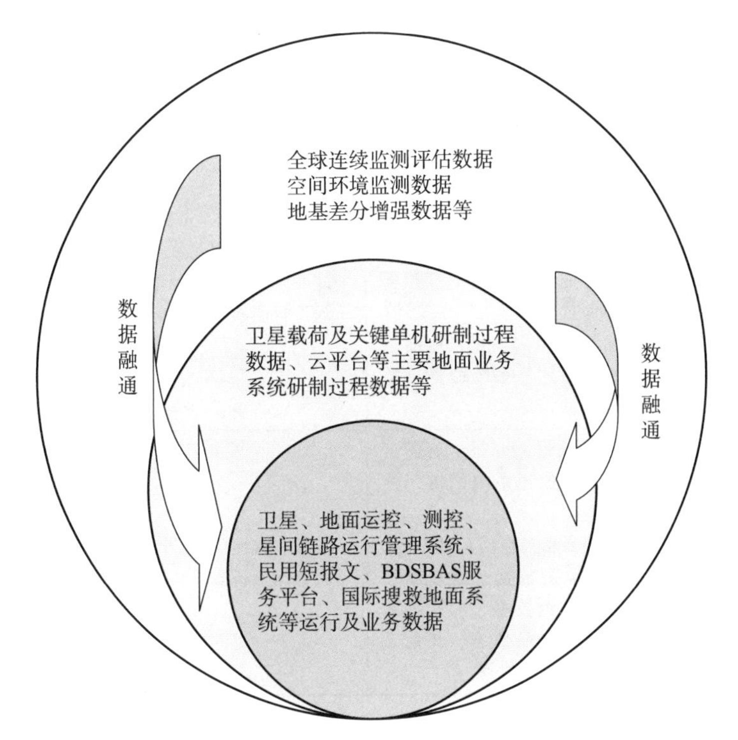

图 2-3　北斗系统"三环"数据示意图

统运维的核心数据。"三环"数据逐层逐环向内汇聚，实现安全有效融通，联合保障系统稳定运行，支撑系统向智能化运维方向迈进。

在"三环"数据基础上，借助人工智能、大数据、云计算技术，开展数据"三融合"(即上下融合，前后融合，内外融合)，实现"纵向挖掘、前后贯通、横向关联"，以更及时、准确、全面地评估和预测北斗系统运行状态、风险和服务性能，更有效地开展北斗系统故障诊断和寿命预测，为运维控制决策提供量化支持。可以说，"三环三融合"有效提升了"监测、评估、控制"业务流程的效率，促进了北斗运行高稳定、服务高可靠、目标高安全的实现。北斗系统智能运维"三环三融合"定义、数据模型与作用见表 2-1，北斗系统智能运维"三环三融合"原理示意图如图 2-4 所示。

表 2-1　北斗系统智能运维"三环三融合"定义、数据模型与作用

融合类型	定义内涵	使用数据	模型方法	目的作用
上下融合	纵向挖掘 纵向到底	中环/内环数据： ·大系统级数据； ·系统级数据； ·单机级数据； ·器部件数据	·概率统计法：单机的评估数据＋系统级模型＋系统级评估数据； ·信息流模型； ·数据驱动方法	·自下而上评估各层状态，形成指标体系验证闭环； ·自上而下查找薄弱环节或进行故障诊断

续表

融合类型	定义内涵	使用数据	模型方法	目的作用
前后融合	研用贯穿 前后贯通	· 中环数据：地面试验验证系统数据、单机产品可靠性试验数据、测试数据、全级次供应商数据、产品设计信息、故障模式、质量问题信息、自主可控器部件数据； · 内环数据：卫星、地面运控、测控等系统的运行监测数据	· 概率统计法：先验模型＋追加证据； · 故障风险传播链模型； · 人工智能故障图谱等	· 综合前后数据，评估预测单机或系统运行状态； · 质量问题追溯（追溯到全过程、全级次）； · 服务于“三再”（再设计、再分析、再验证）
内外融合	横向关联 横向到边	· 内环数据：卫星、地面运控、测控等系统的运行监测数据； · 外环数据：空间环境数据、IGS 监测数据、地基增强系统监测数据、本系统其他相似产品数据、其他系统相似产品数据	· 数据一致性比对； · 大数据分析等	· 服务性能评估与提升； · 系统故障诊断，如基于星间链路的境外诊断、异常分析与应对； · 系统风险评估预警与防控，如共因分析、空间环境影响分析

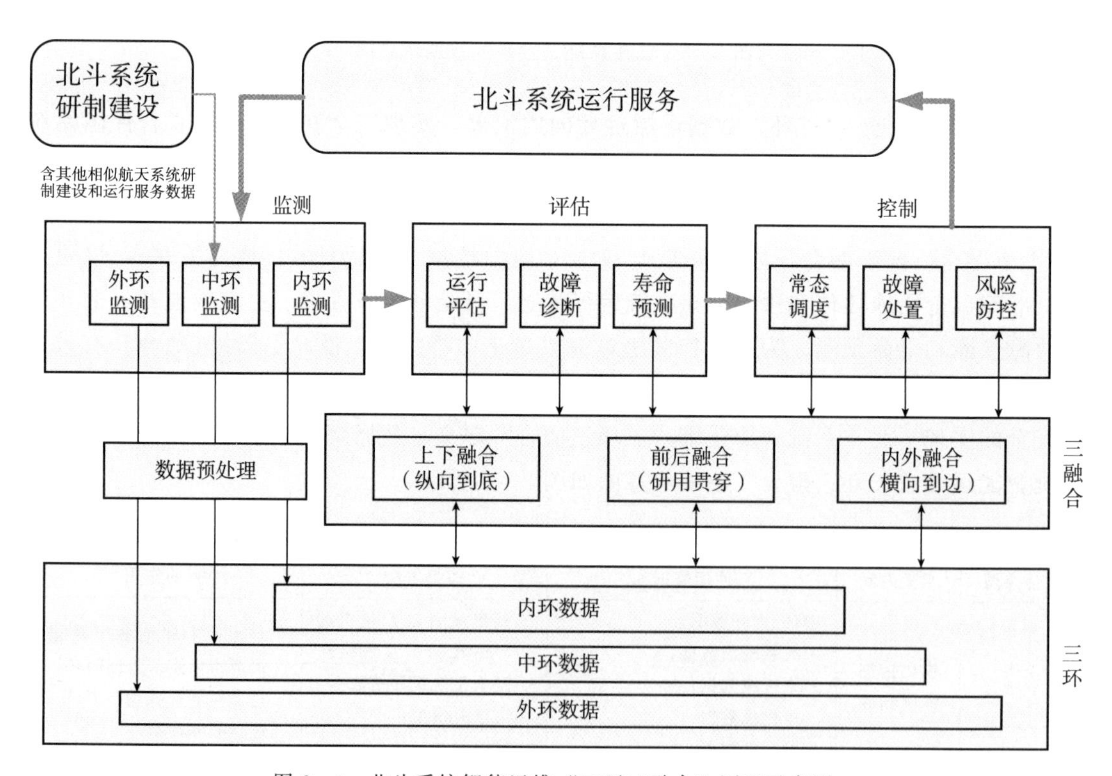

图 2-4　北斗系统智能运维“三环三融合”原理示意图

(1) 上下融合

从系统工程基础理论来看，上下融合指的是指标自上而下分解落实和自下而上验证闭环。对于运行维护这个特定范畴而言，上下融合特指在北斗系统运行服务过程中，针对星座大系统、工程各系统、分系统、单机设备、器部件等各个层次，开展纵向挖掘，打通上下各层的数据链路，促进数据信息的上下传递与融合。纵向挖掘，通过运用机器学习、深度学习、数据挖掘等技术手段和工具，既向下深挖到根因，如剖析到每个产品乃至器部件的故障模式及其相关的数据行为，又将个体放到系统乃至大系统总体中去，分析掌握其在全局中的位置、作用和影响。通过数据上下融合，更好地利用各层次产品的数据，有效支撑北斗系统运行服务指标自下而上综合验证与动态评估，自上而下开展薄弱环节识别与问题追溯。

第一，自下而上评估各层状态，形成运行服务指标体系验证闭环。评估本层次产品状态，需要融合本层及其下层次产品的数据。例如，通过打通元器件—单机—整星—星座数据链路，利用单机和器部件的数据，结合卫星分系统和整星寿命可靠性模型，可以分析评价卫星整星寿命可靠性；再往上传递，结合星座可用性可靠性模型，综合反映各个轨位的结构重要度和概率重要度，可以评估星座大系统的可用性和连续性，实现数据自下而上传递和动态综合评估。

第二，自上而下查找薄弱环节，开展系统和产品故障诊断。在系统薄弱环节分析和故障诊断中，除了分析每个个体自身的数据，还要从系统乃至大系统总体层面考察个体所处的位置和发挥的作用，才能更准确识别出短板和问题。而对于产品的故障诊断，通过深入剖析产品、器部件的故障模式，挖掘数据行为模式与故障模式之间的内在、深层的关联关系，可以支撑产品包络线分析和质量问题快速定位追溯，并能够进一步实现产品故障推演和预测。

（2）前后融合

前后融合是指针对航天系统研制阶段积累了丰富数据的实际情况，将在轨/在线的“内环”监测数据，与设计、生产、试验、测试等研制阶段产生的“中环”数据［如：产品设计信息、故障模式及影响分析（FMEA）信息、产品可靠性试验数据、系统测试数据、地面试验验证系统数据、质量问题信息及归零情况、器部件相关数据、系统和产品涉及的全级次供应商相关数据等］进行融合，使数据研用贯穿、前后贯通，并通过一致性比对分析、人工智能机器学习、大数据分析等技术方法，更好把握系统和产品的先验信息，掌握故障诱因、风险发生和发展的传播规律，以更及时准确地评估系统和产品的健康状态和运行风险。

第一，单机或系统运行状态的评估预测。通过中环数据，刻画产品或系统的先验模型，再利用运行阶段监测数据，进行证据追加和分析，从而能够得到置信度更高的单机或系统运行状态评估预测结果。

第二，质量问题追溯。通过融合中环和内环数据，构建产品从设计、生产、试验、测试到运行服务的全过程数据链，并通过该链，追踪产品质量形成过程的薄弱环节，为产品质量问题追溯和系统故障诊断提供有效技术支撑。例如，通过细化到产品的全级次供应商数据，可以深挖到问题产品由谁设计制造，在哪个环节形成的缺陷等，便于精确实施质量追溯。

第三，支持系统和产品“再设计、再分析、再验证”。运行的数据反馈于新的研制过程，可以促进系统和产品的设计改进，迭代完善分析与验证工作，为系统和产品质量持续提升奠定基础。

（3）内外融合

内外融合是指充分利用北斗系统“外环”数据（如IGS评估数据、地基增强系统数据、空间环境数据），通过打通外环和内环数据链路，形成内外反馈，并利用大数据、人工智能等技术方法，开展横向关联分析、集群分析和分类聚类，为北斗系统服务性能评估和能力提升、故障诊断和风险评估提供量化支撑。

第一，系统服务性能评估与提升。在地面运控、测控系统监测数据等“内环”数据的基础上，融合利用国际GNSS服务（IGS）的全球观测站监测数据以及地基增强系统等其他外部数据，有助于北斗系统服务性能的提升。一是卫星精密定轨和时间同步的精度更高，融合利用IGS全球观测站的数据，使北斗系统卫星的观测弧段更长，对卫星进行精密定轨和时间同步解算时可利用的数据量更多，使解算的结果更加精确，定位导航授时服务的精度更高；二是北斗坐标系的维持精度更高，北斗坐标系进行维持时，融合国际IGS监测站的观测数据与北斗系统观测数据，通过最小约束条件将北斗坐标系参考框架对准于最新ITRF，可以获得更加精确的监测站在指定历元的坐标和速度；三是电离层修正参数更加精确，在进行电离层模型计算时融合利用国际IGS监测站的观测数据，使全球电离层模型参数精度更高、全球导航定位精度更优。特别是，在内环数据的基础上，融合利用地基增强系统的全国观测站监测数据，可以提高格网电离层修正参数的精度。北斗系统提供增强服务时，通过格网电离层插值的方法计算用户的电离层误差。地面运控系统监测站数量有限，在全国范围内分布较稀疏，格网电离层边缘格网点的电离层修正精度较低。而地基增强系统在全国有1 000多个地面站，每个地面站都可以进行电离层参数修正。通过融合地基增强系统地面站的电离层数据，进行北斗系统格网电离层插值计算时不仅更新速度快，而且电离层修正参数精度更高，有助于提高服务精度和用户使用体验。

第二，系统故障诊断预测和质量风险评估。一是在轨卫星信号异常监测更加及时，利用国际IGS监测站的观测数据可对境外卫星空间信号URE进行监测，当空间信号发生异常时能及时发现，有助于及时处理卫星在轨异常。二是利用空间环境数据开展关联分析，支持卫星故障诊断和预测。通过开展卫星故障与空间环境异常的关联分析，分析卫星性能参数与空间环境太阳耀斑、高能电子、高能质子、地磁Ap指数等数据的变化趋势与内在联系，挖掘空间环境异常对卫星故障的影响关系，可以在空间环境数据预测基础上，提前预测卫星故障，提高预测准确度。三是内部各产品共因失效风险分析。在北斗系统内部，从空间段到地面段，存在众多同类设备和产品，通过横向关联，可以分析单个设备出现质量问题和故障后的风险影响面，为实施有效风险防控提供量化支撑。四是通过北斗系统与其他系统（如预警卫星系统）的类似单机的横向关联分析，可以提高北斗系统故障诊断预测的及时性和准确性。

2.2.3　北斗系统智能运维理论模型

根据北斗智能运维“三环三融合”原理，提出面向星地一体化网络的系统智能运维理论模型，如图 2 - 5 所示。该模型包括运维基本流程、多源多维数据平台与人工智能工具方法、运维管理机制等主要内容。

运维基本流程是业务主线，包括监测、评估（含诊断、预测）、决策控制三个主要环节。监测环节主要开展各级动态监测，包括大系统性能监测（如 iGMAS、IGS）、系统级功能性能监测、单机及其以下器部件功能性能监测。评估（含诊断、预测）环节，一是开展大系统服务性能评估、各系统功能性能评估、单机功能性能评估等常态化性能评估工作；二是开展大系统运行状态评估、系统运行状态评估、单机运行状态评估等工作；三是开展大系统和各系统运行风险评估及单机可靠性安全性评估工作；四是开展大系统、系统和单机故障诊断与寿命预测等工作。决策控制环节，一是开展路由优化、系统间操作流程可视化、位置保持、调频调相等常规操作；二是进行星座大系统层面的补网策略优化、系统故障条件下的软件重构与单机主备切换，以及单机自主故障隔离与恢复等异常/故障处置工作；三是开展星座备份策略优化、非计划中断转计划中断操作、预先的软件重构和单机切换，以及单机自主健康管理等风险防控工作。

多源多维数据平台与人工智能工具方法是支撑运维基本流程正确高效运转的技术体系。其中，多源多维数据平台主要是利用大数据和云平台技术，采集、存储和管理内、中、外“三环”数据。在“三环”数据基础上，进行前后、上下、内外“三融合”，形成相关主题仓库。借助评估、诊断、预测及优化控制等人工智能工具方法，开展数据分析挖掘；支撑系统实时在线评估、快速故障诊断定位、故障预测与预警、辅助决策支持等具体场景应用，实现对系统健康的精确定量分析和智能管控。

运维管理机制是运维基本流程与技术体系高效运转和协同配合的重要保障。建立北斗系统多方联合保障管理机制、责任体系和运行管理文件体系，实施“多方联保”，以大幅提升北斗系统运行保障能力，有效应对各种突发事件，快速处置星、地异常情况，保证系统稳定运行。完善监测评估机制，通过建立监测评估指标体系，开展性能评估、运行状态评估、运行风险评估，及时分析问题和提出建议，督促问题闭环整改落实。

2.2.4　北斗系统智能运维内涵与特征

北斗系统智能运维是指融合内中外“三环”数据，利用大数据和人工智能等新技术，优化运维管理机制，对系统进行实时监测、定量评估、准确诊断、提前预测和优化决策，高效保障北斗系统稳定运行和提供优质服务。

北斗系统智能运维内涵体现在更全面的数据联通融合、更深度的数据挖掘和更及时有效的数据应用上。

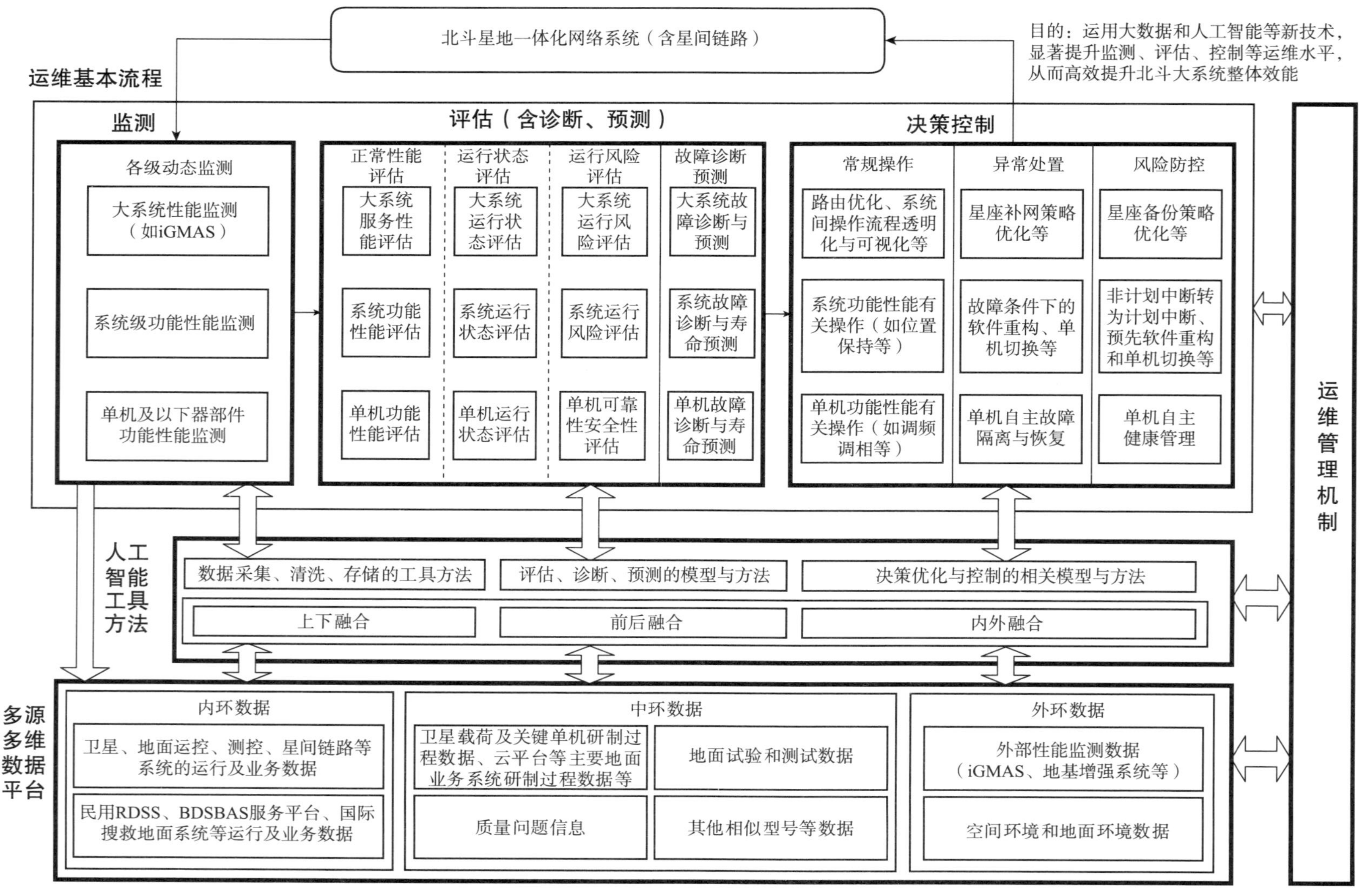

图 2－5　北斗星地一体化网络系统智能运维理论模型

在数据联通融合方面，一是对工程各大系统，通过数据融合，实现地面运控、测控、星间链路运行管理、卫星系统的信息资源共享，不同业务交互支持。二是对于系统管理者，通过建立基于数据驱动的统一自动化调度管理平台，各系统的交互操作在统一的公共平台上实现，实时跟踪处置过程，缩短决策判断交互链路，快速查找在轨处置流程中的薄弱环节，提高在轨决策效率。

在数据挖掘和应用方面，一是实现量化评估、智能诊断和预测，支持运行风险评估与预警控制。对核心、重要参数进行趋势分析和预测，对可能要出现的异常情况提前预报。通过对卫星载荷数据、星间数据、增量载荷数据、遥测数据、地面站和设备数据的接收、综合处理、故障诊断及验证，减少异常处置时间，提高异常发现的及时性、准确性和处置效率；将设备或系统的健康管理从传统故障管理转变为智能故障管理，预先制定应对措施和运行维护计划，保证北斗系统近零故障运行，提高北斗系统服务质量。二是实现总体观澜和整体把握，充分利用大数据特征，能更好地从全局角度支持宏观管理判断，全面评价导航卫星在轨运行质量，推演评估全球系统服务水平，展示全球系统运行状态的能力，为系统稳定运行、平稳过渡、升级换代、星座重构等提供量化依据，支持战略决策。三是对于广大用户，以提升服务性能为目标，建立服务性能的综合评估系统，对服务性能的影响因子进行分解评估，实时掌握系统服务性能变化时的诱导因素；同时建立与用户交互的机制，提升用户体验。四是实现后续工程研制生产建设持续优化，利用海量在轨运行数据，更深入地分析产品质量特性，进一步固化产品技术状态；通过分析在轨深层次质量问题，进一步改进设计薄弱环节，实现再设计、再分析、再验证（简称“三再”），优化生产和工艺流程，指导产品研制生产全过程质量控制。五是推动以“北斗＋大数据”为基础的预测性维护管理技术在其他航天领域的示范应用。

北斗系统传统运维与智能运维的功能特征对比见表 2－2。

表 2－2　北斗系统传统运维与智能运维的功能特征对比

分类	项目	传统运维	智能运维
监测	监测与感知	针对卫星和地面的不同单机，关注各类型传感器直接获得的监测数据	针对卫星和地面的不同单机，除各类传感器获得的数据外，数据感知外延更大，如通过星间链路获得境外卫星的监测参数，获取太阳耀斑、高能粒子等外围数据等
	存储与联通	地面试验、卫星遥测、监测评估等数据通常由负责单位使用工控机、服务器进行单独存储，除极少的单位间联通专线外，系统内大多数相关单位之间数据交换离线进行，数据交换量为 MB 级	通过云平台技术将地面试验、卫星遥测、监测评估等各类数据统筹管理，海量数据使用磁盘阵列进行存储，各单位间的数据在云上交换，通过权限控制实现数据的按需、动态索取，数据交换量为 GB 级甚至 TB 级
	融合与治理	系统内部的数据融合，各系统内部进行数据融合，开发符合自身需求的数据管理与融合软件和数据库（如：卫星系统按照所属分系统对遥测数据进行规整），实现了垂直式的数据管理，达到了一定的数据融合水平	系统间的数据融合，在云平台数据存储的基础上，按照数据使用场景、功能设置数据仓库，进行主题式数据存储（如：卫星健康评估数据仓库包括各单机/分系统的遥测数据、地面试验数据、空间信号监测数据、空间环境数据等），实现全生命周期以及内、中、外三环数据多源融合

续表

分类	项目	传统运维	智能运维
评估	健康状态评估	利用一段时间（如半年、一年）内卫星和地面单机/系统的监测数据，采用与失效阈值比较的方法，对卫星和地面设备进行定期的健康评估	除卫星和地面单机/系统的监测数据外，借助全生命周期以及内外的数据融合，将卫星和地面单机/系统研制以及可靠性试验过程积累的数据汇集后进行综合的健康评估，健康评估可根据数据的更新频率动态进行
	服务性能评估	利用北斗系统自身监测站一段时间内导航信号观测值，进行 RNSS、短报文、SBAS 等服务性能评估和统计	在北斗系统自身导航信号监测数据的基础上，融合 IGS 数据、地基增强系统的全国观测站监测数据，对各类服务进行更准确、更及时的评估
	运行风险评估	依据系统设计师经验，对卫星、运控、测控、星间链路运行管理等各大系统的风险点进行枚举式识别，采用风险矩阵方式对各风险点进行定性评估	结合设计师经验和系统运行过程各类监测指标的动态变化情况，对各系统的风险点进行动态识别，聚焦风险的传播特性，构建风险传播链，采用概率风险评价（PRA）等方法，对各风险点进行定量评估
诊断与预测	故障诊断	基于单机/系统的 FMEA 构建故障树和规则库，结合故障过程中的监测参数变化以及故障现象，对发生的故障进行诊断	将用于诊断的故障树凝炼成专家知识库，采用专家系统进行自动化的故障诊断。同时，利用人工智能的手段对多传感器参数、空间环境数据的变化进行关联分析和故障诊断，将诊断结果凝炼成知识加入专家系统中，实现专家系统自趋优和自学习
	故障预测	对卫星和地面单机/系统具有退化趋势的关键参数（如：太阳电池阵输出功率、蓄电池容量、推进剂余量等）进行外推预测，采用阈值比对法进行失效预测	利用关键单机/系统多传感器参数进行趋势预测，基于概率统计方法和人工智能方法对随机型故障和退化型故障进行建模，综合多类故障信息，给出具有高置信度的故障预测结果
控制	常态运维	进行 7×24 小时系统运行监视，卫星系统、运控系统和测控系统、星间链路系统多方联合保障	运维过程高度自动化和智能化，无人或少人值班，联保各方操作透明化、可视化，运维操作简单化、程序化
	故障处置	运行监视人员对故障程度进行研判，一般故障按照流程步骤操作处置，重大故障联保各方会商形成处置方案后执行	故障程度自动研判，一般故障实现一键式处置，重大故障基于专家系统自动生成匹配的处置方案并推送至联保各方提供参考。执行过程中，在轨软件重构更加优化，卫星和地面关键单机主备无扰切换
	风险管控	定期进行运行风险评估，通过会商研判提前发现系统稳定运行的短板，按风险等级进行分级的风险管控	基于动态的运行风险定量评估，更准确地感知风险。在对风险进行分级管控的基础上，对不同层级（单机/系统/大系统）的风险进行分层管控，形成有针对性的管控措施（如单机层面：对高风险单机提前切换备份；卫星层面：将卫星非计划中断转为计划中断，提高连续性；在大系统层面：自动优化星座备份/补网策略，实现按需发射）

2.3 北斗系统智能运维技术体系

2.3.1 体系构建目标

构建基于多源数据融合的北斗智能运维技术体系，主要是要建设覆盖空间段和地面段的内环数据，系统和产品研制过程的中环数据以及监测评估系统、地基增强系统、空间环境数据的系统外环数据，涵盖星座、系统、设备各层次的数据融合平台；突破一套基于大数据的评估、诊断、预测和优化控制方法；以技术创新推动建立基于大数据的运行管理机制。通过大数据、人工智能技术的综合运用和运行管理机制优化，打通制约北斗系统数据—信息—价值转化和增值的环节，提高北斗系统运维定量化、透明化、智能化、网络化水平，实现北斗系统实时状态监测、定量风险/健康评估、准确故障诊断、提前寿命预测、运维决策优化，使“监测、评估、控制”三大主要运维活动更为高效，从而大大提升北斗系统运行服务整体效能。

2.3.2　北斗系统智能运维技术体系架构

根据北斗系统智能运维技术体系的目标要求，在北斗系统智能运维理论模型的基础上，设计了北斗系统智能运维技术体系架构，如图 2-6 所示。

一级要素主要包括数据感知融合技术、系统运行评估技术、系统故障诊断预测技术、系统运维决策技术。其中，数据感知融合技术主要包括数据监测感知技术、数据联通与管理技术、数据治理与融合技术等二级要素；系统运行评估技术主要包括运行状态评估技术、服务性能评估技术、质量风险评估技术等二级要素；系统故障诊断预测技术主要包括分级分类报警标准、系统故障诊断技术、系统故障预测技术等二级要素；系统运维决策技术主要包括常态运维调度技术、运行故障处置技术、运行风险管控技术等二级要素。在常用支撑方法中，数据感知融合方面主要运用智能传感技术、大数据与云平台技术、网络安全技术等；系统运行评估方面主要运用基于概率统计的评估方法、基于物理机理和信息流的评估方法，以及基于人工智能数据驱动的评估方法等；系统故障诊断预测方面主要运用基于规则的诊断预测方法、基于概率统计的诊断预测方法，以及基于机器学习的诊断预测方法等；系统运维决策技术主要运用运筹优化方法和数据可视化技术等。

2.3.3　数据感知融合技术

（1）技术内容

数据感知融合技术通过建立统一的卫星导航多源多维数据融合平台，利用数据感知、数据融合、分布式存储等算法，融合系统内外部多源数据，实现各类要素信息的同步采集、分布存储和管理。多源多维数据融合平台包括卫星、地面运控、测控、星间链路运行管理系统等内部监测数据，系统和产品研制过程数据以及 IGS、地基增强系统、空间预警监测等外部监测数据，涉及结构化、半结构化、非结构化数据，以及实时性、半实时性、非实时性数据，通过数据感知和获取、数据清洗、数据存取、数据融合等途径，建立相关主题数据仓库，供进一步挖掘分析所用。数据感知融合技术的主要内容包括数据监测感知技术、数据联通与管理技术、数据治理与融合技术等。

①数据监测感知

北斗系统数据监测感知是指利用卫星与地面设备通用传感技术、卫星与地面设备智能

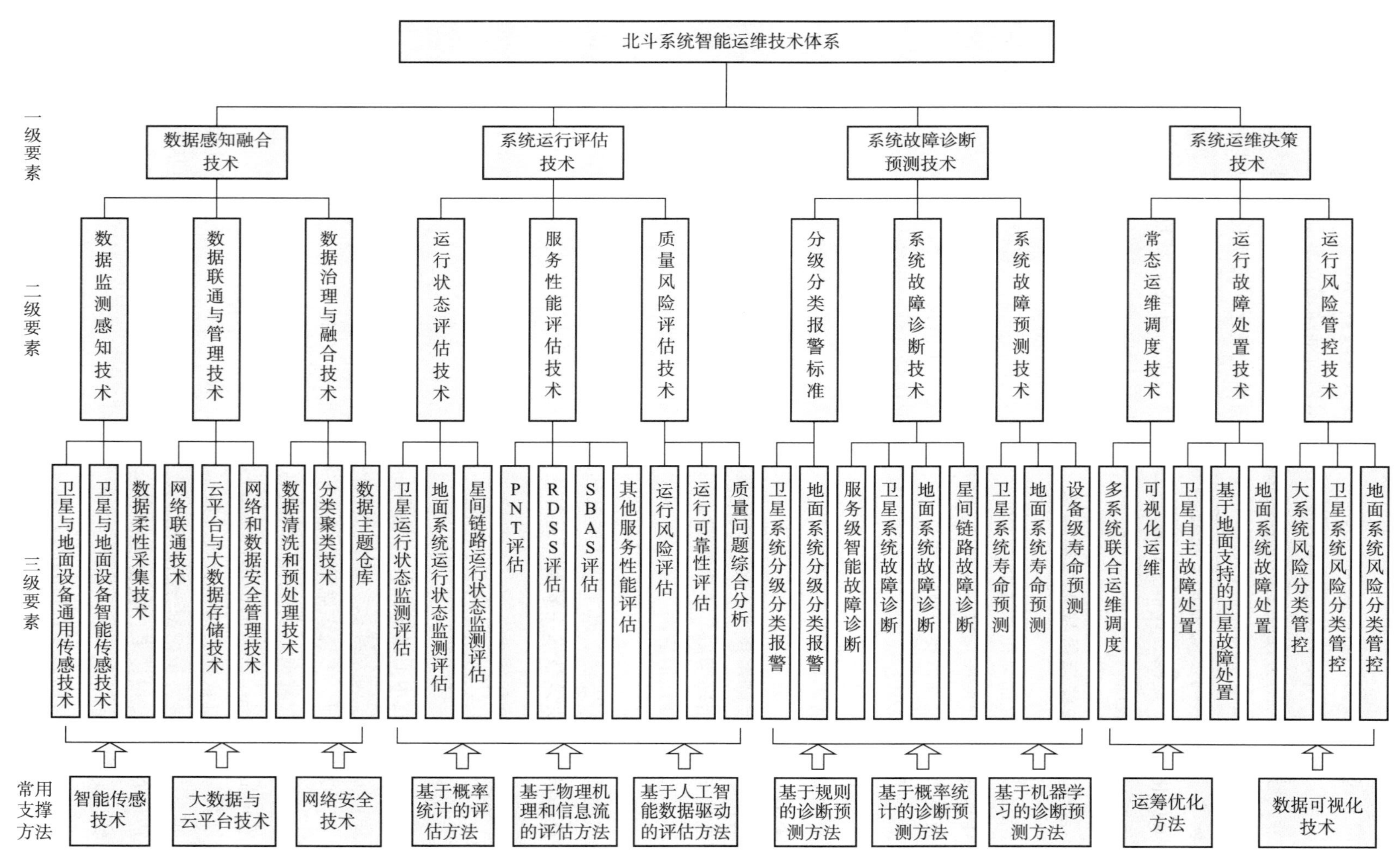

图2-6　北斗系统智能运维技术体系架构

传感技术、数据柔性采集技术等，及时感知和采集内环、中环、外环的数据，具备实时采集所有北斗卫星导航系统服务业务数据、运行管理业务数据，以及相关系统和产品的研制过程数据、质量问题数据的能力。

②数据联通与管理

北斗系统数据联通是指实现系统互联互通、系统间数据共享，提高系统间信息联通能力。一是打通系统间数据链路。在现有专网专线的基础上，补充建设必要的网络传输链路，确保系统内卫星、运控、测控、星间链路系统，以及系统外监测评估、空间环境监测资源等之间链路畅通、数据共享联通。二是规范共享数据接口标准。共享数据接口标准主要包括类型、格式、定义、使用策略等内容。三是实现系统内外多源数据汇集共享。系统内数据如卫星系统的监测评估数据，运控、测控、星间链路系统的卫星监测评估、系统业务运行与控制数据，以及空间环境监测数据，实时汇集至运控系统主控站。系统外数据如监测评估数据、地基增强系统监测数据、地面试验验证系统试验数据，以及其他监测评估资源等，实时汇集至在轨技术支持系统。在轨技术支持系统汇集的数据实时传输汇集至运控系统主控站。运控系统汇集的数据面向有关系统，实现按需共享。

北斗系统数据管理主要包括云平台与大数据存储技术、网络和数据安全管理技术等内容。一是利用云平台和数据库实现数据存储。按照数据特点，采取长期存储和在线数据存储的不同策略确定数据存储周期。二是加强网络和数据安全管理。针对系统内外多源数据共享的新情况、新要求，研究制定网络安全管理和共享数据安全使用策略，既要保证多源数据深度融合、实时共享，又要保证数据安全可控。

③数据治理与融合

北斗系统数据治理是指各数据中心开展统一数据时标，剔除数据野值，补全缺失数据，确保数据连续、完整、可信、有效。

北斗系统数据融合是指全网接入各类数据资源，形成物理上分散的、逻辑上统一的大数据资源池，提供全面长期的数据资源保障，能够根据各业务系统的任务需要和业务范围，快速组织主题数据资源，高效、便捷地支持北斗系统运行评估、故障诊断与预测，让大数据真正实现其所蕴含的价值。北斗系统数据分类融合，主要开展数据关联性分析，编制以监测对象、评估结果、运维流程、故障处置等多维度数据关联性分类方案，实施数据分类融合，确保融合数据易查询、可复用。

（2）技术途径

数据感知融合的主要技术途径包括：智能传感技术、大数据与云平台技术，以及网络安全技术等。

①智能传感技术

智能传感技术是指利用热敏传感器及温度传感器、应变式电阻传感器、电感式传感器、电容式传感器、压电传感器、光电与光纤传感器、集成化与数字化传感器、超声波传感器、激光与红外传感器等检测装置，感受被测量的信息，并将感受到的信息，按一定规律变换成为电信号或其他所需形式的信息输出，以满足信息的传输、处理、存储、显示、记录和控制等要求。

智能传感器技术大大提高了北斗系统数据感知能力。利用各类智能传感器和传感器网络，可以更高效、更准确地采集北斗系统“三环”数据，包括：北斗卫星平台和载荷各重要单机的在轨遥测数据（如：动量轮轴温、铷钟光强、行波管螺流和阳压等）、北斗地面系统云平台各类运行参数、单机产品研制生产和试验阶段相关数据、IGS外环监测数据等；在此基础上，采用以分析目标为导向的柔性采集策略，按照北斗系统的监测目的和运行维护需求进行有选择、有侧重的数据采集；并利用大数据信息集成的数据源选择技术、大数据信息集成的信息提取技术、大数据信息模式自动匹配和数据加载技术、大数据信息模式自动生成技术完成对北斗系统大量异构数据的获取。

②大数据与云平台技术

利用大数据与云平台技术，可以大大提高数据联通与管理、数据治理与融合的能力。

一是在支撑数据联通与管理方面，结合北斗系统实际，采用Hadoop分布式存储与云计算技术建立大数据存储架构平台，建立海量数据存储主流的大规模高性能数据存储管理架构，采用基于冷热分离存储的策略。对于业务上使用度高、数据写入和查询性能都要求高的数据（即热数据），采用HBase数据库格式存储；对于存储时间比较久，使用频率不高的数据（即冷数据），这类数据集数量巨大，访问侧重于吞吐量，而不是数据访问的实时性，是整个存储功能模块中消耗存储空间的主要部分，该类数据将被保存至分布式文件存储系统（HDFS）中。

二是在支撑数据治理与融合方面，通过研究建立数据标准体系，采用不同的软件工具进行数据采集、清洗、整合、预处理，利用基于贝叶斯概率推理的北斗数据缺失值填充技术、基于函数依赖的北斗数据不一致检测与修复技术、基于相似性概率图的北斗实体识别技术、基于用户反馈的真值发现技术，对北斗大数据进行清洗，形成统一性、准确性、完整性的高质量数据，支持北斗业务应用；针对北斗系统多源数据，利用数据分类技术，按级别、类别归档数据，利用数据抽取、转换、加载技术和数据聚类技术，建立相应的北斗数据主题分类标准和约束规则，并抽取主题关键特征值，生成特征词典，建立关联模型，对集成数据源进行自动识别匹配，形成能够快速支持各类业务应用的主题数据仓库。

③网络安全技术

北斗系统网络安全技术是指针对网络和物理环境、病毒与非法访问、对数据库错误使用与管理不到位、数据库系统自身安全缺陷等网络数据安全薄弱环节，通过采取一定的控制机制和技术手段，增强安全防护，堵塞安全漏洞，遏制蓄意破坏，尽快检测问题，加强灾害恢复和问题修正。主要技术途径包括容灾与数据备份、身份认证、数据加密等。

针对云平台和云计算环境，还需要专门制定并实施全生命周期数据安全应对策略。在数据采集、数据传输、数据存储、数据处理、数据交换、数据销毁过程中，采用数据分类分级、数据源鉴别、数据传输加密、数据备份和恢复、数据脱敏、数据导入导出安全防护、安全数据发布、数据销毁安全处置等专门技术，确保网络和数据安全。

2.3.4　系统运行评估技术

（1）技术内容

北斗系统由空间部分、地面部分、用户部分等组成，系统组成复杂，操作频繁，系统性能及健康状态参数众多，影响系统稳定运行的因素众多。常规的系统监视无法全面、及时、准确地了解北斗系统的性能及健康状态。在北斗系统内外部数据融合的基础上，各系统充分利用共享数据，运用大数据与人工智能技术开展定性定量综合的在线评估，包括：运行状态评估、服务性能评估和质量风险评估。既包括系统内的验证与运行监测评估，也包括系统对外服务性能的第三方监测评估。评估结果实现在线实时共享。工程大总体根据各系统评估结果以及在线数据组织开展比对分析，可以全面、准确、及时地了解系统状态，为系统故障诊断与预测提供判断依据，为系统运维决策提供量化支持，为开展系统稳定运行维护提供支撑。

①运行状态评估

北斗系统运行状态评估主要对卫星系统、地面运控系统、测控系统、星间链路运行管理系统的运行状态进行实时监测评估。通过监测各系统的状态参数，判断各系统的运行状态。通过对各系统性能指标的评估，判断各系统的性能是否满足指标要求。

②服务性能评估

北斗系统服务性能评估一方面指由系统内部开展的服务性能评估；另一方面指系统外部开展的第三方监测评估。系统内部服务性能评估，一是按照系统研制建设总体要求，为了验证各阶段系统达到的技术状态，确认系统实现的整体能力，评估系统的服务性能指标，为系统对外公布服务性能等提供基本依据；二是产生系统日常运维的基础性能数据。系统外部服务性能评估，是基于北斗系统播发的卫星导航信号、其他增强信号、与北斗导航系统具有数据交互的其他系统性能监测结果，以及可能影响卫星、地面服务的环境监测等工作，开展基本导航、星基增强导航、短报文通信及其他服务性能评估。系统外部服务性能评估工作可用于反馈系统服务性能、支持故障诊断预警和运行决策。

③质量风险评估

北斗系统运行风险评估是根据系统高稳定、高可靠运行要求，在运行阶段从大系统、系统及各层次产品开展质量风险评估和故障异常综合分析工作，主要包括运行风险评估、运行可靠性评估和质量问题综合分析等。北斗系统运行质量风险评估更加强调在线与量化评估，以便及时感知风险因素和隐患，全面、及时、准确地评估质量风险整体状态和有效识别质量风险薄弱环节，及时发布质量风险预警与防控措施建议，确保北斗系统连续稳定运行。

（2）技术途径

系统运行评估的主要技术途径包括：基于概率统计的评估方法、基于物理机理和信息流的评估方法，以及基于人工智能数据驱动的评估方法等。

①基于概率统计的评估方法

概率统计方法是开展运行状态评估、服务性能评估、质量风险评估的基本方法。在系统和单机/设备层面利用卫星和地面系统单机/设备的运行状态信息，从单机/设备状态监测数据中提取状态特征参数，并综合利用各级状态监测信息，采用数理统计方法建立系统和单机/设备性能或状态统计分析模型。在大系统性能指标评估中，通过概率统计和随机过程分析（如马尔科夫链分析），利用导航信号的计划和非计划中断数据（如平均中断次数和平均中断恢复时间），统计分析大系统信号可用性和连续性指标；在大系统质量风险评估中，通过基于事件链的概率风险评价，以及星星、星地集群分析，按照故障风险传播链进行统计分析，根据状态参数的相似性进行聚类分析，实现风险量化评估、差异性比较和异常检测，支持北斗系统薄弱环节分析。

②基于物理机理和信息流的评估方法

基于物理机理和信息流的评估方法，是指围绕大系统运行的物理机理和信息流，从系统运行特征参数到服务性能表征参数，建立关联映射模型，并利用信息流及各环节上的有关数据，实现性能和风险的定量动态评估。此类方法是评估北斗系统可用性、连续性、完好性指标的主要技术方法，其主要步骤包括北斗系统运行指标评估与表征参数提取，北斗系统服务指标评估与表征参数提取，基于信息流建立系统运行指标到服务指标的映射关系。其中，系统的精度、中断时间等指标的映射关联主要是以同类参数对比分析和时间统计为主；系统的可用性可靠性指标评估，主要采用基于信息流的网络可用性可靠性建模分析方法（如 Petri 网），建立信号可用性、连续性、完好性模型，并采集系统运行状态参数，进行信号可用性、连续性、完好性评估；在信号性能指标评估基础上，通过进一步建立大系统服务可用性、连续性、完好性模型，借助系统模拟仿真方法，完成大系统服务可用性、连续性、完好性评估。

③基于人工智能数据驱动的评估方法

人工智能数据驱动技术，是实施大系统、系统和单机等各层次产品性能、状态和风险评估的新的有效方法。在单机/设备状态评估方面，综合利用卫星单机工况数据、性能数据、研制试验数据、空间环境数据，以及地面设备工况数据、性能数据、故障数据，采用数据驱动+失效物理方法建立单机/设备评估模型，结合单机/设备的实际运行信息，对单机/设备进行状态评估或可靠性评估。其主要步骤包括：提取单机/设备表征可靠性的特征参数，确定特征参数与故障模式的映射关系，结合空间环境影响下单机/设备的失效物理分析结果，确定各种故障模式之间的传播路径，从而建立单机/设备的状态评估或可靠性评估模型。涉及的评估方法包括神经网络、支持向量机（SVM）等数据驱动方法。其中，对于失效物理分析，通常需采集失效数据，鉴定失效模式，再利用故障模式影响及危害性分析和失效物理试验手段，确定单机/设备的失效机理。

在卫星和星座态势评估方面，收集卫星内部运行数据和外部空间环境数据，提取可用的、能够包含或隐含卫星系统异常或退化特征的数据，通过异常检测处理，分析各项数据的变化趋势，将各项数据的变化趋势作为事件处理，利用神经网络等智能算法，开展事件跟踪分析，得到卫星各项数据的趋势分析结果；然后，将卫星内部数据事件跟踪结果和外部空间环境数据事件跟踪结果作为贝叶斯融合节点（BFN）的输入，进行数据融合处理；接下来，通过相关配置，按照一定规则，开展异常事件评估和关联综合处理，最后利用贝叶斯网络（BN）建立卫星和星座态势评估模型，描述各颗卫星对星座综合态势的影响程度，在卫星态势评估和星座健康状态评估基础上，进行星座态势评估。

2.3.5　系统故障诊断预测技术

（1）技术内容

北斗系统故障诊断是指在系统出现中断后准确快速地进行故障定位、隔离与恢复，缩短中断时间，从而降低对服务可用性的、连续性影响；北斗系统故障预测，是指利用多源数据和预测模型，及时掌握系统和设备的健康状况，把握其故障发展规律，科学预测系统和设备的工作寿命，以便提前采取相应措施防范运行风险。

主要技术内容包括：

①分级分类报警标准

针对卫星系统和地面系统，制定并完善基于系统服务性能、系统安全性、系统可靠性等不同维度的分级分类报警标准，制定报警的时间、来源、对象、级别、事件等信息描述规范。

②系统故障诊断

开展北斗系统服务级智能故障诊断，以及卫星系统、地面系统、星间链路系统的故障诊断。通过建立动态可扩展、可维护的关联设备、分系统、系统/大系统配置关系和故障传播关系的知识图谱，构建基于知识图谱的故障快速定位模型，实现在线数据驱动的故障诊断与快速定位。

③系统故障预测

系统故障预测包括卫星系统、地面系统寿命预测，以及设备级寿命预测。充分融合北斗系统内环、中环、外环等多维多源数据，利用概率统计、机器学习、强化学习等数据分析挖掘技术手段，找出产品和设备数据变化特征与故障模式的关联性，预测产品故障演化和性能退化趋势，不断提高预先识别故障征兆的准确率，提高故障预警能力。

（2）技术途径

系统故障诊断预测的主要技术途径包括：基于规则的诊断预测方法、基于概率统计的诊断预测方法，以及基于机器学习的诊断预测方法等。

①基于规则的诊断预测方法

基于规则的诊断预测方法是目前最常用的方法之一，在卫星系统和地面运控、测控系统的故障诊断预测中应用广泛。其中，专家系统就是基于规则推理故障诊断的一种重要形式，它以数字化形式表示、存储和处理知识，直观、易于理解，适用于具有丰富经验知识或故障案例的诊断领域。

②基于概率统计的诊断预测方法

基于概率统计的诊断预测方法也相对成熟。例如，在单机层面，利用 ARMA 模型，通过采集电流、电压等数据，开展卫星太阳电池阵的故障预测和剩余寿命预测。在系统层面，利用 MLE 等方法，从随机失效、耗损失效和消耗失效等三个方面，可以统计分析出卫星系统的在轨剩余寿命。

③基于机器学习的诊断预测方法

机器学习和数据驱动技术（如：神经网络、深度机器学习、贝叶斯网络、支持向量机等），是开展系统故障诊断预测的有效方法。例如，利用贝叶斯网络学习中的参数学习和结构学习，以及贝叶斯网故障推理算法等方法，可以有效开展北斗系统故障诊断。针对大系统层面的关键任务（如精密定轨与时间同步、星间链路通信、下行导航信号生成与传输、上行导航电文生成与注入等）出现的故障或异常现象，通过构建贝叶斯网络诊断模型，根据现有的信息和系统表现特征合理推断，迅速找到故障原因，准确定位故障源，及时排除故障。对大系统关键任务、系统、分系统和部件等逐层次建立可拓展的贝叶斯网络故障诊断结构模型，对系统的功能和任务进行划分，得出故障特征作为多层网络的构成要素，同时定义故障的表征节点和原因节点。在故障表征和原因节点之间的关联确定后，建立各层次的贝叶斯网络结构，并在这一网络的基础上进行故障诊断处理。利用多源数据开展故障诊断和预测，例如，利用星间链路数据开展遥测数据分析，及时发现卫星在直接监测范围外时发生的故障，为及时开展故障处置争取了时间。

基于数据驱动的故障预测或寿命预测，主要是进行单机和设备的故障预测或剩余寿命预测。根据卫星、单机或地面设备产生的海量监测数据，深入挖掘隐含的故障信息，提取反映单机/设备关键性能特征的单个或多个参数，并进行综合，根据综合特征参数变化趋势识别单机/设备的性能退化特征，采用数据驱动＋失效物理方法建立单机/设备故障预测或剩余寿命预测模型，结合单机/设备的实际运行数据信息，实现单机/设备故障预测和寿命预测。在单机/设备的寿命预测基础上，可以进一步结合系统级模型，开展系统级故障预测和寿命预测。

2.3.6 系统运维决策技术

（1）技术内容

系统运维决策技术是在实时监测、综合评估、故障诊断预测基础上，利用可视化和运筹优化技术手段，促进卫星、地面等各方运行维护保障工作联动，共同开展日常运行任务调度规划，实施运行故障处置和运行风险防控，不断深化细化故障处置策略，提前制定合理的风险防控预案和运行维护计划，综合展示系统运行健康态势和决策建议，支持系统运行管理部门和相关设计部门进行面向其活动目标的决策，确保北斗系统连续稳定运行和高质量服务，为全面实现系统智能运维奠定基础。系统运维决策技术主要包括：常态运维调度技术、运行故障处置技术、运行风险管控技术等内容。

①常态运维调度

常态运维调度包括多系统联合运维调度和可视化运维等内容。多系统联合运维调度主要开展日常管理任务监控、轨道维持任务规划与调度、地面站任务规划与调度、星间链路任务规划与调度等工作。可视化运维，是指通过建设统一规范、透明可视的多方联合保障信息化工作平台，实现联合操作、故障处置、信息通报等全流程在线处理，有效提高多系统联合保障信息化工作水平。例如，综合统筹测控系统、地面运控系统、星间链路运行管理系统、卫星在轨支持系统的信息资源，建立统一的信息交互平台，及时掌握系统的整体工作状态，完成在轨已知任务流程的过程控制以及任务期间的资源耗费监控，实现将在轨未知突发事件向工程总体以及工程各大系统告警及紧急通知的功能。

②运行故障处置

运行故障处置，包括卫星自主故障处置、基于地面支持的卫星故障处置，以及地面系统故障处置等内容。例如，根据卫星钟准确实时的健康状态评估和剩余寿命预测结果，优化在轨钟组切换策略，保证时频信号输出的连续性和可靠性。

③运行风险管控

运行风险管控，包括大系统风险分类管控、卫星系统风险分类管控和地面系统风险分类管控等内容。例如，根据在轨导航卫星寿命末期的健康评估和剩余寿命预测结果，优化星座备份和补网策略，有效降低星座系统运行风险，确保卫星导航系统高可用性、连续性、完好性指标的实现。

(2) 技术途径

系统运维决策的主要技术途径包括：运筹优化方法、数据可视化技术等。

①运筹优化方法

利用多目标决策理论、智能优化算法等运筹优化方法，可以在常态运维调度的路由规划、异常/故障情况下的故障处置，以及运行风险防控等智能维护中发挥重要作用。例如，在常态运维调度中通过运行控制监控系统实时接收测控系统、地面运控系统、星间链路运行管理系统、卫星在轨支持系统发送的主要状态信息，利用基于遗传理论的多约束智能优化算法等开展任务调度优化分析，按照任务要求驱动测控系统实现测控跟踪任务或上行任务需求，同时根据需要驱动规划地面运控系统、星间链路运行管理系统、卫星在轨支持监控系统的信息交互。在卫星系统智能维护中，通过寿命预测和基于状态监测的维护规划方法，综合卫星关键单机耗损特性和随机失效特性的在轨剩余寿命预测值（含置信度），卫星平台与载荷关键单机在轨剩余寿命和剩余推进剂数量的卫星系统在轨寿命预测值（含置信度），卫星在空间环境影响下的态势/风险评估值（含置信度），卫星及其关键单机的健康指数等，针对卫星薄弱环节（如需重点关注的单机/分系统、单点风险等），自动开展单机切换、软件重构等维护动作。在地面运控系统智能维护中，以地面运控系统可用性和风险限值为目标，以设备/软件自动切换时间和顺序、单点薄弱环节、设备剩余寿命、备品备件保障、人员维护操作时间等为约束条件，构建多目标的预测维护规划模型。智能优化算法包括遗传算法、模拟退火算法和粒子群算法等，用以对多目标的预测维护规划模型进行仿真推理。在星座系统智能维护中，通过构建反映卫星/星座系统中每一个实体之间的相互影响关系和层次关系的网络模型，对整个网络系统的运行进行仿真与推理，模拟不同决策下的系统整体输出，研究网络中单个或多个卫星组合故障时，对系统任务的影响程度，包括系统的可用性、连续性、完好性等。同时开展灵敏度分析，研究总体可用性可靠性变化对单个实体寿命/故障的影响情况，根据卫星当前的健康状态、所处的生命周期阶段、性能预测趋势，以及对系统任务的影响程度，判断卫星网络系统中的薄弱环节。

②数据可视化技术

数据可视化也是决策支持的重要技术途径。有效的决策支持系统的一个重要功能是使用户能够在任何时间和地点获取数据的分析结果，这些信息并不是用列表的形式展现给用户，而是通过更加生动和直观的数据可视化工具，使用户迅速获取信息中的含义。事实证明，生动的数据可视化方式的价值与信息本身的价值同样重要，因为这决定了用户去理解这些信息的意愿和效率，也会直接影响用户的决策质量。

数据可视化的重点，包括星地系统与设备的物理可视化、配置与配置关系的逻辑架构可视化、运行管理与服务的业务流程可视化、故障报警与运行态势可视化，实现运维分屏分级动态一体化显示，以及操作场景的可视化交互。利用三维场景组织渲染技术、数据可视化驱动技术、遮挡分析技术、缓存设计技术等，帮助用户对北斗系统不同层次对象（包括部件级、设备级和系统级）的信息进行解读并给出相应的决策。通过可视化工具，借助雷达图、故障图、风险分析以及健康的衰退曲线等形式，既可以展示日常运行调度流程，也可以展示健康信息（如当前情况、剩余使用寿命、故障模式等），将卫星导航系统的运行态势、运行情况和质量问题统计结果，以及健康与风险评估信息、变化趋势、预测结果进行直观、清晰、全面的展示，更高效、透明地支持工程决策。

2.4 北斗系统智能运维技术发展路线

2.4.1 北斗系统智能运维发展思路

利用大数据、云平台、人工智能等新技术，针对性加强和改进“数据联通、融合、挖掘、应用”的薄弱环节，促进北斗数据“三环三融合”，以优化流程、提升性能和降低风险，实现北斗智能运维能力整体跃升。

融通数据，共享共赢。针对北斗系统内、中、外“三环”数据，包括系统运行内部监测数据、研制过程数据、外部监测评估和空间环境等数据，进行上下、前后、内外“三融合”，从“我看不到你的，你看不到我的”到“业务操作一体化可视化”、操作及时有反馈；从抓质量问题归零和举一反三，到运行风险提前感知、动态评估和及时预警，实现星地一体化动态网络系统的整体运维能力提升。

突出重点，智能升级。面向关键业务，从“减少中断，提升性能，优化流程”等薄弱环节进行智能化改造。利用机器深度学习、强化学习等技术，挖掘数据隐藏的深层规律，如：系统性、长期性、深层次、强耦合的故障机理，单机在复杂环境应力作用下的长期在轨/在线性能退化规律，调度路径进化和优化规律等，突破传统的阈值报警和穷举式专家知识库（预案库）的模式，依据各系统各设备/单机实际工作产生的数据进行智能（自学习、自推理、自适应）的数据分析挖掘与利用，实现实时状态评估、快速故障诊断、提前寿命预测和优化决策控制，推动北斗运维由自动化到智能化的升级。

分步实施，早期见效。北斗智能运维系统复杂、创新性强，推进难度很大，不可能一蹴而就，必须系统策划和分步推进。先解决数据联通融合等瓶颈问题，尽快突破基于多源融合数据的智能运维关键技术瓶颈，在利用北斗系统已有数据进行早期试点应用的基础上，验证技术路线的可行性，逐步推广应用。

开放兼容，集智攻关。北斗智能运维涉及的专业面极广，必须发挥各方优势，集智攻关。充分发挥专家组和工程两总系统作用，广泛吸收国内乃至国际优势资源，在数据融合平台建设、智能挖掘技术研发、标准规范制定和典型应用示范等方面合力推进。

2.4.2　北斗系统智能运维发展路线图的绘制

通过对北斗系统运维发展现状进行分析、对关键技术进行遴选，分析智能运维需求和发展愿景。围绕北斗系统智能运维目标，明确各层级之间的关联性，确定重要里程碑和关键技术实现突破的时间节点。通过发展路线图规划指导不同阶段重点任务的执行和未来发展方向，明确北斗系统智能运维近期、中期和长期发展战略规划。北斗系统智能运维发展路线图如图2-7所示。

2.4.3　北斗系统智能运维分阶段建设内容

（1）第一阶段——自动化运维

第一阶段实现北斗运维的自动化，自动化运维使北斗运维更加集约化，同时，运维数据的可视化呈现和关联分析为运维人员提供了决策依据。借助PaaS化的平台能力，将重量级的运维技术工具系统轻量化为运维场景应用；通过自动化的作业工具，运维人员从简单重复的工作中解放出来，减小误操作风险，促进系统的稳定、安全与效率提升。

在此阶段实现系统间互联互通与常见故障一键处理，系统性能实时监测评估与自动输出。解决卫星、地面运控、测控、星间链路运行管理系统之间的信息互通问题，实现各大系统的数据信息资源共享。实现基于专家经验和规则库的事后辅助故障诊断和常见故障快速处理，优化调度与管理。突破制约北斗系统实时状态评估、快速故障诊断和提前寿命预测的关键技术和管理瓶颈，实现运维工作重心前移，有效支持星座补网决策，提高系统运维的效率。

达到第一阶段目标后，形成标准的数据规范，统一各大系统之间的数据接口，建成多源数据融合平台和一体化可视化平台，支持不同业务应用。建成北斗系统运维辅助分析平台，初步实现北斗系统的监测感知、综合评估、辅助故障诊断与故障的快速处理等功能，实现运维管理向分析级的转变，为星座补网、软件重构、单机切换等决策控制提供量化依据。

技术演进

运维进阶

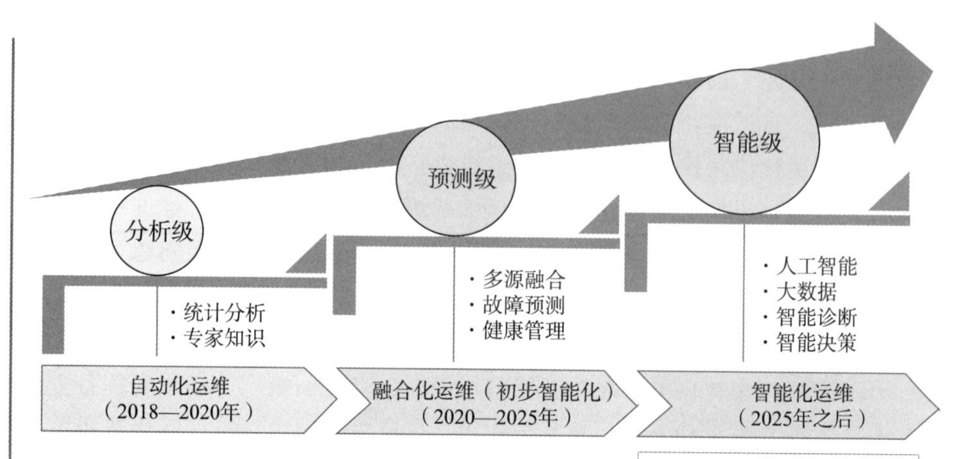

	自动化运维（2018—2020年）	融合化运维（初步智能化）（2020—2025年）	智能化运维（2025年之后）
阶段目标及能力	·系统间数据联通与共享、平台化与自动化能力； ·实时状态监测评估能力； ·基于专家经验的事后辅助诊断、常见故障快速处理等能力。	·三环（内、中、外）数据联通共享与融合能力； ·动态量化评估预警系统运行状态与风险，识别系统薄弱环节能力； ·系统故障快速诊断定位能力； ·基于数据驱动的故障预测与寿命预测能力。	·构建基于多源数据融合的北斗智能运维体系、突破评估预测控制优化方法、建立基于大数据人工智能的运行管理机制； ·系统运行健康状态、运行风险自主监测与自主评估能力； ·系统故障智能诊断与定位能力； ·基于数据驱动与失效物理模型的故障预测与寿命预测能力； ·基于人工智能自学习与自决策优化能力（备份策略优化等）。
功能及指标	（1）功能： ·卫星系统：在轨卫星状态评估、服务性能评估； ·运控系统：关键业务分系统的状态监测评估，卫星故障以及运控系统故障的分析诊断； ·测控系统：系统状态监测评估、卫星故障以及测控系统故障的分析诊断； ·星间链路运行管理系统：星间链路建链状态监测评估、星间异常故障诊断。 （2）指标： ·系统服务性能指标满足设计指标要求； ·卫星故障处置时间少于4小时； ·服务性能评估滞后24小时； ·卫星健康状态评估半年一次。	（1）功能： ·统一数据标准和接口，利用大数据、云平台等技术建立数据融合共享平台，提供标准的数据； ·基于多源数据融合的信息化管理功能，为系统日常管理、故障处置、星座备份等提供可视化的支撑； ·系统服务性能反演仿真功能； ·卫星系统：卫星状态实时评估、寿命提前预测、风险评估预警； ·运控系统：地面设备状态实施监测、卫星载荷故障快速处置、卫星故障/寿命提前预测、业务流程与调度控制不断优化； ·测控系统：卫星平台故障快速处置、卫星轨道维持操作流程优化、境外卫星有效管理； ·星间链路运行管理系统：链路规划与路由策略优化，故障快速诊断处置。 （2）指标： ·系统服务性能部分指标优于设计指标，非计划中断次数明显减少； ·三环数据实现联通共享，数据接口统一规范； ·系统管理手段信息化（电脑、平板查看与决策，视频会议远程协同等）； ·反演仿真不同场景系统性能，场景不少于5种； ·服务性能评估滞后8小时； ·故障诊断时间少于2小时； ·卫星寿命预测准确性大于80%。	（1）功能： ·统一数据标准和接口，利用大数据、云平台等技术建立数据融合共享平台，数据融合，数据挖掘分析； ·系统日常运维基本不需人工操作，通过定期自检优化系统和历史运维数据学习动态构建异常检测系统； ·卫星系统：自主故障诊断与自愈、自主决策及优化。一星一档全寿命周期管理；在轨卫星自主健康管理； ·运控系统：自主优化基本导航、星基增强、短报文等业务流程，优化调度运控系统资源；自主诊断卫星故障类型，选取最优策略进行处置； ·测控系统：自主优化卫星轨道保持业务流程，根据卫星在轨状态优化指令，实现境外卫星可测、可控； ·星间链路运行管理系统：根据设备状态和需求自主优化星间链路路由策略，实现星间链路功能最优化。 （2）指标： ·系统服务性能大部分指标优于设计指标，中断次数明显减少； ·24小时系统定期自检； ·系统管理手段智能化（电脑、平板查看与决策，视频会议远程协同等）； ·服务性能评估滞后1小时； ·故障诊断时间少于1小时； ·卫星寿命预测准确性大于90%； ·一线操作人员减少50%。
应用场景	·卫星故障自动报警，根据报警信息人工判断故障类型，按照故障预案进行处置； ·地面系统业务自动处理，实现业务流程一体化，业务软件配置自动化，业务处理可视化； ·在轨数据自动采集存储，遥控遥测指令自动上注。	·利用信息化、一体化平台（电脑、平板、手机）等手段，通过可视化操作平台实现状态实时查询、故障及时提醒，从而提升系统管理能力； ·通过融合多源数据，实现故障诊断预测。例如融合星间链路数据实现境外卫星故障预测； ·建立精准寿命预测模型，对卫星在轨寿命进行有效预测； ·实现在轨卫星自主健康管理； ·支撑制定按需发射备份策略； ·运控系统基本导航服务、星基增强服务、短报文通信等业务流程优化，主控站、监测站、注入站与锚固站设备调度优化；MERE超限、境外卫星异常快速诊断； ·测控系统卫星轨道保持业务流程优化、监测站资源调度优化； ·星间链路路由策略与链路规划优化。	·实现基本不需要人工干预的系统日常运维； ·系统感知更加智能、手段更加多样；采用先进的传感技术采集系统相关信息； ·根据故障预测与风险预警等信息，以及用户使用需求，智能化生成处置预案，进行故障处置； ·对系统运行数据进行处理，通过自学习适应场景变化，根据不同需求自主优化系统业务流程，进行规划调度； ·根据专家经验、历史数据以及当前数据，通过自主学习完善故障诊断与寿命预测模型，提高诊断预测准确性。

图 2-7　北斗系统智能运维发展路线图

（2）第二阶段——融合化运维

第二阶段实现北斗运维的融合化，对海量运维数据进行采集、存储、展现，并进行演绎与归纳推理，通过科学算法将人为分析经验转化为机器分析能力，最终走向预测和提前响应。融合化运维将分散在北斗运维各个领域、环节的分散数据、资源、工具进行整合，通过运维大数据技术，梳理和构建面向不同层次的运维场景。通过数据融合与数据治理技术对多源数据进行格式化处理，形成数据主题仓库，为北斗系统智能运维提供数据支撑；基于大数据知识图谱实现智能故障诊断；通过机器深度学习、数据挖掘等数据驱动方法实现北斗系统的智能故障预测，实现数据—信息—价值的转变与提升。

在此阶段初步实现北斗系统运维的智能化，建立基于多源数据融合的北斗智能运维体系，全面突破评估预测控制优化方法，建立基于大数据的运行管理机制，系统全面自动化运行，实现精准故障预测并辅助智能规划维护策略。将智能运维平台接入地面控制系统，实时监测系统运行状态，精准预测系统未来工作状态，实现系统运维的智能决策。平台将根据动态量化评估的系统运行状态监测和预测结果，识别系统薄弱环节，实现系统故障快速诊断与定位，半自主执行正常任务规划与调度以及智能决策处置故障。实现“先于问题发现苗头，先于用户发现问题，先于影响解决问题”。

达到第二阶段目标后，将建成北斗系统半自主决策支持运维平台，可实时跟踪处置过程，缩短决策判断交互链路，快速查找在轨处置流程中的薄弱环节，提高在轨决策效率；减少人为干预，提升北斗系统的服务质量和智能化水平。

（3）第三阶段——智能化运维

第三阶段实现北斗系统运维的智能化，系统对现有数据进行分析理解，同时结合历史运维数据，分析学习用户的运维行为，形成一个高度智能化的闭环自动运维过程。此阶段专注于实现系统的自我控制和自动修复，提升系统的自愈能力。通过在卫星端进行实时数据分析与决策，加快卫星对故障的诊断与决策速度，提升故障解决效率；通过运用大数据与人工智能技术对知识资产进行分析应用并不断丰富，形成最优策略；在策略触发后继续收集和监控运维指标数据，通过自学习进行模型调整，实现策略优化，从而形成可预测、可自愈的自主性智能运维。

在此阶段实现北斗系统智能运维的闭环和自学习自适应，实现北斗系统运行健康状态及运行风险的自主监测与自主评估、智能故障诊断与定位、智能故障预测与寿命预测、自学习与自适应决策优化（备份策略优化等）等功能。

结合下一代北斗卫星导航系统研制建设，实现北斗系统全面智能运维。系统在全时间、全工况条件下可独立完成数据分析、决策、指令执行等任务，实现动态化的实时智能运维。

第 3 章　北斗系统数据感知融合

3.1　概述

北斗系统在研制生产、运行管理过程中产生大量数据，数据类型各式各样，分别存储在不同的单位，需要开展多源数据感知融合，以高效实现数据的采集、存储、管理、应用。实现多源数据感知融合，一是实现系统间互联互通与数据共享，提高系统间信息联通能力。二是规范共享数据接口标准，实现系统内外多源数据汇集共享。三是加强数据管理能力建设，提升数据融合水平。

本章介绍北斗系统的数据类型与标准、数据监测感知、数据管理、数据融合技术，以及数据应用场景。通过应用大数据、云平台等技术将分散存储的数据联通起来，打破数据孤岛屏障，实现数据共享。同时，研究数据清洗、数据融合的技术与方法，进行数据加工处理，形成数据主题仓库，为北斗系统智能运维提供数据支撑。

3.2　数据类型与标准

北斗系统数据包括卫星系统、地面运控系统、测控系统、星间链路运行管理系统、地基增强系统、IGS、iGMAS、空间环境监测中心等系统的数据。概括起来，北斗系统数据可分为系统内环、中环和外环三方面数据。

内环数据主要包括卫星、运控、测控、星间链路运行管理系统运行及业务数据，民用短报文、BDSBAS 数据平台运行及业务数据，国际搜救地面系统运行及业务数据，是直接支撑北斗系统运维的核心数据。例如，测控系统在卫星运行阶段，开展卫星遥测数据的采集和处理，包括卫星单机的性能、状态等数据信息。地面运控系统在卫星运行阶段，利用监测站开展卫星导航业务数据采集和处理，包括原始观测数据、卫星轨道测定与预报、卫星钟差测定与预报、电离层延迟改正处理、各分系统的工作状态和工作参数实时监测数据等信息。

中环数据主要包括卫星载荷及关键单机研制过程数据、地面设备研制过程数据，以及质量问题信息，主要是支撑总体运行状态分析评估。例如，卫星系统在卫星研制阶段开展卫星地面试验测试数据的采集，包括卫星单机产品性能测试和可靠性试验数据，以及卫星整星测试数据。各系统在研制建设和运行服务阶段开展质量问题数据采集，包括器部件、单机产品、分系统、系统等不同层次的质量信息。

外环数据主要包括 IGS、iGMAS 数据、典型用户监测评估数据、空间环境数据、地基增强系统数据等，主要是发挥第三方服务性能和空间环境监测评估作用。IGS、iGMAS 的数据包括 BDS /GPS/ GLONASS/ Galileo 四大卫星导航系统的原始观测数据、测站气象数据、北斗卫星健康状态信息、北斗完好性及差分信息、时差测量数据、干扰检测数据、多径检测数据、北斗格网电离层信息、电离层闪烁等数据。空间环境数据是中国科学院空间环境预报中心、德国地球科学研究中心等发布的相关空间环境数据。典型用户监测评估数据是用户根据接收机数据对空间信号、系统服务的评估结果。地基增强系统数据包括地基增强系统监测站的观测数据、气象数据和测点信息等。

3.2.1 卫星导航数据

卫星导航数据主要来自地面运控系统。地面运控系统由数十个分布于我国及周边的地面站组成，获取星地距离观测量和校正参数等信息，完成卫星轨道确定、电离层校正、用户位置确定及用户短报文信息交换等处理任务，实现北斗系统的时空基准维持、日常运行管理。

3.2.1.1 数据类型

卫星导航数据主要以连续的、实时的、固定格式的数据包为主。业务数据包括观测数据、数据产品、卫星状态和控制指令信息、地面站状态和控制指令信息以及其他信息等。

（1）观测数据

观测数据主要包括地面观测数据（如接收机观测的伪距、相位）、星上观测数据（如星上测量信息）、导航电文（如卫星广播星历）、气象数据（如气象仪器观测的温度、气压、湿度状况）等。

（2）数据产品

数据产品主要是指地面运控系统生成的业务计算结果，包括卫星星历、卫星钟差、电离层延迟参数、差分完好性等。

（3）卫星状态和控制指令信息

卫星状态和控制指令信息主要是指地面运控系统对卫星上注的控制指令信息以及卫星下传的自身状态信息，包括上行注入校验信息、卫星工况信息和卫星轨控及姿态信息等数据。

（4）地面站状态和控制指令信息

地面站状态和控制指令信息主要是指在主控站与注入站、监测站，以及其他组成部分之间传输的业务信息、指令信息、状态信息和参数信息，包括设备工况信息、设备工作参数、业务规划指令信息、控制指令回执信息和数据统计信息等。

（5）其他信息

其他信息主要包括各类试验数据、工作日志、故障记录、归零和预案措施等。

3.2.1.2 数据示例

观测数据、数据产品、卫星状态和控制指令信息、地面站状态和控制指令信息，以及其他信息的数据示例见表 3-1。

表 3－1　卫星导航业务数据示例

序号	信息类别	信息名称	更新频度	信息类型
1	观测数据	卫星上行测距信息	实时	结构化
2		卫星下行测距信息	实时	结构化
3		卫星广播星历	实时	结构化
4		卫星星历	准实时	结构化
5		…		
6	数据产品	卫星健康信息	实时	结构化
7		卫星钟差	实时	结构化
8		电离层模型	实时	结构化
9		电离层格网	实时	结构化
10		历书	实时	结构化
11		差分完好性	实时	结构化
12		RURA 与等效钟差	实时	结构化
13		卫星平根数	实时	结构化
14		精密星历	实时	结构化
15		精密星钟钟差	实时	结构化
16		精密站钟钟差	实时	结构化
17		RDSS 定位误差	实时	结构化
18		RDSS 双向定时误差	实时	结构化
19		RDSS 单向授时误差	实时	结构化
20		…		
21	卫星状态和控制指令信息	卫星工况信息	实时	结构化
22		卫星健康信息与时间信息	实时	结构化
23		上行注入小环比对	实时	结构化
24		卫星工况信息 CRC 校验	实时	结构化
25		出站螺旋极电流	实时	结构化
26		轨道机动信息	准实时	结构化
27		任务规划信息	实时	结构化
28		卫星钟调频信息	实时	结构化
29		卫星钟调相信息	实时	结构化
30		…		

续表

序号	信息类别	信息名称	更新频度	信息类型
31	地面站状态和控制指令信息	监测站气象观测信息	实时	结构化
32		监测站综合处理信息	实时	结构化
33		监测站控制指令	实时	结构化
34		监测站参数信息	实时	结构化
35		大口径天线信号质量监测分系统状态信息	实时	结构化
36		电文回传规划信息	实时	结构化
37		站间时间同步规划信息	实时	结构化
38		任务规划信息	实时	结构化
39		地面运控系统各类传感器信息、温湿度、时频监控温湿度、配电、配线、安防、消防	准实时	结构化
40		…		
41	其他信息	分系统工作日志信息	实时	结构、半结构
42		FMEA 报告	非实时	半结构
43		故障归零报告	非实时	半结构
44		故障预案	非实时	半结构
45		不同阶段历次试验结果	非实时	半结构
46		…		

3.2.2　在轨遥测数据

北斗卫星在轨遥测数据由卫星产生并通过测控通道下传，由测控系统负责接收并按照卫星系统的要求进行处理及显示。由于对卫星的监控通过远程方式实现，因此遥测数据是对卫星工作状态监视的主要手段。遥测数据一般反映了卫星三类信息：

1）健康数据，包括各器部件的电压、电流、温度等参数，以及与此类数据相关的开关机状态、主备份工作状态灯等；

2）卫星参数，包括姿态角、角速度、星上时间等参数；

3）与故障诊断密切相关的参数。

3.2.2.1　数据类型

卫星在轨遥测数据主要分为平台类数据和有效载荷类数据两种数据类型。

（1）平台类数据

平台类数据主要是指能够表征卫星平台各单机特性、工作状态以及分系统功能、性能等的参数，如单机电压、电流、工作状态，卫星母线电压、输出功率，卫星三轴姿态等。

（2）有效载荷类数据

有效载荷类数据包括通过测控下行通道下传的工程遥测数据、通过有效载荷下行通道下传的业务遥测数据以及导航下行信号的评估数据。其中工程遥测数据由地面测控系统接收，主要表征有效载荷单机特性、工作状态及有效载荷工作模式等；业务遥测数据由地面运控系统接收，是指与导航业务直接相关的数据，主要包括卫星导航通用信息、时间信息、测距信息、设备时延参数、工作状态和参数、完好性监测结果等；导航下行信号的评估数据包括下行信号载噪比、有效全向辐射功率（EIRP）、码载波相干性等。

3.2.2.2 数据示例

以有效载荷为例展示在轨遥测数据。有效载荷数据示例见表 3－2。

表 3－2 有效载荷数据示例

序号	类型	单机	类别	数据
1	在轨数据	有效载荷	在轨故障数据	发生在轨故障的时间与故障模式
2		上行注入接收机	工况数据	卫星上行锁定指示
3			观测数据	卫星上行原始测距值
4			业务数据	卫星小环比对结果
5			状态信息	卫星 CRC 标志
6		导航信号播发单元	工况数据	卫星工况信息
7			性能数据	卫星下行载噪比
8			观测数据	卫星下行测距值（监测站）
9			业务数据	卫星星历
10			状态信息	卫星下行频点锁定指示
11		导航任务处理单元	工况数据	电压
12				使能状态
13			业务数据	导航电文质量
14			状态信息	开关状态指示

3.2.3 星间链路数据

星间链路网络利用其通信和测量的功能，实现对多种类型业务的支持，业务主要可分为通信业务和测量业务两大类。通信业务主要是完成不同类型的业务数据在星间链路网络中的传输，完成节点间或系统间的信号交互；测量业务主要是完成节点间的距离测量，用以支撑自主运行、精密定轨和时间同步等。

3.2.3.1 数据类型

星间通信数据主要分三类。

（1）星间交换数据

星间交换数据包括自主定轨所需星间交换的测距和协方差，以及星座自主运行时星间需要交换的自主定轨的星历及钟差数据等。

（2）境内到境外分发数据

境内到境外分发数据包括境外卫星的地面运控业务数据、境外卫星的遥控指令、境外卫星的星间链路管理数据。

（3）境外到境内回传数据

境外到境内回传数据包括境外卫星的遥测数据（含平台和载荷）、境外卫星的星间测量数据等。

3.2.3.2　数据示例

星间链路在轨遥测数据示例见表 3-3。

表 3-3　星间链路在轨遥测数据示例

序号	单机	类别	数据
1	收发信机	工况数据	二次电源电压
2		观测数据	星间测距信息
3		业务数据	卫星星历
4			导航电文质量
5			路由表
6		状态信息	开关机状态
7			主份程序来源标志
8	相控阵天线	工况数据	天线控制器电压
9			伺服控制器电压
10		观测数据	星间测距信息
11		业务数据	卫星星历
12			导航电文质量
13			路由表
14		状态信息	开关机状态

3.2.4　监测评估数据

监测评估数据是 iGMAS、地基增强系统开展监测评估工作而获得的北斗系统服务性能监测评估数据。

3.2.4.1　数据类型

监测评估数据包括 iGMAS、地基增强系统等连续监测评估数据及产品。

3.2.4.1.1　iGMAS 数据

iGMAS 建立了 BDS/GPS/GLONASS/Galileo 四大卫星导航系统的全球实时跟踪网，对四大卫星导航系统运行状态进行监测评估，生成高精度卫星轨道、钟差、全球电离层延迟模型等，并向公众提供数据与产品服务。

iGMAS 系统主要以实时的文件类数据为主，其服务中心的数据量每个月大概为 350 MB 。iGMAS 系统数据包括观测数据、基础产品数据和监测评估产品数据等。

（1）观测数据

观测数据主要来自跟踪站的各类观测数据，包括四大卫星导航系统的原始观测数据、广播星历、测站气象数据、北斗卫星健康状态信息、北斗完好性及差分信息、时差测量数据、干扰检测数据、多径检测数据、北斗格网电离层信息、电离层闪烁数据等，用户可以通过 ftp 服务下载所需数据。

（2）基础产品数据

基础产品数据包括四大卫星导航系统的卫星轨道、卫星测站钟差、地球自转参数、大气环境参数等数据，用户可以通过 ftp 服务下载所需的产品数据。

（3）监测评估产品数据

监测评估产品数据包括四大卫星导航系统星座状态、空间信号质量、空间信号精度、服务性能方面的监测评估信息，用户可以通过 ftp 服务下载所需的产品数据，同时 iGMAS 以 Web 形式提供图形及表格化监测评估信息。

3.2.4.1.2 地基增强系统数据

地基增强系统的数据包括增强信息和感知数据。通过处理北斗系统、差分观测信息，获得北斗系统的增强信息，用户可以利用增强信息修正卫星星历、钟差和电离层参数等来获得高精度的导航服务。感知数据主要包括观测数据、差分修正数据以及一些报告数据。

地基增强系统采集导航数据，通过修正轨道误差、星上原子钟精度的离散度以及其他误差，提供高精度的定位、导航和授时服务。

地基增强系统的数据包括北斗系统的原始观测数据、站点信息、气象数据、定位结果、差分数据产品等。

3.2.4.1.3 空间环境监测数据

监测的空间环境数据包括太阳活动数据（太阳耀斑、太阳磁场、太阳射电、太阳黑子等）、地磁活动数据（全球台站观测数据、各地磁指数等）、电离层数据（全球电离层台站观测数据等）、宇宙线数据（全球宇宙线中子堆台站观测数据等）、行星际环境数据（行星际磁场、等离子体、质子、电子、太阳风密度和速度等）、地球同步轨道环境数据（磁场、高能粒子、X 射线等）。

3.2.4.1.4 典型用户监测评估数据

典型用户监测评估数据是指相关单位开展监测评估工作而获得的北斗系统服务性能监测评估数据。目前数据来源包括中科院国家授时中心、中国大陆构造环境监测网络、北斗卫星高精度观测试验网，以及通过中国民航、海事、国际合作等渠道获得的监测评估数据等。

北斗系统服务性能监测评估数据按照单星级与系统级划分为空间信号类与系统服务类评估数据。按照评估工作项目分解为空间信号质量评估、空间信号性能评估、卫星钟性能评估、系统时间性能评估、定位测速性能评估、授时性能评估。

3.2.4.2 数据示例

iGMAS 数据、地基增强系统数据、空间环境监测数据等示例如下。

3.2.4.2.1 iGMAS数据

iGMAS的观测数据示例见表3-4。

表3-4 观测数据示例

数据类型	延迟	更新间隔	采样间隔
原始观测数据(BDS/GPS/GLONASS/Galileo)	~1天	天	30秒
	~1小时	小时	30秒
	~15分钟	15分钟	1秒
广播星历(BDS/GPS/GLONASS/Galileo)	~1天	天	—
	~1小时	小时	—
	~15分钟	15分钟	—
测站气象数据	~1小时	小时	30秒
	~15分钟	15分钟	30秒
北斗卫星健康状态信息	~1小时	小时	—
	~15分钟	15分钟	—
北斗完好性及差分信息	~1小时	小时	3秒
	~15分钟	15分钟	3秒
时差测量数据	~1小时	小时	1秒
干扰检测数据	~1小时	小时	—
多径检测数据	~1小时	小时	1秒
北斗格网电离层信息	~1小时	小时	6分钟
电离层闪烁数据	~1小时	小时	30秒

iGMAS的基础产品数据示例见表3-5。

表3-5 基础产品数据示例

<table>
<tr><th colspan="2">指标名称</th><th>精度</th><th>延迟</th><th>更新</th><th>采样间隔</th></tr>
<tr><td colspan="6">卫星轨道/卫星测站钟差</td></tr>
<tr><td rowspan="3">超快速(预报部分)</td><td>MEO/IGSO</td><td>50 cm</td><td rowspan="3">实时</td><td rowspan="3">6小时</td><td rowspan="3">15分钟</td></tr>
<tr><td>GEO</td><td>1 000 cm</td></tr>
<tr><td>卫星钟</td><td>10 ns</td></tr>
<tr><td rowspan="3">超快速(观测部分)</td><td>MEO/IGSO</td><td>25 cm</td><td rowspan="3">3小时</td><td rowspan="3">6小时</td><td rowspan="3">15分钟</td></tr>
<tr><td>GEO</td><td>700 cm</td></tr>
<tr><td>卫星钟</td><td>1 ns</td></tr>
<tr><td rowspan="3">快速</td><td>MEO/IGSO</td><td>20 cm</td><td rowspan="3">17小时</td><td rowspan="3">天</td><td rowspan="2">15分钟</td></tr>
<tr><td>GEO</td><td>500 cm</td></tr>
<tr><td>卫星和测站钟</td><td>0.6 ns</td><td>5分钟</td></tr>
</table>

续表

指标名称		精度	延迟	更新	采样间隔
最终	MEO/IGSO	15 cm	12 天	周	15 分钟
	GEO	400 cm			5 分钟
	卫星和测站钟	0.5 ns			
最终频间偏差参数		0.5 ns	20 小时	月	—
跟踪站地心坐标					
最终位置	水平	3 mm	12 天	周	周
	垂直	6 mm			
最终速度	水平	2 mm/y	12 天	周	周
	垂直	3 mm/y			
地球自转参数：极移（PM）、极移速率（PM rate）、日长（LOD）					
超快速（预报部分）	PM	0.3 mas	实时	6 小时	1 天 4 次（00，06，12，18 UTC）
	PM rate	0.5 mas/day			
	LOD	0.06 ms			
超快速（观测部分）	PM	0.1 mas	3 小时	6 小时	1 天 4 次（00，06，12，18 UTC）
	PM rate	0.3 mas/day			
	LOD	0.03 ms			
快速	PM	0.1 mas	17 小时	天	天（12 UTC）
	PM rate	0.2 mas/day			
	LOD	0.03 ms			
最终	PM	0.05 mas	12 天	周	天（12 UTC）
	PM rate	0.2 mas/day			
	LOD	0.02 ms			
大气环境参数					
超快速对流层天顶延迟		6 mm	3 小时	6 小时	1 小时
最终对流层天顶延迟		4 mm	3 周	周	2 小时
快速电离层 TEC 格网		2～9TECU	1 天	天	2 小时 5°（经度）×2.5°（纬度）
最终电离层 TEC 格网		2～8TECU	12 天	周	2 小时 5°（经度）×2.5°（纬度）

iGMAS 的监测评估产品数据示例见表 3-6。

表 3-6　监测评估产品数据示例

产品类型		延迟	更新	采样间隔
星座状态	星座基本情况	<1 天	每天	小时
	卫星当前位置			
	卫星轨道根数			
	卫星工作状态			
	星座可用性			
	星座瞬时 PDOP 值			
空间信号质量	地面接收功率稳定度	<1 天	每天	小时
	信号功率谱包络特性			
	基带信号波形评估			
	载波相位调制误差评估			
	信号相关曲线评估			
空间信号精度	导航电文状态	<1 天	每小时	小时
	广播星历轨道精度			
	广播钟差评估			
	广播星历钟差精度			
	空间信号用户测距误差（SISURE）			
	用户测距率变化误差（URRE）			
	用户测距二阶变化学率误差（URAE）			
	电离层改正精度			
	电离层改正比例			
	差分导航信息			
服务性能	定位精度	<1 小时	每天	小时
	定位连续性			
	定位可用性			
	差分定位精度			
	测速精度			
	测速连续性			

3.2.4.2.2　地基增强系统数据

地基增强系统数据示例见表 3-7。

表 3-7　地基增强系统数据示例

序号	数据类型	更新周期	数据内容
1	观测数据	1 s	码伪距、载波相位值、多普勒频移、信噪比导航电文
2	站点信息	一次性记录，变更时更新	站名、坐标、天线信息等
3	气象数据	10 s	温度、湿度、气压等
4	定位结果	1 s	经度、维度、高度；PDOP、HDOP、VDOP、卫星数
5	差分数据产品	按接收的差分数据产品频度输出	轨道钟差改正信息、电离层球谱模型等

3.2.4.2.3　空间环境监测数据

空间环境监测数据示例见表 3－8。

表 3－8　空间环境监测数据示例

序号	数据类型	数据内容
1	太阳活动数据	太阳耀斑、太阳磁场、太阳射电、太阳黑子等
2	地磁活动数据	全球台站观测数据、各地磁指数等
3	电离层数据	全球电离层台站观测数据等
4	宇宙线数据	全球宇宙线中子堆台站观测数据等
5	行星际环境数据	行星际磁场、等离子体、质子、电子、太阳风密度和速度等
6	地球同步轨道环境数据	磁场、高能粒子、X 射线等

3.2.4.2.4　典型用户监测评估数据

典型用户监测评估数据示例见表 3－9。

表 3－9　典型用户监测评估数据示例

序号	类别	指标参数	数据内容
1	空间信号类	空间信号质量	信号功率
2			信号功率谱
3			基带信号时域波形
4			信号相关特性
5			同频点测距码之间相位相对一致性
6			频间测距码之间相位相对一致性
7		空间信号性能	导航电文中参数的一致性
8			广播轨道、钟差精度及 SISURE
9			广播电离层参数精度
10			URRE
11			URAE
12			完好性
13			连续性
14			可用性
15			差分完好性
16		卫星钟性能	频率准确度
17			频率稳定度
18			频率漂移率
19			工作寿命

续表

序号	类别	指标参数	数据内容
20	系统服务类	系统时间性能	BDT 准确度
21			BDT 稳定度
22			BDT 与 UTC_{NTSC}的时差
23			BDT 与 UTC 的时差
24			BDT 与 GPST 的时差
25		定位测速性能	PDOP 可用性
26			单频定位精度
27			单频差分定位精度
28			双频定位精度
29			单频测速精度
30			双频测速精度
31			单频定位服务连续性
32			单频差分定位服务连续性
33			双频定位服务连续性
34			单频定位服务可用性
35			单频差分定位服务可用性
36			双频定位服务可用性
37		授时性能	单频授时精度
38			单频差分授时精度
39			双频授时精度

3.2.5　地面试验测试数据

地面试验测试数据主要来源于卫星系统和地面试验验证系统。卫星系统数据包括卫星单机产品、分系统、系统在研制过程中的各种测试和试验数据；地面试验验证系统数据包括工程各分系统（卫星系统、运行控制验证分系统、工程测控验证分系统）产生的导航业务数据、模拟的复杂电磁环境下卫星导航信号和抗干扰信号、性能监测评估数据以及系统运行状态数据。

3.2.5.1　数据类型

（1）卫星数据

卫星数据主要分为平台类数据和有效载荷类数据两种类型。

①平台类数据

平台类数据主要是指能够表征卫星平台各单机特性、工作状态以及分系统功能、性能等的参数，这里是指在地面研制、测试、试验过程中产生的数据。

②有效载荷类数据

有效载荷类数据主要是指能够表征有效载荷单机（如原子钟、基准频率合成器、扩频测距接收机、导航任务处理单元、行波管放大器等）特性、工作状态以及有效载荷功能、性能等的参数，这里同样是指在地面研制、测试、试验过程中产生的数据。

（2）地面试验验证系统数据

地面试验验证系统数据包括卫星导航业务数据、复杂电磁环境数据、新性能评估数据等。

①卫星导航业务数据

卫星导航业务数据由卫星系统、运行控制验证分系统、工程测控验证分系统产生。卫星系统产生的数据主要为遥测数据。运行控制验证分系统产生的数据主要分为导航产品和卫星载荷指令。导航产品主要为分系统生成的业务技术结果，包括卫星星历、卫星钟差、电离层研制参数、差分完好性信息等；卫星载荷指令为分系统上注的卫星控制指令信息。工程测控验证分系统产生的数据主要为卫星平台指令。

②复杂电磁环境数据

复杂电磁环境数据主要基于微波暗室的无线抗干扰测试环境模拟产生的北斗系统的卫星导航信号（RNSS信号、RDSS出站信号、星间链路信号）以及相关频段的干扰信号。

③性能评估数据

性能评估数据包括全球系统服务性能评估结果数据、全球系统定位授时测速性能评估结果数据、电离层模型精度评估结果数据、星载原子钟性能评估结果数据、精密定轨与时间同步体制评估结果数据、测量精度性能评估结果数据、星载增强服务性能评估结果数据、星间链路性能评估结果数据、低轨卫星增强性能评估结果数据等。

3.2.5.2　数据示例

有效载荷数据示例见表3-10。

表3-10　有效载荷数据示例

<table>
<tr><th>序号</th><th>类型</th><th>单机（器部件）</th><th>类别</th><th>数据</th></tr>
<tr><td>1</td><td rowspan="5">地面数据</td><td rowspan="5">有效载荷所属各单机（器部件）</td><td>地面可靠性/寿命试验数据</td><td>包括单机（器部件）基本信息、试验条件、试验时间、是否故障、故障名称/发生时间等信息</td></tr>
<tr><td>2</td><td>地面测试数据</td><td>包括测试时间、测试参数名称、测试值</td></tr>
<tr><td>3</td><td rowspan="3">地面故障数据</td><td>地面试验故障时间、故障模式以及试验条件</td></tr>
<tr><td>4</td><td>FMEA报告</td></tr>
<tr><td>5</td><td>故障归零报告</td></tr>
</table>

星载原子钟数据示例见表3-11。

表 3 - 11　星载原子钟数据示例

序号	类型	单机	类别	数据
1	地面数据	铷钟	试验数据	铷量消耗试验
2				空间辐射试验
3				电路部分高低温循环试验
4				电路部分通电寿命试验
5				电路部分随机振动试验
6			地面故障数据	地面试验故障时间、故障模式以及试验条件
7				FMEA 报告
8				故障归零报告
9		氢钟	试验数据	物理部分力学试验
10				整钟冲击试验
11				整钟振动试验
12				整钟高低温循环试验
13				整钟电磁兼容试验
14				整钟空间辐射试验
15			地面故障数据	地面试验故障时间、故障模式以及试验条件
16				FMEA 报告
17				故障归零报告

星间链路载荷数据示例见表 3 - 12。

表 3 - 12　星间链路载荷数据示例

序号	类型	单机（器部件）	类别	数据
1	地面数据	星间链路载荷所属各单机（器部件）	试验数据	不同阶段历次试验结果
2			地面故障数据	发生在轨故障的时间与故障模式
3				FMEA 报告
4				故障归零报告

运行控制验证分系统数据示例见表 3 - 13。

表 3 - 13　运行控制验证分系统数据示例

信息标识	信息类别
类型 0	零信息
类型 1	星历参数
类型 2	星钟和群延迟参数
类型 3	中等精度历书
类型 4	简约历书
类型 5	BDT - CMTC 转换参数
类型 6	BGTO 参数

续表

信息标识	信息类别
类型 7	电离层模型参数
类型 8	EOP 参数
类型 9	全球基本完好性信息Ⅰ类（实时）
类型 10	全球基本完好性信息Ⅱ类（快变）
类型 11	全球基本完好性信息Ⅲ类（慢变）
类型 12	全球系统星基增强信息
…	…

3.2.6　质量问题信息

采集北斗系统研制、在轨测试与运行管理阶段的质量问题，包括卫星、地面运控等系统的信息。通过对质量问题进行收集、整理、分类统计和综合分析，识别北斗系统研制建设及运行服务阶段的薄弱环节，有针对性制定运维措施。

3.2.6.1　数据类型

质量问题数据包括北斗系统在研制建设、在轨测试与运行管理阶段器部件、单机产品、分系统、系统等不同层次的质量信息。

3.2.6.2　数据示例

采集北斗系统质量问题数据，包括以下方面内容：问题名称，问题描述，所属型号，系统、分系统、产品名称及代号，发生时间，发生阶段，责任单位，问题定位，一级原因，二级原因，管理因素，纠正措施，归零情况，在轨问题的严重性等级等方面内容。

3.2.7　数据标准

面向北斗数据应用需求，依照相关标准，明确北斗运维各类信息资源规范等，北斗运维数据标准体系由基础标准、采存管理标准、数据治理标准以及服务应用标准构成。

1）基础标准为整个数据标准体系提供元数据、数据结构、基础代码等基础性标准。

2）采存管理标准针对数据采集接入及数据管理等环节，提供数据采集整编、数据存储备份以及数据日常维护等过程中的相关标准。

3）数据治理标准提供数据名录、数据分类、数据质量管理以及元数据等相关标准。

4）服务应用标准提供数据共享、数据检索以及模型分析等相关标准。

3.3　数据监测感知

3.3.1　监测体系

北斗系统形成了内外部相结合的完整监测体系。内部监测包括地面运控系统、测控系统、卫星系统对在轨卫星的监测；外部监测包括 IGS、iGMAS、地基增强系统、空间环境监测中心、应用验证等对在轨卫星的监测。北斗系统监测体系如图 3－1 所示。

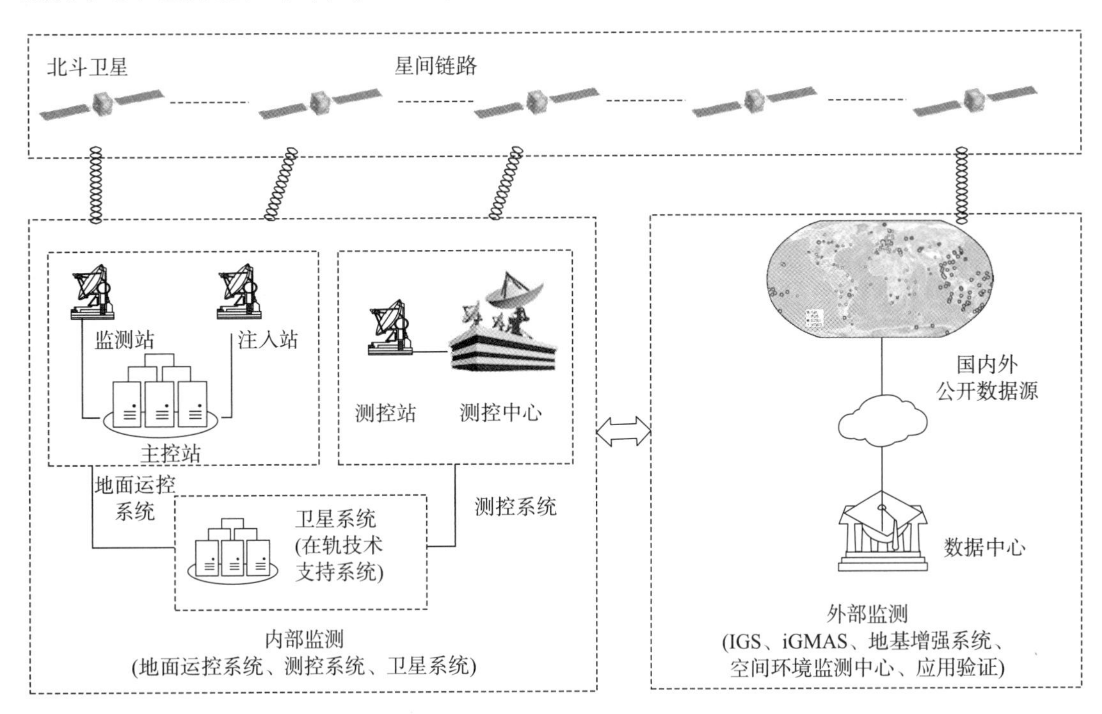

图 3－1　北斗系统监测体系示意图

北斗系统的稳定运行离不开对卫星导航信号的监测，监测以内部监测为主，外部监测为辅。内部监测主要由地面控制段通过监测站、星间链路及测控站实时获取数据，监测站获取的数据直接用来评价导航信号的精度和其他性能指标，星间链路和测控站获取的数据为系统详细状态评估的数据来源。外部监测主要利用国内外公开数据源获取数据，用于评估更贴近用户应用的各类服务性能参数指标。两种监测相互结合，既充分利用了当前广泛分布的卫星导航数据，又深入细致地评估了卫星导航系统的服务性能，两者共同构成了严密、精确的监测体系。

3.3.2　数据采集策略

北斗系统对于设备运行状态、工况等数据的采集，按照监测目的和运行维护需求，采用以分析目标为导向的柔性采集策略，进行选择性的数据采集。柔性采集策略如图 3－2 所示，其中横坐标表示故障影响（如停机时间、维修费用、安全风险等），纵坐标表示设备的故障发生率。根据实际需求，在横纵坐标上设定控制目标线，将坐标系分成四个象限，各关键设备根据故障率及影响分别落在不同的象限内，每一个象限对应不同的数据采集策略[30-34]。

第Ⅰ象限：设备故障发生率高，故障产生的影响大。一个设计完善的系统不应有任何的设备落在该象限，系统需要进行设计改进。这种设备在工程中是不允许出现的，因此不存在与之对应的采集策略。若在轨卫星出现此类故障，同时还要长期在轨运行，应采取以

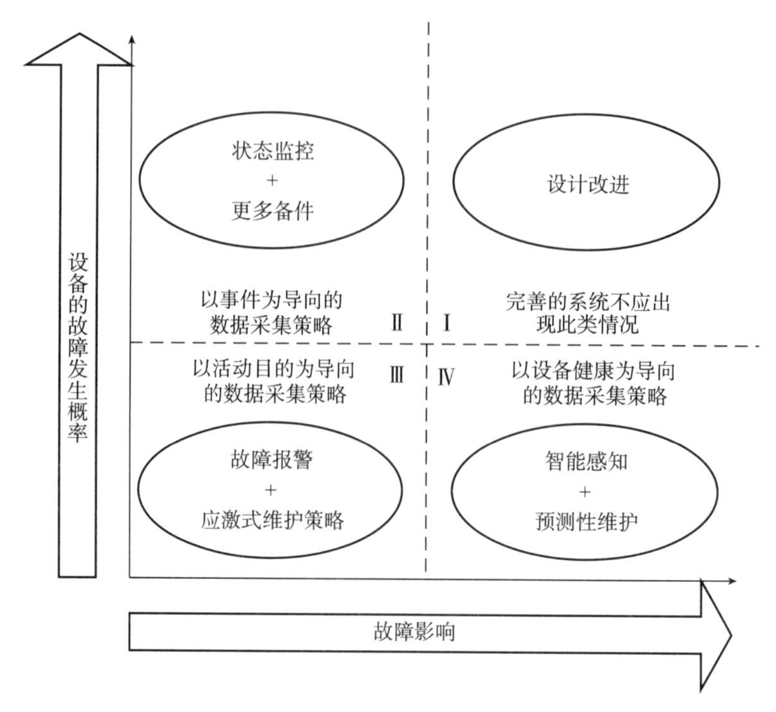

图 3-2 监测数据柔性采集策略

设备健康为导向的数据采集策略（类似于第四象限），不仅全面采集设备本身的工况数据，还应实时监测可能影响设备健康的其他因素，并进行趋势分析。为防止影响服务的故障发生，应开展预防性维护和风险管理。例如，易受空间环境影响的导航任务处理机异常、自主复位等，往往导致信号中断，影响服务可用性，需要对单机进行实时监测，并备好快速响应预案。在轨卫星后续维护中应尽量采取有效的预防性措施，并且在后续卫星研制过程中改进设计，减少甚至消除对服务可用性的影响。

第Ⅱ象限：设备故障发生率高，但影响较小。此类设备应当选择以事件为导向的数据采集策略，所采集的数据包括预警信号或几个能够反映设备故障状态的参数，需要连续采集、实时监控，并采用“状态监控维护（CBM）”的维护策略。例如，一些地面设备故障频率较高，但一般不影响服务的可用性，需要对设备进行实时监测，保证故障发生后能及时响应并恢复。同时在后续设计中进行改进，减少故障发生频次。

第Ⅲ象限：设备故障发生率低且影响较小。该类故障一般不需要实时监控和数据采集，可运用以活动目的为导向的数据采集策略，采用巡检、定期维护或到寿更换的维护模式。例如，星上热敏电阻故障、一般的地面设备等，故障发生率较低且影响较小，开展定期检查评估，对可更换设备按照设计平均寿命进行预防性更换即可。

第Ⅳ象限：设备故障发生率较低，但影响较大。应采取以设备健康为导向的数据采集策略，进行详细的 FMEA 分析，根据分析结果决定数据采集的对象和策略，全面采集设备的工况数据、性能参数等，实时监测可能影响设备健康的其他因素，并进行趋势分析，对影响较为严重的故障模式进行预测性维护和风险管理。例如，卫星钟故障等，故障发生率较低，但影响较大，需要对其进行实时监测，进行性能退化趋势分析，对可能发生的故障征兆采取有效的预防性措施。

3.3.3　传感技术

传感器是数据采集的必要工具，是系统与被监测对象之间的接口，用于测量设备状态，并将设备状态转换为可用信号进行输出。根据监测的信号种类，常用的传感器包括：温度传感器、压力传感器、转速传感器等。

（1）温度传感器

温度传感器在卫星上主要用来测量卫星设备的工作温度，实现温度的监测，包括热敏式传感器、热电偶传感器等。

（2）压力传感器

压力传感器是指能够测量压力并传送电信号的装置，常见的有应变式压力传感器、压阻式压力传感器、电容式压力传感器、压电式压力传感器、振频式压力传感器等。

（3）转速传感器

转速传感器是将旋转物体的转速转换成电量输出的传感器，主要包括磁电感应式转速传感器、光电效应式转速传感器、电涡流式转速传感器等。

3.3.4　数据互联接口

各系统间建设通信链路，规范共享数据接口协议，包括数据类型、格式要求、定义、使用策略等内容，开展统一数据时标，剔除数据野值，补全缺失数据，确保数据连续、完整、可信、有效。北斗系统多源数据融合平台提供数据接口、服务接口、公开 API 接口等形式。通过数据接口实现卫星监测数据、地面运控数据、故障诊断数据等特定数据的查询、订阅及推送；通过服务接口实现个性化数据的查询及分析；公开 API 支持内部核心技术组件或能力的输出，便于二次开发及封装。

3.4　数据联通与数据管理

数据管理包括数据存储与查询，通过大数据存储技术对系统接收数据进行长期存储，实现各类数据的导入、归档、查询与报表输出、安全管理等功能；利用大数据存储技术为存储数据提供数据备份、数据恢复、数据维护等安全保障。

3.4.1　数据存储

在存储北斗系统数据信息过程中，会面临存储资源整合、存储集群高可用性、远程异地容灾等问题，可采用基于冷热数据分离存储的解决方案。

北斗系统海量数据存储管理的工作模式如图 3－3 所示。

综合考虑业务特点和系统的高效性、简易性、经济性、安全性以及对早期系统历史数据的兼容性的因素，数据管理采用 HBase 和 HDFS 对系统进行大数据分布式存储。

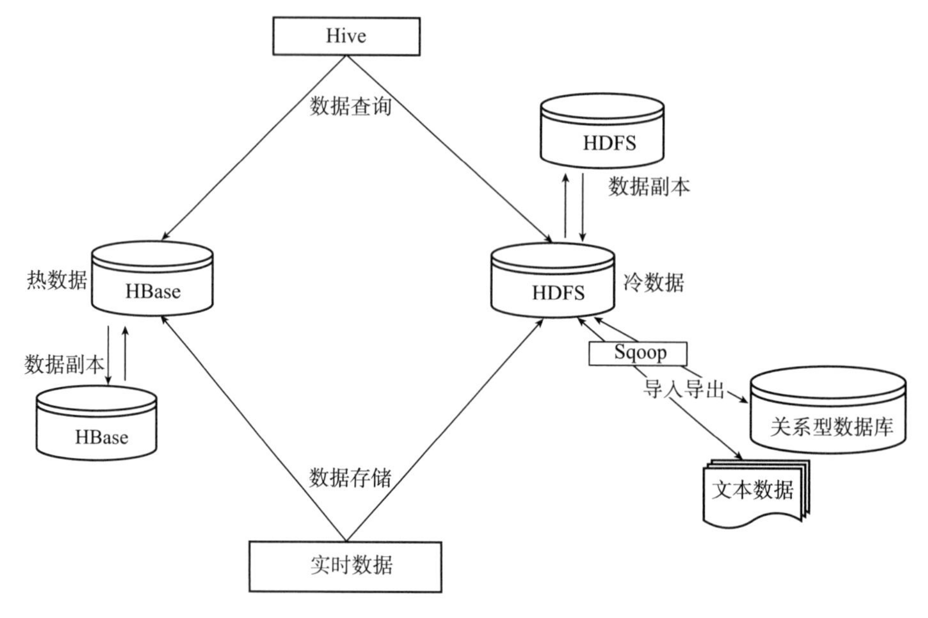

图 3-3 数据存储管理的工作模式

需要存储管理的数据包括北斗二号系统、北斗三号系统以及北斗试验卫星系统的原始观测数据、系统业务处理数据、系统工况信息数据等，数据种类繁多、数据量大，达到海量级别的数据处理规模，常规关系型数据库管理系统已不能满足需求。采用冷热数据分离的方式来实现北斗系统海量数据的存储。冷热数据分离存储示意图如图 3-4 所示。

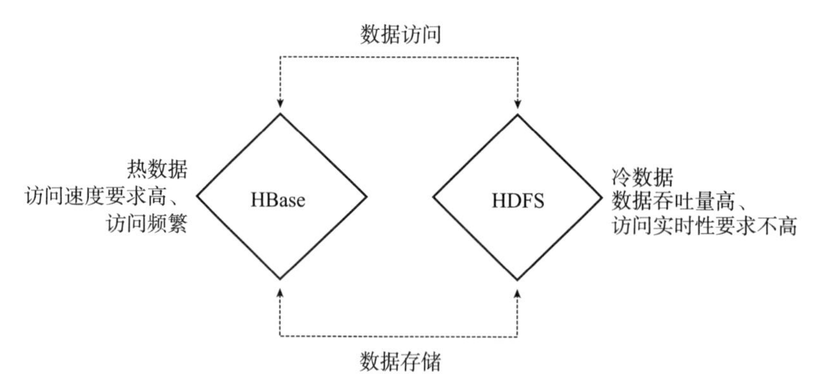

图 3-4 冷热数据分离存储示意图

业务上使用度高、对于数据写入和查询性能都要求高的数据，即热数据，该类数据由 HBase 存储，该数据库集群可由配置较高 CPU、更大空间内存以及更多高性能磁盘的服务器组成，HBase 的设计核心是使用高性价比的服务器做分布式集群，替换传统的小型机磁盘阵列，通过使用多台服务器和内置磁盘作为标准配置，做到性能随物理节点的增加实现线性提升。另外 HBase 采用分片技术为系统提供横向扩展机制，其分片过程对于应用程序来说完全透明。该机制解决了单台服务器硬件资源（如内存、CPU、磁盘 I/O）受限的问题，而且不会增加应用程序开发的复杂性。

对于存储时间比较久，使用频率不高的数据，这类数据集数量巨大，访问侧重于吞吐量，而不是数据访问的实时性，是整个存储功能模块中消耗存储空间的主要部分，即冷数据。该类数据将被保存至 HDFS 中。HDFS 本身被设计成适合批量处理，而不是用户交互式，即重点是在数据吞吐量，而不是数据访问的反应时间。HDFS 存储数据部署于配置较低 CPU、较大空间内存以及尽可能大的存储空间的服务器上。

3.4.2 数据查询

数据查询模块基于 Impala 查询引擎，结合 Spark 技术来检索 HBase 和 HDFS。包括：

1）界面数据查询：用户能够通过界面对分布式数据库中的全量数据进行查看。

2）模糊查询：用户采用 SQL 语句查询数据，在查询时，用户可以使用相应的模糊查询语句和通配符来完成对系统数据的模糊查询。

3）复杂查询：在 Impala 内部，实现了不同类型的函数可以满足用户的复杂查询。这些内部函数包括数字计算、位运算、字符操作、日期计算和其他各种数据转换函数等，可以满足用户的复杂查询需求。

4）跨数据源关联查询：用户可以通过配置 Impala，采用 ODBC 或 JDBC 的访问接口，通过其中的接口、数据查询模块可以实现跨数据源关联查询。

5）并发查询：数据查询模块结合所采用的 HBase 和 HDFS，支持多用户高并发查询。

6）批量查询：在 HBase 和 HDFS 的基础上，在查询接口层结合当前最流行分布式计算框架 Spark 进行分解批量数据查询条件，提交给 Spark 计算引擎。

7）查询结果输出：数据查询模块结合所采用 HBase 和 HDFS 提供查询结果输出功能，输出格式支持 CSV、JSON 和 TXT 等。

3.4.3 数据备份

为应对磁盘故障风险，北斗系统对存储地面试验、卫星遥测、监测评估等各类关键数据的磁盘采用磁盘阵列技术进行存储；为了应对服务器宕机等重大故障，北斗系统采用双机热备等服务器集群方式来保障系统可持续运行。北斗系统采用 HDFS 的增量数据备份恢复方案，具备分钟级 RPO 的 HDFS 远程备份系统，提供数据一致性备份以及高效备份恢复机制。

利用大数据平台提供数据在线和离线备份容灾策略，来保证数据的安全性，包括本地备份和异地备份，图 3-5 给出了容灾备份示意图。

1）本地备份：本地数据支持数据备份到相关存储介质，也支持数据从本地介质数据恢复到在线数据库。在线恢复采用三份数据冗余来确保数据的安全，在数据存储规划上，设置冗余的三份数据均保存在不同服务器的不同磁盘上，避免由于集群中某一台服务器宕机或者是磁盘突然损坏，从而导致数据丢失或者集群变成不可用状态。数据恢复过程中，能够做到全自动化，无需任何人工干预。

2）异地备份：支持通过大数据、云平台技术把数据同步到其他数据中心。

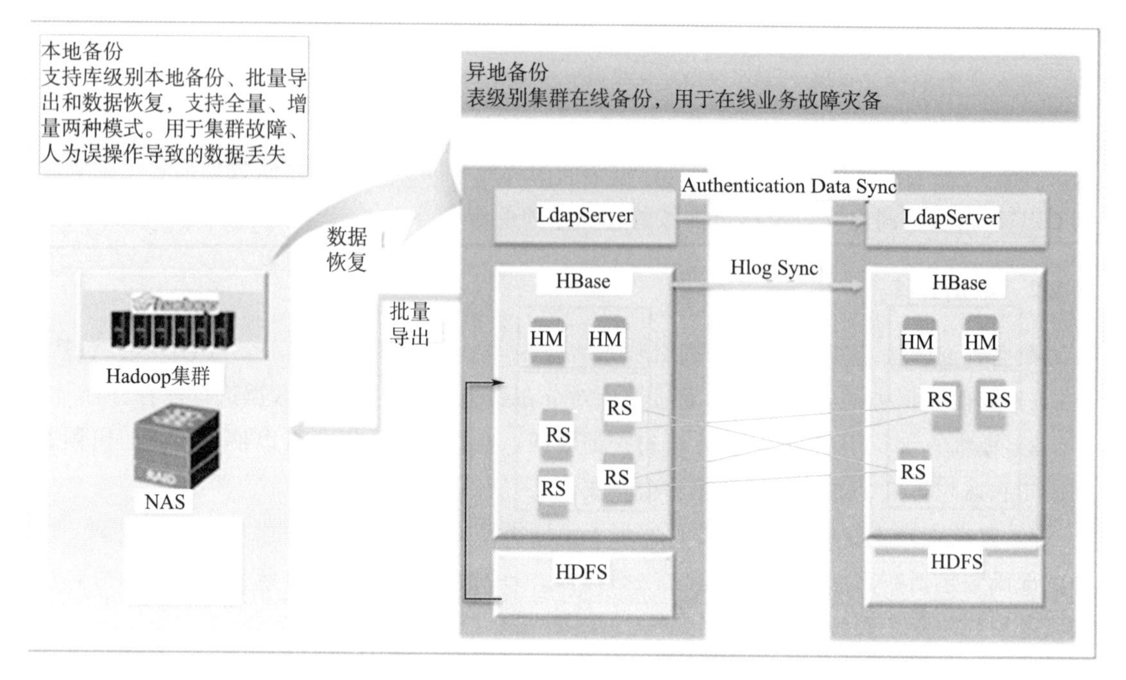

图 3－5　容灾备份示意图

3.4.4　数据维护

北斗系统的数据维护包括数据库健康检查、数据库监测管理以及数据库性能优化。

（1）数据库健康检查

数据库健康检查包括对北斗数据库的日志检查以及北斗数据库一致性检查。在北斗数据库系统中，对数据的任何更新操作都要把相关操作的命令、执行时间、数据的更新等信息保存下来，作为数据库日志。北斗数据库系统根据事务处理来记录日志信息，日志内容包括：事物开始标记、事物的唯一标识、所操作数据项的唯一标识、数据项的写前值、数据项的写后值、事物提交或终止标记。北斗数据库日志文件是数据恢复的重要基础；健康检查要对数据库的物理和逻辑一致性进行检查。

（2）数据库监测管理

从应用可用性、系统资源占用和数据库性能三个方面监测与北斗数据库应用相关的服务，确保北斗数据库运行正常。北斗数据库的关键参数有数据库系统设计的文件存储空间、系统资源的使用率和配置情况、数据库当前的各种资源情况、监测数据库进程的状态、进程所占用内存空间、可用性等。包括监控并分析数据库空间和使用状态、数据库I/O及数据库日志文件等工作。

（3）数据库性能优化

通过空间释放、表重构、索引重建、数据分片等操作对北斗数据库性能进行优化。利用云环境下的数据管理技术实现对海量数据的更新速率、随即读取速率和数据检索素服的提升。

3.4.5　数据安全

影响北斗系统数据安全的因素主要有物理环境的威胁、病毒与非法访问的威胁、对数据库的错误使用与管理不到位以及数据库系统自身的安全缺陷。保证北斗系统中的数据安全，需要通过一定的控制机制来预防事故性灾害，遏制故意的破坏，尽快检测到发生的问题，加强灾害恢复能力和对存在的问题进行修正。数据安全技术包括以保持数据完整性为目的的数据加密、访问控制、备份等技术，也包括数据销毁和数据恢复技术。北斗系统主要通过以下安全措施确保自身数据安全。

（1）容灾与数据备份

通过容灾与备份系统同时将数据保存在两个物理距离较远的系统中，当一个系统由于意外灾害停止工作时，另外的系统会将工作接管过来。并且无论数据破坏处于何种原因，达到何种程度，只要掌握灾难发生前的数据备份，就可保证信息系统数据的安全。通过外置阵列的智能存储系统，在进行数据备份、数据采集、数据挖掘和灾难恢复时不会影响业务系统的连续性。

（2）身份认证

身份认证方式主要包括入网访问控制以及权限控制。入网访问控制提供第一层访问控制，限制未授权用户访问部分或整个信息系统。权限控制是针对网络非法操作采取的安全保护措施，用户及用户组被赋予一定的权限。

（3）数据加密

数据加密是实现数据存储和传输保密的一种重要手段。能够达到验证身份、控制（防止更改信息）和保护隐私（防止监听）三大目的。通过对称密钥加密与非对称密钥加密等方法进行加密处理。

另外，在云环境下，需考虑在数据的整个生命周期中，制定并实施数据安全的应对策略，确保北斗数据生命周期的安全。在数据采集阶段采用数据分类分级、数据源鉴别及记录等安全技术；数据传输阶段采用数据传输加密、网络可用性管理等安全技术；数据存储阶段采用存储媒体安全、逻辑存储安全、数据备份和恢复等安全技术；数据处理阶段采用数据脱敏、数据分析安全、数据导入导出安全等安全技术；数据交换阶段采用安全数据共享、安全数据发布、安全数据接口等安全技术；数据销毁阶段采用数据销毁处置、存储媒体处置等安全技术。

3.5　数据融合

北斗系统通过云平台技术接入全系统各类数据资源，实现物理上分散、逻辑上统一的大数据融合，提供全面长期的数据资源保障，可根据各业务系统的任务需要和业务范围，快速组织主题数据资源，高效、便捷地支持北斗系统的运行评估、故障诊断与预测，让北斗系统数据真正实现其所蕴含的价值，实现北斗系统智能化的运行管理。北斗系统数据蕴含了系统状态的重要信息，很难直接从数据外部变化观察出系统内部的规律，通常需要采用合适的分析方法，研究特征量的变化规律，进行特征分析。系统状态很难由某一个特征完全反映，所分析提取的所有特征都是系统状态的反映，通过对这些特征进行数据处理和融合，来对系统状态进行判断，从而获得系统状态更准确、更合理的描述。本节包括数据清洗和预处理技术、数据融合技术两方面的内容。

3.5.1　数据清洗和预处理技术

开展北斗系统业务管理需要统一性、准确性、完整性的高质量数据支持，但集成的北斗各业务系统数据结果形式并不统一，存在一定冗余，且准确度需要进一步完善，影响了集成数据的质量，不能有效支撑数据的分析应用。因此，需要开展数据清洗与预处理，对北斗系统数据进行统一形式、消除冗余、去伪存真，这是确保北斗系统数据质量的关键所在，也是进行数据准确分析的前提。通过数据清洗转化可以将原始数据转化为标准规范的集成数据，如图 3 - 6 所示。

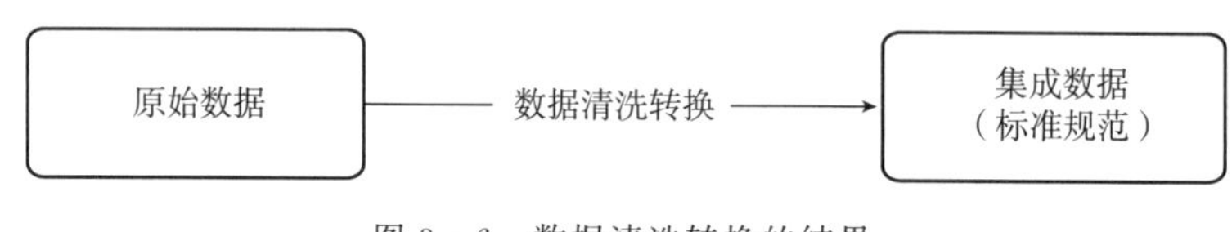

图 3 - 6　数据清洗转换的结果

（1）提高数据的统一性

北斗各系统在研制建设过程中都规划形成了各自的数据格式，不同数据源对同一实体提供的信息各有不同，这些不同信息存在冗余和不一致情况，会影响数据集成的质量和分析挖掘的效果。数据治理通过识别同一实体的不同，可以有效消除冗余和整合不一致的信息，提高集成数据的统一性和简洁性。

（2）提高数据的准确度

在汇集北斗各系统数据的过程中，由于网络或其他原因，会存在部分数据源提供不完整、错误或过时的数据，使得不同数据源对同一实体的不同描述之间相互矛盾、产生数据冲突，难以保证集成北斗系统数据的准确性。通过解决多数据源的数据冲突，数据治理可以有效地进行辨别真伪，提高集成数据的准确性。

（3）提高数据的完整性

由于北斗各系统的目标用户和信息定位存在差异，不同数据源所提供的信息类型各不相同，对同一实体描述的侧面或角度也不尽相同，这使得集成数据相对离散，难以形成北斗系统完整、全面的信息视图。例如地面运控系统主要提供自身系统的数据产品，而 iGMAS 系统能够提供 BDS/GPS/GLONASS/Galileo 四大卫星导航系统的数据产品。因此，数据治理可以有效地实现信息互补，提高集成数据的完整性。

数据治理技术主要有基于贝叶斯概率推理的北斗数据缺失值填充技术、基于函数依赖的北斗数据不一致检测与修复技术、基于相似性概率图的实体识别技术、基于用户反馈的真值发现技术等。

（1）基于贝叶斯概率推理的北斗数据缺失值填充技术

这项技术首先依据北斗数据中属性值之间的统计关系生成属性之间的依赖关系，根据依赖关系生成贝叶斯网络，然后根据贝叶斯网络填充值。在构造贝叶斯网络之后，变量已根据相关关系组织到一个网络中。根据网络中提供的信息完成缺失值填充。该技术仍然将离散变量与连续变量分开处理，前者采用概率推理的方式完成，后者采用最小二乘法。

（2）基于函数依赖的北斗数据不一致检测与修复技术

该技术的目的是依据给定规则集合检测北斗数据中的错误并对可能的错误进行修复。选用最常用的规则［即条件函数依赖（CFD）和函数依赖（FD）］作为规则的形式。系统结构如图3-7所示。

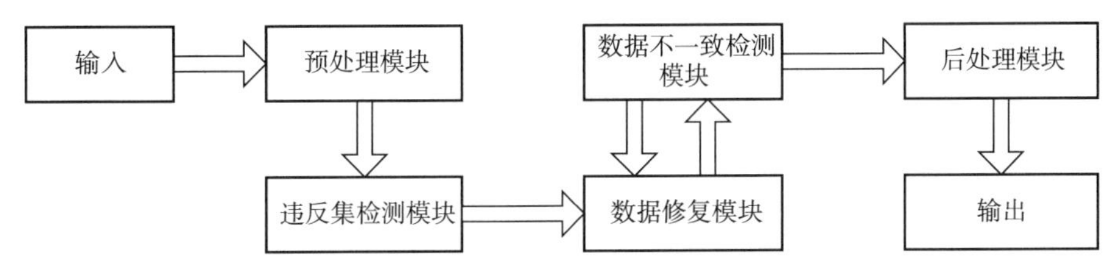

图3-7　北斗数据错误检测系统结构

各模块的功能及实现如下所述：

1）预处理模块：完成CFD和属性权重参数的解析工作，并对不一致数据进行预处理。

2）违反集检测模块：对每条FD生成Hadoop上的查询计划，求得违反的元组集合。

3）数据修复模块：根据设计的修复策略，对每个不一致的数据项求解其修复值，最终求得整个违反集的不一致解决方案。

4）数据不一致检测模块：由于一个数据项的修复操作可能引入新的不一致，检测是否引入了新的不一致。

5）后处理模块：删除数据表预处理时添加的索引，保证输出结果具有相同的格式。

（3）基于相似性概率图的实体识别技术

实体识别的目的是快速有效地进行大数据量、更新频繁和具有复杂结构数据上的实体识别，其输入是北斗系统中的数据库文件，输出是多个经过识别的北斗实体集合文件。具体的操作流程如下：

1）系统从北斗数据库中导出海量数据并进行预处理，使北斗数据的格式满足系统可进行识别的要求。

2）考虑所有北斗数据的不同属性中存在若干属性相同或相似的实体，使用属性索引检测模型，通过对属性值进行改造，插入属性索引表，使得具有同一属性值的北斗实体共享同一个索引，从而构造属性索引表，形成一个初步的聚类，使用这种方法检测实体对删除冗余来说是有效且实际可行的。在后续的识别过程中，只需对同一个属性索引表中的实体分别进行识别即可，从而达到了快速识别的目的。

3）提取所需的样本。在阈值学习的过程中，首先需要从北斗数据库海量数据中随机抽取用于学习和对照的样本集合。

4）通过对提取的北斗数据样本进行分析学习，得出阈值，能够准确判定北斗实体的相似度。

5）对北斗实体进行识别，通过实体之间的相似度大小与阈值进行比较，大于阈值的相似实体，则按符合条件输出识别结果。

6）针对相邻的北斗实体之间的邻居信息，制作公共邻居信息对图。

7）对系统所采用算法的各项指标（包括时间效率、准确率、召回率等）进行评估。

（4）基于用户反馈的真值发现技术

依据北斗实体识别的结果可以发现同一实体相同属性的不同值，这就产生了冲突，为解决冲突，需要发现属性的真值。一般情况下，认为一个真值由大多数数据源提供，而一个错误值只有特定的几个数据源提供。这样可以应用投票算法，将大多数数据源提供的值作为真值。真值的概率表示为拥有该真值的数据源权重之和。

基于以上算法，可以不断更新数据源可信性，并引入用户反馈区分不确定的元组，借此获得更确定的真值。整个过程主要包括以下阶段：

1）阶段1：通过投票生成候选真值及其概率。在初始阶段，所有数据源权重设为1。

2）阶段2：候选真值选择。基于真值对候选真值进行分组，选择最可靠的分组，其中可靠性按照分组的平均概率计算。

3）阶段3：根据分组结果选择出的真值，确定数据源的可信度。

4）阶段4：基于分组结果计算数据源可信性。

5）阶段5：基于数据源可信性选择不确定的候选真值。将候选真值推送给北斗用户反馈，对于北斗用户的反馈认为其真值的概率是1。

6）阶段6：用户输入反馈结果，依据北斗用户反馈重新计算数据源可靠度，依据数据源可靠度重新选择真值。

3.5.2 数据融合技术

数据融合技术有：数据分类技术、数据聚类技术、基于DS证据推理的融合方法、基于信息论的融合方法、基于认识模型的融合方法、基于人工智能的融合方法等[30,32,52-54,56-62]。

（1）数据分类技术

针对北斗各业务数据源自治性较强等实例层数据特征问题，由北斗领域专家建立相应的北斗系统数据主题分类标准和约束规则，并抽取主题关键特征值，生成特征词典，建立关联模型，对集成数据源进行自动识别匹配，形成能够快速支持各类业务应用的主题数据库。

以观测数据分类为例，在数据融合过程中，能够根据时间这一数据特征对观测数据进行分类，建立实时观测数据库和历史观测数据库，通过整合利用监测评估系统以及地面运控系统所有的监测站的实时观测数据，生成实时的高精度卫星轨道及电离层等产品，利用历史观测数据进行事后分析处理，生成高精度的事后产品。

（2）数据聚类技术

聚类是将数据对象分成类或簇的过程，使同一簇中的对象之间具有很好的相似度。聚类分析的作用是将多维空间的样本点集按样本点之间、样本点和样本点子集之间、样本点子集之间的相似性测度（距离或相似性）聚类，得出样本点或点集的并类体系。聚类分析结果可用各种数据表和树形图来简明地表达，树形图又称聚类谱系图。数据聚类可以在没有可用的北斗数据统计模型的情况下，分析查看北斗系统数据的内在关系，并对它们的结构进行评估，开展“新型北斗大数据”应用。

（3）基于DS证据推理的融合方法

在故障诊断问题中，若干可能的故障会产生一些症状，每个症状下各故障都可能有一定的发生概率。融合各症状信息以求得各故障发生的概率，发生概率最大者即为主故障。

基于DS证据推理的融合方法进行多传感器数据融合的基本思想是：首先对来自多个传感器和信息源的数据和信息（即证据）进行预处理，然后计算各个证据的基本概率分配函数、可信度和似然度，最后按照一定的判决规则选择可信度和似然度最大的假设作为融合结果。DS方法作为一种不确定性推理算法具有其独特的优势，主要用于具有主观不确定性判断的多属性诊断问题。

（4）基于信息论的融合方法

数据融合有时并不需要用统计方法直接模拟观测数据的随机形式，而是依赖于观测参数与目标身份之间的映射关系来对目标数据进行标识，这就是基于信息论的融合方法。基于信息论的融合方法有参数模板法、聚类分析法、自适应神经网络法、表决法、熵法等。

（5）基于认识模型的融合方法

基于认识模型的融合方法是通过模拟人类的认识思维，来辨别实体的识别过程模型。模糊集合法是一种比较有效的方法，其核心是隶属函数$\mu(\cdot)$，类似于对1和0之间的值进行概率分布。隶属函数主观上由知识启发、经验或推测过程确定，对它的评定没有形式化过程，精确的隶属函数分布形式对根据模糊演算得出的推理结论影响不大。因此，它可以用来解决证据不确定性或决策中的不确定性等问题。

（6）基于人工智能的融合方法

信息融合一般分数据层融合、特征层融合和决策层融合三个层次。决策层融合通常要处理大量反映数据间关系和含义的抽象数据（如符号），因此，要使用推断或推理技术，而人工智能的符号处理功能正好有助于信息融合系统获得这种推断或推理能力。

人工智能主要是研究怎样让计算机模仿人脑从事推理、规划、设计、思考、学习、记忆等活动，让计算机来承担解决由人类专家才能解决的复杂问题。

3.6　数据应用场景

进行数据分类融合，以监测对象、评估结果、运维流程、故障处置等多维度数据进行关联性分析，编制关联性分析方案，实施数据分类融合，确保融合数据易查询、可复用。实施北斗数据融合，形成基于大数据技术的北斗数据资源池，能够提供完整和丰富的信息，通过对北斗数据资源池中多侧面目标主题数据进行组织和整合，以地面站、卫星、任务、时间等维度，形成主题数据融合，实现高质量的数据关联和服务聚焦，为用户提供基于目标主题的多角度信息，便于快速应用。

数据应用场景包括产品评估验证、系统状态评估、风险评估预警、星座备份策略设计与优化、在轨决策支持等。北斗系统数据包括卫星系统、地面运控系统、测控系统、星间链路运行管理系统、地基增强系统、iGMAS、空间环境监测中心系统等的数据，涵盖了北斗系统前后、上下、内外的所有数据类型。数据类型与数据应用场景的关系如图 3－8 所示。

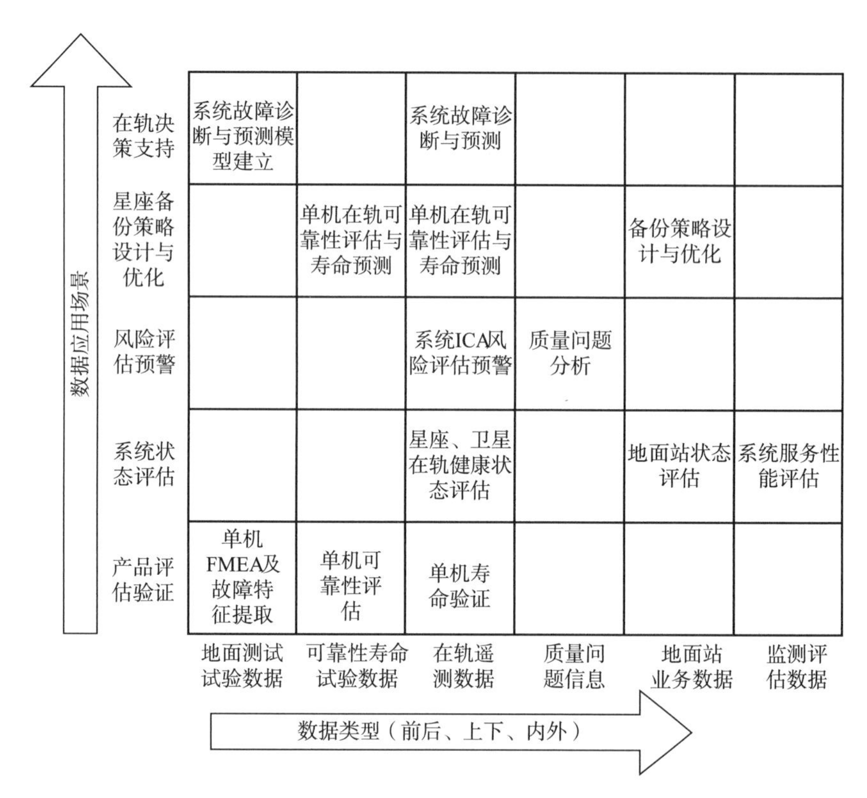

图 3－8　数据类型与数据应用场景关系图

经过数据分级、分类、加工整合等一系列操作，数据库中的海量数据按照服务对象和应用需求的不同，形成不同维度的主题数据仓库，实现数据关联，如图 3－9 所示。

图 3－9　数据分类聚类的融合结果

针对北斗系统状态评估、故障诊断与预测、运维决策等需求建立主题数据仓库。从数据库中抽取与主题相关的源数据、系统产生的中间数据、数据挖掘分析结果等数据，并进行清洗、转换、聚集等步骤，形成主题数据仓库，由数据仓库对数据进行组织、维护，支持北斗系统的运行维护。

1）按照北斗系统智能运行维护的需求，梳理出系统状态评估、系统故障诊断与预测、系统运维决策三个方面的主题数据仓库。

2）分别按照工作内容划分二级主题数据仓库，系统状态评估二级主题数据仓库包括运行状态监测评估主题数据仓库、服务性能评估主题数据仓库、质量风险分析评估主题数据仓库；系统故障诊断与预测二级主题数据仓库包括故障诊断主题数据仓库、故障预测主题数据仓库；系统运维决策二级主题数据仓库包括常态运维调度主题数据仓库、故障处置主题数据仓库、系统风险应对主题数据仓库。

3）在二级主题数据仓库下又划分了三级主题数据仓库。

4）在三级主题数据仓库下，明确了该主题数据仓库中包含的数据类别及其信息类型和更新频率。

北斗系统智能运维主题数据仓库见表 3－14。

表 3－14　北斗系统智能运维主题数据仓库

主题数据仓库	二级	三级	数据类别	信息类型	更新频率
系统状态评估主题数据仓库	运行状态监测评估主题数据仓库	卫星系统监测评估	卫星载荷软硬件配置及状态信息	实时信息	分钟级
			卫星载荷单机地面试验结果信息	历史信息	—
			卫星载荷地面故障信息	历史＋追加信息	按需
			卫星载荷故障模式信息	历史＋追加信息	按需
			卫星载荷软硬件在轨运行历史故障信息	历史＋追加信息	按需
			卫星载荷状态参数及实时监测信息	实时信息	分钟级
			环境模型参数及关联信息	实时信息	小时级
			卫星载荷健康评估模型信息	静态信息	—
			卫星载荷健康评估条件概率表信息	定期更新信息	按月
		地面运控系统监测评估	主控站软硬件配置及状态信息	实时信息	分钟级
			主控站联调联试等阶段试验结果信息	历史信息	—
			主控站软硬件运行阶段历史故障信息	历史＋追加信息	按需
			主控站各系统状态参数及实时监测信息	实时信息	分钟级
			主控站环境参数及关联映射信息	实时信息	小时级
			主控站健康评估模型信息	静态信息	—
			主控站健康评估条件概率表信息	定期更新信息	按月
		测控系统监测评估	遥测接收和监测覆盖情况	实时信息	分钟级
			导航卫星异常通报时间	历史＋追加信息	按需
			卫星控制时间及其间隔	历史＋追加信息	按需
			常规测控事件完成情况	历史＋追加信息	按需
		星间链路运行管理系统监测评估	卫星相关参数和地面设备的相关参数	实时信息	分钟级
			星间链路建链状态	实时信息	分钟级
			网络规划的正确性、全网运行的稳定性、故障率、在轨测试结果、遥测数据有效性、测量数据有效性等	历史＋追加信息	按需

续表

主题数据仓库	二级	三级	数据类别	信息类型	更新频率
系统状态评估主题数据仓库	服务性能评估主题数据仓库	定位导航授时服务性能评估	参数完整性、连续性和正确性等	实时信息	按月
			空间信号精度	定时评估	按月
			空间信号完好性、连续性、可用性	定时评估	按月
			定位导航精度	定时评估	按月
			授时、测速精度	定时评估	按月
			定位可用性	定时评估	按月
		星基增强服务性能评估	参数完整性、连续性和正确性等	定时评估	按月
			精度、完好性、连续性和可用性等	定时评估	按月
			定位授时精度、可用性等	定时评估	按月
		短报文通信服务性能评估	北斗系统定位请求入站时间	实时信息	分钟级
			北斗系统定位结果出站时间	实时信息	分钟级
			北斗系统定位查询请求、结果信息	实时信息	分钟级
			监测站坐标信息	定时更新	按需
			监测站定位结果信息	定时更新	按需
			定时请求入站时间	实时信息	分钟级
			定时结果出站时间	实时信息	分钟级
			监测站定时授时、广播业务信息等	定时更新	按需
			北斗系统通信、出入站、查询、统计等信息	定时更新	按需
	质量风险分析评估主题数据仓库	质量问题统计分析	卫星故障模式库	历史+追加信息	按需
			常规操作信息库	历史+追加信息	按需
			卫星归零信息库	历史+追加信息	按需
			卫星故障预案信息库	历史+追加信息	按需
			地面站故障模式库	历史+追加信息	按需
			常规操作信息库	历史+追加信息	按需
			地面站归零信息库	历史+追加信息	按需
			地面站故障预案信息库	历史+追加信息	按需
		风险分析评估	星座可用性、连续性、完好性信息	实时信息	分钟级
			风险项目信息	历史+追加信息	按需
			风险项目评估结果	历史+追加信息	按需
			风险预警信息	历史+追加信息	按需
		服务可用性、可靠性评估	卫星等可靠性、性能参数	历史+追加信息	按需
			卫星系统参数	历史+追加信息	按需
			地面系统参数	历史+追加信息	按需

续表

主题数据仓库	二级	三级	数据类别	信息类型	更新频率
系统故障诊断与预测主题数据仓库	故障诊断主题数据仓库	服务级诊断	空间信号精度信息	历史+追加信息	按需
			空间信号完好性信息	历史+追加信息	按需
			短期非计划中断	历史+追加信息	按需
			短期计划中断	历史+追加信息	按需
			长期非计划中断	历史+追加信息	按需
			长期计划中断	历史+追加信息	按需
		卫星系统故障诊断	卫星载荷故障模式信息	历史+追加信息	按需
			卫星载荷故障判据及概率信息	历史+追加信息	按需
			卫星载荷故障触发事件及故障图谱信息	实时+历史信息	按需
			卫星载荷条件概率表信息	定期更新信息	按月
			环境模型参数及关联信息	实时信息	按需
			卫星载荷故障组合信息	历史+追加信息	按需
		地面运控系统故障诊断	主控站故障模式信息	历史+追加信息	按需
			主控站关键业务故障判据及概率信息	历史+追加信息	按需
			主控站故障触发事件及故障图谱信息	实时+历史信息	按需
			主控站条件概率表信息	定期更新信息	按月
			主控站故障组合信息	历史+追加信息	按需
			主控站环境参数及关联映射信息	实时信息	小时级
			卫星状态参数及实时监测信息	实时信息	分钟级
			主控站状态参数及实时监测信息	实时信息	分钟级
		测控系统故障诊断	测控云平台异常信息	实时信息	按需
			测控天线异常信息	实时信息	按需
			测控数据异常信息	实时信息	按需
		星间链路运行管理系统故障诊断	星间网络常见故障信息	实时信息	按需
			星间链路建链信息	实时信息	按需
	故障预测主题数据仓库	单机/设备寿命预测	单机/设备工况数据	实时信息	按需
			单机/设备性能数据	实时信息	按需
			单机/设备研制试验数据	实时信息	按需
			单机/设备外部监测数据	实时信息	按需
			单机/设备空间环境数据	实时信息	按需
		整星寿命预测	单机/设备寿命预测结果	实时信息	按需

续表

主题数据仓库	二级	三级	数据类别	信息类型	更新频率
系统运维决策主题数据仓库	常态运维调度主题数据仓库	多系统联合运维	时空基准建立与维持信息	历史＋追加信息	按需
			卫星钟差测定与预报等业务要求信息	实时信息	分钟级
			地面站和卫星系统状态信息	实时信息	分钟级
			卫星和地面站的任务策略和计划信息	历史＋追加信息	按需
		可视化运维	支撑设备状态可视化的数据	实时信息	按需
			支撑业务流程可视化的数据	实时信息	按需
			支撑业务处理结果可视化的数据	实时信息	按需
	故障处置主题数据仓库	地面故障处置	地面故障处置流程信息	历史＋追加信息	按需
			地面站故障案例	历史＋追加信息	按需
			地面站故障预案信息	历史＋追加信息	按需
			故障处置操作信息	历史＋追加信息	按需
			地面站归零信息	历史＋追加信息	按需
		在轨故障处置	在轨异常处置流程信息	历史＋追加信息	按需
			卫星故障案例	历史＋追加信息	按需
			卫星故障预案信息	历史＋追加信息	按需
			在轨故障处置操作信息	历史＋追加信息	按需
			卫星归零信息	历史＋追加信息	按需
	系统风险应对主题数据仓库	地面运控系统风险应对	地面运控系统风险项目信息	历史＋追加信息	按需
			地面运控系统风险项目应对措施信息	历史＋追加信息	按需
		测控系统风险应对	测控系统风险项目信息	历史＋追加信息	按需
			测控系统风险项目应对措施信息	历史＋追加信息	按需
		卫星系统风险应对	卫星系统风险项目信息	历史＋追加信息	按需
			卫星系统风险项目应对措施信息	历史＋追加信息	按需
		星间链路运行管理系统风险应对	星间链路运行管理系统风险项目信息	历史＋追加信息	按需
			星间链路运行管理系统风险项目应对措施信息	历史＋追加信息	按需

第4章　北斗系统运行评估

4.1　概述

北斗系统组成复杂，操作频繁，系统性能及状态参数众多，影响系统稳定运行的风险因素不确定。为了掌握北斗系统运行状态，确保系统提供高稳定、高可靠、高安全服务，需要对北斗系统进行运行评估。北斗系统运行评估的前提和基础，是建立科学完备的运行评估指标体系。从系统运行状态评估、系统服务性能评估，以及系统质量风险分析评估三个方面，构建北斗系统运行评估指标体系，如图4－1所示，作为常态化开展北斗系统运行评估的依据。系统运行状态评估主要包括卫星系统、地面运控系统、测控系统、星间链路运行管理系统等运行状态评估；系统服务性能评估主要包括空间信号质量评估、空间信号性能评估，以及定位导航授时、星基增强、短报文通信等服务性能评估；系统质量风险分析评估主要包括运行风险综合评估、系统可用性可靠性评估、质量基础分析评价等。

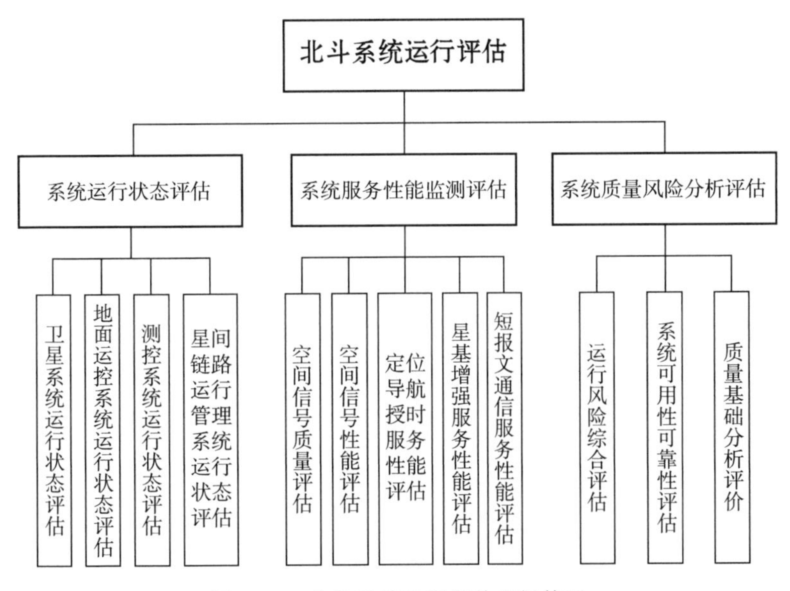

图4－1　北斗系统运行评估指标体系

在北斗系统三环（内、中、外环）多源数据和三融合（前后、上下、内外融合）的基础上，运用概率统计、物理机理与人工智能方法，推动北斗系统运行评估“由静态向动态、由局部到整体、由定性到定量”方向发展，开展北斗系统定性定量综合评估，更及时、全面、准确地评估和把握系统运行状态、服务性能与质量风险（见图4－1），精准高效识别系统存在的薄弱环节，为北斗系统智能运维和改进提升提供坚实技术支撑。

本章主要介绍了北斗系统运行状态评估、服务性能监测评估和质量风险分析评估的基本内容，说明了支撑北斗系统运行评估的常用技术方法，特别是基于物理机理与人工智能数据驱动相结合的评估方法，并给出了北斗系统运行评估的应用示例。

4.2 北斗系统运行状态评估

北斗系统运行状态评估主要对卫星系统、地面运控系统、测控系统、星间链路运行管理系统的运行状态进行实时评估。通过监测各系统的状态参数，判断各系统的运行状态，评估各系统的性能是否满足指标要求。在内环监测数据的基础上，综合利用空间环境监测等外环数据，以及产品研制过程的中环数据，可有效提高系统运行状态评估的准确度和置信度。

4.2.1 卫星系统运行状态评估

卫星系统运行状态评估是卫星健康状态评估的前提和基础，包括在轨卫星日常监测、单机健康状态评估、融合空间环境数据的卫星健康状态评估以及星座健康状态评估。

（1）在轨卫星日常监测

北斗三号系统所有在轨卫星实施 24 h 监测，监测内容包括遥测参数的正常值范围、遥测参数的变化趋势、遥控发令效果和测控事件过程，并形成监测日志和履历书。

（2）单机健康状态评估

单机健康状态评估综合单机工况数据、性能数据、研制试验数据、环境数据等多源数据，提取数据特征，根据单机失效机理，利用概率统计方法或人工智能方法（如贝叶斯网络等）建立单机健康状态评估模型，进行单机健康状态评估，并给出评估结果。工作流程如图 4-2 所示。

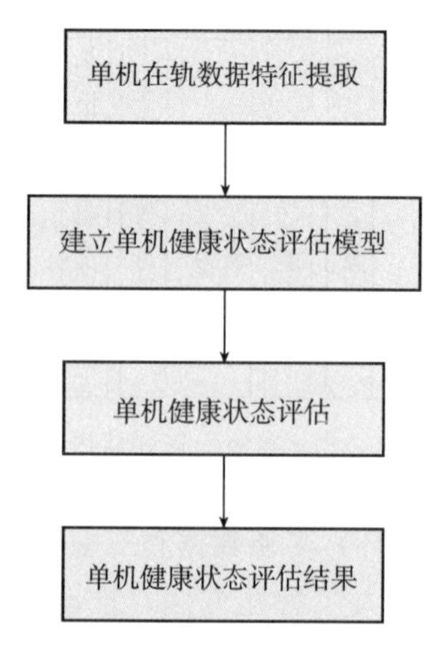

图 4-2 单机健康状态评估的工作流程

按照传统的做法，在对卫星单机进行在轨监测数据分析时，只利用简单的阈值判别法做超差的告警，缺少对丰富监测数据的深入挖掘；在历史信息分析中，主要开展常驻故障情况分析、历史故障情况分析等，一般只区分单点故障、频繁故障等特例，主观性较强，对“较危险”的故障与健康的中间状态缺少关注。随着人工智能技术的发展，贝叶斯网络、神经网络等在卫星单机状态评估中得到有效应用。例如，基于贝叶斯网络的在轨卫星单机健康评估模型，有效融合了单机在轨监测数据和历史信息，综合考虑了多种健康状态，并给出包含置信度的评估结果，满足卫星关键单机的健康综合定量评估要求。卫星关键单机健康评估框架如图4-3所示。

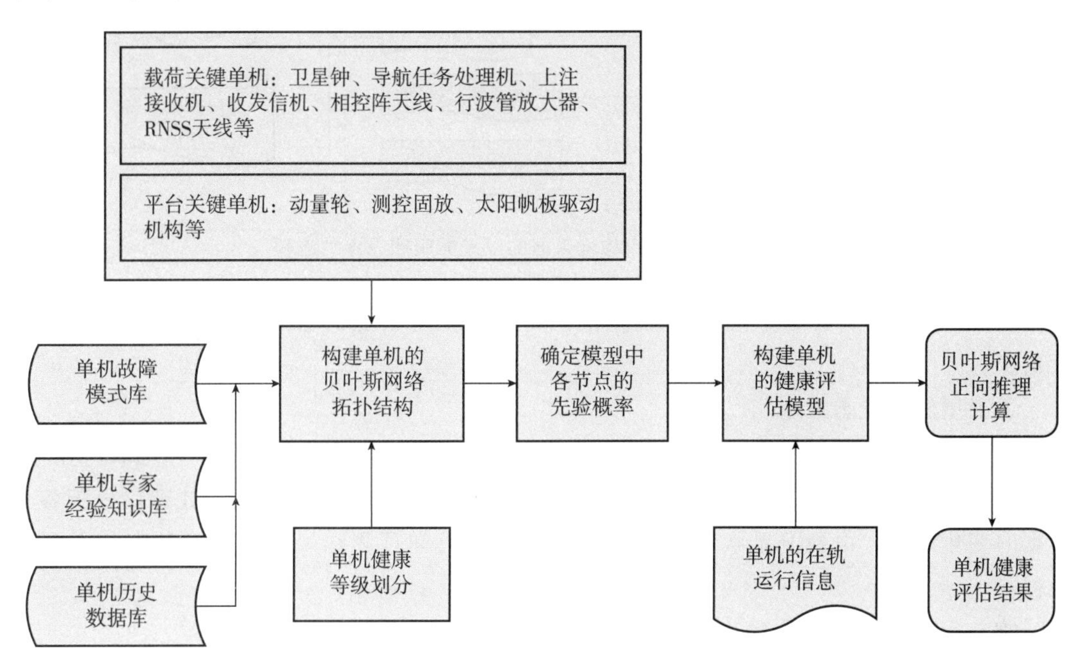

图4-3　基于人工智能（贝叶斯网络）的卫星关键单机健康评估框架

采用人工智能贝叶斯网络方法对卫星关键单机进行健康评估，将单机的健康状态分为多级，根据单机故障模式库、单机专家经验知识库和单机历史数据库，构建单机的贝叶斯网络拓扑结构，确定模型中各节点的先验概率，构建单机的健康评估模型；结合单机的在轨运行信息，通过贝叶斯网络正向推理计算，得到卫星单机的健康评估结果。

（3）融合空间环境数据的卫星健康状态评估

在轨卫星长期运行在空间环境之中，其健康状态受空间环境影响较大。空间环境数据主要包括高能电子、高能质子、地磁Kp指数、地磁DST指数等数据。通过卫星状态参数与空间环境数据的变化趋势，分析卫星状态数据与空间环境数据之间的内在联系，获得空间环境数据变化对卫星状态的影响关系，从而综合评估卫星健康状态。融合空间环境数据的卫星健康状态评估流程主要分为卫星健康状态跟踪、空间环境数据跟踪、贝叶斯融合模型、卫星健康状态评估4个步骤，评估流程如图4-4所示。

卫星健康状态数据和空间环境数据都是通过异常探测系统进行处理，分别通过各自的

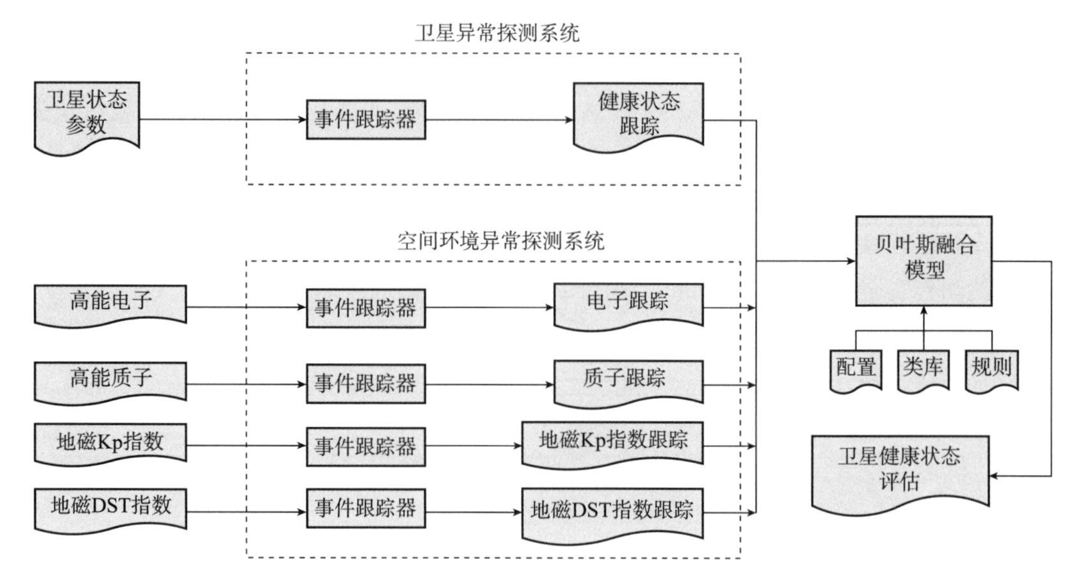

图 4-4　融合空间环境数据的卫星健康状态评估流程

事件跟踪器产生事件跟踪。将这些数据作为贝叶斯融合模型的输入，进行卫星健康状态评估。

①卫星健康状态跟踪

对于卫星运行数据（如状态数据、工况数据、性能数据、运维记录等），选取可用的、能够包含或隐含卫星系统异常或退化特征的数据，通过异常探测系统进行处理，分析各项数据的变化趋势，得到卫星状态参数的趋势分析结果和预测结果，即卫星健康状态跟踪数据。

②空间环境数据跟踪

对于空间环境数据，通过异常探测系统进行处理，分析气象观测数据的变化趋势，并将其作为一个事件进行处理，得到空间环境数据的趋势分析结果和预测结果，即空间环境跟踪数据。

③贝叶斯融合模型

将卫星健康状态跟踪数据和空间环境跟踪数据作为贝叶斯融合模型的输入，进行数据融合处理。

贝叶斯融合模型的各部分功能组成如图 4-5 所示。主要包括：数据准备、数据联合、状态评估三项功能，具体过程如下。

(a) 数据准备

首先，确定输入数据的类型，并进行数据分析；然后，剔除最近过期的非初始数据，并将剔除后的数据放入内部存储器中，作为最新的非初始数据；最后，按照一定规则对输入数据进行预处理。

(b) 数据联合

首先，按照一定规则假设发生，并将内存中的输入数据转为状态关联；然后，按照一

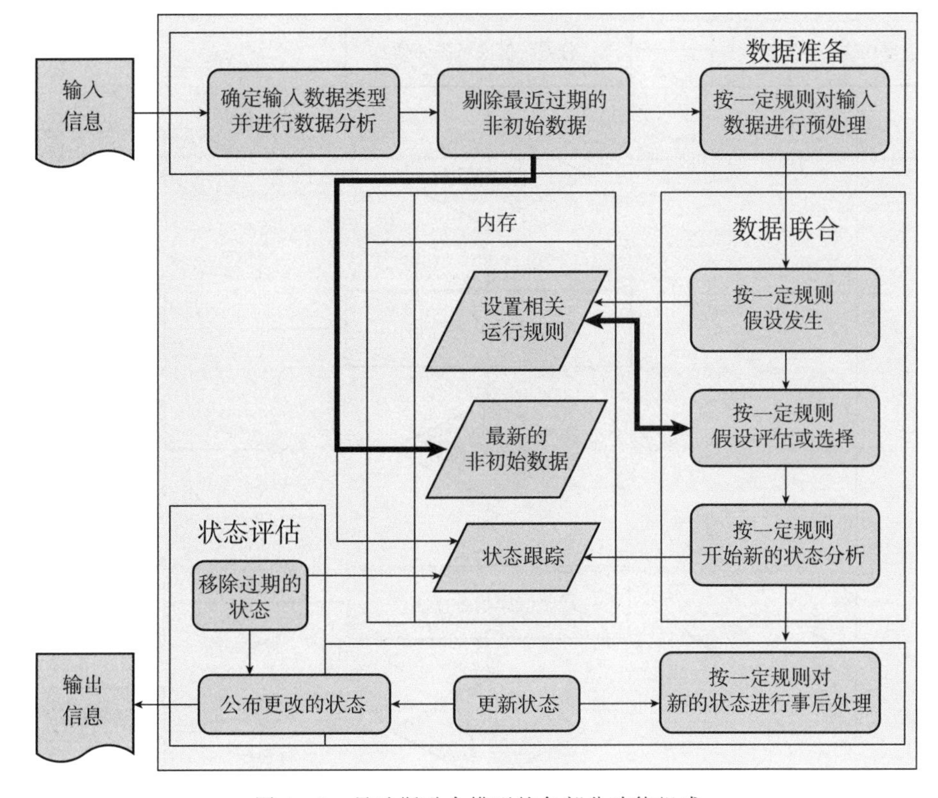

图 4－5　贝叶斯融合模型的各部分功能组成

定规则假设评估或选择，并与内存中的运行规则相交互；最后，开始新的状态分析，并将其放入内存中，用于状态跟踪。

（c）状态评估

首先，按照一定规则对新的状态进行事后处理；然后更新状态；最后，公布更改的状态，将其作为输出结果，同时移除过期的状态，并将移除后的状态放入内存中，作为状态跟踪。

④卫星健康状态评估

在利用贝叶斯融合模型对卫星状态数据和空间环境数据进行融合的基础上，开展卫星健康状态评估，得到一定置信度下卫星健康状态评估结果。

（4）星座健康状态评估

与北斗系统健康状态直接相关并起决定性作用的是星座健康状态，与星座有关的健康状态评估流程为卫星分系统健康状态评估、卫星健康状态评估、星座健康状态评估，评估流程如图 4－6 所示。

①卫星健康状态评估

卫星健康状态评估包括卫星分系统健康状态评估和卫星健康状态评估。对不同类型卫星的各分系统、各单机进行梳理，列出需要关注的单机设备列表。根据在轨实测数据分析得到的单机状态信息，确定卫星健康状态。

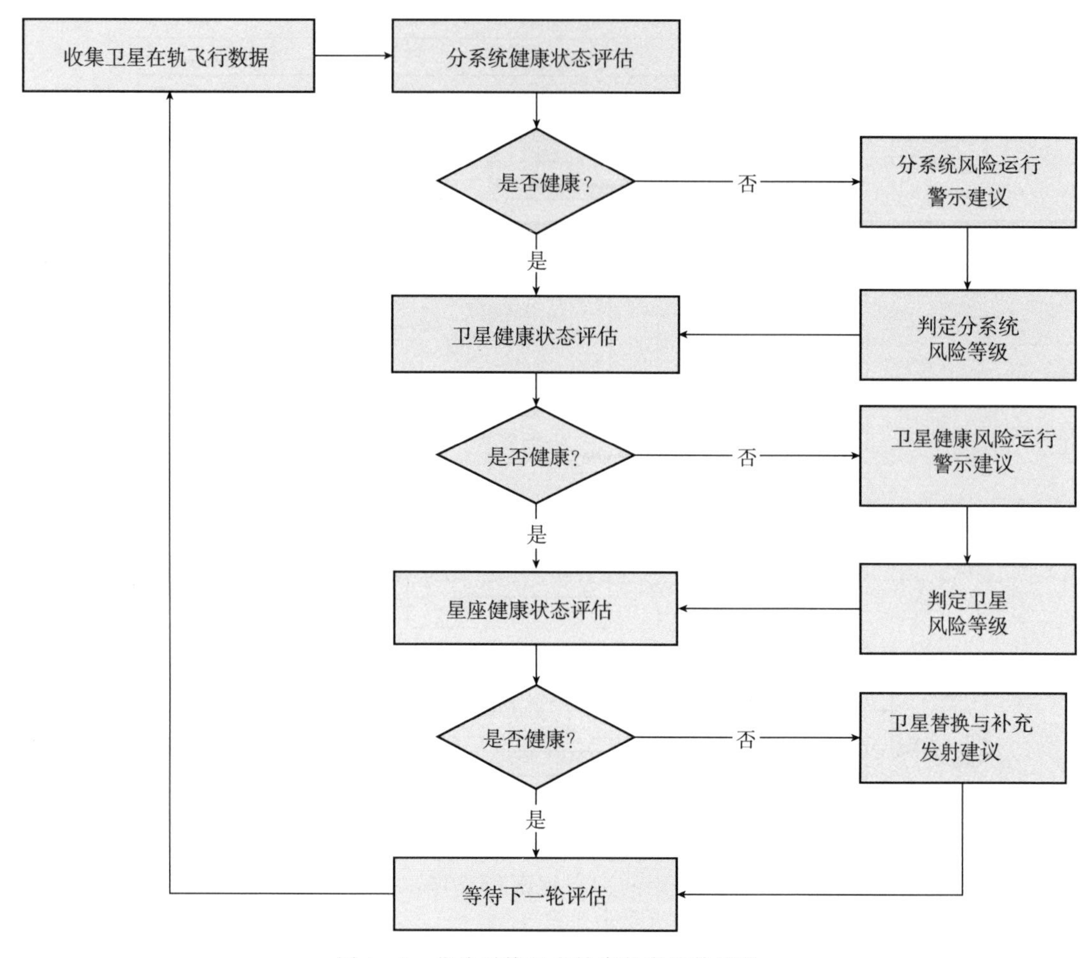

图 4－6　北斗系统星座健康状态评估流程

②星座健康状态评估

首先要对星座构型开展分析，建立系统健康评估模型，填入卫星健康情况统计表。

CV 值是星座健康评估的核心。给出一定的星座阈值：CV 值满足阈值时，星座的状态为健康；不满足阈值时，星座状态为不健康。星座健康状态分级及等级描述见表 4－1。

表 4－1　星座健康状态等级及等级描述

健康状态等级	描述
健康	CV 值满足标称星座指标要求
警告	不满足 CV 值或出现一个或多个“警告”轨道面： • 如果 GEO 星座和 IGSO 星座中有 2 颗或多于 2 颗卫星的健康状态为警告时，星座的健康状态为警告； • 当 MEO 任一轨道面出现 2 颗警告状态的卫星时，该轨道面为警告状态； • 当 MEO 不同轨道面出现 3 颗及 3 颗以上警告状态时，该轨道面为警告状态，整个星座为警告状态
失效	整个星座出现失效轨道面或 CV 值低于告警线

表4-2中列举了卫星警告状态下星座健康状态表，其中：数字1表示卫星/星座为健康状态；数字2表示卫星/星座为警告状态。

表4-2　卫星警告状态下星座健康状态表

卫星故障数量	卫星健康状态															星座健康状态	
	N1	N2	N3	N4	N5	N6	N7	N8	N9	N10	N11	N12	N13	…	N30	健康	警告
0	1	1	1	1	1	1	1	1	1	1	1	1	1	…	1	1	—
1	2	1	1	1	1	1	1	1	1	1	1	1	1	…	1	1	—
	1	1	1	2	1	1	1	1	1	1	1	1	1	…	1	1	—
	1	1	1	1	1	1	2	1	1	1	1	1	1	…	1	1	—
2	2	2	1	1	1	1	1	1	1	1	1	1	1	…	1	—	2
	1	1	1	2	2	1	1	1	1	1	1	1	1	…	1	—	2
	1	1	1	1	1	1	2	2	1	1	1	1	1	…	1	1	—
	1	1	1	1	1	1	1	1	1	2	1	1	2	…	1	1	—
	2	1	1	2	1	1	1	1	1	1	1	1	1	…	1	—	2
	2	1	1	1	1	1	2	1	1	1	1	1	1	…	1	1	—
	1	1	1	2	1	1	2	1	1	1	1	1	1	…	1	1	—
3	2	2	2	1	1	1	1	1	1	1	1	1	1	…	1	—	2
	1	1	1	2	2	2	1	1	1	1	1	1	1	…	1	—	2
	1	1	1	1	1	1	2	2	2	1	1	1	1	…	1	1	—
	1	1	1	1	1	1	2	1	1	2	1	1	2	…	1	1	—
	2	2	1	2	1	1	1	1	1	1	1	1	1	…	1	—	2
	2	1	1	2	2	1	1	1	1	1	1	1	1	…	1	—	2
	2	2	1	1	1	1	2	1	1	1	1	1	1	…	1	—	2
	2	1	1	1	1	1	2	2	1	1	1	1	1	…	1	1	—
	1	1	1	2	2	1	2	1	1	1	1	1	1	…	1	—	2
	2	1	1	2	1	1	2	1	1	1	1	1	1	…	1	—	2
	1	1	1	1	1	1	2	2	1	2	1	1	1	…	1	1	—

③星座健康状态评估结果

星座健康状态评估的结果可以用于星座运行健康风险预警，为决策部门提供参考与建议。工作内容如下：

1）实时汇报在轨故障。当确认异常，个别卫星发生重大故障或星座健康状态出现波动时，通过信息平台将星座健康状态评估结果向外推送。

2）每月完成在轨监视月报。每月定期对收集的星座在轨数据进行评估，编写星座健康评估月报，分析在轨状态变化以及功能性能。

3）每半年进行在轨健康总结。每半年对星座健康状态进行总结，总结半年来星座历史故障信息、星座健康状态变化情况，分析在轨故障发生规律与特点，并对未来星座运行风险进行预测。

4.2.2　地面运控系统运行状态评估

地面运控系统运行状态评估主要是综合利用系统原始观测数据、业务处理结果、工作参数、运行状态信息、日志信息和各类系统传感器数据等多源数据，建立常态化地面站状态评估机制，在对地面运控系统关键状态信息长期连续监测评估基础上，开展地面站健康状态评估。监测评估的主要对象包括主控站、注入站、监测站等关键业务分系统的工作状态、业务输出参数等。

以地面运控系统主控站监测评估为例，将主控站关键业务系统健康状态进行分级，综合考虑系统的常驻故障情况、历史故障情况，建立主控站监测评估模型（如：贝叶斯网络模型），确定模型中各节点的先验概率，收集分析主控站的实时监测情况，评估主控站关键分系统及系统（站）健康状态等级及发生概率。主控站监测评估流程如图 4－7 所示。

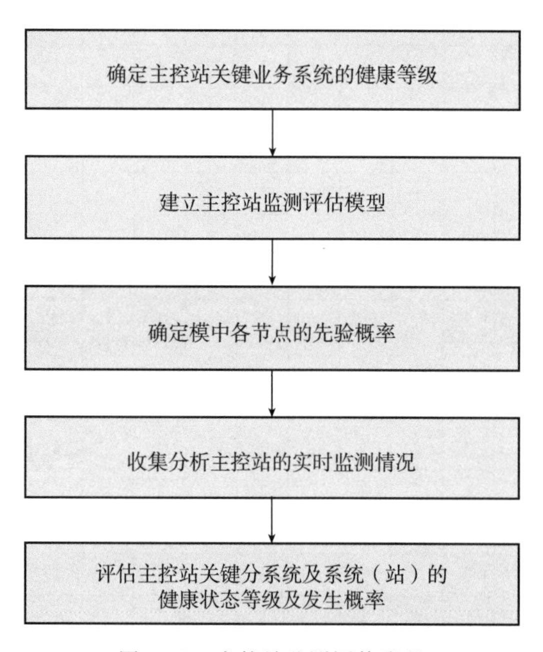

图 4－7　主控站监测评估流程

（1）健康状态等级

按运行维护工作和健康状态评估需求，选择地面运控系统的关键设备/分系统/系统/站作为健康状态评估对象，将其健康状态定义为评估模型的顶层节点。按主控站健康状态评估需求，划分评估对象健康状态等级数，即节点的状态数，可分为 2 级或 2 级以上，并定义各等级表示的状态含义。健康状态等级的数目应与设备的重要程度、复杂程度、评估的需求以及管理等实际情况相匹配，按需划分若干等级。例如可分为 5 级：健康、良好、注意、恶化、危险，见表 4－3。

表 4－3　健康状态等级及等级描述

健康状态等级	等级描述
健康	各项技术性能指标合格，无需任何维护
良好	主要技术性能指标合格，总体性能下降但不影响任务，按计划维护
注意	一部分主要性能有明显退化趋势，可完成主要功能，需加强监控，注意健康状态变化，需开展部分维修工作
恶化	主要技术性能严重退化，开展应急维修工作
危险	无法完成任务需求，需停止使用并开展全面维修工作

（2）健康状态评估模型

主控站健康状态评估分为两个层级：主控站级和关键分系统级。主控站级综合考虑每个分系统，从常驻故障情况、历史异常情况、实时监测情况三个方面，确定评估对象健康状态的各级影响要素，见表 4－4。

表 4－4　主控站健康状态评估考虑因素及内容

健康状态评估考虑因素	包含内容
常驻故障情况	备份损失、降级使用
历史异常情况	参数超差、业务中断、工况异常
实时监测情况	性能参数监测值趋势与超差情况

地面运控系统中还包括若干软件系统，软件系统不存在常驻故障，历史异常不能用于判断当前状态和未来情况，所以健康状态评估模型中只考察这些软件的实时监测情况。收集评估模型底层节点所需的实时监测信息，计算得到设备在线所处的健康状态及概率。

根据系统功能划分、冗余备份等情况，建立系统健康状态评估模型拓扑结构，如图 4－8 所示。在此基础上，分别建立各层节点在对其产生影响状态的节点的各个状态组合下，处于不同状态的先验概率。

（3）健康状态评估

根据收集的地面运控系统运行状态信息，对照设备健康状态判别标准，计算得出顶层节点处于各健康状态等级的概率，概率最高的即为其评估健康状态等级。

4.2.3　测控系统运行状态评估

测控系统运行状态评估包括遥测监测评估、遥控上行评估、卫星异常通报时间评估、卫星控制间隔与时间评估、常规测控事件完成评估。

（1）遥测监测评估

遥测监测评估是指评估某一时段内的遥测接收和监测覆盖情况，即在卫星遥测下行正常的前提下，监测遥测接收覆盖率。采集评估时间内的导航卫星实际遥测监测时间和理论遥测监测时间，根据实际时间占理论时间的比计算遥测接收覆盖率，评估遥测接收和监测的覆盖情况。

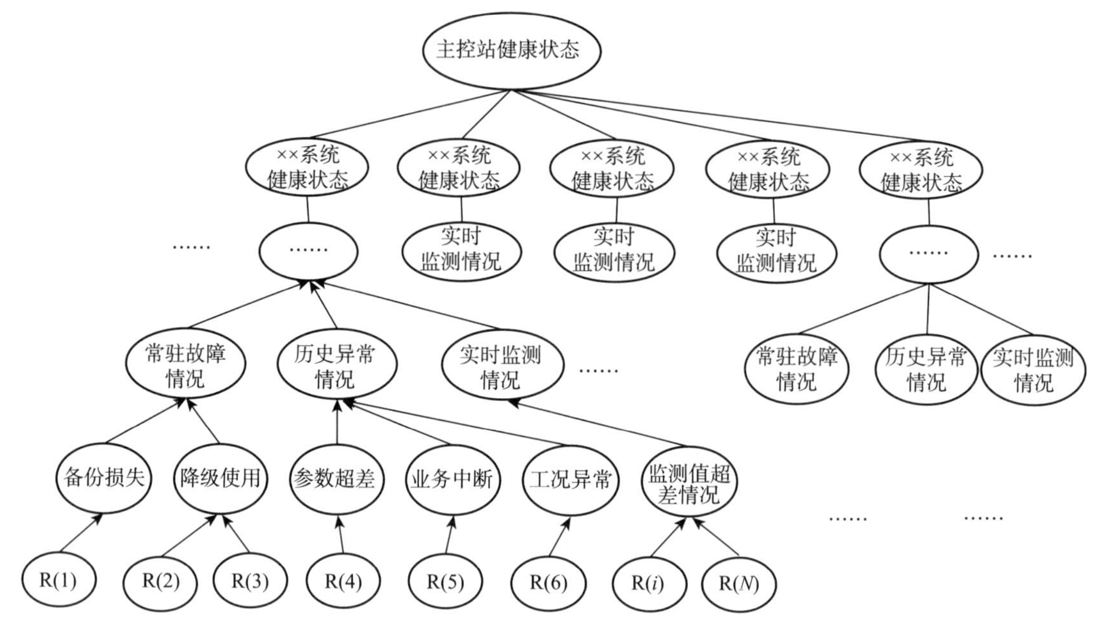

图 4-8 主控站及关键分系统健康状态评估模型拓扑结构

（2）遥控上行评估

遥控上行评估是指评估某一时段内的遥控上行指令、注入数和所发遥控上行指令、注入总数，即在卫星遥控功能正常的情况下，监测遥控发令成功率。成功率是指成功的数量占总数量的比。

（3）卫星异常通报时间评估

卫星异常通报时间评估是指评估某一时段内导航卫星异常通报响应情况。根据导航卫星异常通报时间，判断在卫星异常确认后的规定时间内，是否通报用户和研制单位，并统计未在规定时间内通报用户和研制单位的次数。

（4）卫星控制间隔与时间评估

卫星控制间隔与时间评估是指评估某一时段内导航卫星因控制影响使用的时间及其间隔，评估是否超出规定要求。

（5）常规测控事件完成评估

常规测控事件完成评估是指在卫星状态正常的情况下，评估某一时段内常规测控事件完成指标。指标是指评估时间内的常规测控事件实际完成次数和常规测控事件理论完成次数之比。

4.2.4 星间链路运行管理系统运行状态评估

（1）星间链路运行管理系统监测

星间链路运行管理系统监测主要是指对卫星相关参数和地面设备的相关参数、星间链路建链状态进行监测。

卫星星间链路建链状态的监测参数和地面设备的监测参数见表 4－5 和表 4－6。

表 4－5　卫星星间链路监测参数

参数名称	遥测监测（正常情况）	判断标准
信机工作模式	正常测量通信	非正常测量通信模式即为异常
本星伪距测量值	有数据且非零	规定值内一直为 0 即异常
载噪比	有数据且大于规定值	规定值内一直为 0 即异常

表 4－6　地面设备监测参数

参数名称	遥测监测（正常情况）	判断标准
距离值	一般为 2 万到 3 万千米	理论上，任意时刻地面设备都与某一或多颗卫星建链，设备异常及时通报
时间	1 min 刷新为当前时刻	
载噪比	大于规定值	

星间链路建链状态监测结果示意图如图 4－9 所示，如果整行或整列显示异常，及时通报值班人员。

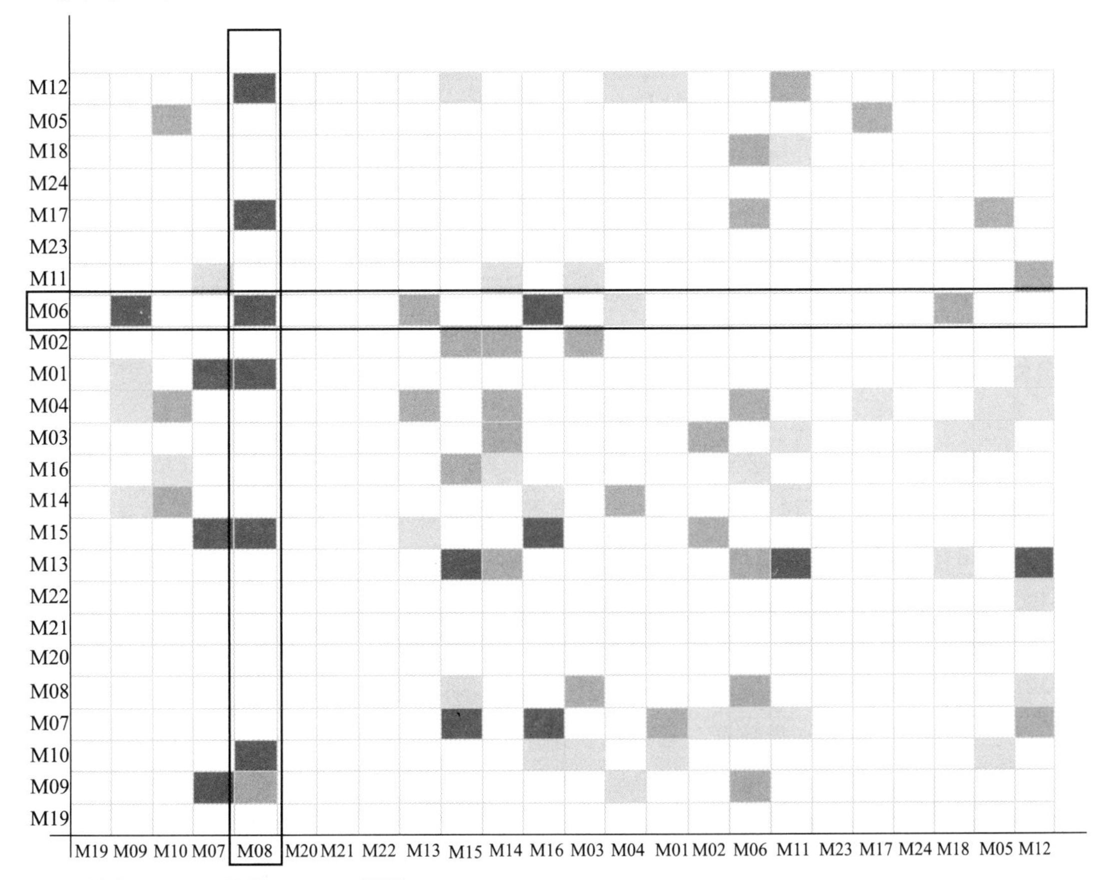

图 4－9　星间链路建链状态监测结果示意图（见彩插）

（2）星间链路运行管理系统评估

对星间链路运行管理系统在轨运行期间的网络规划的正确性、全网运行的稳定性、故障率、在轨测试结果、遥测数据有效性、测量数据有效性等进行评估。

4.3　北斗系统服务性能评估

北斗系统提供定位导航授时、星基增强、精密单点定位、短报文通信、国际搜救、地基增强等服务。本节主要介绍空间信号的质量评估和性能评估，以及定位导航授时服务、星基增强服务、短报文通信服务的性能评估。将系统内环检测数据与 iGMAS、IGS 等外环监测数据有机融合，对于提高空间信号质量评估（如伪距波动、伪距分层等）、空间信号性能评估（如广播星历轨道精度、空间信号完好性等）、定位导航授时服务性能评估（如服务完好性、连续性、可用性等）的准确度和置信度，具有重要作用。

4.3.1　空间信号的质量评估

空间信号的质量评估包括卫星 EIRP 监测评估、用户接收功率电平监测评估、信号功率谱包络特性评估、导航信号功率分配评估、基带信号波形评估、导航信号正交性监测评估、导航信号码与载波相干性监测评估、同频信号码一致性监测评估、不同频信号测距码相位一致性评估、导航信号测距码正确性监测评估、信号相关曲线性能评估、伪距波动、伪距分层等。

（1）卫星 EIRP 监测评估

卫星 EIRP 是指卫星发射信号的有效全向辐射功率，数据源包括扩频信号通道功率、通道标校结果、卫星星历。卫星 EIRP 监测评估是指利用频谱仪连续一段时间记录的功率测量值、通道标校值、卫星星历等数据，推算该段时间内卫星载荷发射功率及功率的稳定度。

（2）用户接收功率电平监测评估

对用户接收机接收到的导航信号的功率电平进行监测评估，数据源包括扩频信号通道功率、通道标校结果。频谱仪连续一段时间记录的功率测量值、通道标校值等送给计算机统计处理，推算该段时间内用户接收功率电平的稳定度。

（3）信号功率谱包络特性评估

信号功率谱包络特性是指谱包络对称性、谱包络平滑性、谱包络与理想包络拟合度。数据源包括频谱仪频谱监测数据、通道标校结果、卫星星历。利用信号标准信号功率谱、通道标校结果和卫星星历，建立被测卫星发射信号功率谱模型，作为评估比较模板。分析比较频谱仪采集的信号功率谱曲线与信号功率谱模板，如果连续发生曲线严重失真，则做出指示并标记时间。对谱线失真时间段内采集的数据进行干扰剔除和通道均衡后，分析其精细谱，将接收导航信号频谱包络与理想信号频谱包络进行对比，考察其相似度，判别频谱畸变现象。

(4) 导航信号功率分配评估

对卫星播发的各支路信号的功率分配情况进行评估，数据源为采集信号数据。对采集的数据首先进行预处理，完成多普勒频移和相位预估，剔除干扰，剥离载波，复现信号的基带波形，计算基带各个支路的功率比，并上报监控分系统。

(5) 基带信号波形评估

对载波（包括子载波）剥离后的基带信号波形进行正确性评估。数据源包括采集信号数据、通道标校结果。对采集的数据首先进行预处理，完成多普勒频移和相位预估，剔除干扰，剥离载波，复现信号的基带波形。比对标准基带信号波形，分析波形畸变，分析各支路信号的时域波形特性。

(6) 导航信号正交性监测评估

对各支路导航信号的正交性进行监测评估。数据源包括矢量信号分析仪监测数据、信号采集数据。设置矢量信号分析仪的工作模式为被评估信号对应的解调方式，并设定中心频率、带宽、调制方式，建立被测信号的解调模型，读取各支路的正交误差并存储，判别畸变现象，分析参数测量结果异常原因。

(7) 导航信号码与载波相干性监测评估

对各支路导航信号码与载波相干性进行监测评估。数据源包括矢量信号分析仪监测数据、信号采集数据。设置矢量信号分析仪的工作模式为被评估信号对应的解调方式，并设定中心频率、带宽、调制方式，建立被测信号的解调模型，读取各支路信号的相位误差并存储，判别畸变现象，分析参数测量结果异常原因。

(8) 同频信号码一致性监测评估

对各支路同频信号码一致性进行监测评估。数据源为信号采集数据。使用导航信号采集存储回放设备对导航信号进行采集存储，同时使用实时导航信号质量分析设备对导航信号进行捕获和跟踪，跟踪完成后输出各支路导航信号的伪距，最后完成信号码一致性监测。

(9) 不同频信号测距码相位一致性评估

对不同频信号测距码之间的伪距偏差进行评估。数据源包括监测接收机载波相位、码伪距、多普勒频移。频间测距码相位一致性是双频伪码观测精确定位的前提。利用各频点码伪距的一致性，来评估卫星信号调制和发射过程中的不同频点码之间的相对时延。在一致性评估之前应该对各伪距观测量去除电离层误差。

(10) 导航信号测距码正确性监测评估

对各支路导航信号的测距码的正确性进行评估。数据源为信号采集数据。使用导航信号采集存储回放设备对导航信号进行采集存储，同时使用实时导航信号质量分析设备对导航信号进行捕获和跟踪，根据本地码与接收信号的比对识别测距码错误，完成测距码的统计后将误码率上报给监测分系统。

(11) 信号相关曲线性能评估

信号相关曲线性能是指相关峰曲线波形、相关损耗等。数据源为信号采集数据。对接收的数字信号进行多普勒去除，得到基带信号分量，计算其与本地理想码序列参考信号的归一化互相关，即得到相关峰曲线波形。相关损耗是与导航性能有关的非常重要的参数，是指在相关处理中有用信号功率相对于所接收信号的全部可用功率的损耗。

（12）伪距波动

伪距波动是指北斗系统 GEO/IGSO 卫星伪距非高频的波动误差。数据源主要是跟踪站数据。

由于地球自转参数、卫星光压模型、伪距偏差、模糊度参数和仪器差分码偏差（DCB）等均存在伪距和载波相位观测数据中，因此，针对北斗系统的各项系统误差并没有实现精确的分离，给北斗系统 GEO/IGSO 卫星精确伪距残差分离带来巨大不确定性，使得北斗系统 GEO/IGSO 卫星伪距非高频波动成因机制的解释具有巨大的模糊性。

基于全球分布的 iGMAS 跟踪站提供的长时间积累的大量数据，借助 BDS/GPS/GALIEO 等多系统在频率、卫星状态和星座结构方面的差异，综合这些数据可以有效地分离北斗卫星轨道误差、卫星钟差、电离层延迟和相位中心偏差等，有效地解决北斗系统 GEO/IGSO 卫星伪距偏差的精确分离。基于这些全球分布的 iGMAS 跟踪站数据的伪距残差长时间序列，采用比较分析、相关分析、主成分分析和时间序列分析方法，可以研究伪距波动的地域特性和时序特征，从而为伪距波动变化规律的定量分析和伪距波动的成因机制确定提供理论基础和可靠依据。

（13）伪距分层

监测接收机对卫星在消除轨道误差、钟差和电离层误差后的 MERE 均存在固定的偏差称为伪距分层。数据源为 iGMAS 跟踪站数据和大口径天线的信号。iGMAS 监测评估中心将对全球的跟踪站数据和大口径天线的信号质量监测分析数据进行联合处理，针对北斗卫星伪距分层现象进行监测评估。

4.3.2 空间信号的性能评估

空间信号的性能评估包括基本导航电文监测评估、空间信号精度评估、空间信号连续性评估、空间信号可用性评估、空间信号完好性评估等。可结合系统内部状态监测数据与 IGS、iGMAS 等外部监测数据，综合利用卫星自主监测、星间链路监测、星地链路监测等多源观测数据，对空间信号性能进行全面、多源验证评估。

（1）基本导航电文监测评估

①导航电文状态

导航电文状态主要是指导航电文的连续性、正确性和一致性。连续性是根据导航电文采集情况，实时监测卫星是否连续播发导航电文；正确性是根据预报精密星历，实时监测收集的导航电文是否正确；一致性是根据采集的导航电文，评估电文连接点的跳变情况。为了进行导航电文状态评估，首先必须获取可靠的导航电文信息，避免因接收机异常，导致评估输入数据错误，影响导航电文状态评估的准确性。可综合利用系统内部监测接收机获取的导航电文、iGMAS 和 IGS 等各测站收集的导航电文，根据测站分布覆盖相关性、接收机型号以及系统内部生成电文的交叉检验，对大量多源数据进行清理分析，获取准确的导航电文，进而准确开展导航电文状态评估。

②广播星历轨道精度

广播星历轨道精度是指广播星历轨道与真实轨道之差的统计值。数据源包括广播星历轨道、精密星历。精密星历给出的是固定时间间隔的卫星坐标和速度，根据这些离散点值，借助拉格朗日插值公式，可求出离散点之间任意时刻的卫星位置和速度。对于 3 h 的轨道弧段，一般用 8 阶拉格朗日公式插值即可保证插值精度。因此，插值点星历所能达到的精度取决于精密星历的精度，只存在精密星历内插的精度损失，但是损失量如果小于 0.1 m，可以不予考虑。在求得精密星历和广播星历地固系坐标后，可以转换到 RTN 方向，从而得到径向误差（R）、切向误差（T）、法向误差（N）。

广播星历轨道精度全球平均 URE 计算公式如下

$$
\begin{aligned}
\mathrm{URE}_{\mathrm{BDS(GEO,IGSO)}} &= \sqrt{(0.99R)^2 + \frac{1}{128}(T^2 + N^2)} \\
\mathrm{URE}_{\mathrm{BDS(MEO)}} &= \sqrt{(0.98R)^2 + \frac{1}{54}(T^2 + N^2)}
\end{aligned}
\tag{4-1}
$$

式中　R ——广播星历径向误差；

　　　T ——广播星历切向误差；

　　　N ——广播星历法向误差。

由于实际评估中很难获得真实轨道，而是将精密星历作为广播星历轨道精度评估的参考基准，其精度直接决定了广播星历轨道精度评估的准确性。对于精密星历的精度评估，可采用多源产品比较进行分析，包括星地链路联合星间链路生成的精密星历产品与全球监测网生成的精密星历产品比较、多家数据处理中心生成的精密星历产品比较、激光数据监测评估、分时处理产品轨道重叠弧段的一致性等多种方法，通过分析多源精密星历产品比较的一致性、同一产品重叠弧段的连续性、高精度数据检核的可靠性，最终选取高精度精密星历产品。

③广播星历钟差精度

广播星历钟差精度是指卫星广播星历钟差与系统时的真实钟差之差的统计值。数据源包括广播星历、精密星历。精密星历给出固定时间间隔的卫星钟差，根据这些离散的数据点，采用拉格朗日内插法，可以求出这些离散点中任意时刻的卫星钟差。广播星历的卫星钟差要考虑是单频还是双频：如果为单频，则根据广播星历给出的参数直接求取；如果是双频，则要考虑频间偏差（TGD）。最后用广播星历的钟差减去精密星历的钟差。精密钟差的选取原则与精密星历类似。

④广播电离层参数精度

广播电离层参数精度是指卫星广播电离层延迟改正值与真实电离层延迟值之差的统计值。数据源包括 K8 电离层、K14 电离层、伪距数据、DCB 参数。卫星信号和其他电磁波信号一样，当其通过电离层时，将受到这一介质色散特性的影响，使信号传播路径发生变化。由于电离层高阶项的影响很小，特别地，二阶项电离层对电波信号影响的大小约为一阶项的 1‰，其等效距离约为 mm 至 cm 级，通常可以忽略。此时，电离层延迟量与 TEC 及信号频率的关系式为

$$\Delta\rho_{\text{ion}} = 40.28 \cdot \text{TEC}/f^2 \tag{4-2}$$

卫星发射器和用户接收机的硬件对卫星信号产生的延迟影响统称为 DCB，包括不同频率的电波信号在卫星硬件中和接收机硬件中的相对滞迟时间。考虑 DCB 影响的双频伪距求解电离层延迟的公式为

$$I = \frac{P_2 - P_1}{\gamma - 1} - c \cdot \text{DCB} \tag{4-3}$$

由于伪距观测精度约为米级，伪距观测噪声大且受多路径影响严重，因此，利用伪距观测值进行电离层 TEC 估算值精度不高，对于评估广播电离层精度是远远不够的，为此，考虑采用相位平滑伪距代替原始伪距。载波相位平滑伪距通过将伪距与相位两类观测量进行适当组合，提取出伪距的低频成分和相位的高频成分，既保证了观测量的精度，又提高了观测的准确度。也就是说，载波相位平滑伪距有效抑制了多路径误差，降低了观测噪声，同时也避免在解算电离层 TEC 时引入新的模糊度未知数。在实现提取高精度电离层 TEC 值时，计算也简单高效。

以 K14 和 K8 电离层参数为对象，计算站星视线方向的电离层延迟改正值 DION_1，然后采用平滑伪距计算对应时刻穿刺点的电离层延迟改正值 DION_2，则统计结果 $=[1-(\text{DION}_1-\text{DION}_2)/\text{DION}_2]\times 100\%$。上述方法受到观测数据处理精度影响，另外还可以在不同模型间进行一致性比较，例如，可采用 GPS/GLONASS/Galileo/BDS 等不同卫星广播星历中的电离层模型产品，比较相同时刻计算的电离层延迟改正结果，采用 IGS、code 等不同数据分析中心播发的格网电离层模型产品与广播星历中播发的电离层模型产品，比较相同时刻计算的电离层延迟改正结果，从而对广播星历电离层参数精度进行全面的评估。

⑤TGD 精度

TGD 精度是指卫星广播星历中频间偏差参数精度。数据源包括广播 TGD、事后解算 TGD。采用 iGMAS 提供的事后 TGD 参数，与导航电文中提取的参数进行比较，分析广播参数的精度。

（2）空间信号精度评估

导航系统空间信号用户测距误差（SISURE）是导航卫星位置与钟差的实际值与利用预报导航星历得到的预测值之差。它反映了预报的导航星历及钟差精度，并最终影响实时导航用户定位精度。

GEO、IGSO 和 MEO 卫星的轨道和钟差对用户定位的影响的计算公式分别为

$$\text{URE}_{\text{BDSIS-GEO/IGSO}} = \sqrt{(0.99R - T)^2 + \frac{1}{128}(A^2 + C^2)} \tag{4-4}$$

$$\text{URE}_{\text{BDSIS-MEO}} = \sqrt{(0.98R - T)^2 + \frac{1}{54}(A^2 + C^2)} \tag{4-5}$$

式中　R，A，C ——分别表示卫星广播星历与精密星历的差值在径向、切向和法向三个方向的分量；

T ——广播星历卫星钟差与精密卫星钟差的差值。

（3）空间信号连续性评估

空间信号连续性是指能在特定时间段内不发生中断（非计划）而持续健康工作的概率。连续性计算均需要各卫星在轨运行中断统计数据。其中，平均中断间隔时间（MTBO）是指卫星每发生两次中断相间隔的平均时间。

空间信号连续性表示为

$$C = \exp(-T/\mathrm{MTBO}_c) \tag{4-6}$$

式中　T ——规定连续服务的时间。

当 $T \ll \mathrm{MTBO}_c$ 时，$C \approx 1-(T/\mathrm{MTBO}_c)$，则连续性风险可表示为

$$CR = 1 - C = T/\mathrm{MTBO}_c \tag{4-7}$$

（4）空间信号可用性评估

规定轨道位置上的卫星提供“可跟踪”“健康”导航信号的概率，用卫星可用时间的年均百分比表示。

可用性主要与卫星的平均中断间隔时间和平均中断恢复时间（MTTR）有关，利用马尔科夫链构建单星可用性模型，1 表示卫星正常状态，0 表示卫星故障状态，如图 4-10 所示。

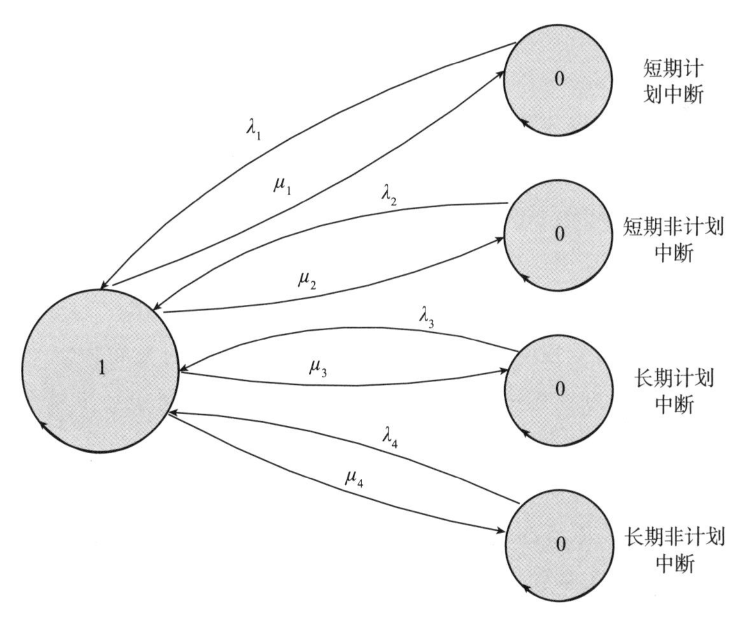

图 4-10　马尔科夫链构建单星可用性模型

λ —卫星的失效率，是 MTBO 的倒数；μ —卫星的修复率，是 MTTR 的倒数

根据卫星各类中断的失效率和修复率，可得到某类中断影响下卫星的稳态可用性 $A_i(\infty)$

$$A_i(\infty)=\frac{\mu_i}{\lambda_i+\mu_i},\quad i=1,2,3,4 \tag{4-8}$$

综合考虑各类中断影响，卫星的失效率和修复率分别为

$$\begin{cases}\lambda=\lambda_1+\lambda_2+\cdots+\lambda_4\\ \mu=\dfrac{\lambda_1+\lambda_2+\cdots+\lambda_4}{\dfrac{\lambda_1}{\mu_1}+\dfrac{\lambda_2}{\mu_2}+\cdots+\dfrac{\lambda_4}{\mu_4}}\end{cases} \tag{4-9}$$

式中　λ_i ——卫星某类中断导致的失效率；

μ_i ——对应的修复率。

根据卫星的失效率和修复率，可得到单星的稳态可用性 $A(\infty)$ 为

$$A(\infty)=\frac{\mu}{\lambda+\mu} \tag{4-10}$$

等价于

$$A=\frac{\mathrm{MTBO}}{\mathrm{MTBO}+\mathrm{MTTR}} \tag{4-11}$$

（5）空间信号完好性评估

空间信号完好性是指对所提供服务空间信号信息正确性的信任程度，即当空间信号不能提供服务时，能向接收机提供实时告警。空间信号完好性包括告警限值、告警时间和完好性风险。

1）告警限值：根据完好性风险概率的不同，告警限值为健康空间信号用户测距精度的相应倍数；

2）告警时间：从危险误导信息开始出现到告警指示到达接收机天线的时间；

3）完好性风险：空间信号的瞬时 URE 超过告警限值但没有及时发出告警的概率。

空间信号完好性风险可表示为

$$P_{F,SIS}=\lambda_{软}\cdot P_{md,SIS} \tag{4-12}$$

式中　$\lambda_{软}$——空间信号软故障的概率；

$P_{md,SIS}$ ——空间信号精度超出完好性告警限值而未及时发布告警的概率。

说明：与空间信号完好性相关的完好性故障（软故障）属于短期非计划中断的一部分，即

$$\lambda_c=\lambda_{软}\cdot\lambda_{硬} \tag{4-13}$$

式中　λ_c ——引起连续性风险的故障概率。

由于信号完好性直接关系到用户使用安全，对于空间信号的完好性监测，系统采用多源数据融合监测方法，包括卫星自主完好性监测（SAIM）、星地双向时间同步测量监测和星地测距误差监测。

其中卫星自主完好性监测载荷在下行发射天线前端通过有线链路接收导航信号，进行伪距、载波相位、信号功率、码相位一致性和相关值测量与监测，同时接收用于生成下行导航信号的时频基准信号进行卫星钟相位跳变与频率跳变的监测，然后综合卫星钟和导航

信号监测信息生成导航信号完好性信息。

通过空间信号异常的长期监测结果显示，卫星钟异常是空间信号异常的最主要原因之一，利用北斗系统特有的双向时间同步体制，双向时间同步观测可有效消除卫星轨道误差和传播段大气延迟等误差源影响，可以实时准确地计算卫星钟的相位和频率变化，从而监测卫星钟的完好性。

同时利用地面监测网接收机收到的导航信号，通过修正星地几何距离、大气传播时延误差、接收机钟差误差、接收机天线相位中心改正误差、地球自转改正和固体潮等系统公共误差后，可获得空间信号的瞬时测距精度，并与系统设计的告警阈值进行比较，从而判断空间信号的完好性。

通过多源监测数据的监测结果融合，给出系统信号完好性监测电文，当出现异常情况时，能够及时向用户提供告警信息。

4.3.3　定位导航授时服务性能评估

定位导航授时服务是北斗系统的基本功能，定位导航授时服务性能评估主要包括定位精度评估、测速精度评估、授时精度评估、服务完好性评估、服务连续性评估和基于外环数据的服务可用性评估。

（1）定位精度评估

定位精度评估是指用户在定位过程中，系统提供给用户的位置与用户的真实位置之差的统计值，包括水平定位精度和垂直定位精度。数据源包括广播星历、差分导航电文、观测数据。利用观测数据，对北斗的定位精度进行评估。通过读取观测文件获得观测历元时间、卫星数目、卫星号以及对应的观测数据信息，从而计算出历元时刻的卫星位置、卫星到测站的距离、卫星高度角和方位角，并利用高度角判断条件统计可见卫星数；并计算对流层、电离层、相对论效应等引起的延迟。基于实际观测值，可得到伪距观测方程的误差为

$$\boldsymbol{V}_k = \boldsymbol{A}_k \hat{\boldsymbol{X}}_k - \boldsymbol{L}_k \tag{4-14}$$

式中　$\boldsymbol{A}_k$ ——设计矩阵；

$\boldsymbol{L}_k$ ——观测向量；

$\hat{\boldsymbol{X}}_k$ ——系统状态参数向量估值，其计算方法一般采用最小二乘法（LS）、卡尔曼滤波及其改进算法。

基于式（4－14），定位精度均方根误差计算公式为

$$\begin{bmatrix} \Delta e_{rms} \\ \Delta n_{rms} \\ \Delta u_{rms} \end{bmatrix} = \begin{bmatrix} \sqrt{\sum_{k=1}^{n} \Delta e_k^2 / (n-1)} \\ \sqrt{\sum_{k=1}^{n} \Delta n_k^2 / (n-1)} \\ \sqrt{\sum_{k=1}^{n} \Delta u_k^2 / (n-1)} \end{bmatrix} \tag{4-15}$$

式（4－15）可用来计算单一测试点的伪距定位精度。

（2）测速精度评估

测速精度评估是指用户在测速过程中，系统提供给用户的速度与用户真实速度之差的统计值。数据源包括广播星历、差分导航电文、伪距数据、多普勒数据。

利用观测数据，对 GNSS 的测速精度进行评估。读取观测数据获得每一历元的卫星个数以及对应的卫星号；在卫星信号发射时刻计算出卫星在对应时刻的位置和速度，也可以直接利用精密星历直接读取卫星位置和速度；提取观测文件中的多普勒频移观测量，通过最小二乘卡尔曼滤波等算法求解用户的速度。对解算结果进行评估，测速结果以 0 速度为基准。

基于实际观测值，可得到伪距率观测方程的误差为

$$\boldsymbol{V}_k = \boldsymbol{A}_k \hat{\boldsymbol{X}}_k - \boldsymbol{L}_k \tag{4-16}$$

基于伪距率观测方程，测速精度均方根误差计算公式为

$$\begin{bmatrix} \Delta \mathrm{d}e_{rms} \\ \Delta \mathrm{d}n_{rms} \\ \Delta \mathrm{d}u_{rms} \end{bmatrix} = \begin{bmatrix} \sqrt{\sum_{k=1}^{n} \Delta \mathrm{d}e_k^2 / (n-1)} \\ \sqrt{\sum_{k=1}^{n} \Delta \mathrm{d}n_k^2 / (n-1)} \\ \sqrt{\sum_{k=1}^{n} \Delta \mathrm{d}u_k^2 / (n-1)} \end{bmatrix} \tag{4-17}$$

（3）授时精度评估

授时精度评估是指用户在授时过程中，系统提供给用户的时间与 UTC 之差的统计值。数据源包括广播星历、差分导航电文、观测数据、标准时间。

采用时间比对系统开展授时精度的监测评估。时间比对系统由在监测站布置的北斗授时型接收机、高精度数字钟、高精度计数器和北斗/GNSS 系统时差监测软件组成。北斗授时型接收机输出北斗 1 pps 秒信号（BDT_2），高精度数字钟输出的 1 pps 秒信号（UTC_{MAC}），通过高精度计数器可获得 BDT_2 与 UTC_{MAC} 的时间差；高精度数字钟通过卫星共视方法与国家授时中心的标准时间（UTC_{NTSC}）实现同步，可获得 UTC_{NTSC} 与 UTC_{MAC} 的时间差；通过北斗/GNSS 系统时差监测软件可以获得 UTC_{NTSC} 与北斗系统时间（BDT_1）的时间差；将上述三个时间差综合即可获得 BDT_1 与 BDT_2 的时间差，从而实现北斗授时精度监测评估。授时精度监测评估原理如图 4－11 所示。

（4）服务完好性评估

除了用户位置精确已知的静态定位，大多数卫星导航用户并不知道自身精确位置，因此在实际的导航定位过程中并不知道自身定位误差（PE）的大小，只能根据导航电文中各类完好性信息和用户观测几何构型计算定位保护限值（PL）。对于完好性要求较高的用户（如民用航空用户），根据行业服务标准，设定导航定位告警限值（AL），通过比较定位保护限值与导航定位告警限值的大小，决定当前卫星导航系统提供的导航服务是否能支持其导航完好性要求。当定位保护限值小于导航定位告警限值时，表示导航系统提供的导

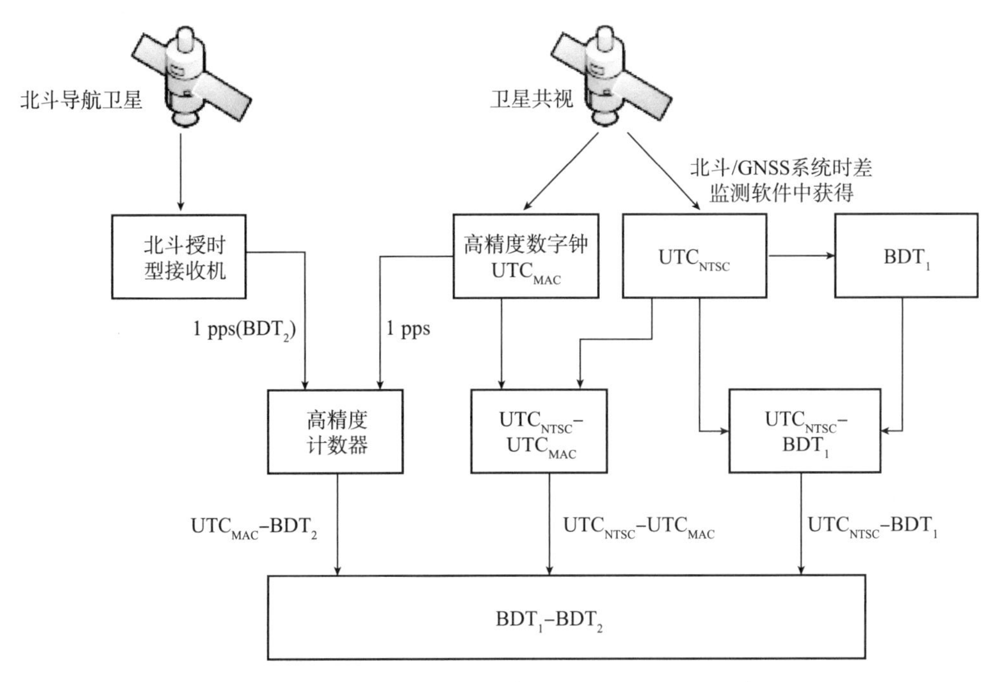

图 4-11　北斗授时精度监测评估原理图（时间比对系统原理）

航服务满足完好性要求，否则，说明导航服务不可用。用户位置与定位保护限值和定位告警限值的关系如图 4-12 所示。

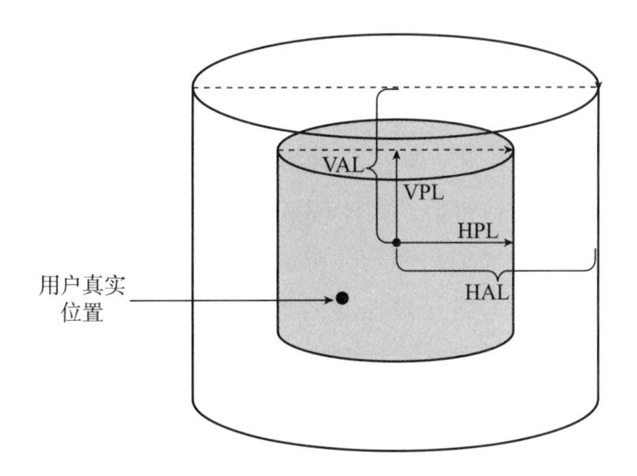

图 4-12　用户位置与定位保护限值和定位告警限值的关系

而卫星导航系统本身必须经过精确的算法设计与实验，保证系统为用户提供的完好性信息能够准确地包络用户真实定位误差，将“用户定位误差大于用户保护限值”这种严重的完好性风险控制在 10^{-5} 甚至 10^{-7} 的概率内。当系统出现完好性风险时，能够在承诺的时间内（即 Time to Alert）向用户提供告警信息。

对于 GNSS 卫星导航系统的服务完好性评估，通常采用服务区域内均匀分布且坐标精确已知的测站进行评估。服务完好性评估方法为：

1）统计时间段内，评估起始和结束历元时刻为 t_{start} 和 t_{end} 。

2）观测数据采样间隔为 T ，计算 GNSS 测站的定位坐标，将计算的定位坐标与测站已知坐标进行比较，统计水平定位误差（HPE）和垂直定位误差（VPE）时间序列。

3）采用电文中播发的完好性信息，计算 GNSS 测站的水平保护限值（HPL）和垂直保护限值（VPL）。

4）再评估历元 i ，比较 HPE、HPL 和 HAL 三者关系，若关系式满足 HPL＜HAL＜HPE，表示存在水平完好性风险，设 $bool(x)=1$，否则设 $bool(x)=0$；比较 VPE、VPL 和 VAL 三者关系，若关系式满足 VPL＜VAL＜VPE，表示存在垂直完好性风险，设 $bool(y)=1$，否则设 $bool(y)=0$。

5）针对全部试验样本，统计完好性服务的可用性

$$Integrity\_avail = 1 - \frac{\sum_{t=t_{start},inc=Top}^{t_{end}-Top}\left\{\prod_{i=t,inc=T}^{t+Top} Integrity\_Flag(i)\right\}}{\dfrac{t_{end}-t_{start}}{Top}} \tag{4-18}$$

其中

$$Integrity\_Flag(i)=\begin{cases}0, & (bool(x)_i + bool(y)_i) > 0 \\ 1, & other\end{cases}$$

式中　t_{start} ，t_{end} ——测试数据的起始和结束历元时刻；

T ——样本数据采样间隔；

Top ——服务采样间隔，根据用户使用规范确定；

$Integrity\_Flag(i)$ ——完好性风险标识，0 表示有风险，1 表示无风险。

为了保证服务完好性评估的独立性，最好采取测站全球分布且独立于系统运行控制的系统外部监测网的观测数据进行评估，具体可采用斯坦福图分析方法。以分析民用航空非精密进近（NPA）完好性服务能力为例，分析步骤如下：

1）采用监测评估中心 iGMAS 全球监测网观测数据，计算各测站的水平定位结果，并与精确已知坐标比较，获得水平定位误差 $POSerr_{\_H}$ ，积累并统计长期的监测结果作为分析样本。

2）分析系统的 NPA 完好性服务能力，即分析水平定位误差小于水平定位保护限值，且水平定位保护限值小于水平告警限值的服务可用性

$$\mathrm{NPA} = \frac{N(\mathrm{HAL} > \mathrm{HPL} > \mathrm{abs}(POSerr_{\_H}))}{N_{all}} \tag{4-19}$$

3）分析系统 NPA 完好性服务的告警漏警率，即分析水平定位误差大于水平保护限值，但小于水平告警限值的概率

$$MI_{\_H} = \frac{N(HAL > \mathrm{abs}(POSerr)_{\_H}) > HPL}{N_{all}} \tag{4-20}$$

4）分析水平方向严重完好性风险概率，即水平定位误差超过水平告警限值，但计算

的水平保护限值小于水平告警限值的概率

$$HMI_{\_H} = \frac{N(\mathrm{abs}(POSerr)_{\_H}) > HAL > HPL}{N_{all}} \tag{4-21}$$

5）分析系统完好性不可用概率，即水平定位误差小于水平保护限值，但水平保护限值大于水平告警限值的概率

$$H_{\mathrm{unavai}} = \frac{N(\mathrm{abs}(POSerr)_{\_H}) < HPL \ \& \ HPL > HAL}{N_{all}} \tag{4-22}$$

6）根据 NPA 完好性服务要求，以斯坦福图形式统计北斗系统完好性服务能力。

上面各式中，N 表示统计样本个数。

（5）服务连续性评估

服务连续性评估是指在一段时间内和服务区域内，卫星导航系统提供连续服务性能的能力。数据源包括定位精度、测速精度、授时精度。

假设在第 L 个地区，测试时间段为 $[t_{start},\ t_{end}]$，用户机采样间隔记为 T，则系统服务的连续性指标 Con_l 计算公式为

$$Con_l = \frac{\sum\limits_{t=t_{start},inc=T}^{t_{end}-Top} \left\{ \prod\limits_{k=t,inc=T}^{t+Top} bool(EPE_k \leqslant f_{Acc}) \right\}}{\sum\limits_{t=t_{start},inc=T}^{t_{end}-Top} bool(EPE_k \leqslant f_{Acc})} \tag{4-23}$$

其中，若 k 时刻定位误差 EPE_k 满足一定标准 f_{Acc}，则布尔函数（$bool()$）取 1，否则取 0。对于卫星导航系统，一般统计每小时系统服务的连续性指标（基本统计单位），即常取 Top 为 1 h。

式（4-23）可用来计算单一测试点定位精度的连续性。若统计整个服务区内系统服务精度的连续性，则须统筹考虑覆盖区内测试点在时间和空间上的相关性，以加权方法来计算，计算公式为

$$\overline{Con} = \frac{a_1 Con_1 + a_2 Con_2 + \cdots + a_n Con_n}{a_1 + a_2 + \cdots + a_n} \tag{4-24}$$

式中　a_n——在指定时间内服务区域采集的有效数据个数。

（6）基于外环数据的服务可用性评估

服务可用性是指导航系统在服务区域能提供承诺精度的时间百分比。这里的外环数据是指 iGMAS、IGS 等监测数据，包括定位精度、测速精度、授时精度、定位误差、标准值（门限）。

服务可用性主要从信号可用性和 PDOP 可用性两个方面进行监测评估。信号可用性指的是外部信号源发射的导航信号可用的百分比；PDOP 可用性指的是在确定时间间隔内，PDOP 小于或等于特定值的时间百分比。

服务可用性分为瞬时可用性、区域可用性和服务区可用性三个层面，主要考虑服务区内平均可用性和最差点（区域）可用性。

①瞬时可用性

瞬时可用性水平（IAL）用 $a(l, t)$ 来表示，定义其为特定系统在特定时间（t）、特定区域（l）满足性能需求的概率。

②区域可用性

用 $\bar{a}(l)$ 表示区域可用性水平（LAL），用于度量一定时间内特定区域的平均可用性。在特定区域（l）上定义一个时间区间（t_0，$t_0+T\Delta T$），通过瞬时可用性计算该时间区间内的平均值，即为区域可用性。计算公式为

$$\bar{a}(l)=\frac{1}{T}\sum_{t=t_0}^{t_0+T\Delta T} a(l,t) \tag{4-25}$$

③服务区可用性

用 A_S 表示服务区可用性水平（SAL），定义为区域内的所有区域（L）的平均值，计算公式如下

$$A_S=\frac{1}{L}\sum_{l=1}^{L}\bar{a}(l)=\frac{1}{LT}\sum_{l=1}^{L}\sum_{t=t_0}^{t_0+T\Delta T} a(l,t) \tag{4-26}$$

4.3.4 星基增强服务性能评估

星基增强服务性能评估主要对等效钟差精度、差分电离层参数精度和差分信号连续性与一致性进行评估。

（1）等效钟差精度评估

等效钟差精度是指差分等效钟差的改正精度。等效钟差精度评估的数据源包括等效钟差、广播星历、精密星历。

北斗系统差分信息以等效钟差改正数（Δt）表示，每颗卫星占 13 bit，比例因子为 0.1，单位为 m，用二进制补码表示，最高位为符号位。用户将 Δt 加到对该卫星的观测伪距上，以改正卫星钟差和星历误差对伪距测量的影响。

（2）差分电离层参数精度评估

差分电离层参数精度是指差分电离层延迟改正值与真实电离层延迟值之差的统计值。差分电离层参数精度评估的数据源包括差分电离层、伪距数据、DCB 参数。以差分电离层参数为对象，计算站星视线方向的电离层延迟改正值 DION_1，然后采用平滑伪距计算对应时刻穿刺点的电离层延迟改正值 DION_2，则差分电离层参数精度计算公式为

$$p=\frac{1}{n}\sum_{i=1}^{n}\left(1-\frac{\mathrm{DION}_1-\mathrm{DION}_2}{\mathrm{DION}_2}\right)\times 100\%$$

（3）差分信号连续性与一致性评估

比较多重覆盖的测站多台接收机所采集的电文，排除由于接收机原因导致的电文错误。多台不同接收机所采集的电文，当有两台以上一致时，采用该组星历进行评估。分析两组相邻差分电文连接点误差，每小时统计一组，积累误差统计结果。

4.3.5　短报文通信服务性能评估

短报文通信服务性能评估是指对系统入站容量、出站容量、处理时延、服务精度、报文长度、服务成功率、出站信号功率配比、入站干扰条件下综合性能和入站数据融合处理增益性能进行评估。

1）入站容量评估：检验短报文通信服务信号收发分系统、业务处理分系统的入站容量。

2）出站容量评估：检验短报文通信服务信号收发分系统、业务处理分系统的出站容量。

3）处理时延评估：检验不同类型用户、不同业务的短报文通信服务双向交互处理时延。

4）服务精度评估：检验北斗短报文通信服务定位报告、广义短报文通信服务定位报告、精密定位报告、双向定时等服务精度。

5）报文长度评估：检验短报文通信服务报文通信单次报文长度。

6）服务成功率评估：检验短报文通信服务应急搜救、定位报告、报文通信、双向定时服务成功率。

7）出站信号功率配比评估：检验短报文通信服务出站信号各状态下各支路功率配比。

8）入站干扰条件下综合性能评估：检验短报文通信服务信号收发在入站频段干扰信号条件下，用户信号电平提升 2 dB 时的服务性能满足指标要求。

9）入站数据融合处理增益性能评估：评估短报文通信服务系统在正常信号条件下存在数据融合时的服务性能。

4.4　北斗系统运行质量风险评估

北斗系统组成与功能复杂，关联性、时效性和动态性强，运行稳定性、可靠性、安全性要求高，需要全面、及时、准确评估和把握系统质量风险状况，以有效支持精准、优化的运维管控。北斗系统质量风险评估主要包括运行风险综合评估、运行可靠性评估，以及质量问题综合分析等内容。通过融合三环数据、利用人工智能技术进行建模和数据挖掘等途径，可以大大提升质量风险评估的有效性和准确率。

4.4.1　北斗系统运行风险综合评估

面向北斗系统稳定运行任务需求，开展北斗系统运行风险综合评估，其目的：一是全面准确识别大系统运行的风险项目和影响因素；二是量化评估运行风险和把握风险演变规律，从而支撑北斗系统稳定运行。按照风险评估程序，首先明确北斗系统运行风险评估准则；其次，面向北斗三号系统定位导航授时服务、短报文通信服务、星基增强等服务，分别从管理操作、技术体制、系统/软硬件产品质量以及环境等几方面，全面识别北斗系统风险项目；然后，建立系统风险评估模型，反映风险因素之间的关联关系，在线评估系统风险，查找系统薄弱环节。对管理、技术、操作、软硬件等风险项目进行体系化梳理，摸清各风险项目之间的关联关系，建立能够融合研制试验运行数据（前后）、系统各层次产品数据（上下）、系统内外监测数据（内外）等多源多维数据的风险模型，对系统运行风险进行定性与定量相结合的动态评估，识别各风险项目变化对北斗系统整体运行服务性能的影响，特别是对精（性能）和稳（连续性风险）两方面性能的影响，查找系统薄弱环节，定期形成大系统和各系统运行风险评估报告，为风险决策提供科学支撑。

按照系统层次划分，运行风险评估还可分为大系统、卫星系统、地面运控系统、测控系统、星间链路运行管理系统以及各大服务平台的运行风险评估。这些评估均遵循风险评估基本程序与方法。

4.4.1.1　评估准则确定

针对北斗系统运行风险特点，确定北斗系统运行风险评估准则，包括：风险后果严重性等级分类、风险发生可能性等级分类、风险综合评价矩阵和风险综合评级标准，见表4－7～表4－10。

表4－7　风险后果严重性等级分类

程度	等级	风险严重性程度描述
轻微	A	基本不影响系统运行或卫星安全
轻度	B	•单星服务中断或降阶； •不影响运行服务的软件重注、重构事件
中等	C	•地面运控主控站关键分系统故障、注入站或一类监测站整站运行中断； •卫星关键点单点运行； •测控系统关键分系统故障； •星间链路运行管理系统关键分系统故障
严重	D	•定位导航授时服务空间信号精度连续30 min超出指标且持续恶化； •因波束中断导致某区域无法使用短报文通信服务； •地面运控主控站整站运行中断，2个注入站同时运行中断； •单星整星失效； •测控中心运行中断； •星间链路运行管理中心整站运行中断，星间链路业务部分中断等
灾难	E	系统服务长期中断，包括： •定位导航授时服务不可用； •短报文通信服务全波束中断； •星间链路全网络业务中断等

表 4-8 风险发生可能性等级分类

程度	等级	风险可能性程度表述
极少	a	几乎不发生，发生概率 $p<0.01\%$
很少	b	很少发生，发生概率 $0.01\%\leqslant p<0.1\%$
少	c	偶尔发生，发生概率 $0.1\%\leqslant p<1\%$
可能	d	频繁发生，发生概率 $1\%\leqslant p<10\%$
很可能	e	很可能发生，发生概率 $p\geqslant 10\%$

表 4-9 风险综合评价矩阵

严重性 / 可能性	A(轻微)	B(轻度)	C(中等)	D(严重)	E(灾难)
e(很可能)	Ae	Be	Ce	De	Ee
d(可能)	Ad	Bd	Cd	Dd	Ed
c(少)	Ac	Bc	Cc	Dc	Ec
b(很少)	Ab	Bb	Cb	Db	Eb
a(极少)	Aa	Ba	Ca	Da	Ea

表 4-10 风险综合评级标准

程度	综合等级	风险综合评价指数	级别
极低	Ⅰ	Aa、Ab、Ac、Ba、Bb、Ca	低风险
低	Ⅱ	Ad、Bc、Cb	
中等	Ⅲ	Ae、Bd、Be、Cc、Cd、Da、Db、Dc、Ea、Eb	中风险
高	Ⅳ	Ce、Dd、Ec	高风险
极高	Ⅴ	De、Ed、Ee	

4.4.1.2 风险识别分析

参考国际通用的“概率风险评估程序”规定的风险识别方法［主逻辑图（MLD）］，围绕影响大系统服务指标实现的关键任务过程，从“运行服务顶层指标—关键任务—主要功能—涉及的系统/分系统—风险项目”等层次，自上而下识别风险因素，结合各系统自下而上梳理的薄弱环节，确定北斗系统运行风险项目清单。

同时，为更进一步识别和快速感知各类风险，充分利用数据感知融合技术，结合北斗系统研制和运行全过程产生的多维度试验、测试、监测数据和质量问题信息，以及地面试验验证系统、空间环境监测、iGMAS等多源信息，从管理操作、技术体制、系统/软硬件产品质量以及环境等方面进行风险分析，动态更新运行风险项目清单。

其中，工程大总体主要关注技术体制以及管理操作两类风险。技术体制类主要考量系统间接口设计合理度、顶层控制文件完善度等风险因素；管理操作类主要考量星座稳定运行、星地一体化管控等风险因素。

卫星系统主要关注系统/软硬件产品质量、管理操作以及环境三类风险。系统/软硬件产品质量类主要考量卫星剩余寿命、国产化产品在轨可靠性、系统冗余度、质量问题、星上软件抗单粒子设计以及是否可重构、非计划中断次数和恢复时间变化率等风险因素；管理操作类主要考量应急处置预案完善度，运维管理决策支持准确度等风险因素；环境类主要考量空间单粒子效应的风险因素。

地面运控系统及测控系统主要关注管理操作、系统/软硬件产品质量以及环境三类风险。其中管理操作类主要考量常规计划操作合格率、故障处置合格率、日常运维值班制度完善度、设备操作维护规程完善度、应急处置预案完善度等风险因素；系统/软硬件产品质量类主要考量地面国产化设备质量、国产化软件运行可靠性等风险因素；环境类主要考量地面机房设备运行环境保障的风险因素。

星间链路运行管理系统主要涉及系统/软硬件产品质量、管理操作两类风险。系统/软硬件产品质量类主要考量影响星间链路服务性能质量的风险因素，管理操作类主要考量影响多星组网联调的风险因素。

4.4.1.3　运行风险综合评估

运行风险综合评估，需要集成各类信息，给出风险综合评判结论，常用方法有层次分析法、模糊评价法等。本节以人工智能贝叶斯网络为例，介绍一种北斗系统运行风险综合评估模型。该模型能有效集成多方的定性与定量信息，实现综合风险评估。

（1）建立风险综合评估模型

建立如图 4－13 所示的风险综合评估模型，各层指标与上层指标之间的关系符合贝叶斯网络中局部连接方式中的聚合连接，即上层指标是从下层指标推断出来的。如北斗系统运行风险这一总指标是依据 5 个Ⅰ级指标：即总体任务风险、卫星系统任务风险、地面运控系统任务风险、测控系统任务风险和星间链路运行管理系统任务风险确定的，而每一个Ⅰ级指标，又可根据风险识别分析结果，用不同的Ⅱ级指标来衡量。例如，卫星系统任务风险主要分为系统/软硬件产品质量风险、管理操作风险以及环境风险等Ⅱ级指标。每层各指标都是上一层对应指标的父节点，这种聚合连接通过由父节点指向子节点的有向边来表示，即由Ⅱ级指标指向对应的Ⅰ级指标最终聚合到总指标。Ⅱ级指标还可以继续向下分解为Ⅲ级指标，例如系统/软硬件产品质量风险，可细分出国产化产品在轨长期运行可靠性风险、系统冗余度降低风险等Ⅲ级指标。对底层的指标，需要集结多个维度判断准则来确定其边缘概率，此时采用贝叶斯网络中的分叉连接结构来建模。

在确定拓扑结构后，需要根据各层各指标间的逻辑关系，确定贝叶斯网络中各节点的条件概率表。对于其中的非监测指标节点，如Ⅰ级指标，利用贝叶斯网络中的“逻辑非门”的关系表示其条件概率。例如，用总体任务风险、卫星系统任务风险、地面运控系统任务风险、测控系统任务风险和星间链路运行管理系统任务风险这 5 个Ⅰ级指标来衡量北斗系统运行风险这一总体指标时，符合贝叶斯网络中“逻辑非门”的关系，即：若 5 个Ⅰ级指标中有一个发生，则总体指标很有可能发生。如果某些指标的指标值很高，即使其他

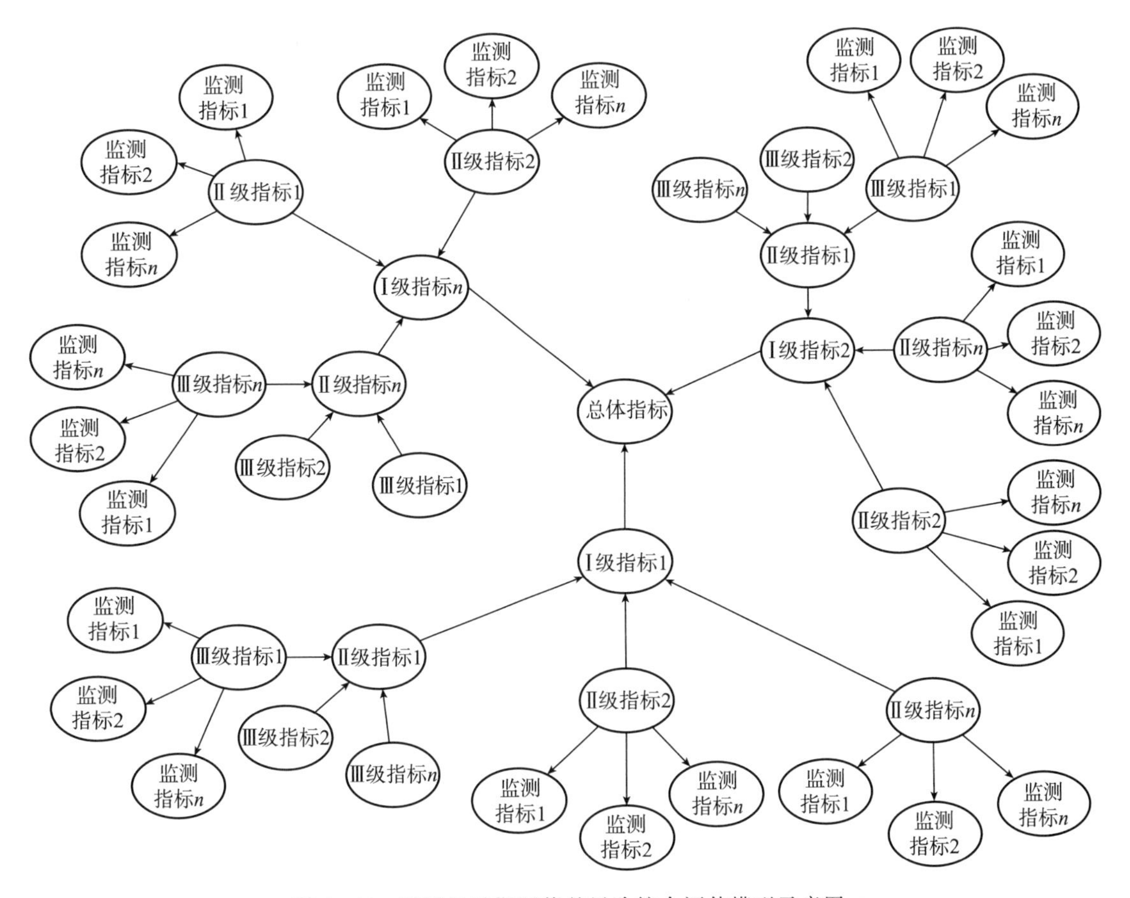

图 4－13　基于贝叶斯网络的风险综合评估模型示意图

方面的指标值都很低，北斗系统运行风险因子也会高。另外，由于存在一些不可预测的因素，即便 5 个指标值都为 0，总指标还是有发生的可能。

根据各系统风险监测指标以及评判准则，综合确定监测指标节点的条件概率。

假设对于某一个风险指标 A ，如国产化产品在轨长期运行可靠性风险，从 3 个方面对其进行评价，因而这是一个分叉连接，指标 A 为父节点，3 个方面的监测指标 B_1、B_2、B_3 为子节点，节点间的箭头由指标 A 指向 3 个方面的监测指标，如图 4－14 所示。

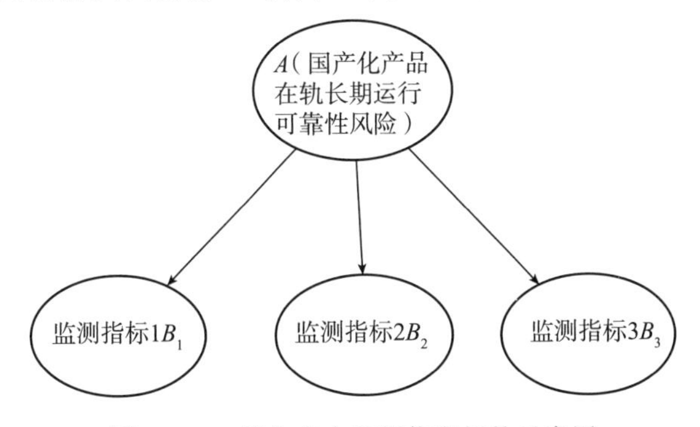

图 4－14　综合多方监测信息拓扑示意图

贝叶斯网络模型中的每一个节点都具有有限个互斥的状态：假设变量 A 有高风险（A_1）、中风险（A_2）以及低风险（A_3）三个状态。对于各监测指标节点的条件概率 $P(B_{ij} \mid A)$，由于变量 B_{ij} 有多个状态 b_{11}，b_{12}，…，b_{1m}（即 i 对于指标 A 的评价准则），必须同时估计多个条件概率并且要进行归一化处理；变量 A 只有三种状态，$P(A \mid B_{ij})$ 比 $P(B_{ij} \mid A)$ 容易得到。于是可先给出 $P(A \mid B_{ij})$，再利用贝叶斯定理得到 $P(B_{ij} \mid A)$。贝叶斯转换公式如下

$$P(B_{ij} \mid A)=\frac{P(A \mid B_{ij})P(B_{ij})}{P(A)} \tag{4-27}$$

（2）模型推理计算

经过上述步骤完成贝叶斯网络模型的构建后，采集各节点的监测信息，就可进行自动推理分析，得出运行风险动态综合评估结果。利用贝叶斯网络模型进行推理和评估的特点是：在拓扑结构图上的任意一个节点的信息都能传送给其他节点，而且信息可以在任一点、任何时候加入，作为判据来进行推理更新。判据越多，所得到的推理结果便越准确。

4.4.2 北斗系统运行可靠性评估

北斗系统运行可靠性，是指北斗系统在实际工作环境中运行时的可靠性。在北斗系统研制阶段，构建了可靠性指标体系，实现了指标自上而下分解落实和自下而上验证评价。在运行阶段，一是要充分借鉴和利用原有模型和数据，二是要充分考虑运行信息流及环境等影响。下面介绍运行可靠性参数体系、运行可靠性建模，以及运行可靠性评估。

4.4.2.1 运行可靠性参数体系

北斗系统运行可靠性参数体系如图 4-15 所示，图中连接空间段和地面段的中间部分为系统所需性能参数，空间段和地面段分别列出卫星和地面站（包括监测站、主控站和注入站）的可靠性参数。主要输入参数是单机/分系统的可靠性参数和系统中间结果的性能参数。单机/分系统的可靠性参数由系统运行监测参数转化而来。系统运行监测参数从两个方向梳理：1）自顶向下，根据空间信号性能降阶和信号中断原因，以大系统支持运行的关键任务为牵引，查找和定位引起异常的相关系统，梳理出相关系统的关键任务及相关分系统和单机；2）自底向上，根据单机、各分系统、各站的功能和任务分工，分析异常发生对各系统关键任务乃至大系统关键任务的影响，分类分析相关参数，确定在空间信号层的表现形式（性能降阶或信号中断）。此外，在两条分析方向上考虑人为操作、运行环境等方面的影响。

按照自底向上的思路，系统运行监测参数可以分为卫星系统参数、地面系统参数和其他系统参数。

（1）卫星系统参数

卫星系统参数主要分为平台类参数和有效载荷类参数。

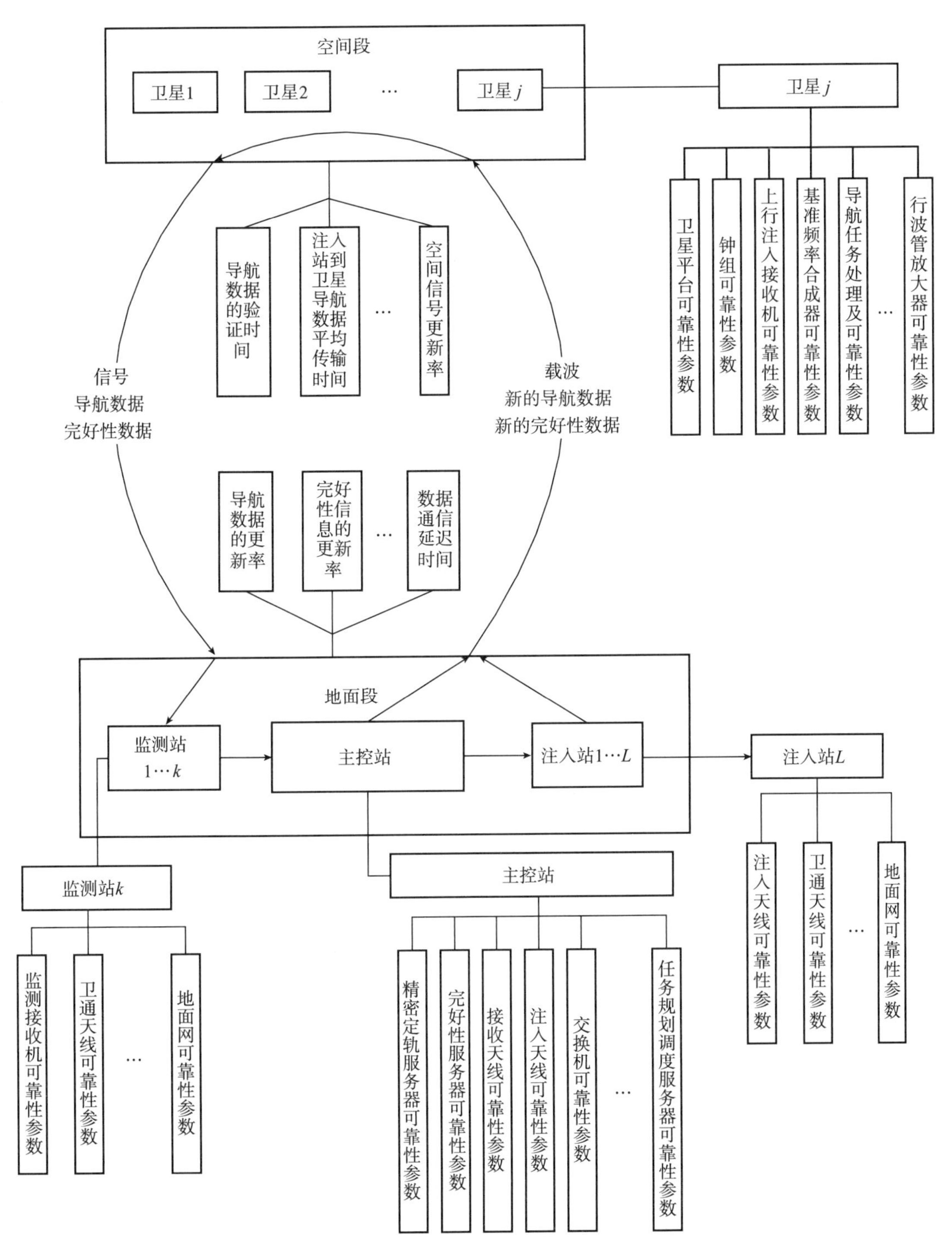

图 4-15　北斗系统运行可靠性参数体系

平台类参数主要依靠卫星平台各单机遥测数据、卫星姿态轨控参数以及遥控指令等数据，评估生成卫星控制分系统、推进分系统、供配电分系统、综合电子分系统以及热控分系统等的工作状态关键参数信息。

有效载荷类参数既包括在轨铷钟、基准频率合成器、扩频测距接收机、导航任务处理单元、行波管放大器等的工作状态关键参数信息，同时也包括与导航任务直接相关的、通过卫星遥测链路下传的数据，包括卫星导航通用信息、时间信息、测距信息、设备时延参数、原子钟工作状态和参数、完好性监测结果、星间链路信息等。

（2）地面系统参数

地面系统参数主要包括地面站状态参数、卫星状态和控制指令信息和地面数据产品等。

地面站状态参数主要是指在各站以及各组成系统间传输的业务信息、指令信息、状态信息和参数信息，包括设备工况信息、设备工作参数、业务规划等指令信息、控制指令回执信息和数据统计信息等。

卫星状态和控制指令信息主要是指地面段对卫星系统上注的控制指令信息以及卫星系统下传的自身状态信息，包括上行注入校验信息、卫星工况信息和卫星轨控及姿态信息等数据。

地面数据产品主要是指地面段生成的业务计算结果，包括卫星星历、卫星钟差、电离层延迟参数、差分完好性信息等数据产品，以及性能评估参数。

（3）其他系统参数

其他系统参数主要包括时空基准维持相关参数、星间链路路由表、上行注入规划表等。

4.4.2.2　运行可靠性建模

（1）基于信息流的运行可靠性模型

北斗系统运行流程可简单理解为导航卫星播发包含时间和导航信息的空间信号，地面段监测、测量卫星位置并更新信息；卫星同时播发地面段生成的完好性信息。卫星导航系统信息流过程可以表示成通过可靠性仿真模拟的循环，如图 4－16 所示，左边是数据测量链，右边是数据更新链。用户通过播发环境接收信号，也可能引入系统外部的严重故障影响事件，引发完好性和连续性风险。

利用 Petri 网模等信息流模型方法，构建北斗系统运行可靠性模型，包括四个部分：卫星（SV）、主控站（GCC）、监测站（GSS）、上行注入站（MUS）。模型概览如图 4－17 所示。

模型顶层输入输出关系如图 4－18 所示。

模型考虑导航服务相关的主要部分，包含以下分系统：空间段卫星，地面监测站、地面主控站和注入站。地面主控站包括时间同步处理设备、完好性处理设备、精密时间设备、信息产生设备和任务控制设备。除了任务控制设备，忽略其他监控设备。假设切换到冗余/备份子系统是瞬时的，例如卫星钟在线切换、处理设备的切换等。模型边界是空间信号级，模型不包括用户接收机。

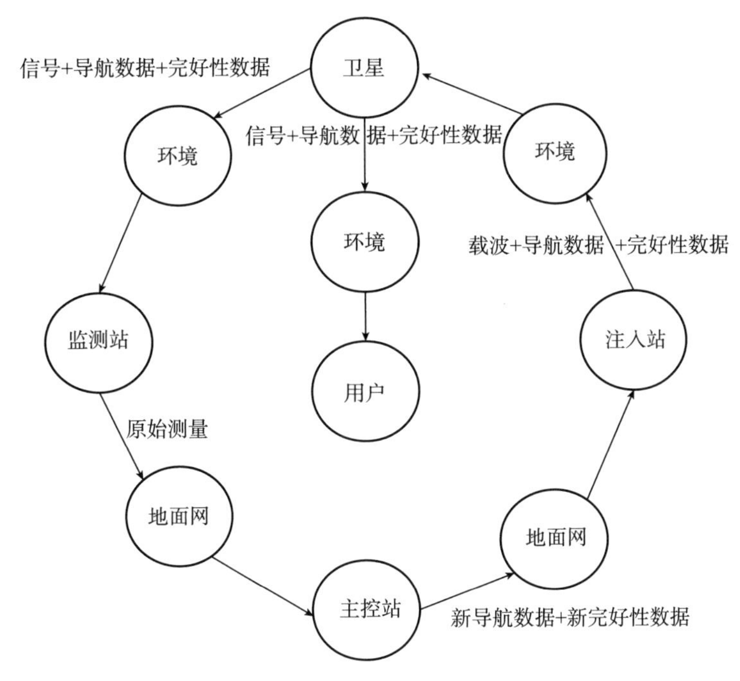

图 4－16　卫星导航系统信息流过程

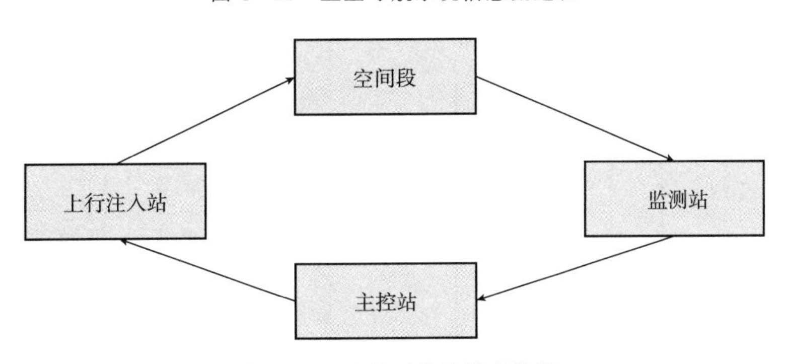

图 4－17　运行可靠性模型概览

该模型综合考虑导航数据信息流过程和星座网络结构，模拟导航数据和完好性信息的星地一体化运行过程。以卫星、地面系统关键单机的可靠性参数和性能参数为输入，结合导航信息流动过程，以数据更新验证时间为信息流动约束条件，采用信息流建模（如 Petri 网方法），详细描述卫星星座、地面系统相关设备级性能和可靠性参数与信号可用性等指标的关系，模拟空间信号、轨道与时间同步数据和完好性信息等数据信息流在系统中的流动情况。

（2）北斗系统服务可用性连续性建模

在上述模型基础上，可进一步构建北斗系统服务可用性连续性模型。

服务可用性计算公式为

$$A=\sum_{k=0}^{M}\sum_{n=1}^{C_N^k}P_{k,n}\cdot\alpha_{k,n} \tag{4-28}$$

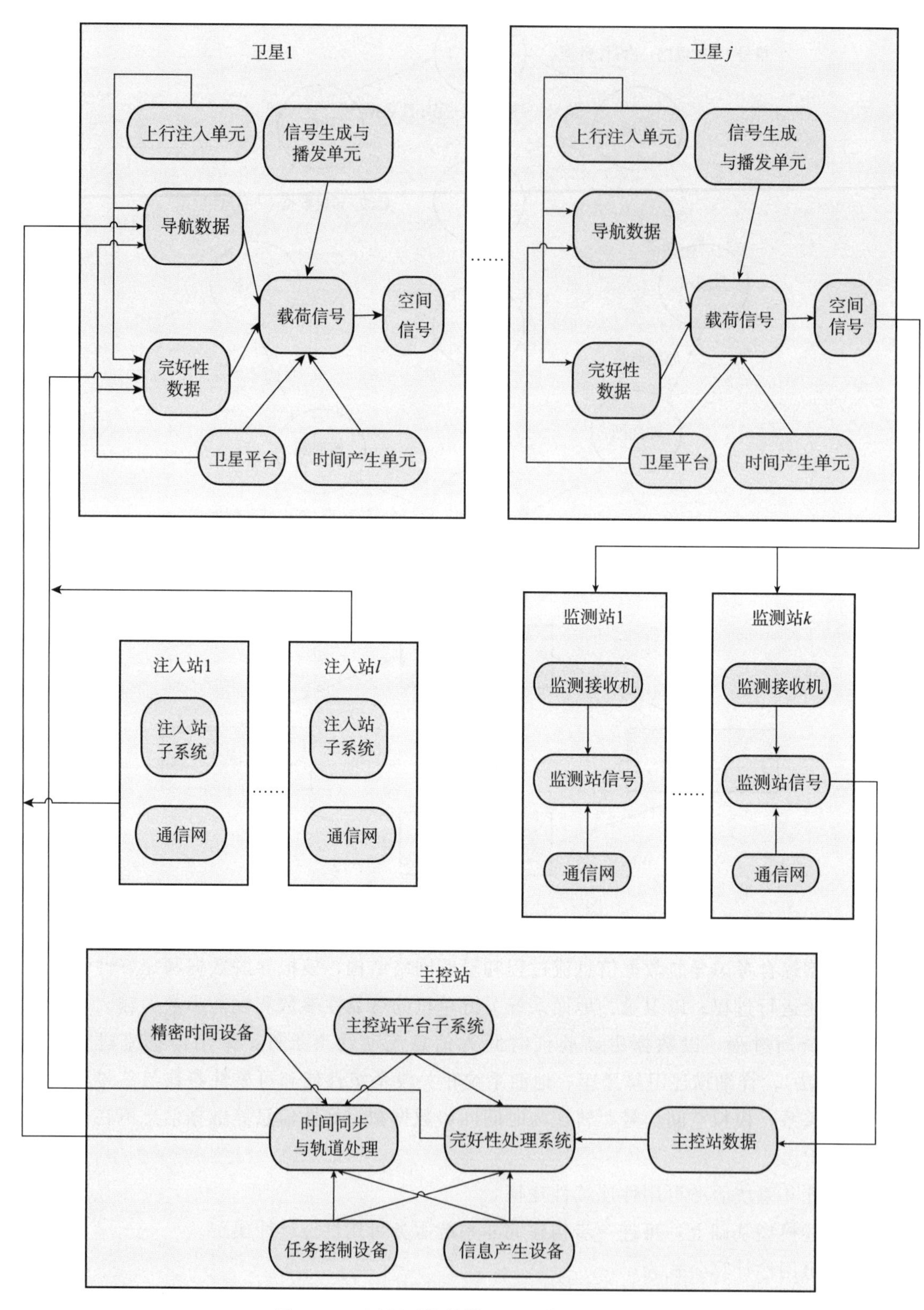

图 4-18　运行可靠性模型顶层输入输出关系

式中　M ——星座中的卫星总数；

C_N^k —— N 颗卫星中失效 k 颗卫星的所有组合数；

$P_{k,n}$ ——失效 k 颗卫星时，第 n 种组合情况下的星座状态概率；

$\alpha_{k,n}$ ——CV 值，由系统仿真得到。

利用贝叶斯网络构建服务可用性模型，如图 4-19 所示。可以看出，服务可用性模型中，星座中的各轨位为父节点，各轨位的可用性为边缘概率，它们都指向“服务可用性”这一子节点，条件概率表为不同卫星失效组合下的 CV 值。

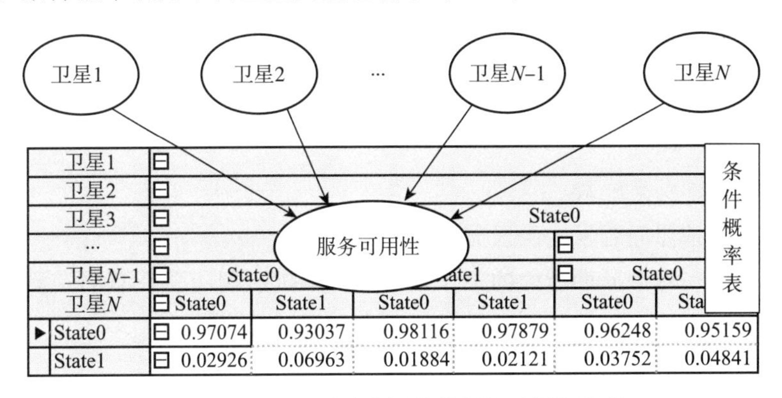

图 4-19　基于贝叶斯网络的服务可用性模型

服务连续性和单星连续性、单星可用性、星座值、连续性判据等有关。在单星可用性、星座值及连续性判据确定时，可转换为对单星可用性和连续性的限制。其中，单星连续性可转换为对单星平均中断间隔时间（或中断次数/年）的限制。

服务连续性可以表示为

$$C_N=\sum_{k=m}^{N}P_k\cdot\left(\sum_{x=0}^{k}Q_{k,x}\cdot\frac{1}{\binom{k}{x}}\sum_{n=1}^{\binom{k}{x}}bool\{R_n(l,t)\}\right)\tag{4-29}$$

其中

$$Q_{k,x}=\binom{k}{x}\cdot c^{k-x}(1-c)^x\tag{4-30}$$

式中　N ——用户可视的卫星数；

m ——可满足连续性要求的最低卫星数；

P_k ——用户可视 k 颗卫星的概率，与单轨位可用性 p 有关；

$Q_{k,x}$ ——初始阶段 k 颗卫星可视的基础上，在规定时间内又有 x 颗卫星中断的条件概率；

$\frac{1}{\binom{k}{x}}\sum_{n=1}^{\binom{k}{x}}bool\{R_n(l,t)\}$ —— k 颗卫星可视的基础上，在规定时间内又有 x 颗卫星中断的平均可用性；

$R_n(l, t)$——在 t 时刻，用户 l 位置处的服务可用性。

4.4.2.3 运行可靠性评估

在上述运行可靠性模型和相关数据基础上，利用蒙特卡罗仿真技术，可以评估北斗系统各组成部分（如各星、各站）的可靠性，并可进一步分析评估北斗系统服务可用性和连续性。结合 4.3 节提到的利用外环数据评估服务可用性、连续性的方法，形成内外评估数据有效比对，能更准确地得出综合评估结论，并更准确地识别系统薄弱环节。

4.4.3 质量问题综合分析

质量问题综合分析，主要是对质量问题的发生阶段、原因、产品层次、后果影响等方面进行综合分析，为运行风险评估、运行可靠性评估提供基础数据支撑。

4.4.3.1 质量问题发生阶段

（1）卫星系统按照问题发生阶段分类统计

按照卫星系统在寿命周期所处的工作阶段，从单机研制、总装总测、测试发射、在轨测试、在轨试验、在轨运行等方面对质量问题进行统计分析。

（2）地面系统按照问题发生阶段分类统计

地面系统的故障主要发生在集成联试、星地联调和运行服务阶段，按问题发生所处阶段进行统计分析。

4.4.3.2 质量问题所属产品的层次

卫星系统按测控分系统、综合电子分系统、电源分系统、姿轨控分系统、结构与机构分系统、控制分系统、推进分系统、热控分系统、载荷分系统等不同分系统进行质量问题统计。

地面运控系统按照主控站、监测站、注入站等进行质量问题统计。

4.4.3.3 质量问题产生原因

卫星系统和地面系统按照质量问题产生的原因进行统计分析，主要包括：设计、操作、工艺、管理、环境、器材、软件及其他。

4.4.3.4 质量问题后果影响

按照是否影响服务，是否造成系统冗余度下降，造成长期中断还是短期中断（即中断可恢复）等情况，对卫星系统及地面系统的质量问题进行统计分析。

4.5 常用技术方法

系统综合评估常用技术方法包括基于概率统计的方法、基于物理机理的方法，以及基于人工智能数据驱动的方法等。本节重点介绍贝叶斯网络方法（属于概率统计方法和人工智能数据驱动法），基于贝叶斯-神经网络融合分析方法（属于人工智能数据驱动法），基于信息流的网络可用性可靠性建模分析方法（属于物理机理方法）。

4.5.1　贝叶斯网络方法

贝叶斯网络用来表示变量间连接概率的图形表达模式，它提供了一种自然的表示因果信息的方法，是由节点、有向弧线和条件概率分布组成的有向非循环网络。贝叶斯网络以其独特的不确定性知识表达形式、丰富的概率表达能力、综合先验知识的增量学习特性，已成功应用于故障诊断、可靠性评估、健康评估等人工智能领域[33,34]。

贝叶斯网络由定性部分（以有向无环图表示的网络拓扑结构）和定量部分（条件概率表）组成，可以用 $N=<<U, E>, P>$ 来描述，$<U, E>$ 为定性部分，分别是一个有向无环图（DAG）的节点和有向边，离散随机变量 $U=\{X_1, \cdots, X_n\}$ 对应于这些节点，有向边 E 表示节点间的概率因果关系；定性部分蕴涵了一个条件独立假设：给定其父节点集，每一个变量独立于它的非子孙节点。P 为定量部分，是 U 上的概率分布，指每个节点上可能的状态取值及其在父节点状态取值组合下的条件概率分布，通过在每个节点上指定一个条件概率表格（CPT）来表示；没有父节点的变量称为根节点变量，其概率为先验边缘概率。

根据分离性质和条件独立假设，可以得到贝叶斯网络的链式规则，描述为：令贝叶斯网络是 $U=\{X_1, \cdots, X_n\}$ 的贝叶斯网络，则联合概率分布 $P(U)$ 是贝叶斯网络中所有概率（包括条件概率和边缘概率）的乘积，即

$$P(U)=\prod_i P(X_i \mid pa(X_i)) \tag{4-31}$$

式中　$pa(X_i)$——X_i 的父节点集。

贝叶斯网络推理是在给定变量集合 E 的观测值（证据）时，计算出变量集合 Q 的后验概率分布（即 $P(Q \mid E)$）的过程。

贝叶斯网络是比故障树分析更一般的形式，它拥有一些更适合于可靠性建模和分析的特点，主要体现在：

1）表达变量间的不确定性关系；

2）多态变量；

3）相关性失效问题。

4.5.2　基于贝叶斯-神经网络融合分析方法

贝叶斯-神经网络融合分析技术的思路是：利用贝叶斯方法建立系统状态评估模型；利用神经网络算法，开展趋势分析得到各项参数的趋势分析结果[37,51]，作为系统状态评估模型的输入，得到系统状态评估结果。

贝叶斯融合节点具有以下特征：

1）先验分布特征——对于目标状态，必须要有一个先验分布。如果目标是运动的，先验分布中必须包含对目标运动特征的一个概率描述。通常先验分布是根据目标运动的随机过程来确定的。

2）似然函数特征——传感器测量、观测的信息必须使用似然函数来描述。

3）后验分布特征——贝叶斯融合节点的输出基于目标状态的后验概率分布。通过组合 t 时刻目标运动的先验值和该时刻收到的观测值的似然函数，来计算 t 时刻的后验概率。

贝叶斯事件更新的作用是对一种从多源数据中检测到的一系列异常事件的改进说明。通过数据预处理，将所有的输入信息映射成状态概率向量，通过决策逻辑/规则与跟踪相关联，采用数学方法来更新贝叶斯融合节点跟踪状态概率向量。

贝叶斯更新的计算公式如下

$$p(K \mid I)=\frac{p(K)\cdot\prod_{i}p(K \mid i)}{\sum_{K}(p(K)\cdot\prod_{i}p(K \mid i))} \tag{4-32}$$

式中 $p(K \mid I)$——在已知所有输入数据 I 的条件下类 K 发生的概率；

$p(K)$——类 K 的先验概率；

$\prod_{i}p(K \mid i)$——在输入数据源中 i 的条件下类 K 发生概率的乘积；

$\sum_{K}(p(K)\cdot\prod_{i}p(K \mid i))$——$p(K)$ 与 $\prod_{i}p(K \mid i)$ 乘积的和，该项用来使所有状态概率向量之和归一化为 1。

为了将输入信息完全融合为精确的状态概率向量，相称的数据源（比如相互依赖有关联的）将可能需要更复杂的算法和更详细的决策逻辑。

4.5.3 基于信息流的网络可用性可靠性建模分析方法

Petri 网是一种用于描述事件和条件关系的网络，是一种用简单图形表示的组合模型，能够较好地描述系统的结构，表示系统中的并行、同步、冲突和因果依赖等关系，并以网图的形式，简洁、直观地模拟离散事件系统，分析系统的动态性质。Petri 网有严格而准确定义的数学对象，可以借助数学工具，得到 Petri 网的分析方法和技术，并可以对 Petri 网系统进行静态的结构分析和动态的行为分析。

Petri 网通常用到的基本术语包括：资源、状态元素、库所、变迁、条件、事件、容量等。

1）资源：资源指的是与系统状态发生变化有关的因素，例如原料、零部件、产品、工具、设备、数据以及信息等。

2）状态元素：资源按照在系统中的作用分类，每一类放在一起，每一类抽象为一个相应的状态元素。

3）库所：表示一个场所，而且在该场所存放了一定的资源。

4）变迁：变迁指的是资源的消耗、使用以及对应状态元素的变化。

5）条件：如果一个库所只有有标记和无标记两种状态，则该库所称为条件。

6）事件：涉及条件的变迁称为事件。

7）容量：库所能够存储资源的最大数量称为库所的容量。

Petri 网＋贝叶斯网技术可用于描述北斗卫星导航系统星地一体化业务的联动运行过程。借助 Petri 网描述单个地面站的故障传递过程，借助贝叶斯网并采用性能仿真技术描述所有地面站之间的逻辑关系及业务可用性。

在 Petri 网中，库所描述地面站运行、硬件长期和短期故障、软件长期和短期故障等状态；时间变迁描述运行、故障和修复等事件的驻留时间；瞬时变迁描述不同状态的转移概率。

在贝叶斯网中，用边缘节点描述地面站的可用、故障 1、…、故障 n 等多种状态，其输入值为 Petri 网的库所输出结果；用条件概率表描述各地面站之间的逻辑关系，该关系可通过业务特征性能指标仿真获得；贝叶斯网的整体输出表示整个业务的可用性，根据工程特点，可表示为多种状态。融合 Petri 网和贝叶斯网的星地一体化业务可用性模型如图 4-20 所示。

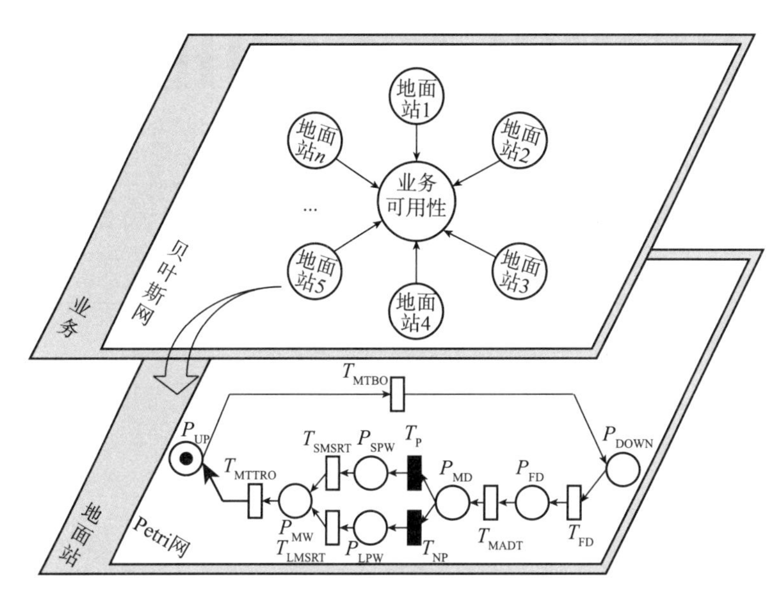

图 4-20　融合 Petri 网和贝叶斯网的星地一体化业务可用性模型

4.6　应用示例

下面从北斗系统服务性能监测评估、卫星关键单机状态评估、卫星系统运行状态监测评估、地面运控系统风险评估、基于数据融合的综合可用性评估等方面进行举例。

4.6.1　北斗系统服务性能监测评估

利用监测评估数据，开展北斗系统服务性能监测评估，包括：空间信号精度评估、空间信号连续性评估、空间信号可用性评估、空间信号完好性评估、服务精度评估、PDOP 可用性评估。

（1）空间信号精度评估

计算 2019 年某段时间北斗 B1I/B3I 和 B1C/B2a 频点各颗卫星空间信号 SISRE，结果如图4-21 所示。

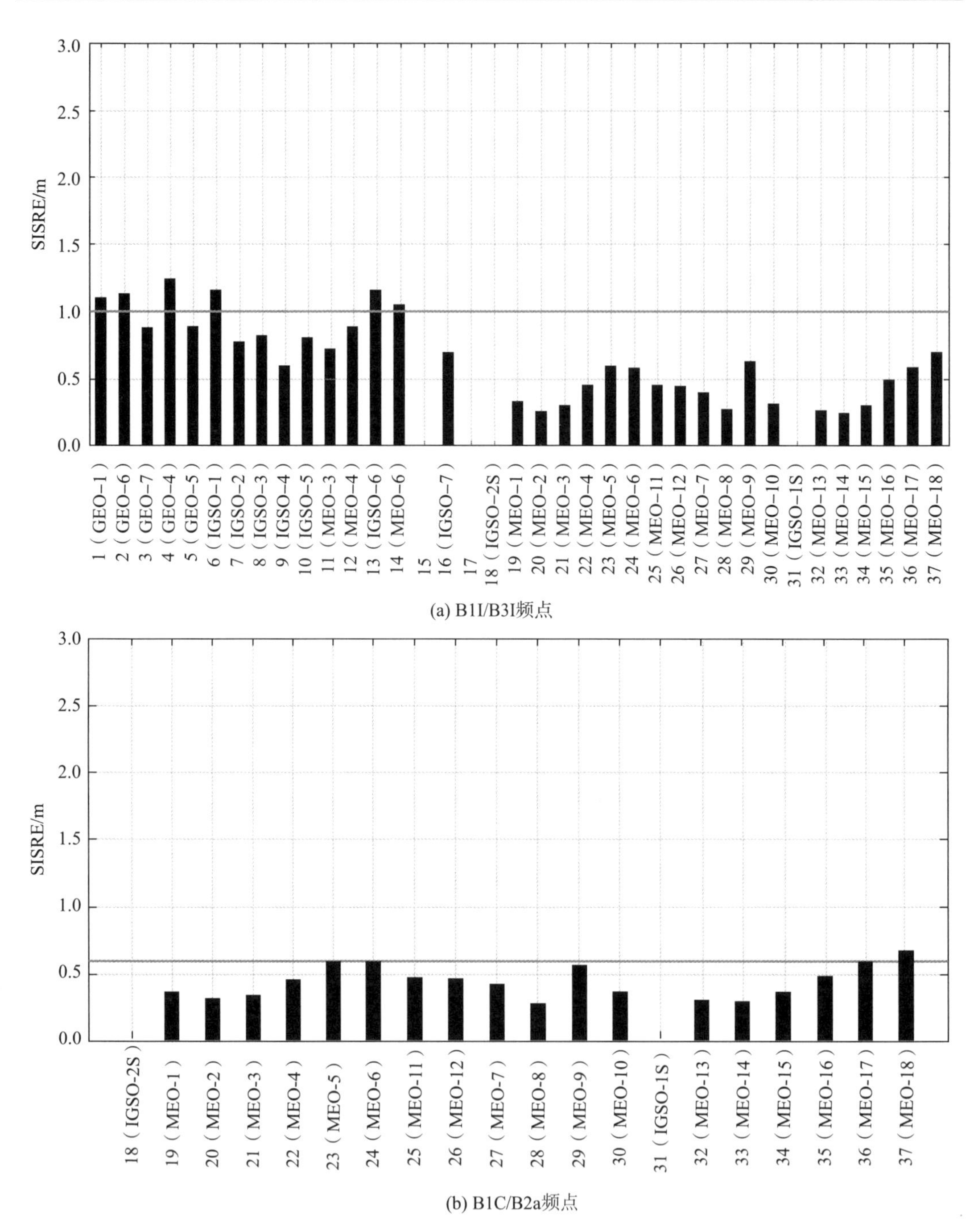

(a) B1I/B3I频点

(b) B1C/B2a频点

图 4-21　北斗空间信号 SISRE

从图 4-21 中可以看出，北斗系统卫星 B1I/B3I 和 B1C/B2a 频点空间信号 SISRE 统计值均满足“服务规范”指标要求，其中 BDS-2 GEO-1、GEO-6、GEO-4、IGSO-1、IGSO-6 和 MEO-6 卫星 B1I/B3I 频点 SISRE 精度比其他卫星略差，BDS-3 MEO-18 卫星 B1C/B2a 频点 SISRE 精度比其他卫星略差。

采用钟差三秒稳（重叠 Hadamard 方差）方法计算北斗 B1I/B3I/B1C/B2a 频点各颗卫星空间信号 SISRE，结果如图 4－22 所示。北斗系统卫星 B1I/B3I/B1C/B2a 频点空间信号 SISRE 统计值满足《北斗系统服务性能规范》指标要求。

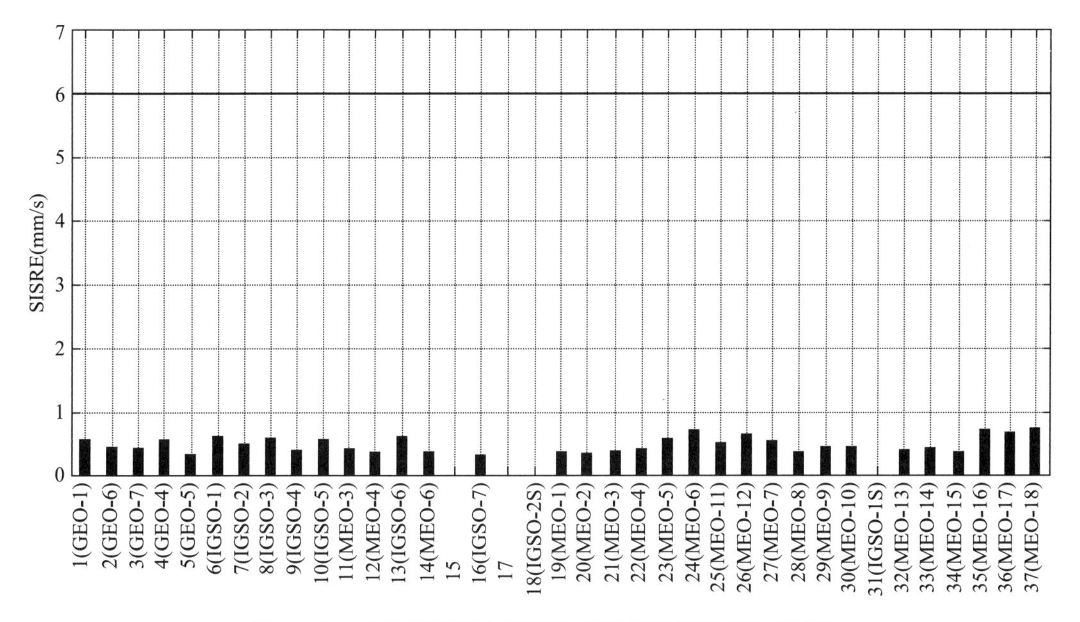

图 4－22　北斗空间信号 SISRE（B1I/B3I/B1C/B2a 频点）

采用钟差三秒稳（重叠 Hadamard 方差）方法计算北斗 B1I/B3I/B1C/B2a 频点各颗卫星空间信号 SISRAE，结果如图 4－23 所示。可以看出卫星 B1I/B3I/B1C/B2a 频点空间信号 SISRAE 统计值满足《北斗系统服务性能规范》指标要求。

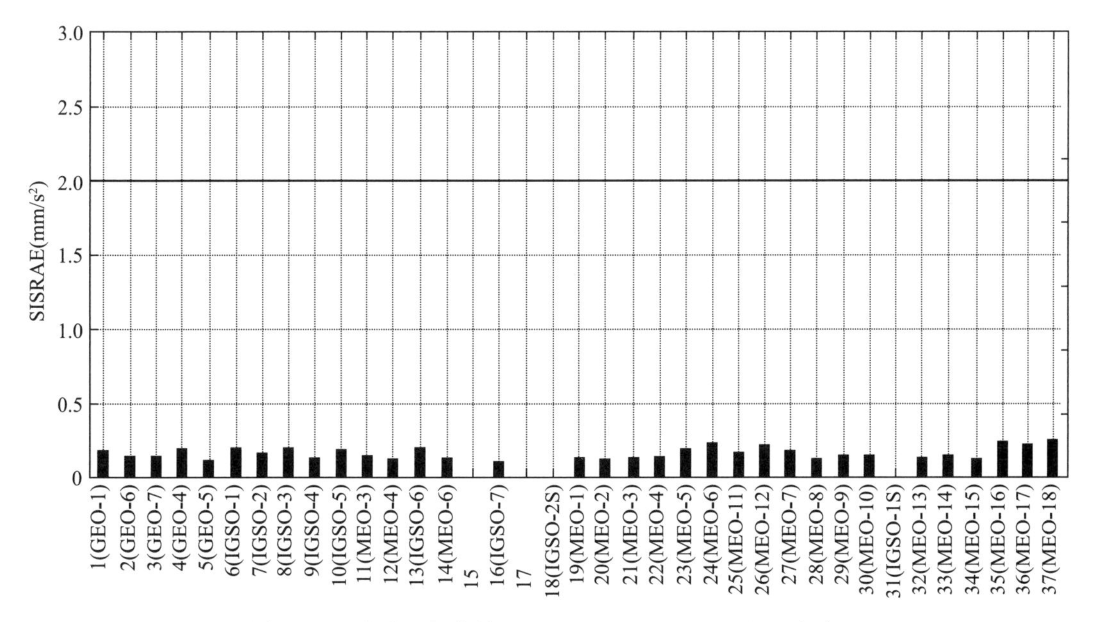

图 4－23　北斗空间信号 SISRAE（B1I/B3I/B1C/B2a 频点）

（2）空间信号连续性评估

利用 2019 年某段时间导航电文中的“健康”状态统计得出各颗卫星 B1I/B3I 频点空间信号连续性如图 4－24 所示，可以看出北斗系统卫星 B1I/B3I 频点空间信号连续性统计值满足《北斗系统服务性能规范》指标要求，其中 BDS－2 GEO－4 和 MEO－6 卫星空间信号连续性相比其他卫星略差。

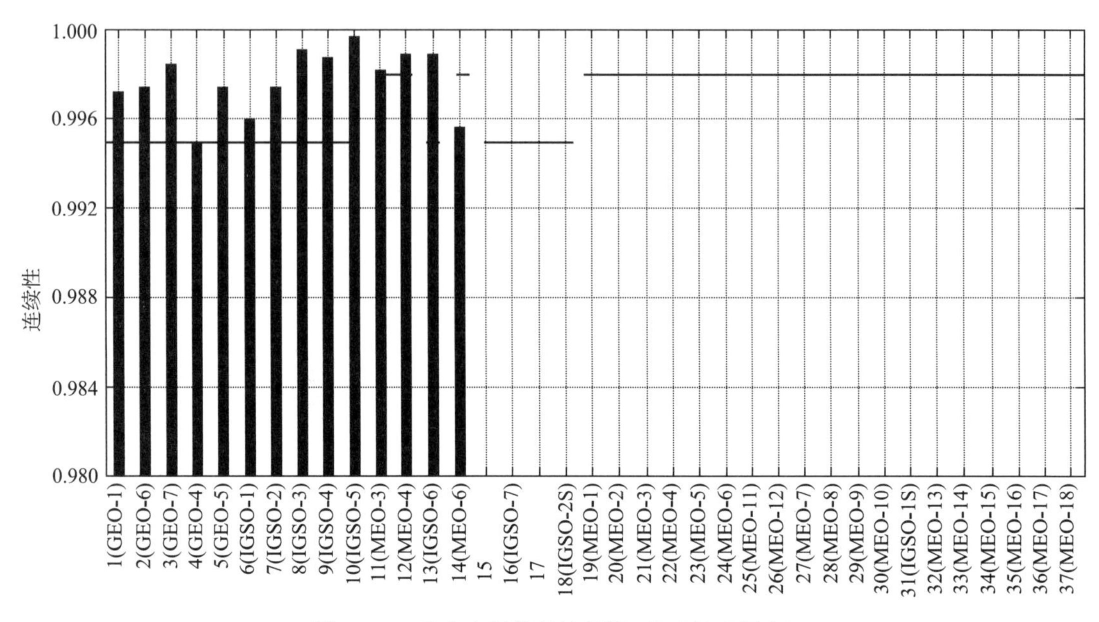

图 4－24　北斗空间信号连续性（B1I/B3I 频点）

（3）空间信号可用性评估

对北斗 B1I/B3I 和 B1C/B2a 频点在轨运行卫星空间信号可用性进行统计，如图 4－25 所示。

北斗系统卫星 B1I/B3I 频点和 B1C/B2a 频点空间信号可用性统计值满足《北斗系统服务性能规范》指标要求，其中 BDS－3 MEO－9 卫星 B1I/B3I 频点和 B1C/B2a 频点空间信号可用性相比其他卫星略差。

（4）空间信号完好性评估

对北斗三号系统卫星基本导航服务的空间信号完好性进行评估，系统空间信号的瞬时 URE 告警限值为 4.42 倍 SISA。评估没有电文告警的情况下，4.42 倍 SISA 参数对广播星历预报误差的包络性能，分为 SISAoe 参数对轨道平面预报误差的包络率和 SISAoc 参数对轨道径向与钟差预报误差的包络。评估时段为 2020 年 7 月 1 日至 2020 年 9 月 30 日。

结果显示，在电文告警标识（DIF 参数）正常情况下，4.42 倍 SISA 参数对广播星历预报误差的包络能力为 100％。

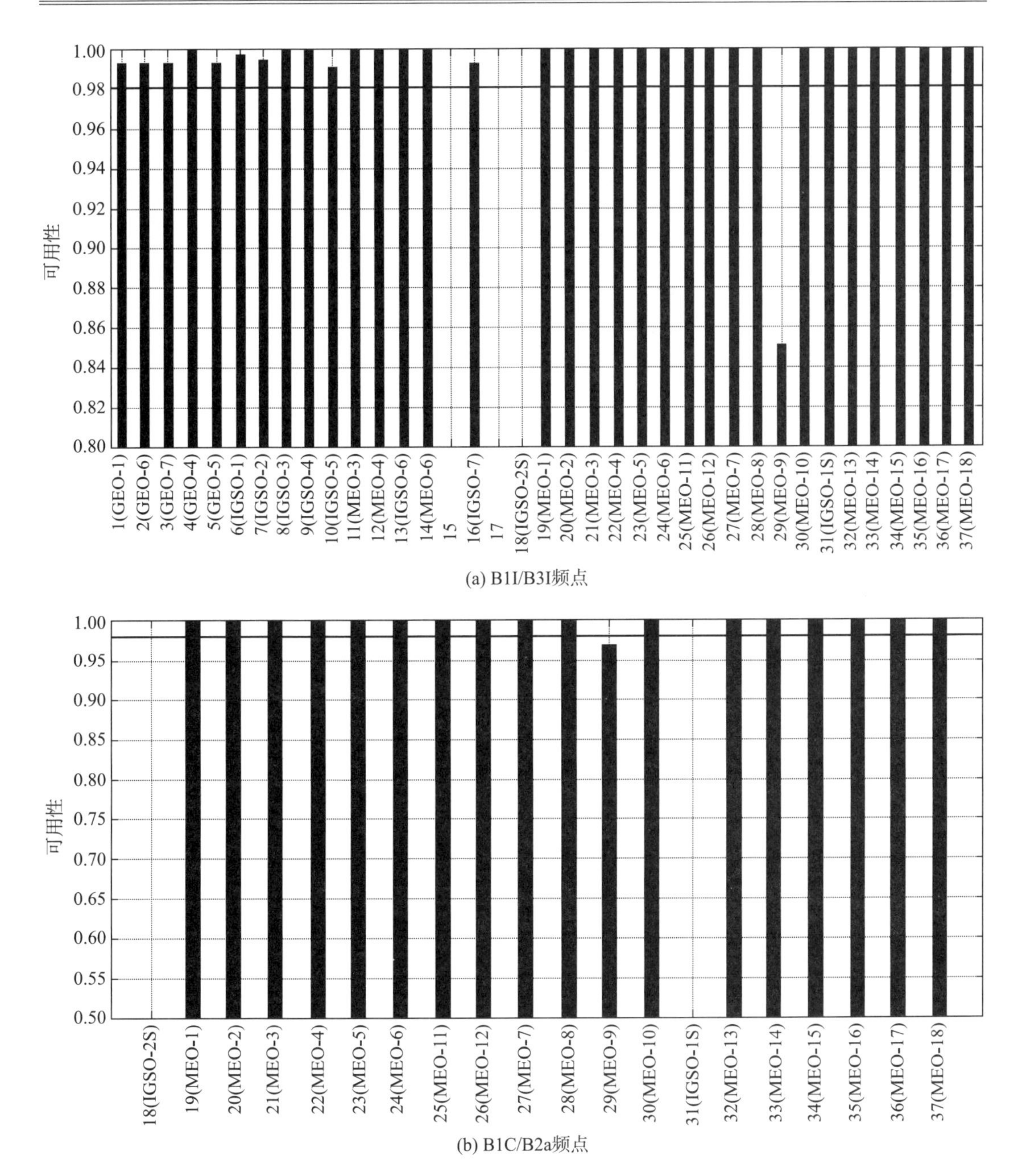

(a) B1I/B3I频点

(b) B1C/B2a频点

图 4-25 北斗空间信号可用性

表 4-11 SISA 参数包络特性分析

（单位：%）

卫星 PRN 编号	卫星编号	SISAoe 包络率	SISAoc 包络率
C38	I-1	100	100
C39	I-2	100	100

续表

卫星 PRN 编号	卫星编号	SISAoe 包络率	SISAoc 包络率
C40	I－3	100	100
C25	M－11	100	100
C26	M－12	100	100
C27	M－7	100	100
C28	M－8	100	100
C29	M－9	100	100
C30	M－10	100	100
C19	M－1	100	100
C20	M－2	100	100
C21	M－3	100	100
C22	M－4	100	100
C23	M－5	100	100
C24	M－6	100	100
C32	M－13	100	100
C33	M－14	100	100
C34	M－15	100	100
C35	M－16	100	100
C36	M－17	100	100
C37	M－18	100	100
C41	M－19	100	100
C42	M－20	100	100
C43	M－21	100	100
C44	M－22	100	100
C45	M－23	100	100
C46	M－24	100	100
C59	G－1	100	100
C60	G－2	100	100
C61	G－3	100	100

对电文完好性（DIF）参数的实现方法与告警正确性进行分析，其中 2018 年 12 月至 2019 年 7 月期间，DIF 参数仅采用星地测距误差监测一种监测途径，分析发现 DIF 电文

存在大量的虚警（空间信号正常时给出告警）和漏警（空间信号异常时未给出告警）的情况，见表 4－12。由于分析期间系统状态尚未固化，整星座存在多次变轨与在轨试验，因此可作为空间信号异常进行分析。

表 4－12　2018 年 12 月至 2019 年 7 月 B1C 频点 DIF 参数告警正确性分析

PRN 编号	卫星编号	DIF 虚警次数	DIF 虚警率	DIF 漏警次数	DIF 漏警率
C19	M－1	16	0.003 35	234	0.048 99
C20	M－2	2	0.000 42	317	0.066 37
C21	M－3	4	0.000 84	251	0.052 55
C22	M－4	2	0.000 42	302	0.063 23
C23	M－5	9	0.001 88	210	0.043 97
C24	M－6	10	0.002 09	252	0.052 76
C25	M－11	3	0.000 63	289	0.060 51
C26	M－12	0	0	309	0.0647
C27	M－7	5	0.001 05	230	0.048 16
C28	M－8	11	0.002 3	143	0.029 94
C29	M－9	9	0.001 88	173	0.036 22
C30	M－10	6	0.001 26	188	0.039 36
C32	M－13	1	0.000 21	233	0.048 79
C33	M－14	11	0.002 3	225	0.047 11
C34	M－15	1	0.000 21	192	0.040 2
C35	M－16	4	0.000 84	181	0.037 9
C36	M－17	51	0.0106 8	134	0.028 06
C37	M－18	50	0.010 47	240	0.050 25

在星地测距误差监测方法基础上，增加了卫星自主完好性监测结果与星地双向时间同步测量监测结果的多源监测结果融合校验后，2020 年 7 月至 2020 年 11 月的评估结果显示，DIF 参数没有再出现由于监测能力不足造成的虚警和漏警。

北斗系统卫星 B1I/B3I 频点和 B1C/B2a 频点空间信号可用性统计值满足《北斗系统服务性能规范》指标要求，其中 BDS－3 MEO－9 卫星 B1I/B3I 频点和 B1C/B2a 频点空间信号可用性相比其他卫星略差。

（5）服务精度评估

北斗系统服务精度包括定位精度和授时精度。定位精度包括水平定位精度和垂直定位精度。利用跟踪站 B1I、B3I、B1C 和 B2a 频点观测数据分别进行标准定位解算，定位结果见表 4－13。

表 4-13　北斗定位精度统计（亚太地区外 PDOP≤6，单位：m）

序号	站名		站址	B1I		B3I		B1C		B2a	
				水平	垂直	水平	垂直	水平	垂直	水平	垂直
1	亚洲	BJF1	北京	1.40	2.98	1.56	4.00	1.55	3.81	1.87	7.51
2		LHA1	西藏拉萨	1.36	5.99	1.79	6.47	1.96	5.51	1.96	5.17
3		KUN1	云南昆明	2.42	3.79	3.21	4.76	1.14	5.45	1.15	7.50
4		KNDY	斯里兰卡康提	1.08	2.12	1.10	3.01	1.59	4.18	1.68	5.99
5		UB02	蒙古乌兰巴托	1.84	2.98	2.00	4.13	2.12	4.04	2.67	6.12
6		CSRS	泰国曼谷	1.03	2.72	1.26	3.55	1.69	4.74	2.04	6.56
7		MULT	巴基斯坦木尔坦	1.33	3.33	1.57	4.46	1.83	4.25	2.38	6.66
8		METU	土耳其安卡拉	1.51	3.32	1.87	5.40	2.23	3.96	2.43	5.90
9		ARUC	亚美尼亚埃里温	2.22	4.39	—	—	—	—	—	—
10		BSHM	以色列海法	2.07	5.29	2.27	6.26	—	—	—	—
11	大洋洲	DWIN	澳大利亚达尔文	2.16	4.03	2.26	4.48	1.89	2.96	2.48	4.75
12		PETH	澳大利亚佩斯	1.93	2.31	2.05	2.75	2.10	3.57	2.22	3.84
13		MOBS	澳大利亚墨尔本	2.10	5.13	—	—	—	—	—	—
14		TID1	澳大利亚堪培拉	2.79	5.45	3.58	6.70	—	—	—	—
15		TONG	汤加努库阿洛法	2.54	4.56	—	—	—	—	—	—
16		POHN	密克罗尼西亚波纳佩洲	1.96	3.85	2.44	4.18	—	—	—	—
17	欧洲	GANP	斯洛伐克甘诺夫	2.28	4.86	2.81	5.38	—	—	—	—
18		PADO	意大利帕多瓦	2.26	4.10	3.11	7.90	—	—	—	—
19		BRCH	德国布伦瑞克	2.19	3.45	2.97	4.70	2.76	4.55	3.75	5.73
20	非洲	ZAMB	赞比亚卢萨卡	1.62	4.72	2.01	6.38	—	—	—	—
21		ABPO	马达加斯加安塔那那利佛	2.07	4.41	—	—	—	—	—	—
22		VACS	毛里求斯瓦科阿	2.08	3.81	3.11	5.53	—	—	—	—
23		HMNS	南非赫曼努斯	1.71	4.29	2.08	6.00	2.04	5.02	2.46	7.61
24	北美洲	CLGY	加拿大卡尔加里	1.98	3.35	2.36	4.77	2.22	3.77	2.80	5.28
25		BREW	美国布鲁斯特	2.54	4.26	3.29	7.03	—	—	—	—
26		QUIN	美国昆西	2.03	3.64	—	—	—	—	—	—

续表

序号	站名		站址	B1I		B3I		B1C		B2a	
				水平	垂直	水平	垂直	水平	垂直	水平	垂直
27	南美洲	BOGT	哥伦比亚波哥大	3.18	4.99	4.15	6.20	—	—	—	—
28		CHPI	巴西卡舒埃拉保利斯塔	2.79	4.80	—	—	—	—	—	—
29		BYNS	阿根廷布宜诺斯艾利斯	2.88	5.20	3.69	6.05	3.32	6.09	4.50	6.29
30	南极洲	DAV1	南极戴维斯	2.35	4.26	3.37	5.26	—	—	—	—
31		ZHON	南极中山	1.69	3.24	1.84	4.05	1.63	3.84	2.50	5.05
32	太平洋	FAA1	法属波利尼西亚帕皮提	2.65	4.69	—	—	—	—	—	—
亚太大部分地区均值				1.77	3.71	2.04	4.43	1.76	4.28	2.05	6.01
全球均值				2.06	4.07	2.47	5.18	2.00	4.38	2.46	6.00

备注:1)统计亚太大部分地区均值时,所选站为:BJF1、LHA1、KUN1、KNDY、UB02、CSRS、MULT、DWIN、PETH、MOBS和TID1。
2)表中部分站没有北斗B3I、B1C和B2a频点数据,故没有相应评估结果。
3)定位精度单位为m,均统计95%精度。

(6) PDOP可用性评估

PDOP可用性指在本月内，全球和亚太地区PDOP值满足PDOP≤6限值要求的时间百分比，结果见表4-14。

表4-14　北斗PDOP可用性

频点	PDOP可用性(均值)(PDOP≤6)	指标要求
全球B1I/B3I	99.64%	≥0.95
亚太地区B1I/B3I	100.00%	≥0.99
全球B1C/B2a	94.32%	≥0.85

北斗全球区域内各个格网点(2.5°×5°)PDOP≤6可用性的统计情况，如图4-26所示。

4.6.2　卫星关键单机状态评估

以北斗系统关键单机星载原子钟、相控阵天线为例，开展卫星关键单机状态评估应用。

4.6.2.1　星载原子钟状态评估

以铷钟为例，利用贝叶斯网络建立铷钟的健康评估模型，如图4-27所示，健康状态分为健康、良好、故障三个等级，根据贝叶斯网推理得到的各等级概率大小来判断铷钟所处的健康状态等级。

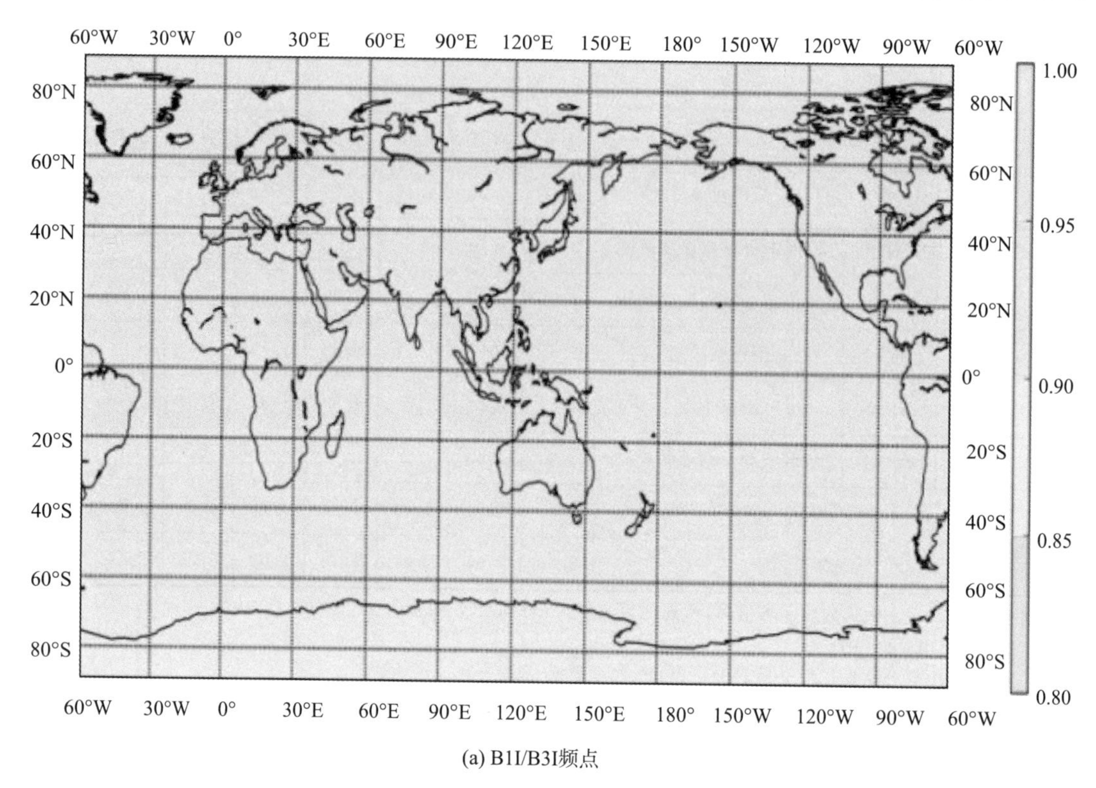

(a) B1I/B3I频点

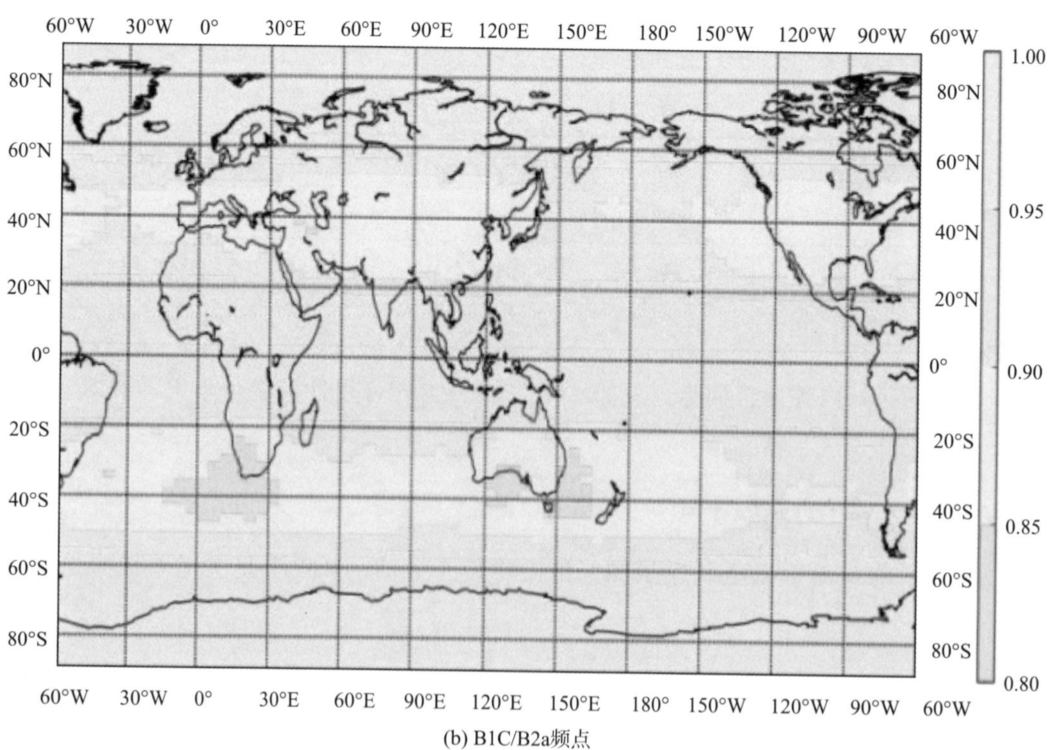

(b) B1C/B2a频点

图 4－26　北斗 PDOP≤6 可用性（截止高度角 5°）

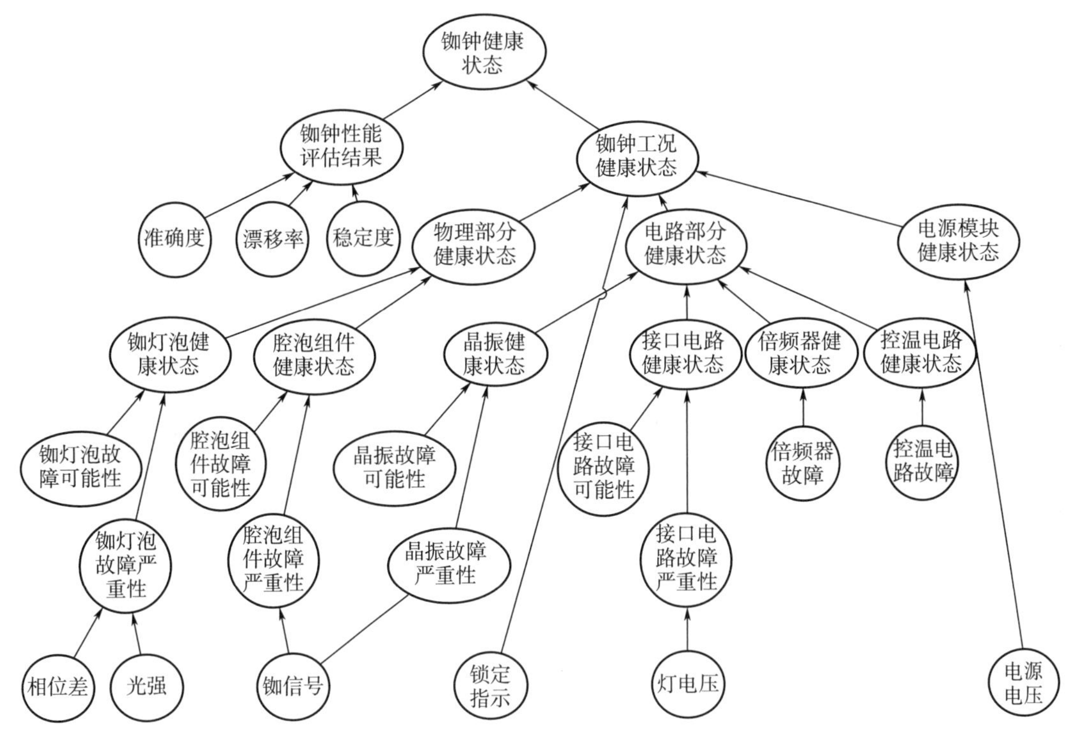

图 4-27　铷钟的健康评估模型

根据铷钟的结构组成，分解得到各组件的健康状态节点；影响各组件健康状态的因素包括故障可能性与严重性两个维度，可能性节点概率根据铷钟地面试验数据和专家知识经验得到，根据铷钟 FMEA 结果可知，严重性节点概率与铷钟光强、铷信号、灯电压、锁定指示等遥测数据相关，根据各参数的正常工作范围确定；在各组件健康状态基础上，得到铷钟物理部分、电路部分、电源模块的健康状态，再根据锁定指示参数，得到铷钟工况的健康状态；最后，再结合铷钟性能评估结果，综合得到铷钟的健康状态。

铷钟各遥测参数的正常工作范围见表 4-15。

表 4-15　铷钟各遥测参数的正常工作范围

参数	正常工作范围
光强	3.2～4.2 V
铷信号	0.5～3.5 V
灯电压	真空长期工作状态:0～1 V; 真空开机状态:2.4～5 V
锁定指示	0 表示未锁定,1 表示锁定

铷钟健康评估具体流程如下。

(1) 确定网络节点状态

结合各节点工程属性，划分节点状态。例如将模型中“铷灯泡健康状态”节点划分为

“健康”“良好”“故障”三种状态；将“铷灯泡故障严重性”节点划分为“严重”“一般”“轻微”三种状态；将遥测参数“光强”节点划分为“好”“一般”“差”三种状态。

（2）确定边缘概率

①“发生可能性”节点边缘概率确定

依据风险指数评价法的思路，确定“发生可能性”节点边缘概率。发生概率 $p<0.01\%$ 为“极少”，发生概率 $0.01\%\leqslant p<0.1\%$ 为“很少”，$0.1\%\leqslant p<1\%$ 为“少”，$1\%\leqslant p<10\%$ 为“可能”，发生概率 $p\geqslant 10\%$ 为“很可能”。

根据铷钟研制单位反馈信息以及铷钟在轨表现，认为铷钟各组件发生故障的可能性为“很少”，铷灯泡、腔泡组件、晶振、接口电路等组件的可能性发生概率约为 0.9。

②“遥测参数”节点边缘概率确定

假设某参数 X_i 的取值范围为 $[a_1, a_2]$，参数的中位值为 X_m，上四分位为 F_U，下四分位为 F_D，则有

$$X_m=\frac{a_1+a_2}{2}, F_U=\frac{X_m+a_2}{2}, F_D=\frac{X_m+a_1}{2}$$

从统计分析可以看出，单机参数分布在 $[F_D, F_U]$ 之间时，对单机本身来说都是较佳状态，对状态影响设为好（90%）、一般（8%）、差（2%）；当参数在 $[a_1, X_m]$ 和 $[X_m, a_2]$ 之间时，单机所处状态一般，对状态影响设为好（30%）、一般（65%）、差（5%）；而当 $X_i<a_1$ 或者 $X_i>a_2$ 时，单机所处状态较差，对状态影响设为好（2%）、一般（8%）、差（90%）。

以光强遥测参数为例，其边缘概率如图 4－28 所示，光强节点处于好、一般、差的概率分别为 0.9、0.08、0.02。

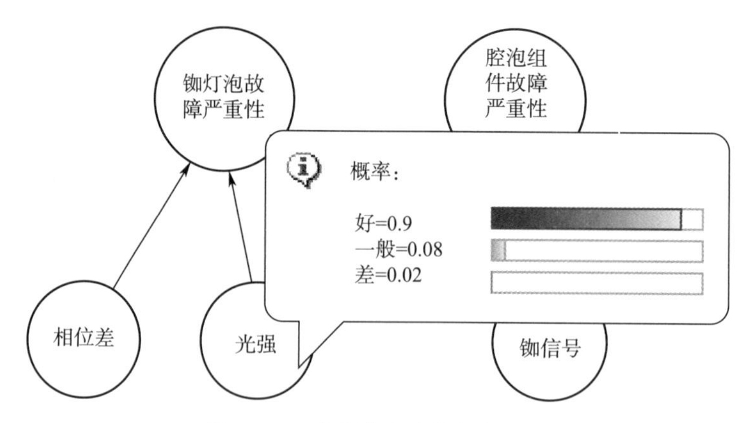

图 4－28　光强节点边缘概率图示

（3）确定条件概率

根据理论分析及工程经验，确定各级事件的变化对上一级健康评估值的影响概率。

①低层“遥测参数”节点向“故障严重性”节点的映射

结合系统工程人员研究以及相应的专家经验，给出不同遥测参数状态组合下，上层节点的条件概率。

以铷灯泡严重性节点为例，其条件概率表如图 4-29 所示，表示相位差和光强两节点对铷灯泡严重性节点的影响程度，其中 A 表示轻微，C 表示中等，E 表示严重。相位差与光强节点都好时，铷灯泡严重性节点处于轻微状态；只要有一个节点处于一般状态，铷灯泡严重性节点便处于中等状态；一个处于差的状态时，铷灯泡严重性节点便处于严重状态。

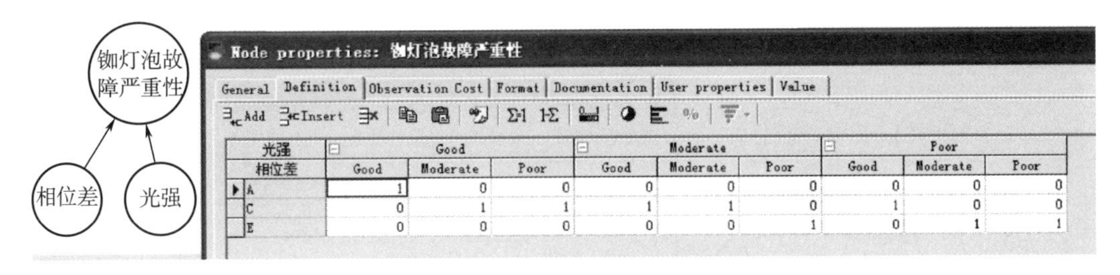

光强	Good			Moderate			Poor		
相位差	Good	Moderate	Poor	Good	Moderate	Poor	Good	Moderate	Poor
A	1	0	0	0	0	0	0	0	0
C	0	1	1	1	1	0	1	0	0
E	0	0	0	0	0	1	0	1	1

图 4-29　铷灯泡严重性节点条件概率表

②中间层“故障发生可能性”与“故障严重性”节点向上一层健康状态的映射

影响健康的因素包括故障可能性和严重性，按照风险指数评价法的思路，确定不同“故障可能性”和“故障严重性”状态组合下，上层节点所处的健康状态。以铷灯泡健康状态节点为例，其条件概率表如图 4-30 所示，表示铷灯泡故障可能性和严重性组合对铷灯泡健康状态节点的影响程度。

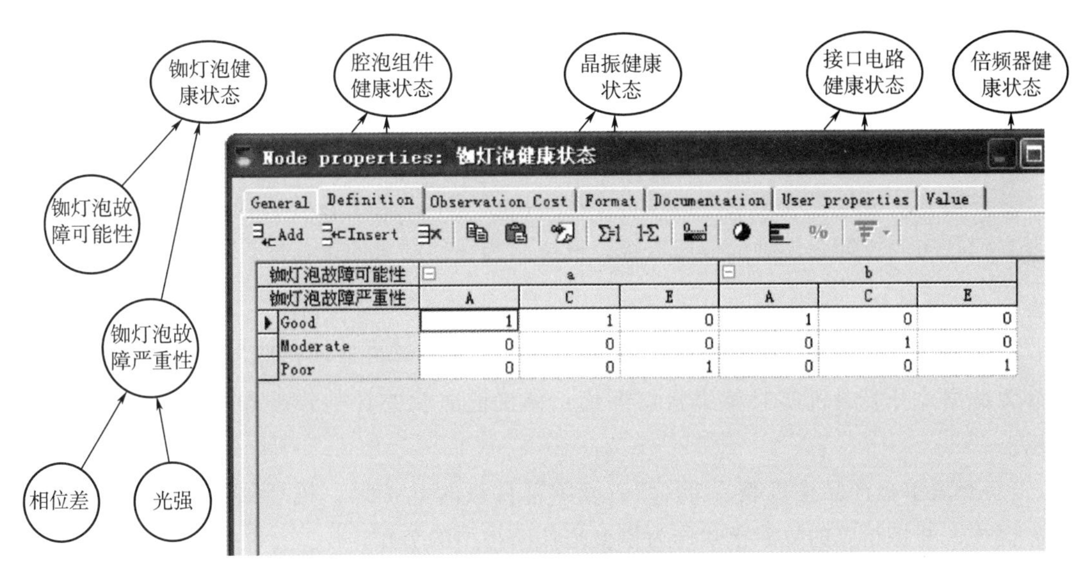

铷灯泡故障可能性	a			b		
铷灯泡故障严重性	A	C	E	A	C	E
Good	1	1	0	1	0	0
Moderate	0	0	0	0	1	0
Poor	0	0	1	0	0	1

图 4-30　铷灯泡健康状态条件概率表

③下一层健康状态节点向上一层健康状态节点的映射

根据铷钟各组件健康状态对上一层影响程度的逻辑关系分析，得到物理部分、电路部分和电源模块节点的条件概率表。以物理部分健康状态节点为例，其条件概率表如图 4-31 所示，下层节点健康状态都为健康时，物理部分才为健康状态；只要有一个为良好状态，物理部分就降为良好状态；只要出现一个故障状态，物理部分就变为故障状态。由物理部分、电路部分、电源模块得到铷钟工况健康状态，以及再结合铷钟性能评估结果，综合得到铷钟的健康状态，所需的条件概率表与此类似，也是利用逻辑关系得到，不再赘述。

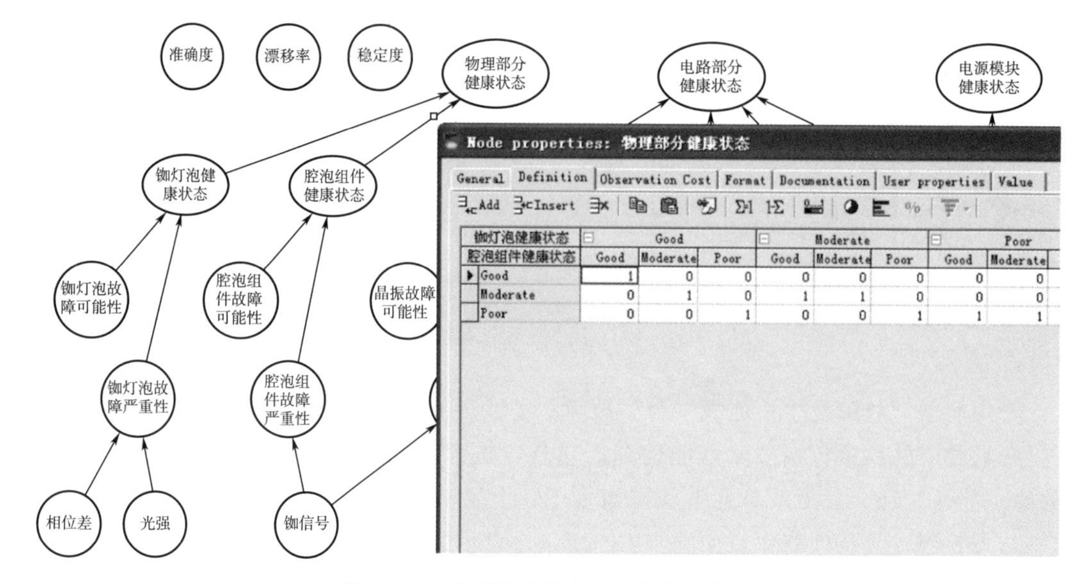

铷灯泡健康状态	Good			Moderate			Poor	
腔泡组件健康状态	Good	Moderate	Poor	Good	Moderate	Poor	Good	Moderate
Good	1	0	0	0	0	0	0	0
Moderate	0	1	0	1	1	0	0	0
Poor	0	0	1	0	0	1	1	1

图 4-31　物理部分健康状态条件概率表

（4）健康评估

根据收集到的铷钟运行状态信息，对照铷钟健康状态判别标准，确定根节点所处的健康状态等级。根据根节点的健康状态等级、贝叶斯网络结构以及健康评估模型的边缘概率、条件概率，进行贝叶斯网络推理，计算得出顶层节点处于各健康状态等级的概率。概率最高的状态等级即为铷钟的健康等级，概率则为评估结果的置信度。

4.6.2.2　相控阵天线可靠性评估

利用贝叶斯网络建立单机健康状态评估模型，融合单机地面试验/测试数据以及在轨等多源数据，开展单机实时健康状态评估。单机健康状态评估模型建立过程如图 4-32 所示。

1）开展单机产品整机级、组件级以及零部件级的 FMEA，梳理每一层级可能发生的故障模式，并将相应的故障模式作为模型拓扑结构中的节点；

2）开展单机失效机理研究，对不同层级故障模式之间的影响关系进行分析，并用单向连接线连接相关故障模式节点，箭头从拓扑结构中的父节点指向子节点，表示故障模式的传播方向；

3）识别与产品健康状态相关的特征参数，根据特征参数揭示不同故障模式的变化，将特征参数映射到故障模式层，完成基于特征参数的产品健康评估模型拓扑结构。

以 Ka 相控阵天线为例，利用上述方法建立相控阵天线的健康评估模型，如图 4-33

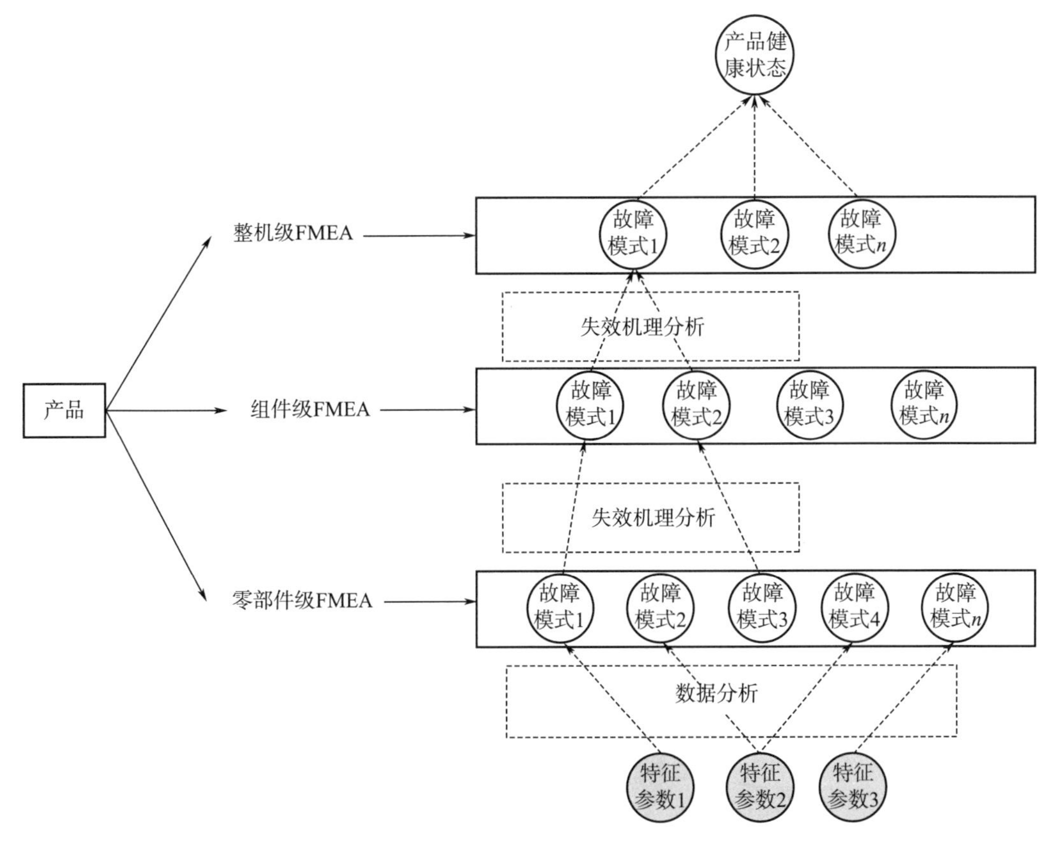

图 4－32　卫星关键单机健康状态评估模型建立过程

所示。融合利用相控阵天线的出厂设计数据、地面加速寿命试验数据以及部分在轨遥测数据，开展相控阵天线的健康评估推理计算，结果见表 4－16。

4.6.3　卫星系统运行状态监测评估

参照前面的卫星态势评估模型框架，建立融合空间环境数据的卫星态势评估与故障预测模型，选择信噪比数据作为反映卫星自身健康状态的特征参数。

（1）卫星健康状态异常情况

以某颗卫星为例，统计卫星健康状态异常情况，健康状态变化情况如图 4－34 所示。

由图 4－34 可以看出，2007 年 5 月 26 日卫星的大多数异常都发生在 SAA 区域，仅有一小部分异常发生在 SAA 区域外。每次状态异常时，操作人员通过分析异常的前因后果能够从数据中受益，例如：1）异常是何时发生的；2）如何将异常与已知的区域相关联；3）异常持续的时间（也用最好和最坏情况显示）；4）设备的恢复时间。所有这些数据将帮助操作人员了解情况，并在必要时做出更快的决定。

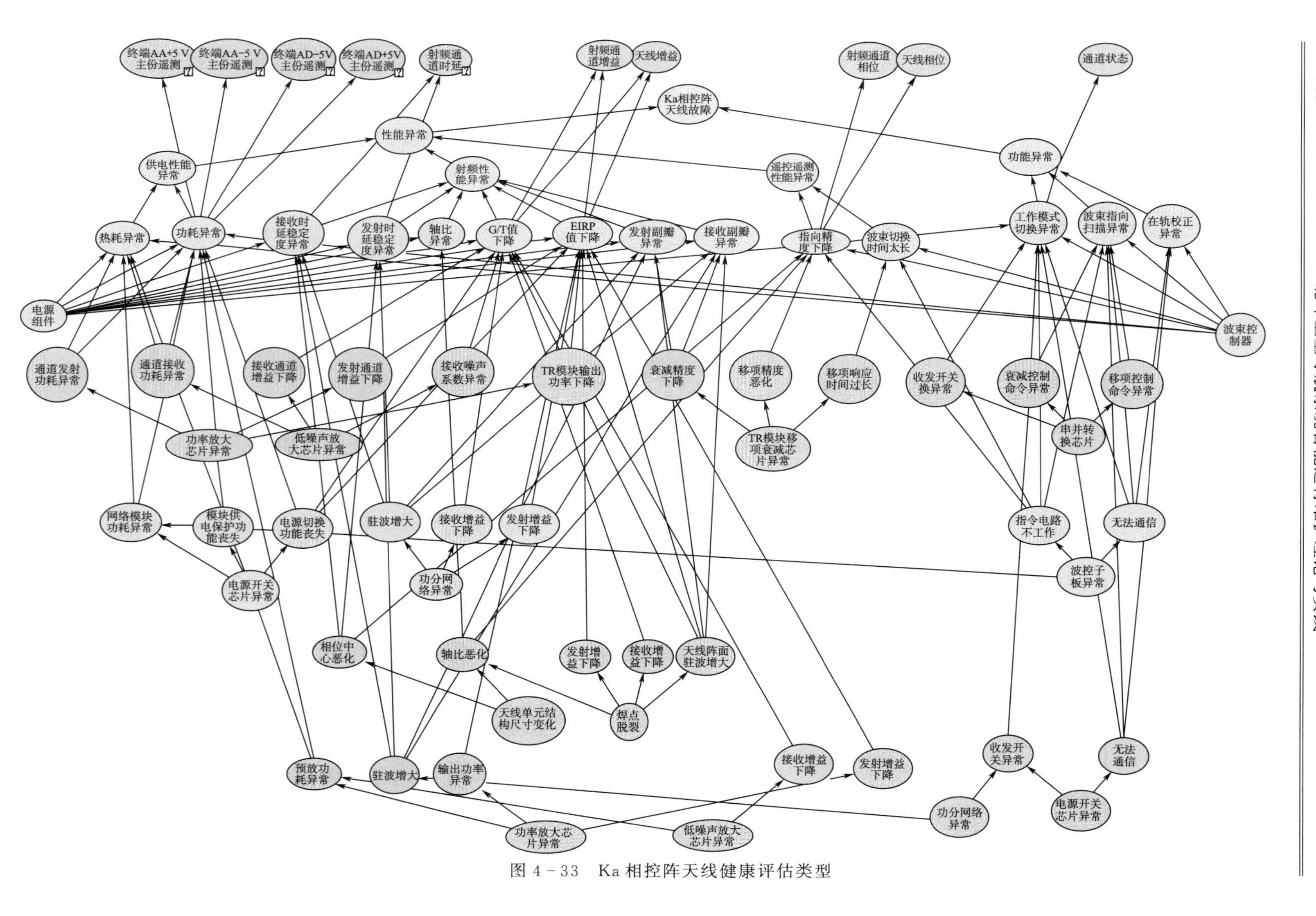

图 4－33 Ka相控阵天线健康评估类型

表 4-16　Ka 相控阵天线健康评估推理计算

功能事件	失效概率的先验分布（出厂设计数据）	第一次更新（追加试验和测试数据）	第二次更新（追加在轨数据）	失效概率的后验分布	50%分位数（0.5 置信度）		80%分位数（0.8 置信度）	
					可靠度	可靠寿命/年	可靠度	可靠寿命/年
Ka 相控阵天线故障	—	—	—	1.195 E−07	0.987 921 664	25	0.982 897 741	17.6
热耗异常	2.63508E−08	4 000 h 0 失效	720＊4 h 0 失效(4 个样本)	1.30288E−08	仅计算 Ka 相控阵天线整机 12 年末期的可靠度以及对应可靠度为 0.975 的可靠寿命			
功耗异常	2.63508E−08	4 000 h 0 失效	—	1.30293E−08				
接收时延异常	1.30452E−08	4 000 h 0 失效	—	6.45145E−09				
发射时延异常	1.30452E−08	4 000 h 0 失效	—	6.45145E−09				
轴比异常	1.06006E−08	—	—	5.23549E−09				
G/T 值异常	2.25336E−08	4 000 h 0 失效	—	1.1142E−08				
EIRP 值异常	2.53607E−08	4 000 h 0 失效	—	1.25398E−08				
发射副瓣异常	1.54153E−08	4 000 h 0 失效	—	7.63335E−09				
接收副瓣异常	1.54153E−08	4 000 h 0 失效	—	7.63335E−09				
指向精度异常	1.80616E−08	4 000 h 0 失效	—	8.92825E−09				
波束切换时间异常	7.46107E−09	—	—	3.68998E−09				
工作模式切换异常	1.90325E−08	4 000 h 0 失效	—	9.43361E−09				
波束指向扫描异常	1.45698E−08	—	—	7.19404E−09				
在轨校正异常	1.45604E−08	—	720 h 0 失效	7.194E−09				

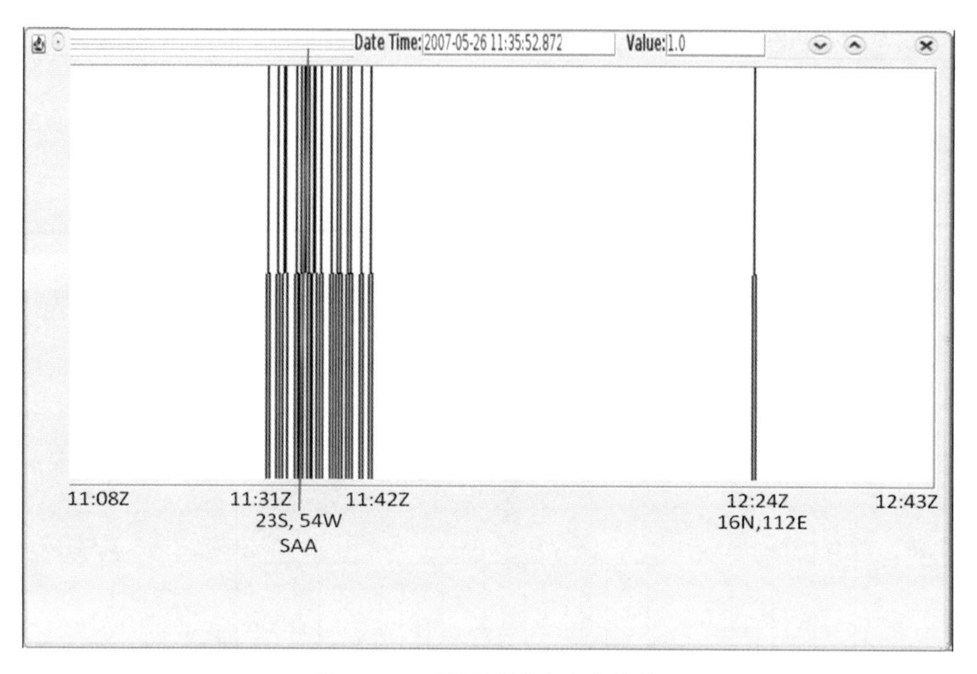

图 4-34　卫星健康状态变化情况

(2) 卫星态势评估结果

为进一步降低用于分析的数据集，选用该卫星某年发生的 76 次异常行为，其中发生在 SAA 区域内 52 次，见表 4-17。

表 4-17　卫星某年异常状态的统计结果

	SAA 异常区域内	SAA 异常区域外
	卫星状态次数统计	
健康状态异常	52 次	24 次
健康状态正常	244 948 次	2 908 576 次
	卫星状态所占比例统计	
健康状态异常	0.021 2%	0.000 8%
健康状态正常	99.978 8%	99.999 2%

由表 4-17 可以看出，卫星正常状态的时间远远大于异常状态，SAA 区域内异常是区域外异常的 2.2 倍。对于异常状态，SAA 区域外的异常是由卫星自身造成的，与空间环境无关；而 SAA 区域内的异常是由空间环境造成的。

为确定空间环境中影响卫星健康状态的具体因素，利用空间环境数据并结合仪器的异常数据，开展空间辐射环境的高能电子及其效应与星上设备异常之间的时间、区域等多个维度的关联性分析，空间高能电子通量的增加与星上设备发生异常之间基本同步，如图 4-35 所示。

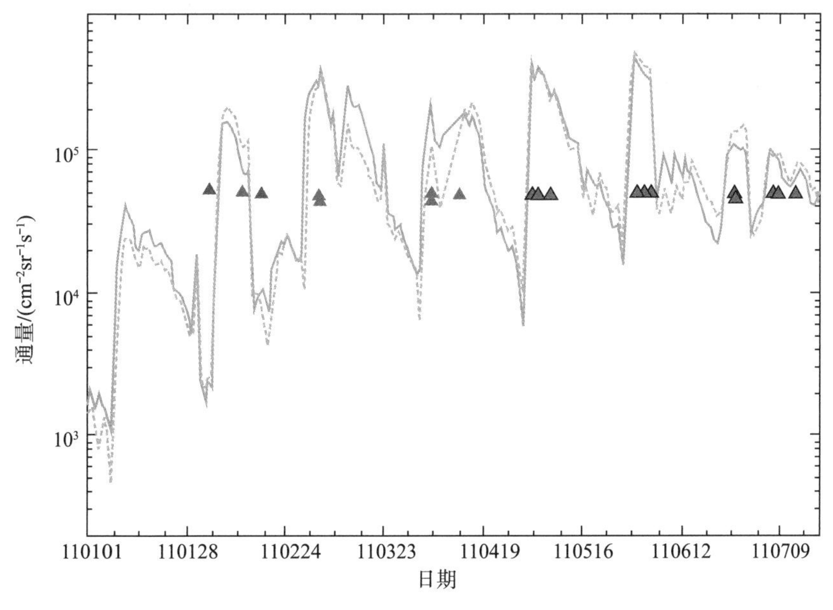

图 4-35 卫星故障与高能电子的关联性（见彩插）

（3）卫星故障关联性分析结果

根据卫星故障与空间环境数据之间的关联性，可以支持开展卫星故障预测。与卫星信噪比数据相关的外部数据可视化曲线如图 4-36 所示。最下面的 4 条曲线显示的是原始信号数据，其中 L1 信噪比数据和 L2 信噪比数据两条曲线分别表示卫星 L1、L2 频点的信噪比，其他参数 1 和其他参数 2 两条曲线与卫星健康状态基本无关系，可以忽略；中间曲线是将 L1、L2 两个频点数据综合后得到的信噪比数据。上面 4 条曲线分别表示太阳耀斑、高能电子、高能质子、地磁 Kp 指数。

通过对全图的分析可知，高能电子数据是与信噪比异常明显相关的外部数据源，在空间高能电子通量增加后，经过一段时间，就发生了卫星信噪比异常的故障。因此，可以在空间环境数据预测基础上，提前预测卫星故障，做好卫星安全防护工作。

4.6.4 地面运控系统风险评估

精密定轨任务是地面运控系统的一项重要业务，决定着系统面向用户服务的精度、可用性、连续性、完好性等指标。定轨算法策略、监测网构型与状态（运行或中断）是影响精密定轨任务的关键因素。由于受国土面积所限，区域监测网构型受到显著影响，因此，为满足面向用户的指标承诺，对定轨算法策略和监测站高可靠、高稳定运行提出了极高要求。

监测网状态以及监测站的硬件故障、软件故障、软硬件耦合故障、故障修复时间等因素对精密定轨任务均有重要影响。综合考虑精密定轨算法、监测网和监测站状态，利用 Petri 网、贝叶斯网络，构建监测站可靠性、维修性、保障性要素与定轨任务风险的映射关系模型，开展精密定轨任务风险评估，并给出提高定轨任务成功性（对应风险）的改进方案与对比分析。

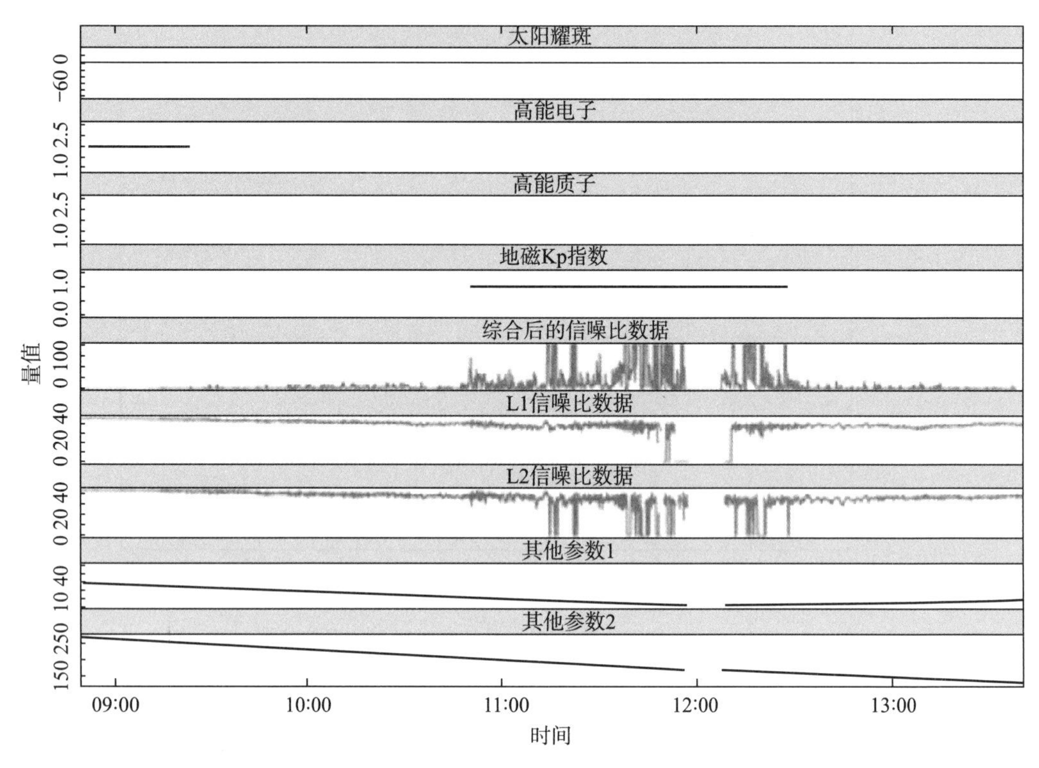

图 4-36 与卫星信噪比数据相关的外部数据可视化曲线

(1) 风险评估模型

选择定轨任务成功性作为精密定轨任务成败与否的特征值。定轨任务成功性是指导航卫星在任务开始时处于可用状态的情况下，在规定的任务剖面中的任一时刻，能够使用且能完成规定功能的能力。建模与分析步骤为：

1) 考虑监测站运行（可用）和中断（故障）状态，开展基于 Petri 网的监测站可用性建模与分析；

2) 考虑监测网中核心监测站（数据处理中心）的共因作用，确定监测网状态概率；

3) 考察不同监测站中断对平均用户距离精度的影响，并将其转换为各监测站逻辑关系，开展基于贝叶斯网的定轨任务成功性建模与分析；

4) 开展故障诊断，给出重要度排序与改进建议。

①监测站可用性建模

将监测站状态分为运行状态和中断状态。运行状态关注运行时间；中断状态关注故障检测时间、硬件短期故障（故障设备即刻切换）、长期故障（故障设备返厂修复）、软件短期故障（软件自修复和软件重启修复）、软件长期故障（设计缺陷与健壮性不足等导致的软件修改），以及软硬件耦合故障（软件故障导致硬件故障）。

基于 Petri 网分别构建监测站硬件、软件可用性模型，如图 4-37 所示。

考虑某特殊情况下，监测站软件长期故障以概率 f_{STH} 转换为硬件故障，转换时间为 T_{STH}，如图 4-38 所示。图中，“实线框”部分为软件故障向硬件故障转换过程。

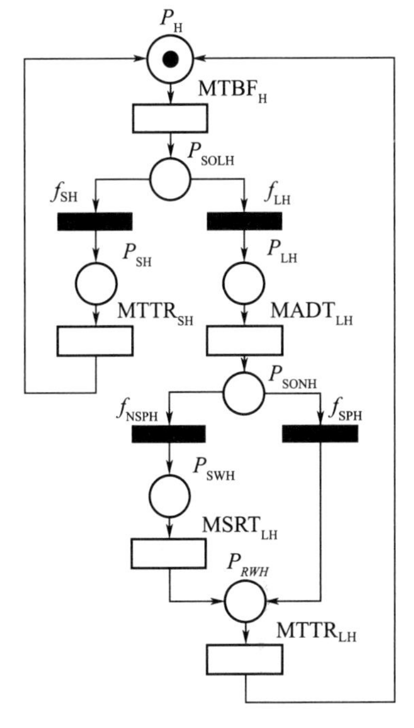

(a) 监测站硬件可用性模型

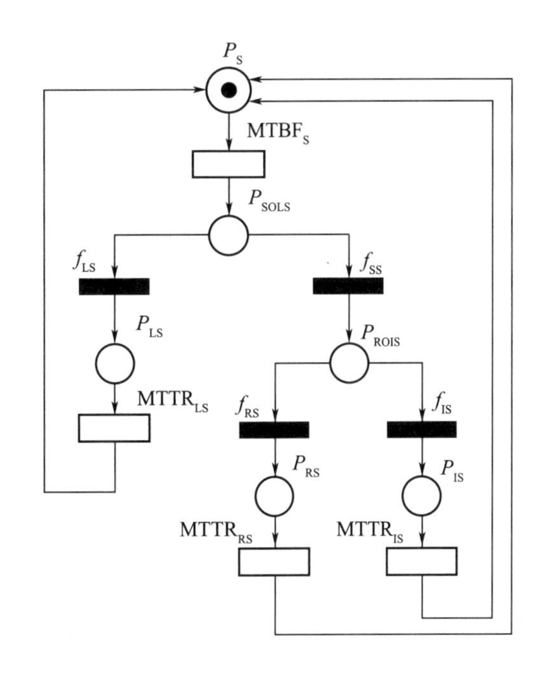

(b) 监测站软件可用性模型

图 4-37　监测站硬件、软件可用性模型

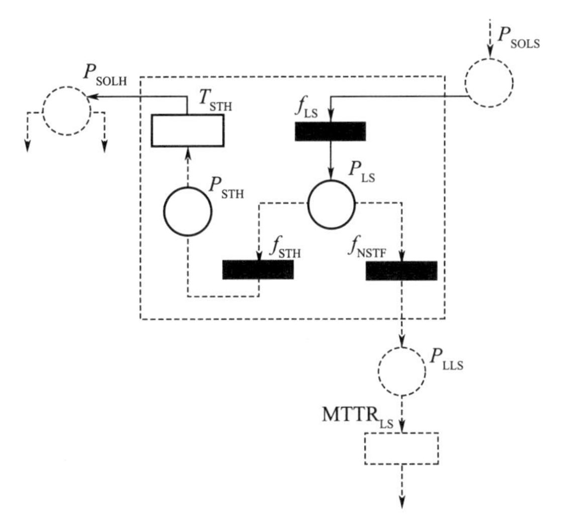

图 4-38　监测站软硬件耦合模型

采用贝叶斯网络构建定轨任务成功性模型，如图 4-39 所示。图中根节点“监测站 1、…、监测站 n”的输入值为各监测站可用性与中断概率，中心节点“定轨任务成功性”的输入值为不同监测站中断情况下的平均用户距离精度归一化值，中心节点输出值为定轨任务成功性。

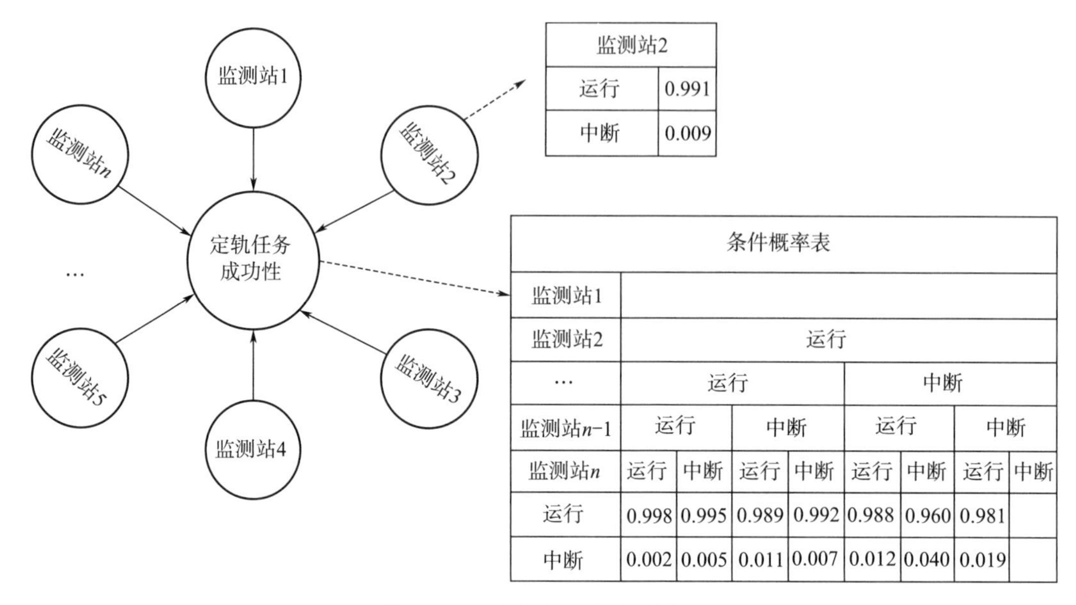

图 4-39　定轨任务成功性模型

②定轨任务成功性分析结果

构建区域监测网导航系统，导航卫星选取某颗 MEO 卫星。设均匀分布在中国区域内的 X 个监测站分别记为 M_i ，$i=1$，2，…，x ，其中 M_1 为核心监测站。

根据监测站前期运行信息，仿真确定各状态参数指标。综合各状态参数数据，计算监测站的稳态可用性。

4.6.5　基于数据融合的综合可用性评估

4.6.5.1　数据融合

（1）数据治理

采用跨区域网络化云平台建立卫星系统、测控系统、地面运控系统、地面试验验证系统、元器件信息系统及外部系统等多类系统的连接关系。实现基于多源融合的“四统一”：

1）统一调度，CPU、内存、存储、网络资源统一调度；

2）统一管理，用户权限，服务访问权限统一管理；

3）统一运维，对所有的基础设施，如服务器、交换机、操作系统、应用平台进行统一监控；

4）统一安全，对内部应用、外部应用之间的互相访问增加统一的安全管控措施，保障内部、外部通信安全。

将各大系统产生的多源业务数据、测控数据、地面运控数据、星间链路数据、工程和业务指令、文件等各类数据资源进行统一汇集、融合与存储，形成可按需授权共享的数据资源池——主题数据仓库。

（2）动态评估

经数据融合形成的主题数据库支持用户在全网云平台体系下按需授权访问，各节点可利用通用化和共享化的平台服务使用各类数据，以实现多类型、复合式的评估分析应用。

结合使用地面研制阶段的设计数据、设计模型、测试数据，以及在轨运行中的测试数据和飞行数据，建立了在轨健康评估的包络线、性能分析预测模型、故障诊断等专家知识库，以及软件版本信息、系统运行模式及参数设置、自主功能等基线状态，并以实时遥测、业务数据、星间遥测数据等多源驱动，实现卫星在轨健康的动态评估、卫星性能的定期分析预测、故障的实时监测告警。通过将星间遥测引入实时故障诊断和健康评估中，实现了星间和星地遥测的连续、无缝衔接，实现了卫星在境外时的监控评估。

4.6.5.2　综合可用性评估

（1）综合可用性评估

综合使用卫星系统遥测参数、导航业务数据、地面系统监测评估数据、健康评估结果、故障诊断结果，驱动可用性评估模型和风险评估模型运行，对可用性和风险评估值进行计算。评估模型主要由专家诊断知识联立组合而成。目前，MEO 系列卫星每颗星录入专家诊断知识 100 多条，IGSO 系列卫星每颗星录入专家诊断知识 300 多条，GEO 系列卫星每颗星录入专家诊断知识 300 多条，一共录入数千条专家诊断知识，实现对北斗二号和北斗三号卫星单星级和星座级可用性评估和风险评估预测。卫星可用性评估结果如图 4-40 所示。

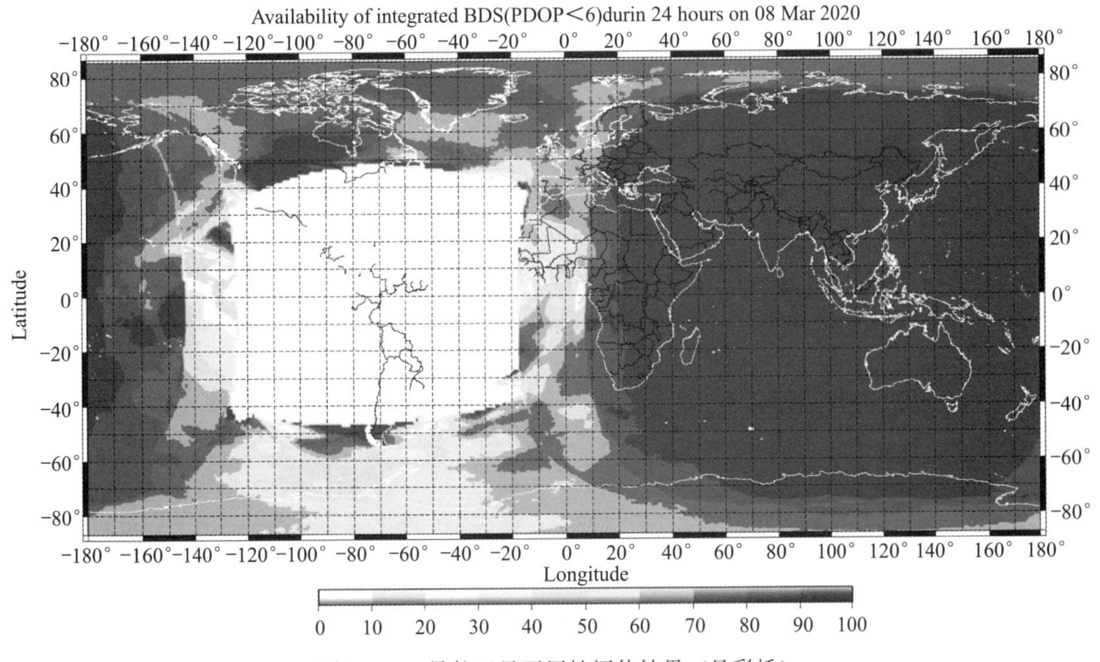

图 4-40　导航卫星可用性评估结果（见彩插）

结合测控计划、运控计划，以及可用性评估和风险评估预测结果，针对不可用和高风险过程的中断或风险类型、处置时间、卫星类型等提供不同维度的全方位分析，同时针对预警处置进度进行监控。

（2）自动推送及决策支持

将综合可用性评估结果自动入库管理，提供多种维度的可用性分析查询和统计支持，通过多源多维数据分析，实现星座运行可用性和风险的预估及排序，为工程大总体决策提供支持。

针对存在预案的故障异常情况，根据监测信号和遥测信息自动生成部分故障的快速处置流程，并转换输出操作指令，通过跨区域网络化云平台分发给测控系统、运控系统进行协同联合处置。若出现不可用或超限的中、高风险，由跨区域网络化云平台向相关系统和用户单位自动化同步推送风险发生的可能原因，并同时自动启动在轨协同操作电子化流程。跨区域、跨系统自动流程推送应用如图 4－41 所示。

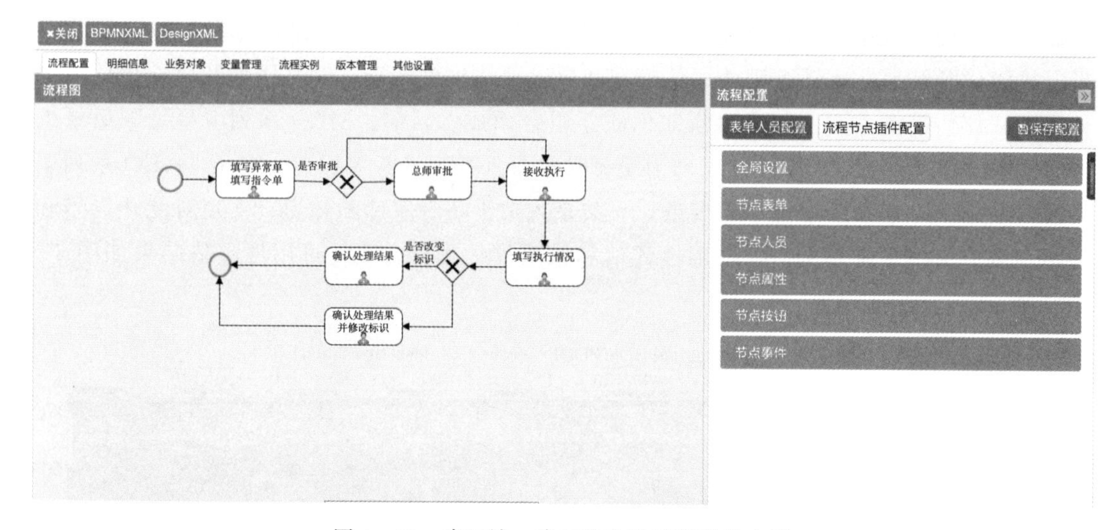

图 4－41　跨区域、跨系统自动流程推送应用

基于数据服务融合的综合可用性评估在空间段管理、异常快速处置和日常操作维护方面都取得了良好的应用效果，从协同联保和协作分析两方面为总体决策和自动化、智能化处置提供了有力支持。

第5章　北斗系统故障诊断与预测

5.1　概述

北斗系统在运行过程中，受空间和地面设备失效、外部环境等因素影响，发生故障难以避免。从系统服务层面看，服务精度和稳定性降低是故障的表现，而故障的根源在于动态运行的卫星、地面运控、测控、星间链路运行管理等各大系统。在导航服务或各大系统运行指标出现异常时，需快速定位故障发生位置；同时，在系统运行过程中，需准确预测故障的发生，以便提前做好防范措施，这对于保证导航服务性能至关重要。就北斗系统实际故障诊断工作而言，卫星因其不可修、单机冗余备份有限、运行环境复杂、诊断实时性要求高等原因，是系统故障诊断的重点。地面系统的备品备件充足、注入监测备份站点多、设备易于更换，故障导致地面系统（包括运控系统和测控系统）失效的风险较低，故相较于卫星而言，故障诊断要求相对宽松。在技术手段上，卫星系统目前采取了一定的智能化手段（如：专家系统）进行辅助故障诊断，地面系统采取了逐级排查的手段；就北斗系统实际的寿命预测工作而言，各系统的运行特点决定了寿命预测工作需重点针对卫星系统进行，通过对星上关键单机的寿命预测，综合系统结构、推进剂余量等信息得到整星的剩余寿命。

系统故障诊断与预测是开展系统运行维护的基础，为系统维护操作和决策控制提供量化依据和技术支持。依据故障的严重程度、影响范围等因素，制定科学合理的故障分级标准，有效地实施分级管控；在系统出现中断后，准确快速地进行故障定位、隔离与恢复，缩短中断时间，从而降低对服务可用性的影响；在及时掌握系统和设备当前健康状况的基础上，把握故障发展规律，科学预测设备的工作寿命，并提前采取措施防范风险。

智能化故障诊断与预测的目的在于，将服务级的故障与运行级的故障一体化考虑，综合利用大系统、系统、单机等内环监测数据，系统和产品研制过程产生的中环数据以及iGMAS、GBAS、空间环境监测等外环数据，通过智能化技术手段，对各类故障进行快速诊断和准确预测。

本章介绍了北斗系统故障报警分级标准，重点阐述了系统智能故障诊断、系统智能故障预测的框架和流程，并介绍了智能故障诊断与预测常用的技术方法及应用示例。

5.2　故障报警分级标准

北斗系统报警分级标准是系统进行智能故障诊断的基础，制定准确的报警规范，故障诊断才能自动进行、自动感知。北斗系统具有天地一体化多系统协同工作的特点，故障种类多、耦合性强，在系统运行过程中，可能出现多种异常情况，故系统报警的设置既要全面反映系统异常，但又不能被过多重复的、非重要报警淹没，尤其不能遗漏重要报警。为此，系统需采用灵活可靠的报警机制，支持按照重要程度和来源进行告警分级分类，支持声音图形结合的告警方式。为保证对故障进行针对性分级管控，提高故障诊断与处置效率，需要从系统服务性能、系统安全性、系统可靠性等不同维度制定故障分级分类标准，对故障报警的模式进行规范管理。

5.2.1 卫星系统故障报警分级标准

（1）定义

由卫星平台或载荷运行故障导致的单机、单星失效或系统导航服务中断，定义为卫星系统故障。

（2）故障分级

卫星在轨异常问题根据严重程度可分为Ⅰ级、Ⅱ级和Ⅲ级，具体定义见表5-1。

表5-1 卫星系统故障分级表

故障等级	故障描述	报警等级
Ⅰ级(灾难性问题)	卫星姿态失控、遥测消失、卫星载荷不能正常工作,全部或主要功能丧失等重大异常问题	Ⅰ级故障报警
Ⅱ级(重要问题)	部分平台或载荷单机产品发生无法恢复的硬件故障、系统转入安全工作模式、对安全运行产生影响的异常问题	Ⅱ级故障报警
Ⅲ级(一般问题)	不影响卫星性能和安全运行的一般性异常问题	Ⅲ级故障报警

（3）在轨异常处置分类

空间段卫星的故障诊断与处置通常需要地面系统进行辅助操作，卫星的在轨异常处置预案通常由卫星设计师和地面运行人员共同研究制定形成。对于需要地面处置的异常，在上述异常问题分级的基础上，综合异常是否有预案、是否重复发生，对异常问题进行分类并反映到预案文件中：

- 1类：有预案的Ⅲ级异常，且重复发生；
- 2类：有预案的Ⅲ级异常，且首次发生；
- 3类：有预案的Ⅰ级或Ⅱ级异常；
- 4类：无预案的异常。

（4）报警内容要求

1）报警时间：报警时间为发现故障的时刻，采用北斗时，格式为：

年（yyyy）—月（mm）—日（dd）时（hh）：分（mm）：秒（s）毫秒（ss.ss）。

2）报警对象：报警对象为发现故障的具体单机位置，如：卫星电源、卫星导航任务处理单元、卫星扩频测距接收机、卫星钟等。

（5）报警级别和分类

报警级别根据故障影响程度分为Ⅰ～Ⅲ级，根据在轨异常处置预案情况分为1～4类。

（6）报警事件

报警事件为发现卫星故障的具体内容，主要事件内容包括：

1）具体故障点：按照平台/载荷→分系统→单机的顺序说明具体故障点。

2）故障描述：具体的故障情况描述，包括故障发生时相关监测参数的变化情况、异常现象、单机备份情况等。

3）影响分析：说明故障的影响范围和影响程度。

4）处置建议：给出初步故障处置建议，包括处置流程、联系人、联系电话等。

5.2.2　地面各系统故障报警分级标准

（1）定义

由地面系统故障导致的服务精度、导航参数更新周期等指标超出要求极限，或发生无法实现地面系统功能的事件，定义为地面系统故障。

（2）故障分级

地面系统故障根据严重程度分为Ⅰ级、Ⅱ级、Ⅲ级、Ⅳ级，具体描述见表5-2。

表5-2　地面系统故障分级表

故障等级	故障描述	报警等级
Ⅰ级故障 （灾难性故障）	导致北斗系统无法向用户提供服务的故障	Ⅰ级故障报警
Ⅱ级故障 （关键性故障）	导致系统服务性能降低或部分功能丧失的故障	Ⅱ级故障报警
Ⅲ级故障 （重要故障）	导致分系统主要功能指标退化或丧失的故障	Ⅲ级故障报警
Ⅳ级故障 （轻度故障）	不影响系统服务性能的其他故障	Ⅳ级故障报警

（3）报警内容要求

1）报警时间：为发现故障的时刻，采用北斗时，格式为：

年（yyyy）—月（mm）—日（dd）时（hh）：分（mm）：秒（s）．毫秒（ss.ss）。

2）报警来源：为发现故障的具体系统，包括：地面运控系统、测控系统、星间链路运行管理系统。

3）报警对象：为发现故障的具体位置，包括：

a）地面运控系统：包括地面运控主控站、时间同步/注入站、监测站；

b）测控系统：包括测控中心和测控站；

c）星间链路运行管理系统：包括星间链路运行管理中心、地面站、卫星星间链路终端。

(4) 报警级别

报警级别根据故障影响程度分为Ⅰ～Ⅳ级。

(5) 报警事件

报警事件为发现地面故障的具体内容，主要事件内容包括：

1) 具体故障点：按照系统→分系统→子系统→功能模块的顺序说明具体故障点；

2) 故障描述：说明具体的故障情况描述，包括故障发生时相关监测参数的变化情况、异常现象、已初步采取的处置措施等；

3) 影响分析：说明故障的影响范围和影响程度；

4) 处置建议：给出初步故障处置建议，包括处置流程、联系人、联系电话等。

5.3 系统智能故障诊断

北斗系统故障诊断需要融合大系统、系统、单机的内部监测数据，系统和产品研制过程产生的中环数据以及 iGMAS、GBAS、空间环境数据等外部数据，综合利用大系统、系统、单机的故障诊断模型进行快速、准确的故障定位。北斗系统故障诊断包括两个方面：服务级故障感知和运行级故障定位。服务级故障感知是从服务精度和稳定性着手，在发生影响服务层面的故障时，及时感知，第一时间从具体现象厘清故障所属系统；运行级故障诊断是在完成故障感知并对故障系统进行初步厘清后，对卫星系统、地面系统、星间链路运行管理系统进行故障诊断，通常情况下从系统的监测（遥测）参数和性能参数入手，将故障定位至各系统的关键设备或单机。北斗系统智能故障感知与诊断框架如图 5-1 所示。

5.3.1 服务级智能故障感知

服务级故障感知的目的是及时发现导航服务层面的异常情况，当服务级故障发生时，从导航服务的精度和稳定性两方面判定故障。稳定性异常包括可用性和连续性发生异常，具体体现在发生长期计划中断、长期非计划中断、短期计划中断和短期非计划中断；精度异常包括空间信号精度异常和空间信号完好性异常，具体体现在轨道拟合异常、钟差拟合异常、电离层模型修正异常、对流层模型修正异常、星地信号异常和星间信号异常。通过服务级故障的感知能够及时发现故障，初步剥离故障发生的系统，服务级故障感知流程如图 5-2 所示。

5.3.2 运行级智能故障诊断

5.3.2.1 卫星系统故障诊断

卫星系统故障诊断是北斗系统故障诊断的核心，因其不可修、监测点有限、故障影响大等原因，故障诊断的实时性和准确性要求高，需要采用智能化手段对其故障诊断进行优化。按技术类别细分，卫星智能故障诊断可分为数据驱动的卫星智能故障诊断和基于知识规则的卫星智能故障诊断。

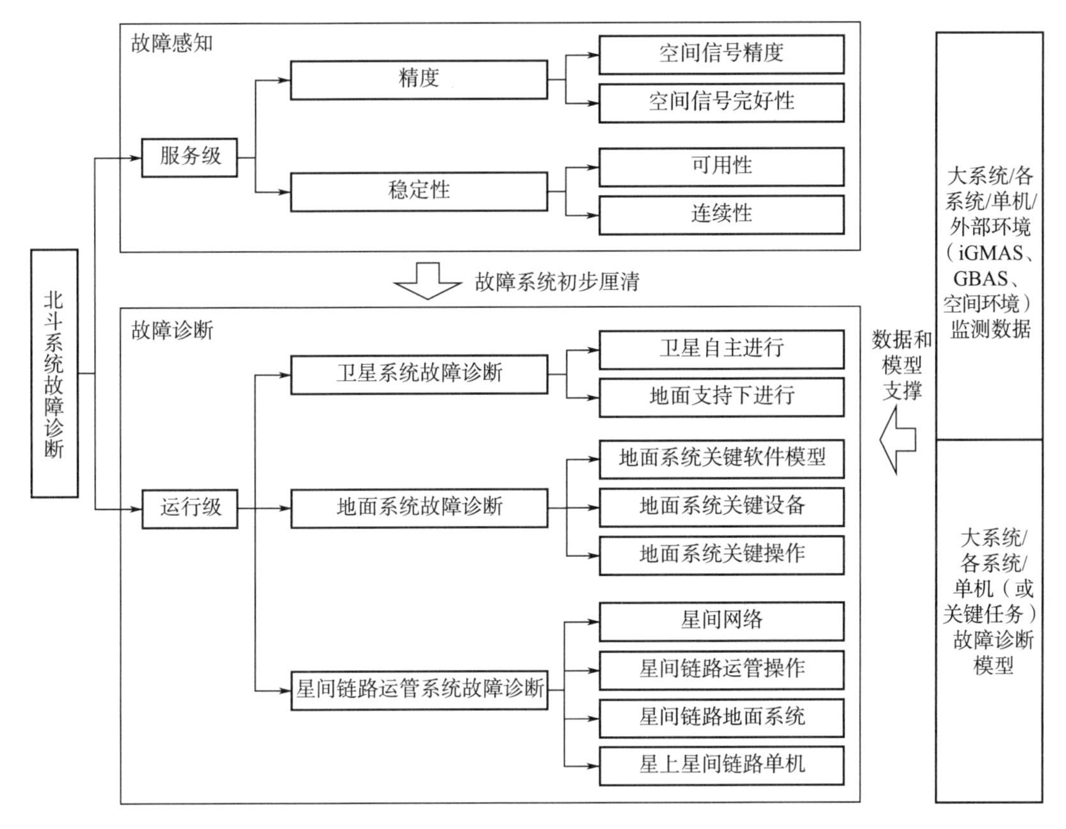

图 5－1　北斗系统智能故障感知与诊断框架

5.3.2.1.1　数据驱动的卫星智能故障诊断

数据驱动的卫星智能故障诊断的核心是利用故障数据训练故障诊断模型，通过模型的分类或推理算法实现当前故障的分类和诊断，诊断流程如图 5－3 所示。

1）从历史数据库提取累计的故障记录和故障诊断结果，采用数据预处理、数据特征提取等技术，对数据进行预处理，获得故障发生时的监测数据及对应的故障模式；

2）将经过预处理的监测数据和故障模式输入故障诊断模型进行训练，依据经验合理预设神经网络神经元个数、学习率，支持向量机核函数、惩罚因子，贝叶斯网络结构、条件概率表等，使模型更快收敛；

3）在轨卫星的数据实时记录，故障诊断模型伴随运行，当发生故障时，启动故障诊断流程，由故障诊断模型给出故障诊断结果；

4）故障诊断结果经过确认后，更新数据库，通过结构学习和参数学习算法，用于故障诊断模型的再次训练，使故障诊断模型实现自适应更新。常用方法有阈值判断故障诊断模型、神经网络故障诊断模型、支持向量机故障诊断模型和贝叶斯网络故障诊断模型。

（1）阈值判断故障诊断模型

阈值判断故障诊断模型是传统的故障诊断方法，通过设计师对遥测参数正常范围进行限定。当遥测参数超出阈值范围时，则认为该遥测对应的设备发生故障。通常情况下，对

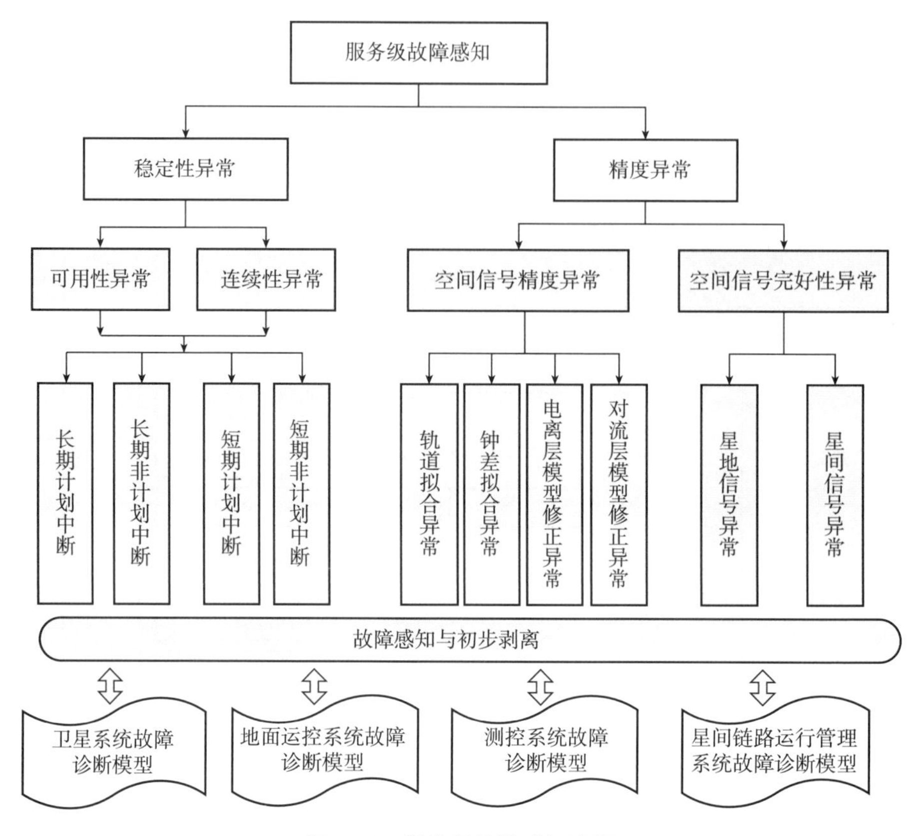

图 5-2 服务级故障感知流程

反映被监测单机或分系统的某个重要特征参数 $y(t)$ 进行诊断，其诊断规则为

$$y_{\min}(t) < y(t) < y_{\max}(t)$$

式中 $y_{\min}(t)$，$y_{\max}(t)$ ——特征参数 $y(t)$ 的下限和上限；

t ——时间变量。

当被检测参数满足上式时，该单机或分系统无故障；当被检测参数不满足上式时，故障可定位于其对应的单机或分系统。

(2) 神经网络故障诊断模型

神经网络故障诊断模型实际是利用历史数据构建的非线性分类模型。针对特定的卫星单机或分系统，利用特征提取技术获取可反映故障模式的特征量，进行归一化处理后作为待训练神经网络的输入，待识别的故障模式向量作为神经网络期望输出。根据输入特征向量的维数和故障模式类型，确定神经网络的输入层和输出层维度，神经网络的隐含层节点数、隐含层和输出层的激活函数可通过经验设定，神经网络的权重优化可利用反向传播学习（BP）算法进行设置，通过不断修正网络的权值和偏差，使网络输出层的实际输出和期望数据误差达到最小，完成神经网络优化。

在卫星系统实时运行并发生故障时，将待诊断对象每种工况或状态下的各个检测样本（故障特征向量）送入训练好的神经网络，通过比较网络实际输出结果与网络训练时的故

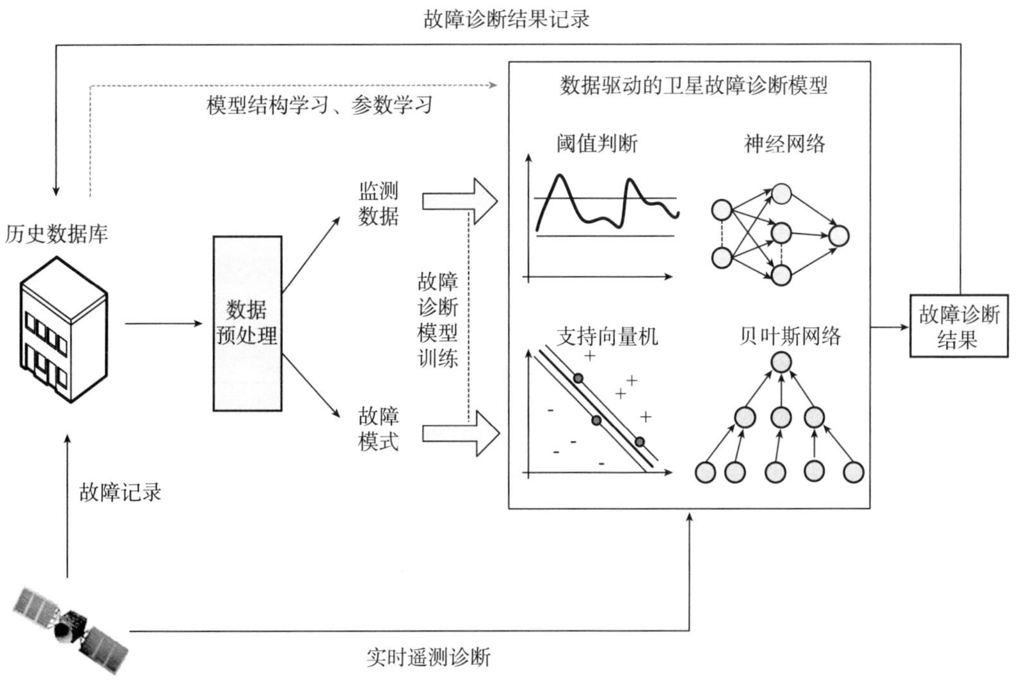

图 5-3　数据驱动的卫星故障诊断流程

障类型输出标示，即可获得故障诊断的结果。

(3) 支持向量机故障诊断模型

支持向量机是一种广义的线性分类器，相较于神经网络模型，该方法较适合小样本事件，通过核函数将输入空间变换到一个高维的特征空间，并在新空间中寻找最优的线性分界线，实现故障类型的分类，从而完成故障诊断。数据预处理过程与神经网络相同，对各特征量进行归一化处理，作为待优化支持向量机模型的输入，待识别的故障模式向量作为模型期望输出，通过预设核函数 g、惩罚因子 c， 采用交叉验证算法得到模型最优参数。

在卫星系统故障发生时，提取对应特征参数并输入支持向量机中，支持向量机得到该状态下故障类型的划分结果，从而实现故障诊断。

(4) 贝叶斯网络故障诊断模型

贝叶斯网络故障诊断是融合了卫星单机或分系统失效机理分析和数据分析的模型方法。首先，通过 FMEA 结果构建贝叶斯网络的拓扑结构，准确反映故障传播的层次关系；其次，对各节点状态数进行合理划分，利用特征参数及对应的故障模式数据对贝叶斯网络中各节点条件概率表进行设置，随着卫星系统不断运行和累计数据，对贝叶斯网络结构和参数进行自适应优化学习。

在发生卫星系统故障时，通过遥测参数的实际状态设置贝叶斯网络中的观测证据，即对各节点的状态进行赋值，接着对贝叶斯网络进行证据条件下的推理，从而获得带置信度的故障诊断结果，实现故障诊断。

5.3.2.1.2　基于知识规则的卫星智能故障诊断

这是一种案例匹配的故障诊断方法。通过凝练专家和设计师的知识构建知识规则库，并在卫星故障诊断进行过程中不断丰富规则知识，总结成功诊断案例，形成案例库，在故障发生时，通过案例检索的形式进行故障诊断推理，其简要流程如图5-4所示。

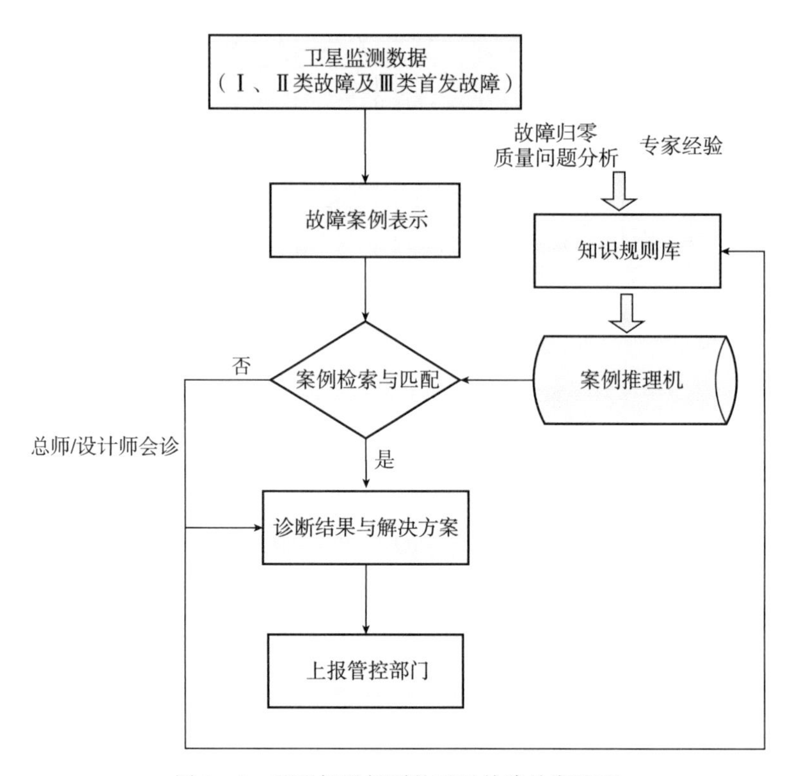

图5-4　基于知识规则的卫星故障诊断流程

（1）规则获取

基于知识规则的卫星故障诊断的核心是规则的获取，即：规则库的管理与更新。规则知识的获取过程就是专家和设计师的知识和经验到知识库的转移过程，可以采用外部获取方式和内部获取方式。对于外部获取，可通过向专家和设计师提问来接收专家知识，然后把它转换成编码形式存入案例库；内部知识获取指系统在运行过程中，从诊断案例进行归纳、总结，根据实际情况不断对知识库进行更新和扩充。

就卫星的故障诊断而言，通常采用产生式规则表示专家知识，通常表示为

$$\text{IF } condition \text{ THEN } result$$

以卫星飞轮故障为例，设系统运行过程中飞轮驱动电机电流 I 阈值为 I_{max}，轴温 T 阈值为 T_{max}。该知识对应表示如下

$$\text{IF “}I < I_{max}, T < T_{max}\text{” THEN“运行正常”}$$

$$\text{IF “}I \geqslant I_{max}, \text{OR } T \geqslant T_{max}\text{” THEN “飞轮摩擦力矩异常”}$$

$$\text{IF “}I \geqslant 1.5I_{max}, \text{OR } T \geqslant 1.5T_{max}\text{” THEN “飞轮故障”}$$

从规则表述中可以看出，每条产生式规则都是由前项和后项两部分组成的，前项表示条件，后项表示结论。在进行故障诊断时，首先从初始事件出发，用案例匹配的方式寻找合适的产生式，如果匹配成功，则这条产生式被激活，并导出新的事实，直到最终获得故障诊断结果。

（2）推理诊断

规则获取是从卫星故障原因到故障现象的正向过程，也称为演绎推理，而推理诊断是逆向计算出引起异常的原因，又称为诱导推理。进行推理诊断时，可采用的方法是基于案例的推理诊断方法。该方法通过利用相似问题的诊断结果或在此基础上加以修改，使之能够适应新的问题，它包括 4 个过程（见图 5－5）：

1）检索与现有问题最相似的案例；

2）尝试利用已有方案去解决现有的诊断问题；

3）如有必要，修改已经提出的诊断方案；

4）将新的解决方案加入新的诊断案例中。

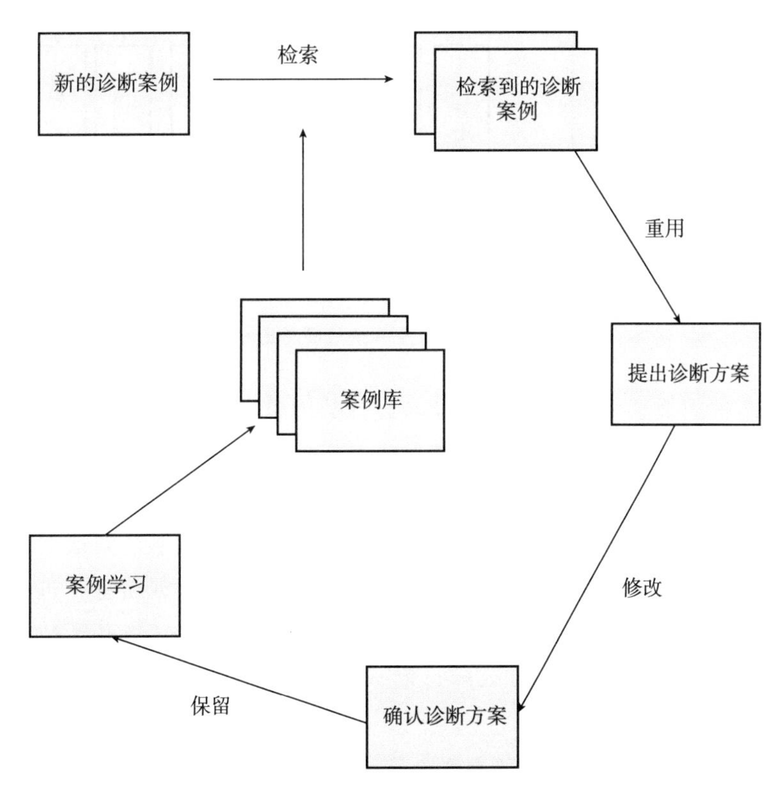

图 5－5　基于案例的推理诊断过程

通过故障特征量来量化描述当前诊断问题与案例库中案例的相似程度，通过比对，检索到若干个相似的案例，通过案例匹配得到的诊断方案将被重新用于解决新的诊断问题，并通过测试对新诊断方案加以验证。案例推理也可以与机器学习技术进行结合，得出现有问题的相似解，帮助技术人员得到更好的故障诊断解决方案。

5.3.2.2　地面运控系统故障诊断

地面运控系统故障诊断是指地面运控系统自身的软件模型异常、硬件设备异常和系统数据异常引发的故障。软件模型异常包括：星历拟合异常、钟差拟合异常和电离层延迟模型异常；硬件设备异常包括：分系统设备异常、监测接收机设备异常、天线异常；系统数据异常包括：卫星网监测数据异常、地面网监测数据异常和载荷遥测数据解析异常，如图5-6所示。

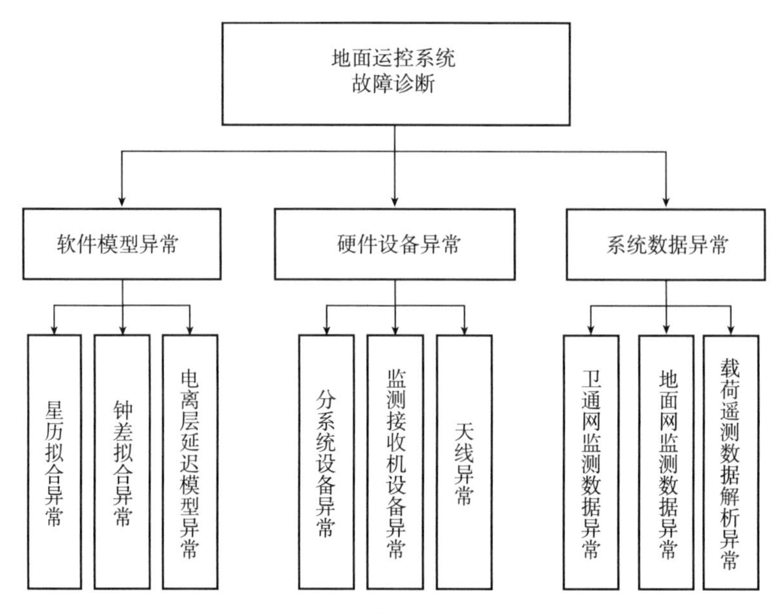

图5-6　地面运控系统故障诊断框架

基于系统结构组成、专家和设计师经验设计故障诊断专家系统，通过收集历史发生的故障构建故障知识库，在地面运控系统发生故障时基于故障知识库和专家系统进行故障诊断。在系统实时运行过程中，当触发故障诊断条件时将会启动故障诊断流程，具体过程为：首先提取相关的故障数据，在确定有故障信息的条件下，调取对应的故障诊断模型（包括FTA模型和贝叶斯网络模型），读取实时的故障证据信息，进行基于观测证据的推理计算，最后得到故障诊断结果。在故障诊断的过程中，将基于故障数据和专家经验进行参数学习和结构学习，对故障诊断模型进行优化和更新，具体流程如图5-7所示。

地面运控系统故障诊断的核心是关键业务异常故障诊断模型的建立，在调用关键业务异常故障诊断模型建模过程中，需要梳理涉及地面运控系统核心业务和关键任务的关键部件、关键单机、关键系统，通过故障预想、实际故障总结等途径，对故障现象、故障原因、故障对象、相关参数、影响范围、危害程度等开展技术分析，保证关键业务故障诊断模型准确、全面。

（1）地面运控系统关键业务梳理

对于RNSS，地面运控系统核心业务是生成和上传导航电文；对于RDSS，地面运控

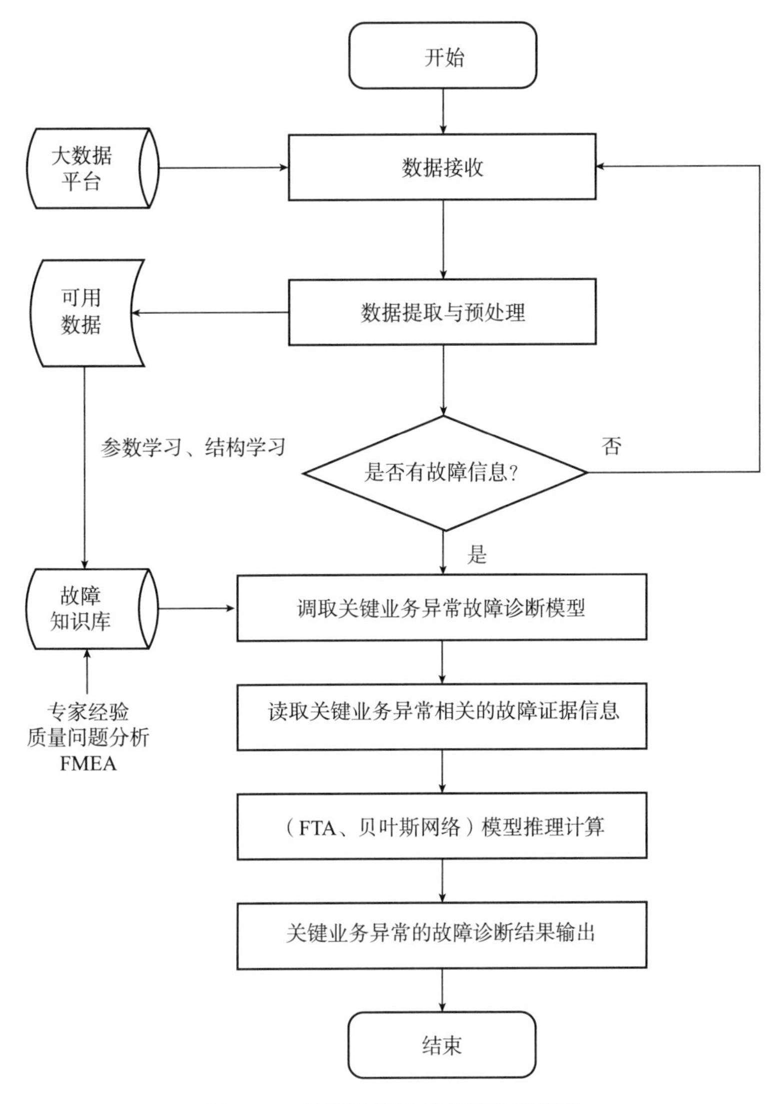

图 5-7　地面运控系统故障诊断流程

系统核心业务是位置报告、报文通信、RDSS 定位授时。

（2）关键分系统/单机梳理

对地面运控系统 RNSS/RDSS 关键业务而言，其涉及的关键分系统包括业务分系统、供配电系统等，关键单机包括各系统和分系统下的服务器、接收机、天线等。

（3）关键业务故障诊断模型建立

综合关键业务梳理和关键分系统/单机梳理结果开展 FMEA 分析，全面、分层梳理可能发生的故障模式，通过 FTA/贝叶斯网络技术建立各个故障模式间关联关系，实现地面运控系统关键业务故障诊断建模，形成模型库，该模型库在系统质量问题分析、专家经验、实际故障数据的支撑下不断动态更新。

5.3.2.3　测控系统故障诊断

测控系统在北斗系统运行过程中主要负责卫星平台的测控，故障出现时需要进行故障剥离，区分出卫星系统故障或测控系统故障，其故障诊断可根据是否有遥测数据、是否有外测数据、上行是否正常等现象进行分情况诊断排查，故障诊断流程如图 5－8 所示。该流程可以凝练成知识设计成专家系统和推理机，进行智能故障诊断。

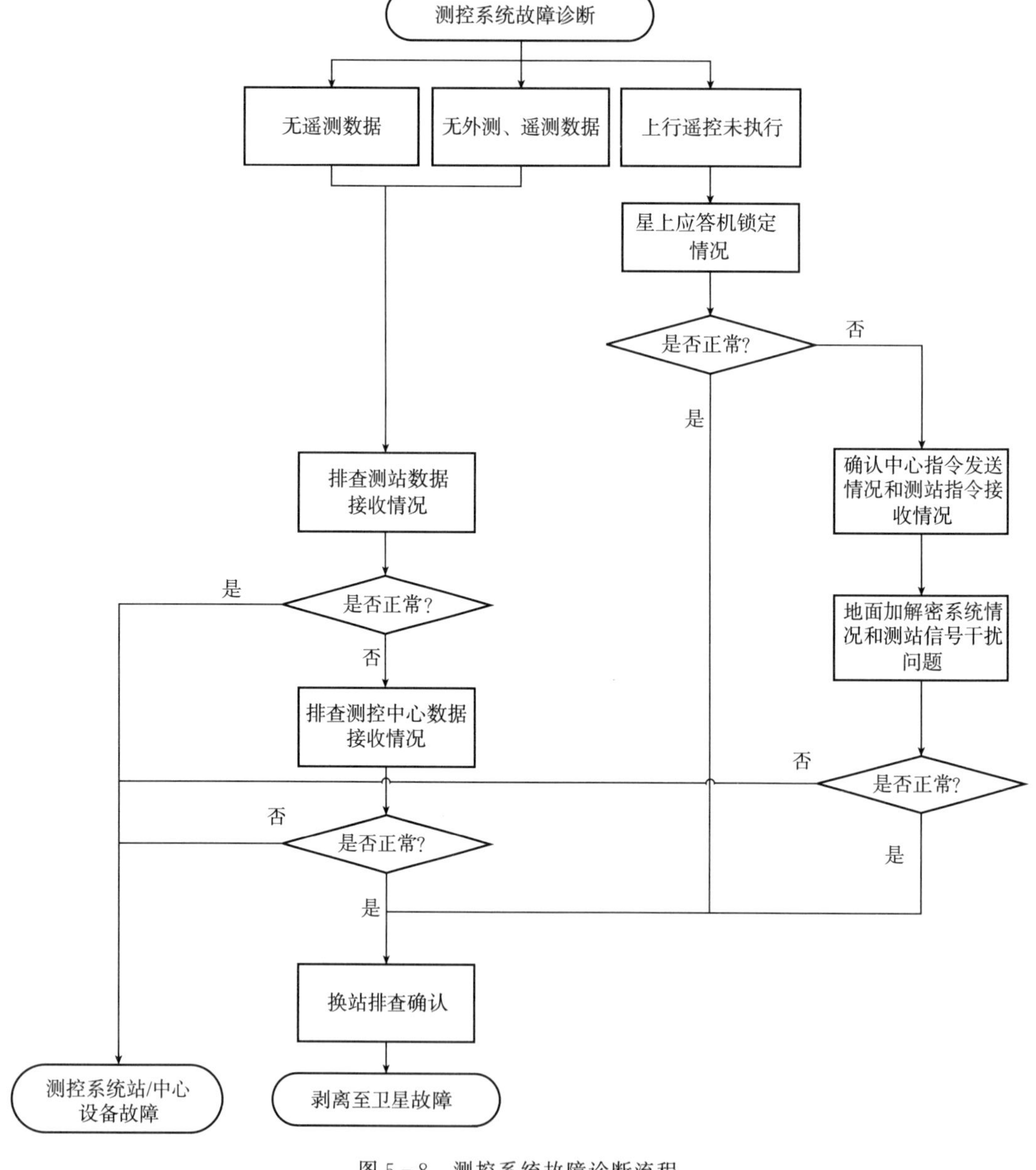

图 5－8　测控系统故障诊断流程

（1）无遥测数据的异常分析

1）获取测站跟踪情况，确定测站是否跟踪目标卫星；

2）若测站遥测跟踪正常，则获取测控中心遥测接收与处理情况；

3）若测站跟踪正常，中心数据接收正常，仍无有效遥测值，可能卫星异常或者测控设备异常；

4）安排双站加圈跟踪进行排查和处置，剥离卫星或地面测控设备异常情况。

（2）无外测、遥测数据的异常分析

1）获取测站跟踪情况，确定测站是否跟踪目标卫星；

2）若测站遥测跟踪正常，则获取测控中心遥测接收与处理情况；

3）若测站没有收到下行信号，检查轨道预报是否更新及进站点瞬根发送情况，必要时与测站比较进站点瞬根的正确性；

4）若进站点瞬根正确，可能卫星异常或者测站设备异常；

5）安排双站加圈跟踪进行排查和处置，剥离卫星或地面测控设备异常情况。

（3）上行遥控未执行的异常分析

1）检查遥测，确认星上应答机锁定情况和状态遥测。

2）若星上应答机状态遥测异常，则可对卫星故障进行剥离；若锁定正常，检查中心任务环境及遥测遥控主站设置。

3）确认小环比对结果，确认测站遥控指令接收情况。

4）若测站未收到遥控指令，确认指控室遥控指令发送情况；若测站收到遥控指令，则了解测站是否存在信号干扰问题。

5）若以上环节均无问题，安排双站加圈跟踪进行排查和处置，剥离卫星或地面测控设备异常情况。

5.3.2.4　星间链路运行管理系统故障诊断

星间链路运行节点众多，链路时分变化，导致星间链路运行管理系统的故障诊断十分复杂，主要包含星间网络异常、星间链路运行管理操作异常、地面站节点异常、卫星星间链路载荷异常的故障诊断四大部分，如图5-9所示。

（1）星间网络异常故障诊断

星间网络异常主要包括星间建链异常和测距异常。全面梳理系统状态参数，研究建立工况数据与故障判定规则间的关联关系模型，建立工况数据、观测数据等数据类别与单体故障现象间的关联关系模型，建立不同故障现象间的关联关系模型，组织形成领域专业数据、故障判定规则、故障现象、故障处置方法间的关系网络，构建知识层面的故障关系图谱库，进而制定各类异常的应急处理预案，建立参数一体化监控与故障诊断体系。

（2）星间链路运行管理操作异常故障诊断

星间链路运行管理操作异常主要包括接收异常和建链对象与规划不一致现象，主要从规划与执行、指令与状态的关联角度出发，对系统运行管理过程进行全面的、体系化的监测。规划与执行的关联故障诊断主要对综合系统规划、计划执行回执、各类业务数据状态和业务处理结果等进行关联监控和排查，及时发现执行有误的节点，分析出问题的环节。

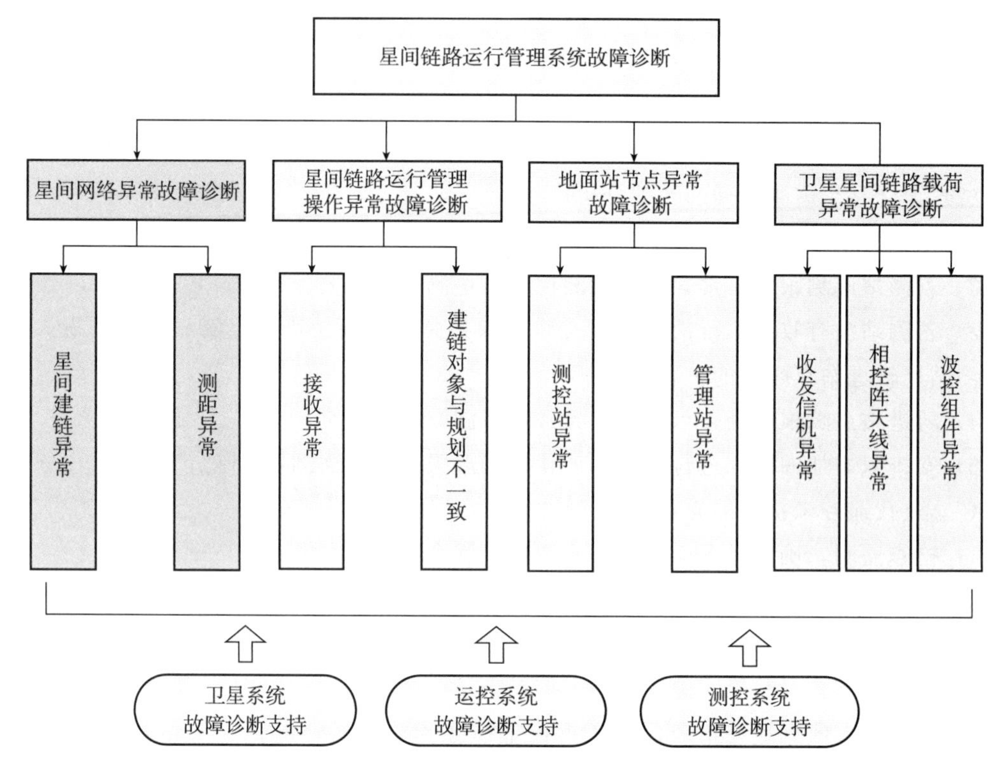

图 5-9 星间链路运行管理系统故障诊断框架

（3）地面站节点异常故障诊断

地面站节点异常故障诊断的对象是监测站和管理站。主要对各分系统业务状态、数据流、软件进程、CPU 占用率、内存占用率、网络收发状态等信息进行实时监测，对发生故障的软件进程实施自动重启，对网络系统、计算机系统、存储系统异常进行告警和诊断。

（4）卫星星间链路载荷异常故障诊断

卫星星间链路载荷异常故障诊断是指针对收发信机、相控阵天线、波控组件等的遥测参数进行监测，在其功能发生异常时，综合卫星系统对星间链路载荷单机的健康评估结果，对设备进行故障定位和诊断。

5.4 系统智能故障预测

北斗系统的地面站备份多，站上设备冗余备份充足，短时的失效对服务不会造成影响，而且设备维修手段相对成熟，因此，基于设备的设计寿命进行预防性维修即可避免严重故障的发生。相比之下，卫星系统硬件故障不可修，软件故障的重构修复过程会对卫星可用性造成影响，发生故障对服务影响较大，因此需采用有效的技术手段进行故障预测。

通过融合卫星多维多源数据，利用机器学习等深度挖掘技术手段，找出单机数据变化特征与故障模式的关联性，预测设备故障演化趋势，不断提高预先识别设备故障征兆的准确率，实现设备级故障提前预警的能力。北斗卫星寿命预测通过综合卫星设计寿命、卫星推进剂余量估计、关键单机寿命预测等信息，综合推断获得整星寿命。其中，关键单机寿命预测需综合考虑单机备份情况和单机当前健康状态评估信息。卫星寿命预测框架如图 5 - 10 所示。

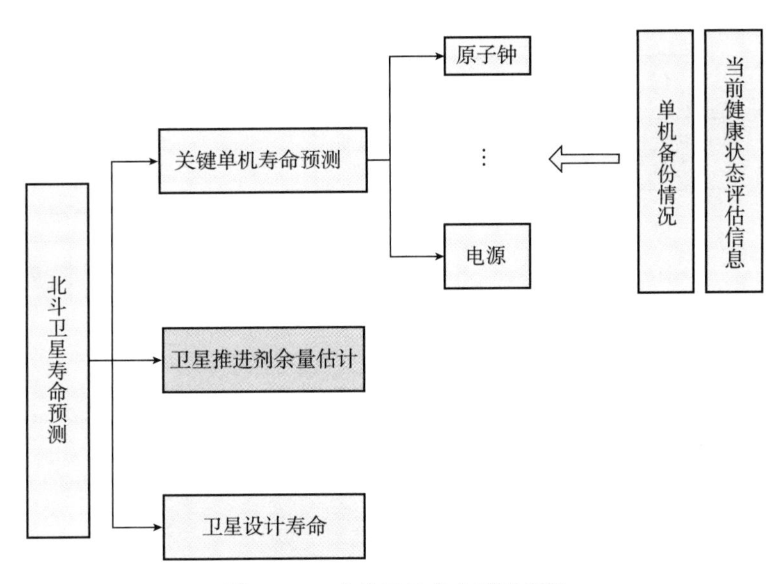

图 5 - 10　北斗卫星寿命预测框架

5.4.1　整星智能寿命预测

根据星上产品的寿命特征，卫星长期在轨工作过程中，寿命终结的原因一般包括：

1）由于突发故障导致整星失效（随机失效）。这类故障的发生具有随机性，故障产品在失效前的长期工作中没有明显的性能变化，往往在某种诱因下突然失效。

2）由于消耗性物质用尽导致卫星到寿（消耗失效）。例如：星上剩余推进剂降至规定值，卫星不得不进行离轨操作或直接退役。

3）由于产品性能退化到不可接受的程度导致卫星到寿（耗损失效）。例如太阳电池阵效率下降导致整星功率不足、蓄电池组容量退化至阈值等。

综合考虑卫星随机失效、消耗失效以及耗损失效，利用加权平均寿命估计（MLE）方法开展卫星系统寿命预测。卫星平均寿命预测过程如图 5 - 11 所示。其中，随机失效利用概率统计的方法预测，消耗失效（卫星推进剂）通常用 PVT 法推算，损耗失效主要是指关键单机的耗损，可根据关键参数的 ARMA 模型和神经网络模型进行外推预测。

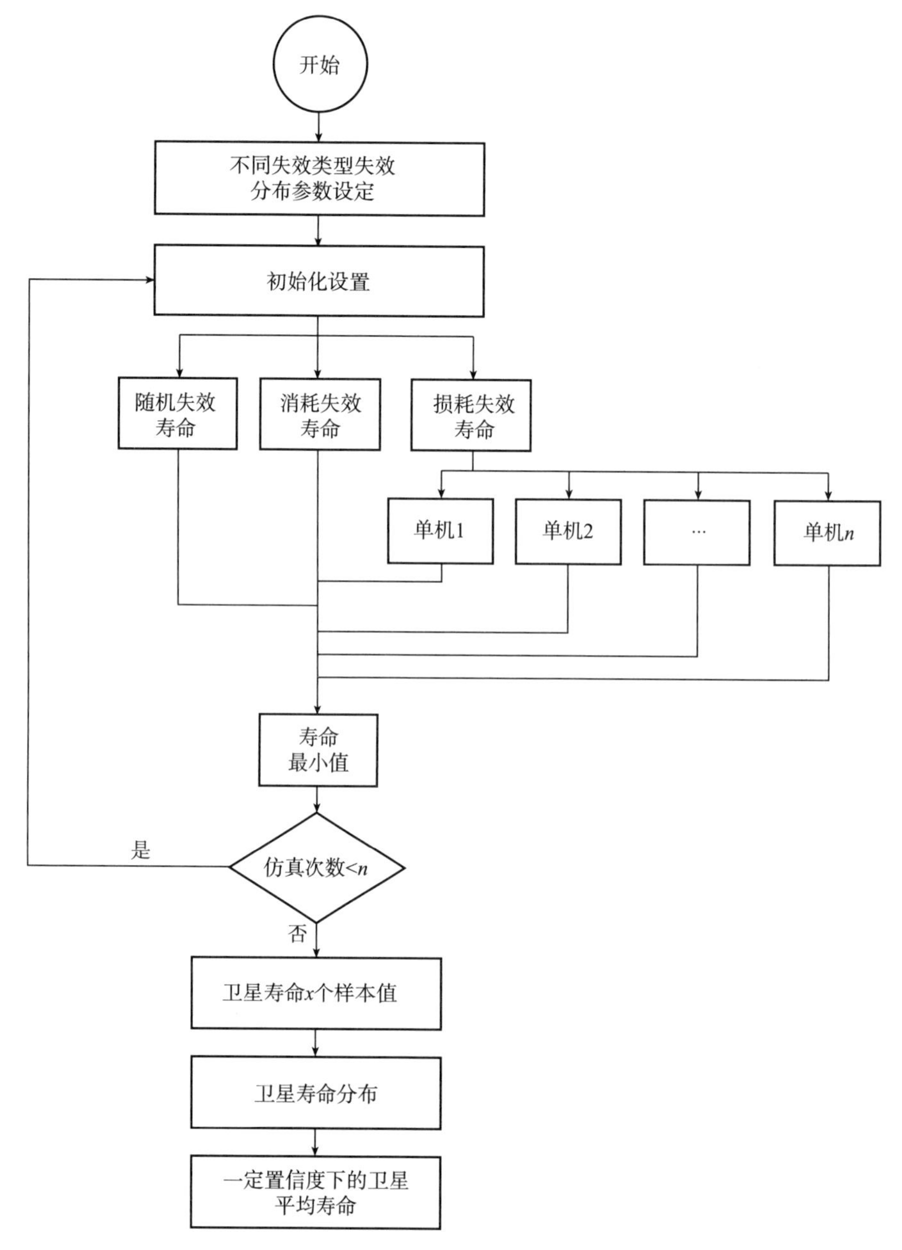

图 5－11　卫星平均寿命预测过程

5.4.2　单机/设备智能寿命预测

综合利用单机/设备工况数据、性能数据、研制试验数据、外部监测数据、空间环境数据等多源信息，结合单机/设备失效机理，运用数据驱动＋失效物理分析技术，根据当前监测到的单机/设备性能退化特征参数，结合单机/设备产生的海量监测数据，深入挖掘隐含的故障信息，采用神经网络、支持向量机、机器深度学习等人工智能方法进行性能预测，推断其剩余工作寿命。单机/设备寿命预测的工作流程如图 5－12 所示。

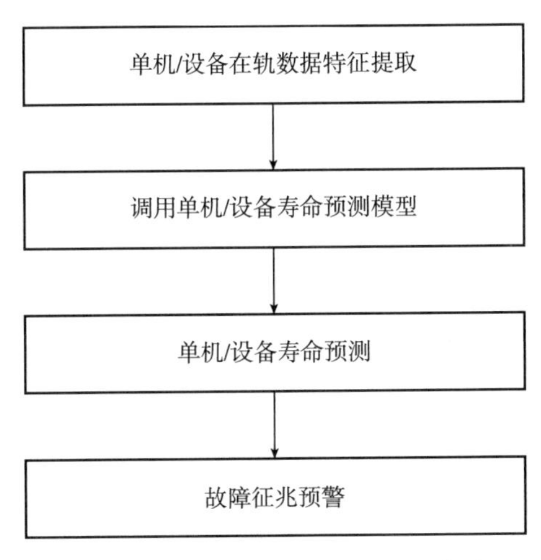

图 5－12　单机/设备寿命预测的工作流程

单机产品故障可分为耗损型和随机型两类：针对耗损型故障，利用人工神经网络、支持向量机等智能算法，预测单机产品在轨退化寿命；针对随机型故障，利用概率统计分析方法评估单机产品在轨可靠运行寿命。运用蒙特卡罗方法进行平均寿命评估，得出含置信度的单机产品在轨剩余寿命。

卫星单机产品寿命预测过程如图 5－13 所示，卫星关键单机寿命预测关键参数见表 5－3。

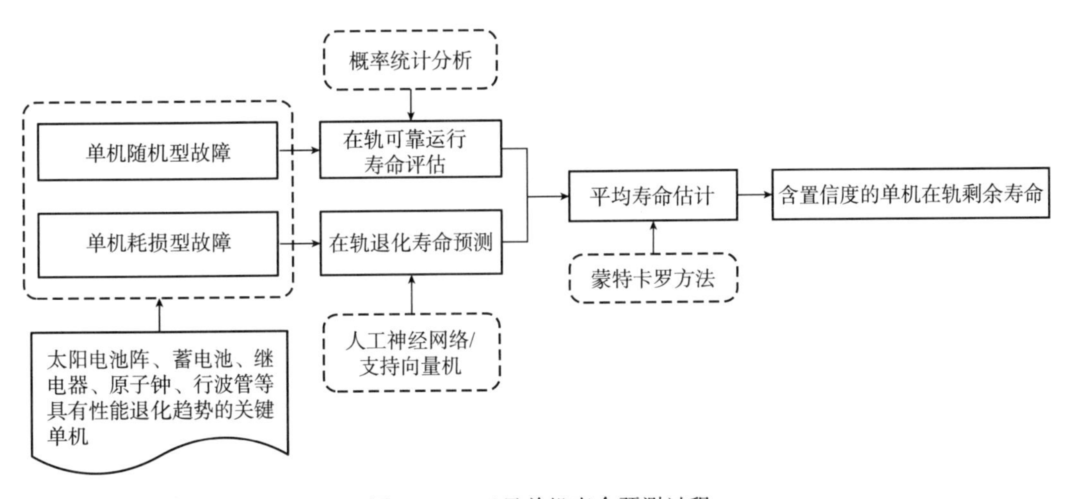

图 5－13　卫星单机寿命预测过程

表 5－3　卫星关键单机寿命预测关键参数

评估项目	评估要求
太阳电池阵输出功率评估	按给定公式计算北(－Y)太阳电池阵输出电流、南(＋Y)太阳电池阵输出电流、太阳电池阵总输出电流，绘制 ISN、ISS、IS 各曲线，采用数据挖掘方法获得曲线的趋势延长线，可预测未来太阳电池阵输出功率

续表

评估项目	评估要求
蓄电池组容量变化趋势预测	按给定公式计算蓄电池组剩余容量和蓄电池组放电深度，分别绘制 CN、CS、DODN 和 DODS 的曲线（每个地影季中选取的 7 天数据只使用最大值），采用数据挖掘方法获得曲线的趋势延长线，预测未来蓄电池组放电剩余容量和放电深度，预测放电深度大于要求值（可设置）的时间点
继电器可工作时间预测	供配电分系统各单机设备中，在轨开关动作频繁的继电器为充电阵 A～F 的控制开关。实时监视上述遥测参数的变化情况，计算各继电器的动作次数，利用数据挖掘算法拟合在轨时间与各开关动作次数的关系曲线，预测未来一段时间内动作次数
原子钟寿命预测	原子钟光强具有退化趋势，利用数据挖掘算法对原子钟光强遥测进行趋势预测与评估
行波管寿命预测	对行波管放大器控制阳极电压遥测参数进行采样，利用数据挖掘算法对 TWTA 放大器控制阳极电压进行建模拟合，得到其随时间的变化趋势。设置阈值，可获得该参数达到阈值的时间

单机平均寿命估计流程如图 5－14 所示。平均寿命估计的基本思想是：利用蒙特卡罗仿真技术，针对随机失效模型可靠度函数（a，b）和耗损失效正态分布函数（μ，σ）进行仿真，通过反算获得单机随机失效时间和耗损失效时间，取其最小值作为单机的在轨总工作时间，经过多次蒙特卡罗仿真后得到平均的剩余寿命估计。

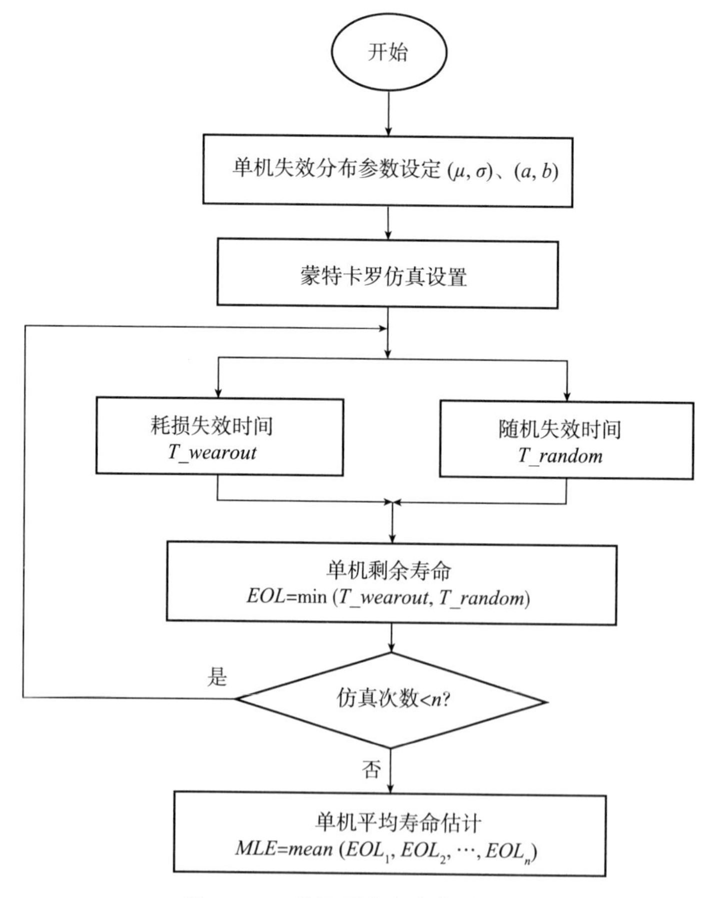

图 5－14　单机平均寿命估计流程

5.5　常用技术方法

故障诊断与故障预测是一门综合性技术，进行故障诊断与故障预测时，不仅需要对研究对象的结构、性能和运行规律进行深入研究，还会涉及数据科学、人工智能相关内容，如可靠性理论、数理统计、信号处理、模式识别、人工智能等，常采用的手段包括概率统计方法分析、物理机理分析、人工智能数据驱动分析等技术路线。传统故障诊断通常使用阈值判断方法，通过逐项排查监测参数的异常情况确定故障诊断，工作量大。系统智能故障诊断通过智能化方法，结合特征提取等技术，提高故障诊断效率和准确性，涉及的主要方法大致可分为基于知识规则的方法、基于数据驱动的方法和基于系统集成的方法[33,34,49,50]。传统的系统故障预测方法通常是对特征参数进行外推估计，基于阈值进行失效时间的预测。典型的智能系统故障预测方法包括概率统计分析方法和机器学习方法。本节对智能故障诊断和智能故障预测方法进行介绍。

5.5.1　智能故障诊断方法

5.5.1.1　基于知识规则的智能故障诊断

基于规则推理的诊断技术以数字化形式表示、存储和处理知识，直观、易理解，广泛应用于具有丰富经验知识或故障案例的诊断领域。专家系统是基于规则推理故障诊断的一种重要形式，也是人工智能最活跃、最广泛的领域之一。专家系统的本质是使用人类专家推理的计算机模型来处理现实世界中需要专家做出解释的复杂问题，并得出与专家相同的结论。专家系统一般由知识库、推理机、诊断推理或案例匹配、人机交互界面组成，如图 5 - 15 所示。

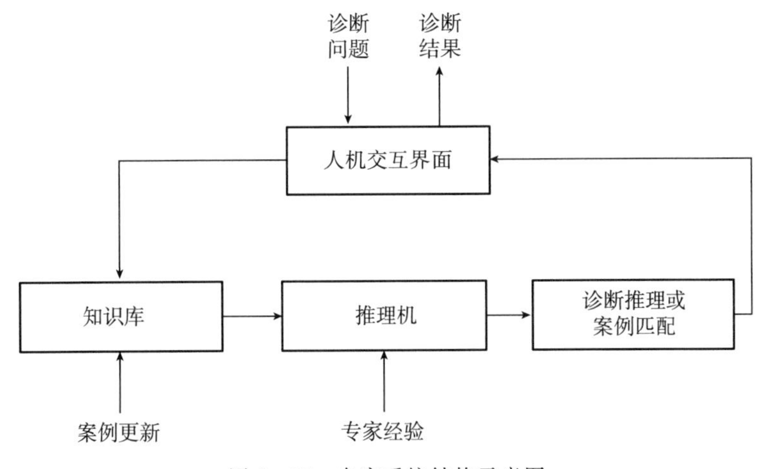

图 5 - 15　专家系统结构示意图

在整个专家系统结构中，最重要的构成单元是知识库和推理机。知识库是专家的知识在计算机中的映射，推理机利用知识库中的知识进行故障诊断推理，专家系统故障诊断的研究热点也集中于这两方面。

基于逻辑规则的知识库构建是当前常用的方式，采用 IF…THEN 的结构，凝练专家知识，不断丰富知识库。IF 后面的语句称为前项，THEN 后面的语句称为后项。前项一般是若干事实的“与或”结合，每一个事实采用对象—属性—值（OAV）三元组表示。基于案例的搜索是推理机常用的形式，是通过采用以前的案例求解当前问题的技术，其推理过程为：

利用检索故障案例库中相似事件来对故障进行诊断，即通过获取当前问题信息寻找最相似的以往案例，案例的检索可基于最近相邻法实现。如果找到了合理的匹配，就使用和过去所用相同的解；如果搜索相似案例失败，则将这个案例作为新案例。

最近相邻法是将待诊断案例视为空间中的一个点，在案例空间找出与该点最邻近的点。该方法不仅要计算案例属性之间的距离，由距离得出相似度，而且要给出属性的权值，将目标案例的特征和候选集中的案例描述的特征进行相似度计算，然后根据指标的权值计算出两个案例之间的相似度，从而求得与目标案例最为相似的案例。

距离相似性的计算公式为

$$SIM(n,P_k)=\frac{\sum_{i=1}^{m}w_i\cdot SIM(a_i^n\cdot a_i^{P_k})}{\sum_{i=1}^{m}w_i} \tag{5-1}$$

式中　n，P_k ——新案例和第 k 个旧案例；

a_i^n，$a_i^{p_k}$ ——对应新、旧案例的第 i 个特征值；

w_i ——第 i 个特征的权重；

$SIM(\cdot)$ ——用于确定两个特征相似度的函数。

整体而言，基于规则推理的诊断技术具有一定的优势，但在应用时通常存在以下难点：

1）专家知识获取困难；2）案例库较大时搜索时间长，推理速度慢，不适于实时诊断要求较高的诊断领域；3）规则库前项限制条件较多时，会导致规则库过于复杂。

5.5.1.2　基于数据驱动的智能故障诊断

基于数据驱动的诊断技术以数值矩阵形式表示和存储知识，计算过程等价于推理过程，不需人为干预，推理速度快，适于有实时性要求的诊断领域。基于数据驱动的方法可分为基于统计分析的方法、基于信号分析的方法和基于人工智能的方法。

（1）基于统计分析的方法

基于统计分析的方法主要依靠分析设备或系统运行过程数据统计量，从中提取数据的变化特征。根据统计特性的可重复性可知，虽然某个变量每次观测的具体数值不能准确预测，但是其平均值、方差等特征统计量会保持不变，针对特定变量设置特定的门限值，就可以有效地检测出异常。针对单变量统计特性，门限值可获得较好的效果，也是当前产品质量监控的重要手段；多变量的统计分析需要考虑包含在其他关联变量中的信息进行故障诊断，根据多变量的历史数据，利用多元投影方法将多变量空间降维形成反映数据主要变化的低维空间，再将新观测数据投影到此低维空间，再利用特征统计量判断数据是否异常，主要的方法有 Fisher 判别法、主成分分析法、偏最小二乘法等。

以较成熟的 Fisher 判别法为例，针对不同状态的样本矩阵 $\boldsymbol{X} \in \boldsymbol{R}^{n \times m}$ ，需要将其进行故障诊断分为 P 类，判定其所处的故障模式类别。定义样本总体离散度 $\boldsymbol{S}_t$ 为

$$\boldsymbol{S}_t = \sum_{i=1}^{n} (\boldsymbol{x}_i - \bar{\boldsymbol{x}})(\boldsymbol{x}_i - \bar{\boldsymbol{x}})^{\mathrm{T}} \tag{5-2}$$

式中　$\bar{\boldsymbol{x}}$ ——总体样本的平均值向量；

$\boldsymbol{x}_i$ ——第 i 个观测样本的观测向量。

第 j 类的类内离散度 $\boldsymbol{S}_j$ 为

$$\boldsymbol{S}_j = \sum_{\boldsymbol{x}_i \in \boldsymbol{x}_j} (\boldsymbol{x}_i - \bar{\boldsymbol{x}}_j)(\boldsymbol{x}_i - \bar{\boldsymbol{x}}_j)^{\mathrm{T}} \tag{5-3}$$

式中　$\bar{x}_j$ ——第 j 类的总体样本的平均值向量。

类内离散度矩阵 $\boldsymbol{S}_w$ 为

$$\boldsymbol{S}_w = \sum_{i=1}^{P} \boldsymbol{S}_i \tag{5-4}$$

类间离散度矩阵 $\boldsymbol{S}_b$ 为

$$\boldsymbol{S}_b = \sum_{j=1}^{P} n_j (\boldsymbol{x}_i - \bar{\boldsymbol{x}})(\boldsymbol{x}_i - \bar{\boldsymbol{x}})^{\mathrm{T}} \tag{5-5}$$

式中　n_j ——第 j 类的观测样本数。

Fisher 判别的目标是求得最优分类向量 $\boldsymbol{J}$ ，实现对不同故障类的最优分类

$$\boldsymbol{J}(\boldsymbol{w}) = \max \frac{\boldsymbol{w}^{\mathrm{T}} \boldsymbol{S}_b \boldsymbol{w}}{\boldsymbol{w}^{\mathrm{T}} \boldsymbol{S}_w \boldsymbol{w}} \tag{5-6}$$

求得向量 $\boldsymbol{J}$ 后，即可得到样本在 P 类分类下的分离程度，从而实现对样本的故障诊断，定位故障所处位置和所属类别。

(2) 基于信号分析的方法

基于信号分析的故障诊断方法是利用各种信号分析技术提取信号时域和频域特征，利用幅值变化、相位漂移等方法确定过程的状态，目前在振动信号特征提取与诊断方面得到了非常广泛的应用，常用的方法有小波变换、傅里叶变换、希尔伯特-黄变换等。

以小波变换故障特征提取为例，针对监测信号 $f(t)$， 其小波变换为

$$W_f(a,b) = \frac{1}{\sqrt{a}} \int_{-\infty}^{+\infty} f(t) \psi^* \left(\frac{t-b}{a} \right) \mathrm{d}t \tag{5-7}$$

式中　a ——尺度因子；

b ——位移因子；

ψ ——基小波。

直接观测的信号变化明显，且噪声污染会使得低频信息难以分辨。小波分析方法能对信号进行全时频分解，能更有效地反映故障信号的时频特征，从而有效实现故障信号的特征提取，进而进行故障诊断。

(3) 基于人工智能的方法

通过使用大量数据训练计算机，使计算机实现学习、推理和决策，所需要的知识源自于大量的过程数据，典型的代表方法有人工神经网络方法、支持向量机方法等。利用人工神经网络进行故障诊断，其原理是利用训练数据（大量已知故障属性的样本）建立起故障识别和分类的映射，然后将训练好的网络用于新观测的数据进行异常情况的判断。相较于人工神经网络而言，支持向量机克服了小样本数据训练的难题，其基本思想是数据在低维不可分时，利用核函数将数据映射到高维空间，根据支持向量距离最大的原则构造超平面，将分类问题转化为寻优问题，对数据进行分类，从而达到故障诊断的目的。

图 5-16 中的典型神经网络结构由输入层、多个隐含层和输出层组成。输入层神经元个数取决于输入参数的数量，输出层神经元的个数取决于故障诊断分类状态的数量，每层隐含层神经元数量可根据模型对象自行确定和优化。

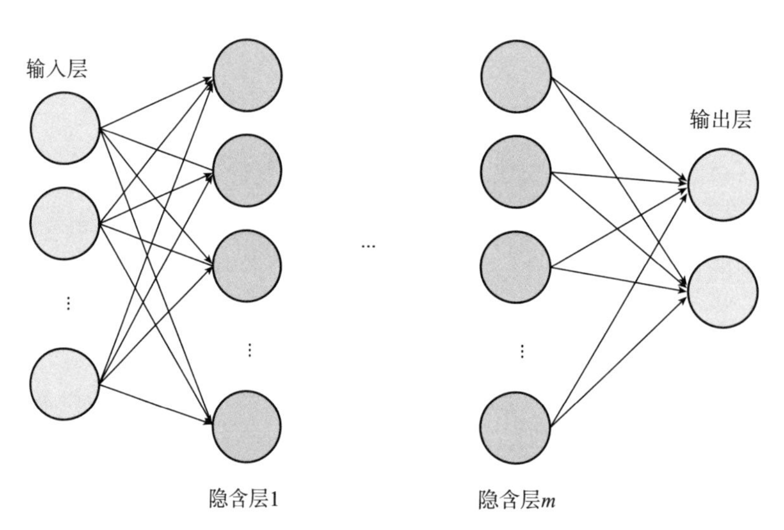

图 5-16 神经网络示意图

神经网络的计算公式为

$$h_j^m = \phi(\sum_i^I w_{ji}^m h_j^{m-1}) = \phi(s_j) \tag{5-8}$$

式中 h_j^m ——第 m 层第 j 个神经元的输出；

w_{ji}^m ——该神经元与上层总计 I 个神经元连接的权重；

h_j^{m-1} ——上层各神经元的输出；

ϕ ——激活函数，其作用是将输出映射至 0～1 内，常用 sigmoid 函数，即第 m 层各神经元的输出是第 $m-1$ 层神经元输出值 s_j 的函数。

神经网络的关键是对各相邻层、各节点之间的权重进行训练优化，优化公式为

$$e = (y_p - y)^2 \tag{5-9}$$

式中　e ——输出层各节点的误差值；

y_p ——神经网络模型的输出值；

y ——实际输出值。

通过计算实际值与预测值之间的误差，可利用下式对各个权重进行优化

$$w_{ji}^m \leftarrow w_{ji}^m - \eta \frac{\partial e}{\partial w_{ji}^m} \tag{5-10}$$

式中　η ——学习率；

$\frac{\partial e}{\partial w_{ji}^m}$ ——通过误差逆传播算法（BP）确定，故采用该方法进行权重优化的神经网络通常称为BP神经网络。

支持向量机算法通过将分类问题转化为优化问题，利用结构风险最小化原则，选取损失函数为误差的二次项。针对样本集$(x_i，y_i)_{i=1}^N$，该优化问题可由如下方程组描述

$$\begin{cases} \min J(\omega, \xi) = \frac{1}{2}\boldsymbol{\omega}^{\mathrm{T}}\boldsymbol{\omega} + \frac{1}{2}c\sum_{i=1}^{N}\xi_i^2 \\ \text{s.t } y_i = \boldsymbol{\omega}^{\mathrm{T}}\varphi(x_i) + b + \xi_i \end{cases} \tag{5-11}$$

式中　$\boldsymbol{\omega}$ ——权值向量；

φ ——映射函数。

在支持向量机算法中，通常采用核函数来表示样本空间到高维空间的映射，可表示为

$$K_{ij}(x_i, x_j) = \varphi(x_i)^{\mathrm{T}} \cdot \varphi(x_j) \tag{5-12}$$

利用拉格朗日法求解式（5-12），该优化问题可表示为

$$\begin{bmatrix} 0 & 1 \\ 1 & \boldsymbol{\Phi} + \boldsymbol{V}_c \end{bmatrix} \begin{bmatrix} b \\ \boldsymbol{\alpha} \end{bmatrix} = \begin{bmatrix} 0 \\ \boldsymbol{y} \end{bmatrix} \tag{5-13}$$

其中

$$\boldsymbol{y} = [y_1, y_2, \cdots, y_N]^{\mathrm{T}}$$

$$\boldsymbol{\alpha} = [\alpha_1, \alpha_2, \cdots, \alpha_N]^{\mathrm{T}}$$

$$\boldsymbol{V}_c = \mathrm{diag}\{1/c\}$$

$$\boldsymbol{\Phi} = [K_{ij} \mid i, j = 1, 2, \cdots, N]^{\mathrm{T}}$$

式中　c ——可按网络搜索和交叉验证方法获得。

样本分类标签的估计可表示为

$$y^*(x) = \sum_{i=1}^{N}\alpha_i K(x, x_i) + b \tag{5-14}$$

核函数可选用高斯径向基函数，表示为

$$K(x, x_i) = \mathrm{e}^{\frac{-\| x - x_i \|^2}{\sigma^2}} \tag{5-15}$$

式中　σ ——可按照网格搜索和交叉验证方法获得。

总体而言，基于数据驱动的故障诊断技术通过将故障诊断问题转化为计算机的运算求解问题，推理速度快。但是基于数据驱动的故障诊断技术的模型通常是隐式的，特别是神

经网络、支持向量机等机器学习算法，计算机通过学习历史数据获得推理的知识与规则，使用者难以直接观测，解释性欠佳。

5.5.1.3 基于系统集成的故障诊断

基于系统集成的故障诊断通常将故障的传播拓扑结构和定量分析相结合，贝叶斯网络是常用的方法。贝叶斯网络是一个概率图模型，通过有向无环图（directed acyclic graph，DAG）来表示一组随机变量以及其中的依赖关系，将故障传播的拓扑关系反映在节点的连接关系中，其影响的不确定性反映在条件概率表中，条件概率可融合专家经验和数理统计值进行设置，最大程度地利用了先验知识，网络结构也非常直观地显示事件的因果关系。贝叶斯网络诊断推理是解决最大后验假设（MAP）的过程，主要是利用贝叶斯网络中在给定对一个变量集合 E 的观测值（证据）时，基于贝叶斯公式进行推理，计算出任何需要考察的变量集合 Q 的后验概率分布（即 $P(Q \mid E)$）的过程，从而实现在观测证据下故障诊断与定位。

用 X 表示所有的贝叶斯网络中待求节点，E 表示证据节点，Y 表示其他节点，Z 表示所有节点的集合。求解过程为

$$\hat{x} = \max_{x} p(X \mid E) \tag{5-16}$$

$$\begin{aligned}\hat{x} &= \max_{x} \sum_{Y} p(X, Y \mid E) \\ &= \max_{x} \sum_{Y} \prod_{Z_i \in Z} p(Z_i \mid PA(Z_i))\end{aligned} \tag{5-17}$$

式中 $PA(Z_i)$——节点 Z_i 的父节点。

$\boldsymbol{T}$ 作为构造马尔科夫链的转移矩阵，满足

$$p(x^*)\boldsymbol{T}(x \mid x^*) = p(x)\boldsymbol{T}(x^* \mid x) \tag{5-18}$$

MCMC 方法采用 Metropolis - Hastings 算法构造 $q(x \mid x^*)$ 满足 $\boldsymbol{T}$ 矩阵的条件，得到 $A(x, x^*)$

$$A(x, x^*) = \min\left\{1, \frac{p(x^*)q(x \mid x^*)}{p(x)q(x^* \mid x)}\right\} \tag{5-19}$$

$$q(x \mid x^*) = \left\{\begin{matrix} p(x_j^* \mid x_{-j}), & if \quad x_{-j}^* = x_{-j} \\ 0, & otherwise \end{matrix}\right\} \tag{5-20}$$

式中，假设 $X = x_1, x_2, x_3, \cdots, x_n$，则 $X_{-j} = x_1, x_2, \cdots, x_{j-1}, x_{j+1}, \cdots, x_n$。

要取得全局最优的最大解，需要简化 $p(x)$，采用 Annealed 算法来仿真非一致性马尔科夫链，则

$$p_i(x) \propto p^{1/T_i}(x) \tag{5-21}$$

当 $\lim_{i \to \infty} T_i = 0$，假设 $p^{\infty}(x)$ 是 $p(x)$ 的概率密度，则

$$
\begin{aligned}
A(x,x^*) &= \min\left\{1,\frac{p^{1/T_i}(x^* \mid E)q(x \mid x^*)}{p^{1/T_i}(x \mid E)q(x^* \mid x)}\right\} \\
&= \min\left\{1,\frac{p^{1/T_i}(x_j^*,x_{-j}^* \mid E)p(x_j \mid x_{-j}^*,E)}{p^{1/T_i}(x_j,x_{-j} \mid E)p(x_j^* \mid x_{-j},E)}\right\} \\
&= \min\left\{1,\frac{p^{1/T_i-1}p(x_j^* \mid x_{-j},E)}{p^{1/T_i-1}p(x_j \mid x_{-j},E)}\right\}
\end{aligned}
\tag{5-22}
$$

当 $T_i=1$ 时，上述算法是 $p(X|E)$ 的吉布斯抽样；当 T_i 趋近于0时，即可得到 $p(X|E)$ 的全局最大值，从而计算得到网络节点中各个待求节点中的条件概率，通过比较各个故障模式的概率大小，实现故障的定位。

贝叶斯网络在故障诊断应用中的一大优点是：可以利用历史数据进行参数学习和结构学习，从而使诊断模型自趋优，提高故障诊断准确度。参数学习的任务就是要从数据中挖掘出变量间的相互依赖关系，即得到网络的条件概率表。这是一个统计学意义上的参数估计问题，对贝叶斯网络样本数据集进行参数学习就是寻找可以概括样本数据集分布特征的参数的过程，通常可采用最大似然估计法和贝叶斯估计方法；结构学习的过程就是不断寻找与数据集契合程度更好的网络结构的决策过程，得到贝叶斯网络的节点间的有向边连接关系。对于网络结构学习一般采用启发式的算法，常用的方法有统计分析法和评分搜索法。

从目前诊断技术应用角度看，基于系统集成的诊断技术较好地融合了定性和定量模型，知识获取的能力较强，通常与其他的故障诊断方法联合使用。

5.5.2 智能故障预测方法

5.5.2.1 概率统计分析方法

基于传统可靠性理论，采用同类部件/设备/系统的事件记录的分布对其失效特性进行描述，许多参数的失效模型，如泊松分布、指数分布、威布尔分布、对数正态分布等均可描述设备的失效概率。其中，因威布尔分布能够适用包括“浴盆曲线”中早期失效等多种情况，因此得到了较广泛的应用，基于概率统计分析的方法采用历史失效数据来估计对象的整体特性（MTBF、MTTR、可靠运行概率等），通过与其他方法联合使用，可对个体故障进行预测。

针对随机截尾样本的故障可靠性分析，可采用非参数估计的 Kaplan - Meier 估计量分析方法。

随机截尾数据可靠性函数的 Kaplan - Meier 估计量为

$$
\hat{R}(t)=\prod \hat{p}_i=\prod \frac{n_i-1}{n_i} \tag{5-23}
$$

如果故障数据完整，即非截尾数据时，那么 Kaplan - Meier 估计量就等于经验可靠度函数，即

$$
\hat{R}(t)=\frac{N-n(t)}{N}=1-\frac{n(t)}{N} \tag{5-24}
$$

式中　$\hat{R}(t)$ ——产品在 t 时刻的可靠度函数 $R(t)$ 的估计。

该可靠性统计分析方法属于非参数可靠性分析，即所计算的试验数据相互之间没有关联。

卫星可靠性的非参数估计结果可以用威布尔分布很好地拟合，由此可计算得到威布尔分布的形状和寿命参数。

对威布尔可靠性方程两边取两次自然对数，可得到如下公式

$$\ln[-\ln R(t)] = \beta \ln t - \beta \ln \theta \tag{5-25}$$

进行变量代换

$$\begin{cases} y = \ln[-\ln R(t)] \\ x = \ln t \end{cases} \tag{5-26}$$

得到一个线性方程，斜率等于形状参数，$y = \beta x - \beta \ln\theta$ 。

非参数分析提供了每个采样时刻的可靠性估计，因此可以绘出 $\ln[-\ln\hat{R}(t_{(i)})]$ 对 $\ln t_{(i)}$ 的曲线。用最小方差拟合可得到近似线性的方程。此时，可得到威布尔分布的形状和尺度参数估计：形状参数 β 由线性方程的斜率给出，尺度参数 θ 由截距给出，通过失效率的预测与外推，从而实现故障预测。

5.5.2.2　机器学习方法

机器学习方法可基于数据进行建模，不需要对象系统精确的物理模型和先验知识，以采集的数据为基础，通过各种数据分析处理方法挖掘其中的隐含信息进行预测操作，从而避免了基于模型和基于知识的故障预测技术的缺点，成为一种较为实用的故障预测方法。常见的故障预测机器学习算法有神经网络、支持向量机算法，在故障预测中，模型可用于关键特征参数变化趋势的预测，或是通过现有特征参数状态，对当前或未来综合健康状态进行预测。

深度学习作为机器学习的一个新的领域，模仿人类大脑处理信息的过程。典型的深度学习模型就是很深层的神经网络，实质上是一种多层次非线性的信息提取方法，通过这种非线性的模型，对输入信息进行逐层抽象，从而发现数据的分布特征。一系列深度神经网络的衍生算法也为故障预测提供新的思路，较典型的有循环神经网络（RNN）和深度置信网络（DBN）。循环神经网络是用于处理时序信号的智能模型，采用了环形结构，从而让一些神经元的输出反馈回来作为输入信号，使得网络在 t 时刻的输出不仅与时刻 t 的输入有关，还与 $t-1$ 时刻的网络隐含层输出有关，从而能够处理与时间有关的动态信息，正确反映特征参数在时序上的变化趋势，从而基于特征参数的变化趋势进行故障预测。

（1）循环神经网络

循环神经网络与传统 BP 神经网络相比，能够更好地捕捉序列数据的信息。RNN 和 BP 神经网络同样使用误差反向传播算法对连接权重进行优化，但传统 BP 神经网络中各层间传递的参量不共享，随着层之间的迭代，梯度逐渐稀疏，误差矫正越来越弱。

典型的 RNN 结构如图 5-17 所示，与 BP 神经网络的训练参数仅在不同层的神经元之间传输的结构不同。RNN 最大的特点是隐含层的神经元不仅输出传递给下一层，还将作

用在本层神经元的下一时刻，即第 i 层 j 时刻的输入，包括第 $i-1$ 层的输出和第 i 层 $j-1$ 时刻的输出两部分。因此，RNN 中各神经元的输出应表示为

$$h_{j,t}^{m}=\boldsymbol{w}_1\phi(h_{j,t-1}^{m})+\boldsymbol{w}_2\phi(h_{i,t}^{m-1}) \tag{5-27}$$

式中　$h_{j,t}^{m}$ ——第 m 层第 j 个神经元在 t 时刻的输出；

$\boldsymbol{w}_1$ ——历史输出占当前输出的权重矩阵；

$\boldsymbol{w}_2$ ——$m-1$ 层各神经元输出占当前输出的权重矩阵。

通过经过训练的 RNN 网络，可以对特征参数变化趋势进行预测。

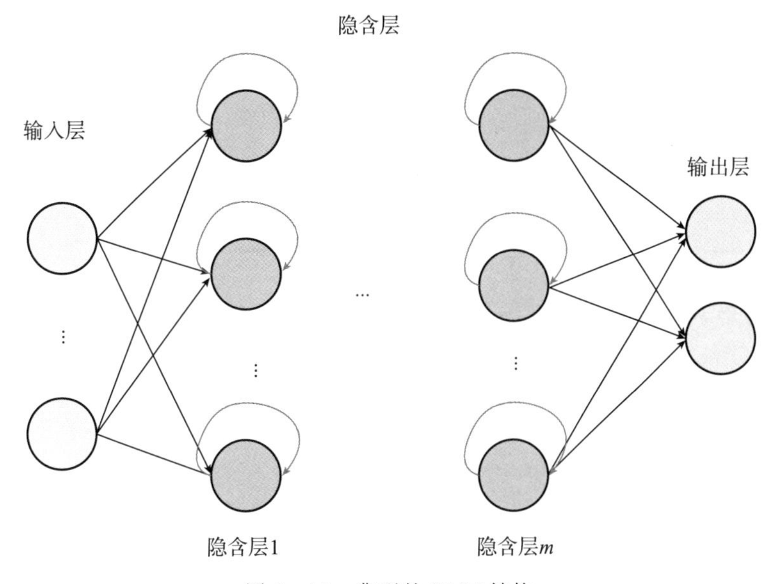

图 5-17　典型的 RNN 结构

(2) 深度置信网络

DBN 通过提取多个特征参数的特征，能够提前发现特征参数反映出来的潜在故障现象。深度置信网络由多个 RBM 堆叠而成，RBM 由可见层 v 和隐含层 h 构成，可见层 v 的每个神经元分别和隐含层 h 的每个神经元连接，可见层 v 的同一层的神经元之间相互独立。可见层 v 和隐含层 h 神经元状态由 {0，1} 代表激活和未激活状态。RBM 通过可见层 v 和隐含层 h 之间各神经元的连接权值 w_{ij} 来实现对隐含层的构建，隐含层 h 提取的信息即可看作输入可见层 v 数据的特征，RBM 的结构如图 5-18 所示。

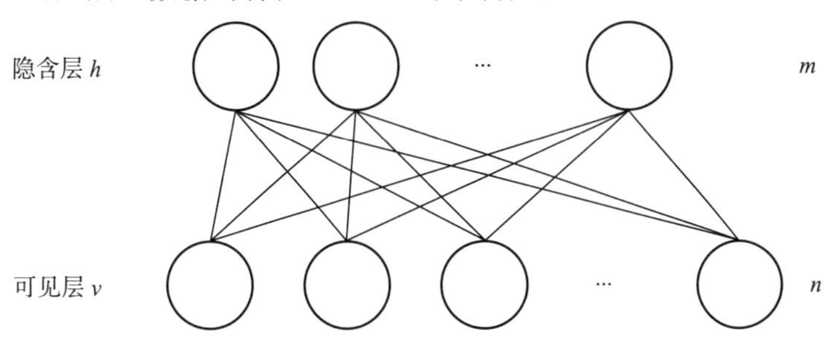

图 5-18　RBM 的结构

可见层神经元表示为 $v=\{v_1, v_2, \cdots, v_n\}$，隐含层神经元表示为 $h=\{h_1, h_2, \cdots, h_m\}$，RBM 的能量函数表示为

$$E(v,h)=-\sum_{i=1}^{n}a_i v_i-\sum_{j=1}^{m}b_j h_j-\sum_{i=1}^{n}\sum_{j=1}^{m}w_{ij}v_i h_j \tag{5-28}$$

式中 a_i ——可见层神经元的偏置；

b_j ——隐含层神经元的偏置；

w_{ij} ——神经元连接的权重。

可见层与隐含层之间的联合概率分布函数表示为

$$P(v,h)=\frac{1}{\sum_{i=1}^{m}\sum_{j=1}^{n}\mathrm{e}^{-E(v,h)}}\mathrm{e}^{E(v,h)} \tag{5-29}$$

可见层 v 和隐含层 h 条件分布概率可表示为

$$p(h_j=1|v)=sigmoid(b_j+\sum_{i=1}^{n}w_{ij}v_i) \tag{5-30}$$

$$p(v_i=1|h)=sigmoid(a_i+\sum_{j=1}^{m}w_{ij}h_j) \tag{5-31}$$

通过利用对比散度（Contrastive Divergence，CD）算法，权值和偏置的更新可表示为

$$\Delta w_{ij}=\eta(\langle v_i h_j\rangle_{data}-\langle v_i h_j\rangle_{recon}) \tag{5-32}$$

$$\Delta a_i=\eta(\langle v_i\rangle_{data}-\langle v_i\rangle_{recon}) \tag{5-33}$$

$$\Delta b_j=\eta(\langle h_j\rangle_{data}-\langle h_j\rangle_{recon}) \tag{5-34}$$

通过上式可完成对 RBM 的更新和优化，上一层 RBM 的隐含层作为下一层 RBM 的可见层实现堆叠，便组成了深度置信网络（DBN），如图 5-19 所示。

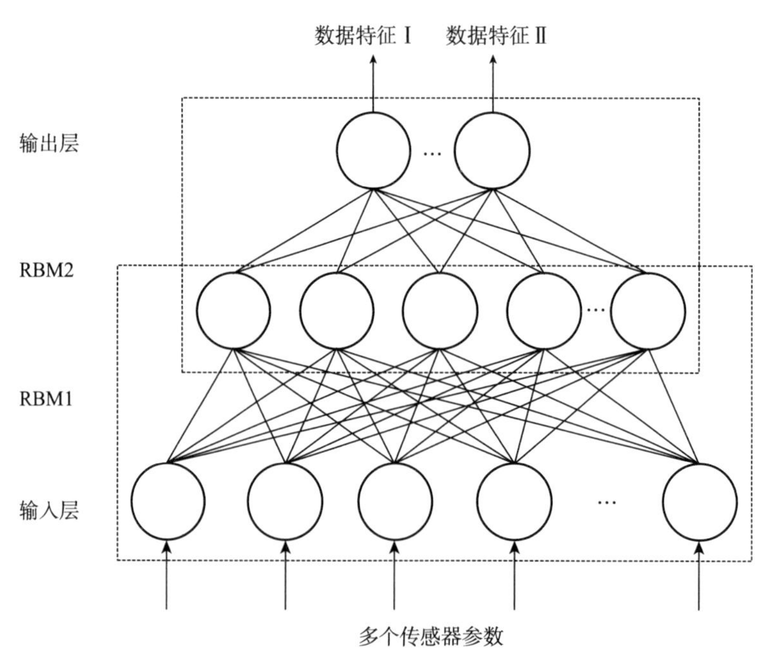

图 5-19　DBN 结构

输入数据由最底层 RBM 的可见层输入，依照上述 RBM 训练的过程自下而上完成 DBN 中所有 RBM 的无监督学习，最顶层的 RBM 输出即输入数据的提取特征。最顶层 RBM 输出可经过 softmax 分类器，把正常数据和故障期间数据，依据数据特征形成数据分类标签，该标签与原始数据标签对比并计算形成建模误差，通过误差反向传播算法对 DBN 中的 RBM 连接权值进行有监督的优化。经过训练后的 DBN 网络可实现对数据特征的提取，提前发现特征数据所表现出来的潜在故障信息，从而实现故障预测。

5.6　应用示例

本节基于服务级故障诊断框架、卫星系统故障诊断框架、地面运控系统故障诊断框架、星间链路故障诊断框架和卫星单机寿命预测框架，分别讨论了空间信号异常诊断示例、基于规则的卫星故障诊断示例和基于数据驱动的卫星故障诊断示例、基于系统集成的卫星故障诊断示例、地面运控定轨业务故障诊断示例、星载氢钟故障预测示例。

5.6.1　空间信号异常诊断示例

空间信号异常是典型的服务级故障，也是影响用户服务的重要因素，通常用 UERE 参数表征信号正常与否。导致空间信号异常的因素主要包括卫星载荷设备、地面运控系统设备。为便于说明故障诊断过程，重点围绕卫星载荷设备详细分析，地面运控系统设备和监测接收机设备不做论述。卫星载荷异常主要分为卫星上行扩频异常、卫星下行导航异常和其他异常三种。

卫星上行扩频异常具体表现为：

1）无卫星测距值；

2）卫星锁定信号时间超出注入计划起始时间；

3）星地时间同步结果跳变，卫星 MERE 监视结果未跳变；

4）电文下传的上行 CRC 校验显示错误。

卫星下行导航异常具体表现为：

1）下行信号不能正常锁定；

2）下行载噪比估值异常；

3）下行测距频内差或频间差超限；

4）下行测距值跳大数；

5）下行电文显示的上行测距值增量出现异常；

6）下行导航电文比对错误。

其他异常具体表现为：

1）导航电文注入失败；

2）下行伪距值跳变，且电文全为零；

3）其他未知异常。

根据故障原因分析，利用贝叶斯网络构建空间信号异常故障诊断模型，如图 5 - 20 所示。

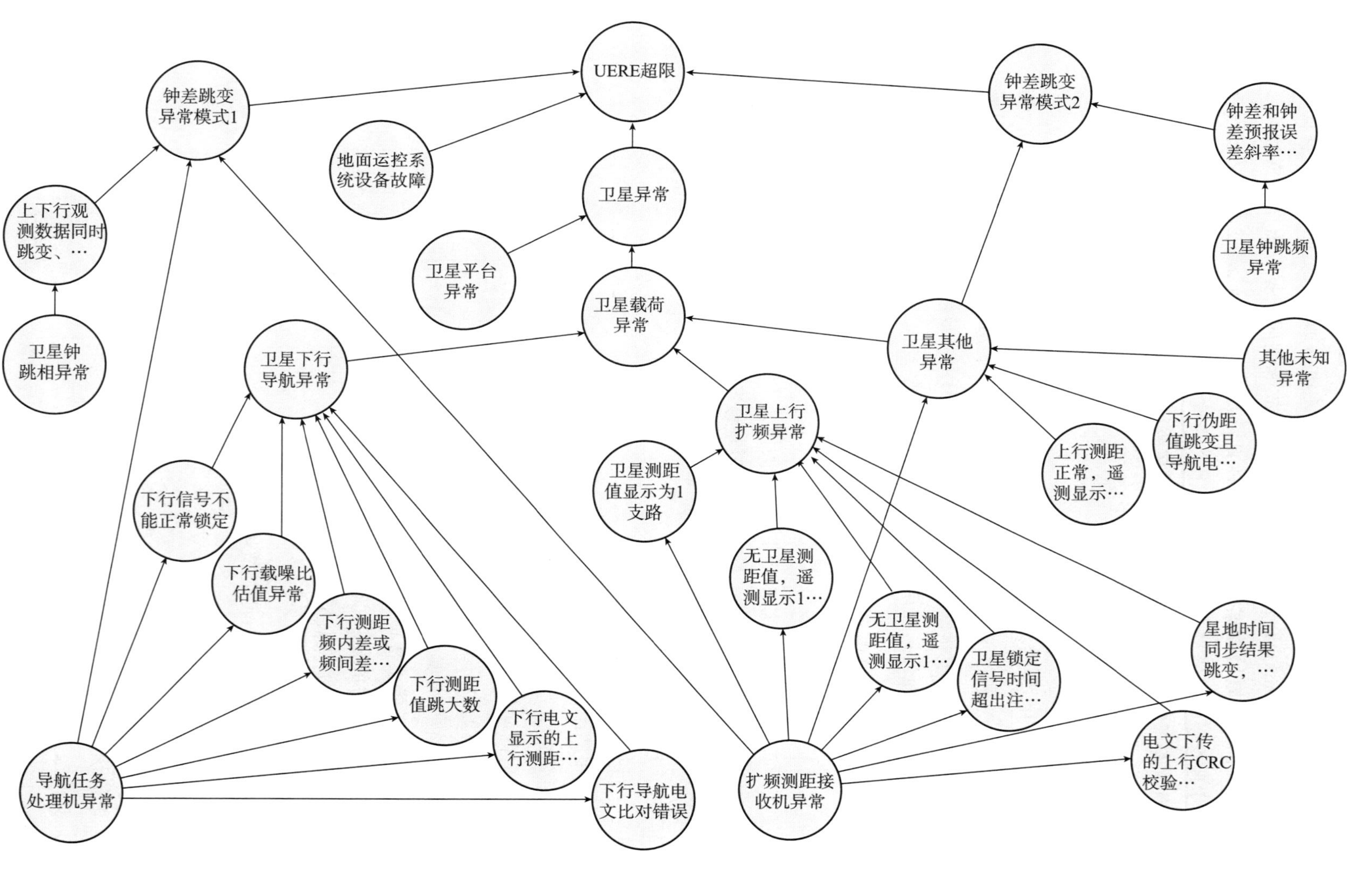

图 5－20　空间信号异常故障诊断模型

模型说明如下：

1）UERE超限是用来表征空间信号异常的顶层监测参数，而钟差跳变也是被直接监测的参数，并且钟差跳变是影响UERE超限的一个因素。

2）钟差跳变异常模式1是指毫秒级的跳变，可能由导航任务处理机异常、导航任务处理机和扩频测距接收机同时异常、卫星钟异常三种模式中的任意一种或组合引起。若观测到上下行观测数据同时跳变、方向相反且量级一致，则可以确定为卫星钟跳相异常；否则，可以排除卫星钟跳相异常。

3）钟差跳变异常模式2是指几百微秒的跳变，可能由扩频测距接收机异常、卫星钟异常两种模式中的任意一种或组合引起。若观测到钟差和钟差预报误差斜率有明显变化，MERE朝一个方向持续恶化，则可确定为卫星钟跳频异常；否则，可以排除卫星钟跳频异常。

4）在排除卫星钟异常的前提下，根据先地面后卫星、多站多接收机确认的判定原则排除地面运控设备原因，确定为卫星异常。而卫星异常又分为平台异常和载荷异常，根据系统实际运行情况，卫星平台异常几乎不会引起空间信号异常，因此主要围绕卫星载荷异常展开分析。

5）根据卫星载荷异常相关描述，进一步分为卫星上行扩频异常、卫星下行导航异常和卫星其他异常三种，再进一步展开为相应的故障模式，最后卫星上行扩频异常定位到扩频测距接收机，卫星下行导航异常定位到导航任务处理机。

模型中各节点描述见表5-4，共分为六级节点。

表5-4　空间信号异常故障诊断模型中各节点描述

序号	节点层次	节点名称
1	顶层节点	UERE超限
2	二级节点	地面运控系统设备故障
3		卫星异常
4		钟差跳变异常模式1
5		钟差跳变异常模式2
6	三级节点	卫星载荷异常
7		卫星平台异常
8		上下行观测数据同时跳变、方向相反且量级一致
9		钟差和钟差预报误差斜率有明显变化，MERE朝一个方向持续恶化
10	四级节点	卫星下行导航异常
11		卫星上行扩频异常
12		卫星其他异常
13		卫星钟跳相异常
14		卫星钟跳频异常

续表

序号	节点层次	节点名称
15	五级节点	下行信号不能正常锁定
16		下行载噪比估值异常
17		下行测距频内差或频间差超限
18		下行测距值跳大数
19		下行电文显示的上行测距值增量出现异常
20		上行测距正常，遥测显示锁定正常，导航电文注入失败
21		下行伪距值跳变且导航电文全为0
22	六级节点	导航任务处理机异常
23		扩频测距接收机异常

5.6.2 基于规则的卫星故障诊断示例

为便于在轨异常的快速、有效处置，北斗卫星依托地面支持系统，实现基于专家知识规则的在轨异常判定、处置和汇总。下面以导航任务处理机为例，说明基于规则的自主复位异常诊断和处置流程。

1）根据预想的或在轨曾经发生过的导航任务处理机自主复位异常现象及处置情况，制定故障预案。

2）将导航任务处理机自主复位异常故障预案对应的异常判据转化为计算机定量判断的规则，即导航任务处理机自主复位异常诊断知识规则，并录人专家知识规则库。

3）地面支持系统24小时不间断接收遥测信息，并与专家知识规则库的所有规则进行实时比对。若比对发现某颗星的遥测信息变化与导航任务处理机自主复位异常诊断规则相符，则系统报警提示该星出现导航任务处理机自主复位异常，并打印出该星对应的导航任务处理机自主复位异常处置对策，发送给发令系统。

4）发令系统收到处置对策后，启动预先准备好的导航任务处理机自主复位异常处置作业，向对应卫星发令处置。

5 地面支持系统根据专家知识规则库实时诊断出导航任务处理机自主复位异常现象恢复后，清除报警，并自动记录异常发生及处置过程。

6）导航任务处理机自主复位异常处置结束。

5.6.3 基于数据驱动的卫星故障诊断示例

本节以动量轮故障诊断为例介绍数据驱动故障诊断过程。

根据动量轮物理结构和故障模式，可分层次建立动量轮故障网络结构。首先，对动量轮建模，对动量轮4大部件（轴承组件、壳体组件、轮体组件和电机组件）以及各个零部件进行故障模式及其影响分析，获取其故障模式，并根据动量轮的物理结构建立各层次故障模式之间的逻辑关系。由于每个零部件故障与否总是对应一定的轴温和电流的值或某种变化趋势，因此，建立轴温和电流作为父节点与动量轮零部件故障模式的节点之间的全连通结构，图 5-21 即为建立的动量轮故障网络模型[40]。网络中各个故障模式节点只有正常与故障两个状态，性能节点（轴温、电流）为连续节点，取值为实数。

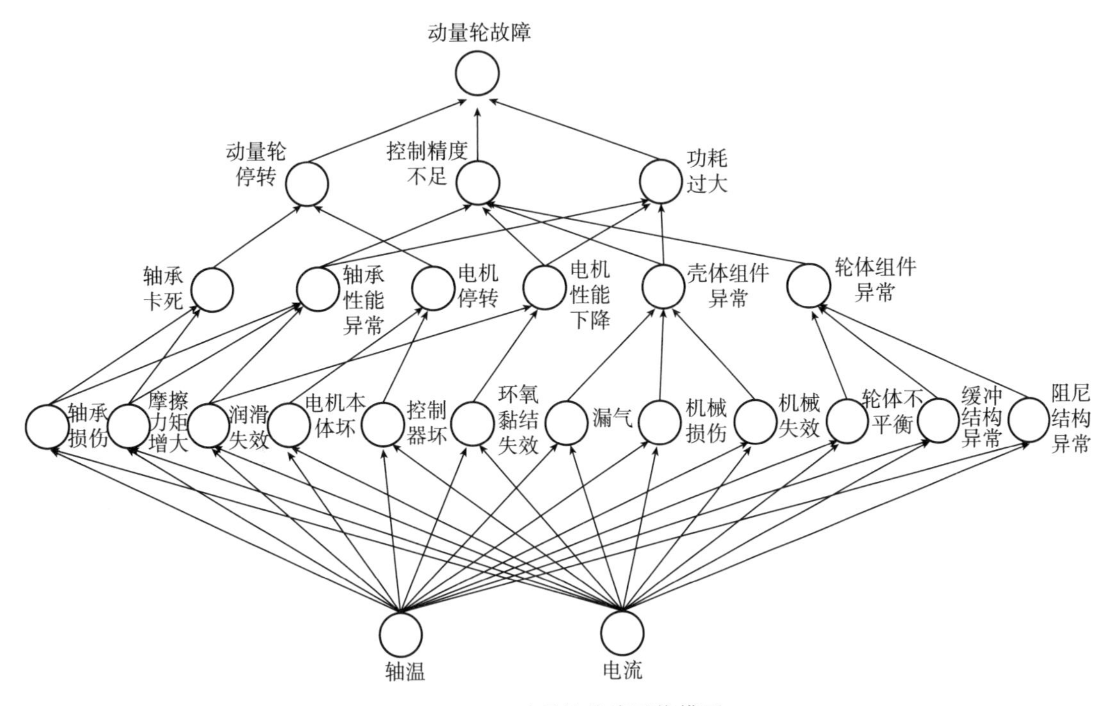

图 5-21 动量轮故障网络模型

对动量轮在轨遥测数据行为模式进行挖掘和识别，匹配数据行为模式与故障模式间的关系。基于统计学观念，对于正常的测点数据，正常模式时，遥测数据呈随机性分布或以均值为中心线，在控制限内呈正态分布。测点采集过程仅受偶然因素的影响，过程会相对稳定。在故障发生时，点的分布呈现出某种系统性特征，这种情况下意味着过程受到了系统因素的影响，过程处于失控状态。根据不同数据变化态势或发生机理将异常模式进一步分为趋势型（上升和下降）、偏移型、阶跃型、周期型等，不同的数据异常模式如图 5-22 所示。

1）超出边界以及屡靠边界：连续多个采样点靠近边界或超出边界；

2）渐变模式：连续多个采样点数据上升或下降；

3）阶跃模式：采样点数据向下或向下跳大数；

4）链状模式：连续多个采样点数据出现在中心线的一侧；

5）聚集到中心的模式：连续多个采样点数据交替出现在中心；

6）周期变化模式：数据点为某个时间的周期变化。

通过分析动量轮电流、轴温的运行数据可知，数据时序特性较强，为充分发挥时序数据的特点，将电流、轴温若干个历史时刻的运行值同时作为输入，使得模型可以综合反映参数的历史变化趋势，模型预测结果更加真实、可信。通过神经网络故障诊断模型可以对

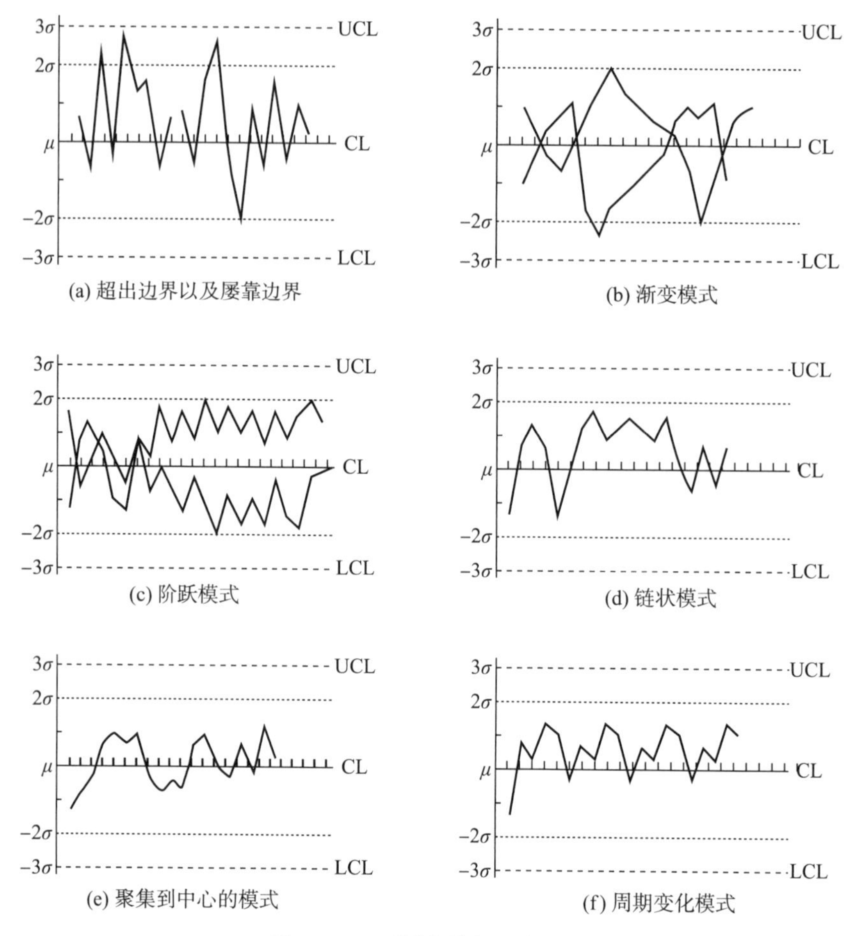

图 5-22 不同的数据异常模式

当前轴温、电流变化情况下，不同故障模式的状态进行判断，通过使用一段时间轴温、电流数据进行验证，利用神经网络对各故障模式的异常情况进行划分（正常、异常两态），针对“电机本体异常”这一故障模式，不同的神经网络正则化参数下，诊断的准确率都达到了 90%以上，如图 5-23 所示。

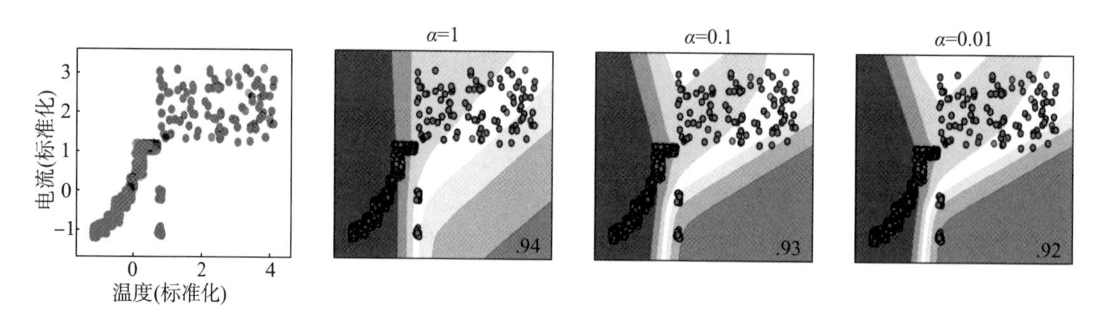

图 5-23 “电机本体坏”节点模型测试精度（见彩插）

5.6.4　基于系统集成的卫星故障诊断示例

星载原子钟是卫星导航定位系统的关键载荷，为卫星提供高精度时间频率信号，是卫星导航信号和授时信号生成的来源，其性能直接决定着导航定位及授时的精度、自主运行的能力甚至导航卫星的寿命。以铷钟为例，采用贝叶斯网络建立其故障诊断模型。

如果钟频发生明显变化，判定为铷钟本体异常，包括物理部分异常、电路部分异常、供电部分异常。其中，引起物理部分异常的原因包括铷灯泡异常和腔泡组件异常；引起电路部分异常的原因包括：晶振异常、接口电路异常、倍频器异常、控温电路异常；供电部分异常原因为电源异常。

铷钟各组件异常可用遥测参数变化来反映。其中，铷灯泡异常可用相位差、光强等遥测参数来判定，腔泡组件异常、晶振异常可用铷信号来判定，接口电路异常可用灯电压来判定，倍频器异常通过锁定指示来判定，控温电路异常可用 TCB 温度来判定，电源部分异常可用电源＋12 V 电压和－12 V 电压综合判断。

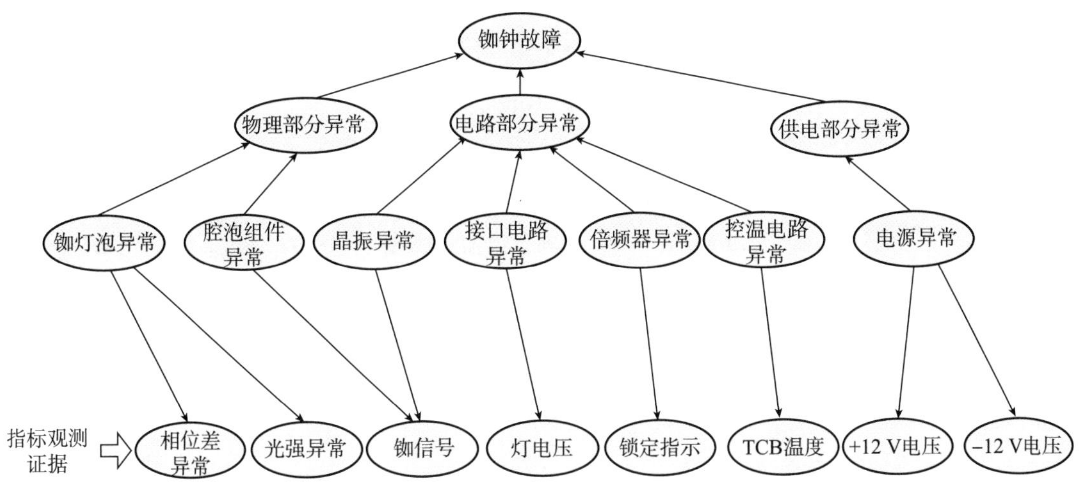

图 5－24　基于系统集成的铷钟故障诊断模型

通过利用实际观测数据对模型节点进行证据设置与追加，在某次铷钟故障发生时，对模型节点证据进行设置，即“铷钟本体故障”设置为“1”。通过查看遥测参数，TCB 温度出现异常，也设置为“1”状态。在该观测证据下，对模型进行贝叶斯推理，进行故障定位，推理可得，各故障模式的发生概率见表 5－5。由推理结果可知，在当前观测证据下，控温电路出现异常的概率较大，继续对铷光强和铷信号监测状态进行进一步诊断，直至故障完全定位确认。

表 5－5　铷钟故障概率

故障模式	正常概率	故障概率
铷灯泡异常	0.977	0.023
腔泡组件异常	0.979	0.021

续表

故障模式	正常概率	故障概率
晶振异常	0.896	0.104
接口电路异常	0.811	0.189
倍频器异常	0.809	0.191
控温电路异常	0.621	0.379

5.6.5 地面运控系统定轨业务故障诊断示例

地面运控系统故障处置过程见表5-6。

表5-6 地面运控系统故障处置过程

责任分系统	地面运控系统	故障等级	Ⅰ级
相关分系统	卫星系统、地面运控主控站、信息处理系统、测通系统		
处理方式	软件控制		
故障现象	信处系统监控台发出告警声并在“告警列表”窗口显示告警信息：* *号星发出轨道前与上一次发出轨道评估结果不达标：R 方向：* * *重叠弧段：* * *（标准：R 方向：4.000 m 位置：40.000 m)”（* *代表卫星号，* * *代表超限的数值）		
故障判定	1)查看故障卫星轨道产品输出模式，使用“信处系统监控台”查看告警卫星的轨道产品输出模式； 2)根据轨道产品输出模式确定后续的处理流程。当输出模式为多星定轨时，按照操作步骤1)进行操作；当输出模式为单星定轨时，先按照操作步骤1)进行操作，然后按照操作步骤2)进行操作		
操作步骤	1)立即联系定轨方向人员来进行处理； 2)删除 lastsend 文件		
处理要求与注意事项	做好详细的记录，截屏并保存查看的所有界面		

5.6.5.1 异常情况描述

定轨是地面控制系统的核心业务之一，定轨业务异常情况处理不当可能对卫星轨道预报精度有影响，进而影响下行信号测距精度，导致卫星不可用。广播星历结果异常是（精密）定轨业务的主要故障模式。故障诊断是根据现有的信息和系统表现特征合理推断，迅速找到故障原因，准确定位故障源，降低系统损失。

以广播星历状态异常诊断为例，导致定轨业务异常的可能故障有以下因素：

1）广播星历拟合异常；

2）定轨业务配置文件读取异常；

3）定轨预处理异常；

4）定轨模型/算法的不完善；

5）监测站数据异常。

当卫星处于不同状态时，所用的定轨手段有所差别。根据信息处理系统的任务要求，有多种轨道确定模式满足不同卫星状态下的轨道产品输出，包括卫星正常状态的常规多星/单星定轨、卫星轨道机动期间提供不间断轨道数据的几何法定轨、轨道机动后快速恢复的单星定轨等。

5.6.5.2　贝叶斯网络建模

根据对定轨业务流程的分析梳理和专家以往归零经验，建立故障模型开展分析。初步构建模型如图 5-25 所示。

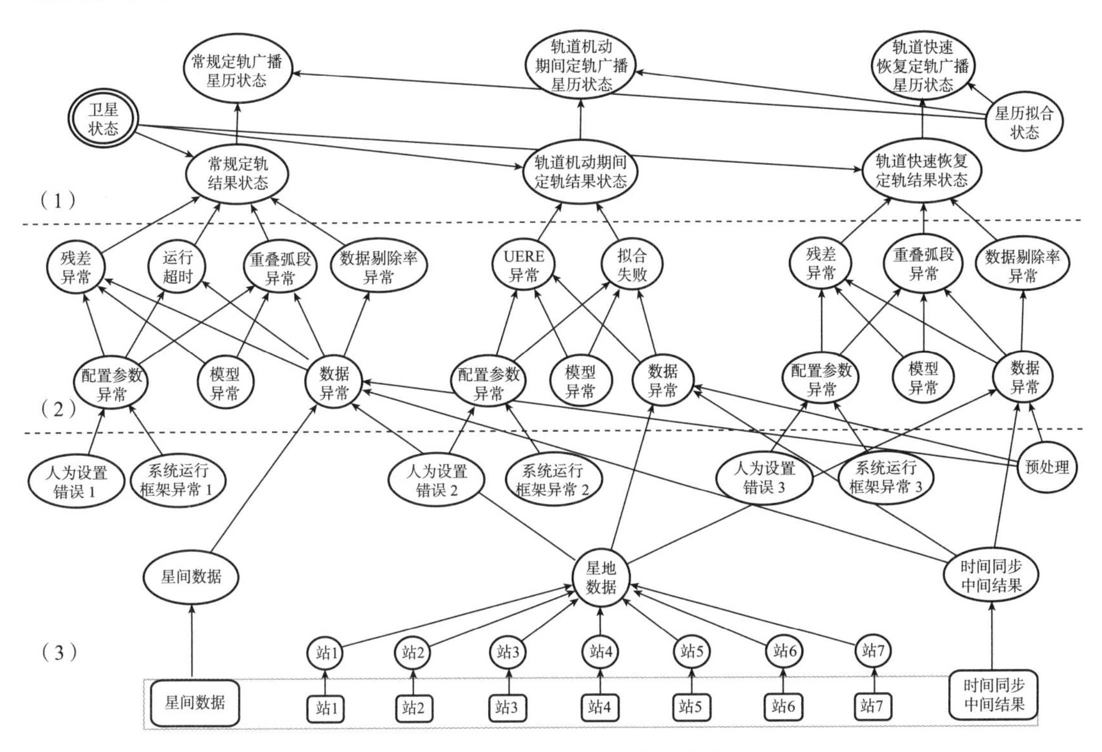

图 5-25　广播星历异常故障诊断模型

(1) 顶层部分

广播星历是根据当前的卫星状态选择适合的定轨算法进行定轨计算，然后经星历拟合得到轨道参数计算结果。不同的卫星状态下，大致分为三种定轨模式：常规定轨、轨道机动期间定轨和轨道快速恢复定轨。

“广播星历状态”指在信处系统处理得到的广播星历计算结果是否正常，广播星历由定轨结果经星历拟合而来，分为“正常（Good）”和异常“（Failure）”。

“定轨结果状态”表示在不同定轨模式下，定轨结果是否正确，分为“正常（Good）”和“异常（Failure）”。

“星历拟合状态”表示广播星历拟合配置参数及拟合计算是否正确，分为“正确（Good）”和异常“（Failure）”。

“卫星状态”分为“S1”“S2”“S3”三个状态，分别对应“常规定轨”“轨道机动期间定轨”和“轨道快速恢复定轨”三种定轨模式。

(2) 中间部分

在常规定轨期间“S1”状态下，定轨结果的故障一般表现为残差异常、运行超时、重叠弧段异常、数据剔除率异常（剔除40%以上）等。故障原因主要包括配置参数异常、模型异常和数据异常，故障表现与故障原因的关系大致为：

1) 残差异常：主要原因包括配置参数异常、模型异常和数据异常；

2) 运行超时：主要原因包括配置参数异常和数据异常；

3) 重叠弧段异常：主要原因包括配置参数异常、模型异常和数据异常；

4) 数据剔除率异常：主要原因是数据异常。

在轨道机动期间“S2”状态下，定轨结果的故障一般表现为UERE异常（需满足定位精度要求）、拟合失败等。故障原因主要包括配置参数异常、模型异常和数据异常，故障表现与故障原因的关系大致为：

1) UERE异常：主要原因包括配置参数异常、模型异常和数据异常。

2) 拟合失败：主要原因包括配置参数异常、模型异常和数据异常。

在轨道快速恢复期间“S3”状态下，定轨结果的故障一般表现为残差异常、重叠弧段异常、数据剔除率异常。故障原因主要包括配置参数异常、模型异常和数据异常，故障表现与故障原因的关系与常规定轨一致。

(3) 底层部分

配置参数状态表示在定轨计算中读入配置参数是否有异常，分为正常（Good）和异常（Failure）。原因包括“人为设置错误”和“系统运行框架异常（参数在传递中改变）”。

模型（定轨模型）状态表示定轨模型/算法是否完善，分为正常（Good）和异常（Failure）。

数据状态是参与定轨计算的定轨数据是否正常，分为正常（Good）和异常（Failure）。该部分数据是指融合了经预处理后的星地、星间观测数据和时间同步中间结果。星间数据、星地数据和时间同步中间结果的状态均包括其他多种因素的影响。其中，星地数据主要包括7个主要监测站数据，状态分为足够（Enough）、缺少（Lack）和严重缺乏（Severe lack）。状态分类依据依次为0站故障、1～2站故障和3站及以上故障。

由于版面显示的限制，星间数据、星地数据，以及时间同步中间结果以建立子网的形式单独进行表示。

(4) 子网

①星间数据子网

星间数据子网是指参与定轨的星间链路数据是否有异常，分为正常（Good）和异常（Failure）。异常是指数传异常或观测数据异常。

②时间同步中间结果状态

时间同步中间结果状态是指参与定轨计算的时差参数是否异常，分为正常（Good）和异常（Failure）。时间同步中间结果的原因诊断需要建立类似于定轨诊断的模型，此处不再进一步展开说明。

③星地数据子网

星地数据子网是指参与定轨的某监测站星地观测数据是否有异常，分为正常（Good）和异常（Failure）。监测站数据异常原因多样，包括电磁辐射干扰、下行信号异常、传输与接口异常（软件异常）、时标异常（寿命末期）、信号失锁等。

以上子网模型如图 5－26 所示。

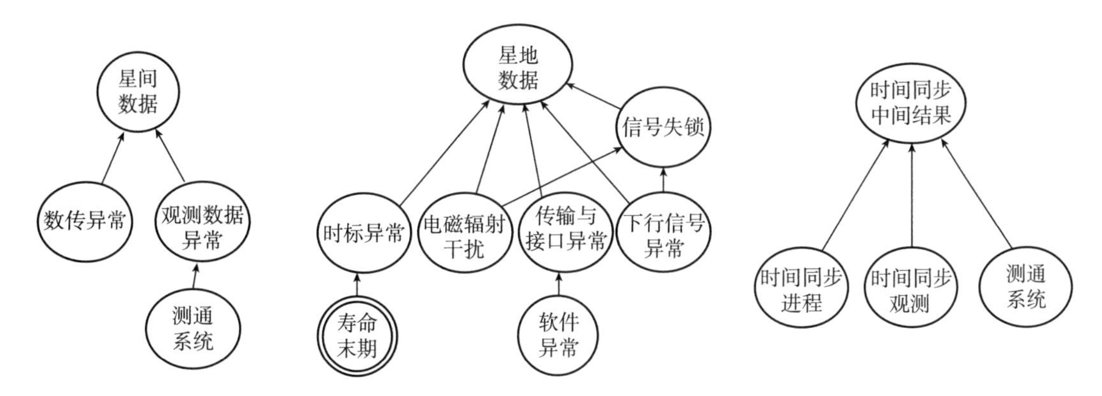

图 5－26　星间数据、星地数据和时间同步中间结果子网模型

5.6.5.3　*初始确定参数*

（1）条件概率表数据

根据专家经验确定模型中各中间点条件概率表的先验输入。需要填入 CPT 表的节点列表见表 5－7。常规定轨广播星历异常故障诊断顶层模型参数、常规定轨结果状态等节点 CPT 参数、常规定轨数据等节点 CPT 参数如图 5－27～图 5－29 所示。

表 5－7　需要填入 CPT 表的节点列表

节点	CPT 描述
常规定轨广播星历状态	卫星在常规状态下，星历拟合与定轨结果状态为串联关系
常规定轨结果状态	卫星在常规状态下，残差异常、运行超时、重叠弧段异常和数据剔除率异常均会引起定轨结果异常，四者为串联关系
残差异常/运行超时/重叠弧段异常/数据剔除率异常	配置参数、模型与数据为串联关系
配置参数状态	人为设置错误和系统运行框架异常为串联关系
数据	预处理、时间同步结果与各类数据为串联关系，不同星地、星间数据组合下，数据状态不同，星间数据影响小
星地数据	“Good”表示所有站均好，“Lack”表示 1～2 站数据缺失，“Severelack”表示 3 站及以上数据缺失

（2）子网参数与叶节点概率

根据专家经验确定子网节点和叶节点的先验输入。子网相关节点 CPT 填写描述见表 5－8，叶节点状态概率原始输入列表见表 5－9，广播星历异常故障诊断拓扑结构-数据部分如图 5－30 所示。

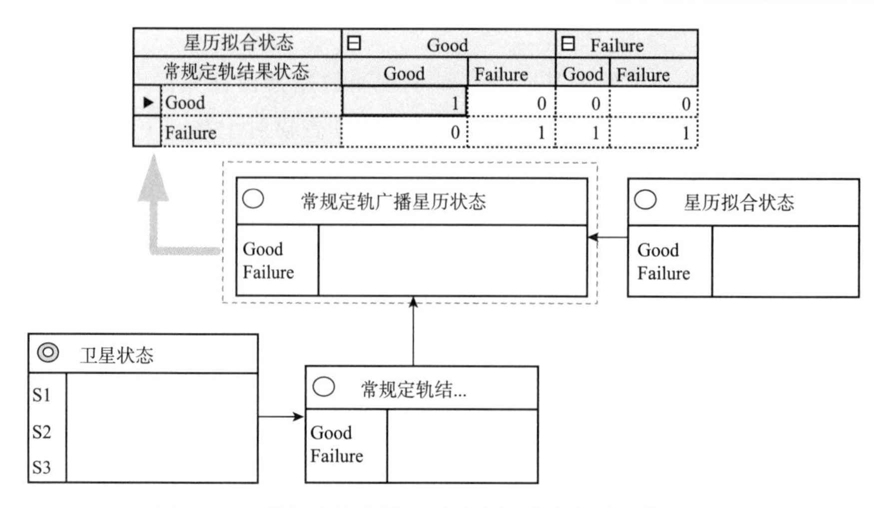

图 5-27　常规定轨广播星历异常故障诊断顶层模型参数

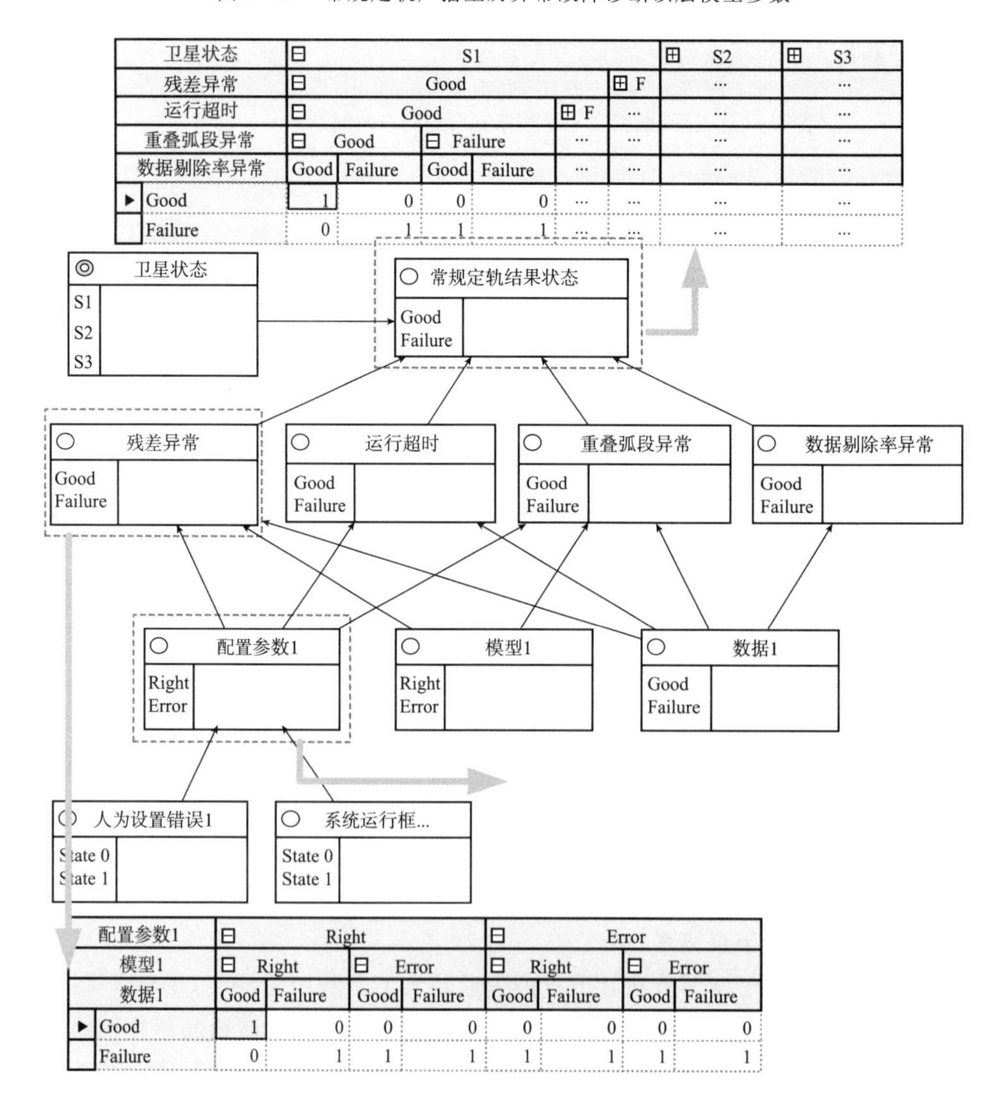

图 5-28　常规定轨结果状态等节点 CPT 参数

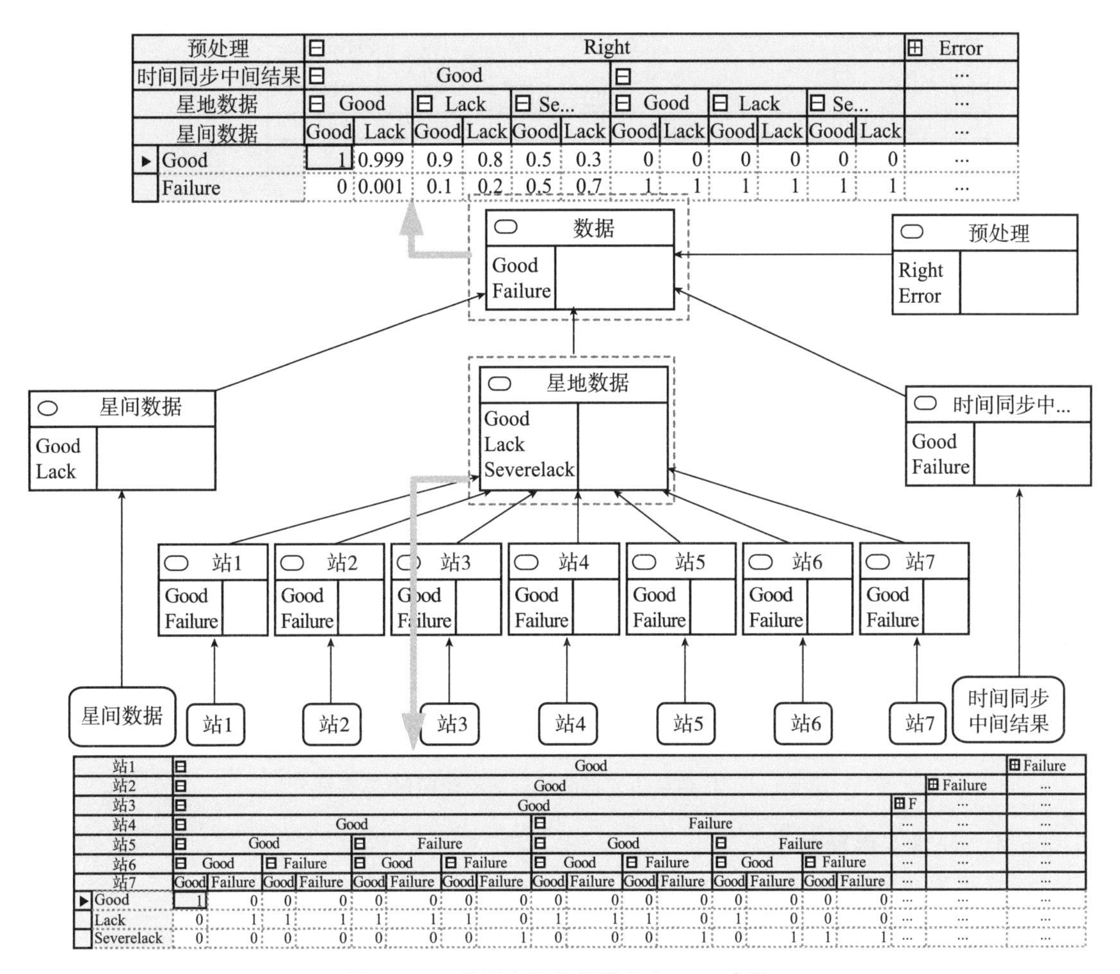

图 5-29　常规定轨数据等节点 CPT 参数

表 5-8　子网相关节点 CPT 填写描述

节点	CPT 描述
星间数据	数传与观测数据为串联关系
时间同步中间结果	时间同步进程、时间同步观测与测通系统为串联关系
星地数据异常	除电磁辐射干扰外,其他未串联,假设电磁辐射干扰对结果的影响概率为 0.5
信号失锁问题	下行信号异常和电磁辐射干扰都可能造成信号失锁
时标问题	假设时标问题是监测接收机硬件产生的,硬件一般与是否处于寿命末期相关,此处假设超寿后故障率增加 10 倍,即可靠性从 0.995 下降为 0.95

表 5-9　叶节点状态概率原始输入列表

叶节点	预处理	模型	数传	观测	测通系统	时间同步进程	人设错误/运行框架	下行信号	电磁辐射	软件问题
Good	0.999 9	0.999 9	0.995	0.995	0.995	0.999	0.999 9	0.995	0.995	0.999 9
Failure	0.000 1	0.000 1	0.005	0.005	0.005	0.001	0.001	0.005	0.005	0.000 1

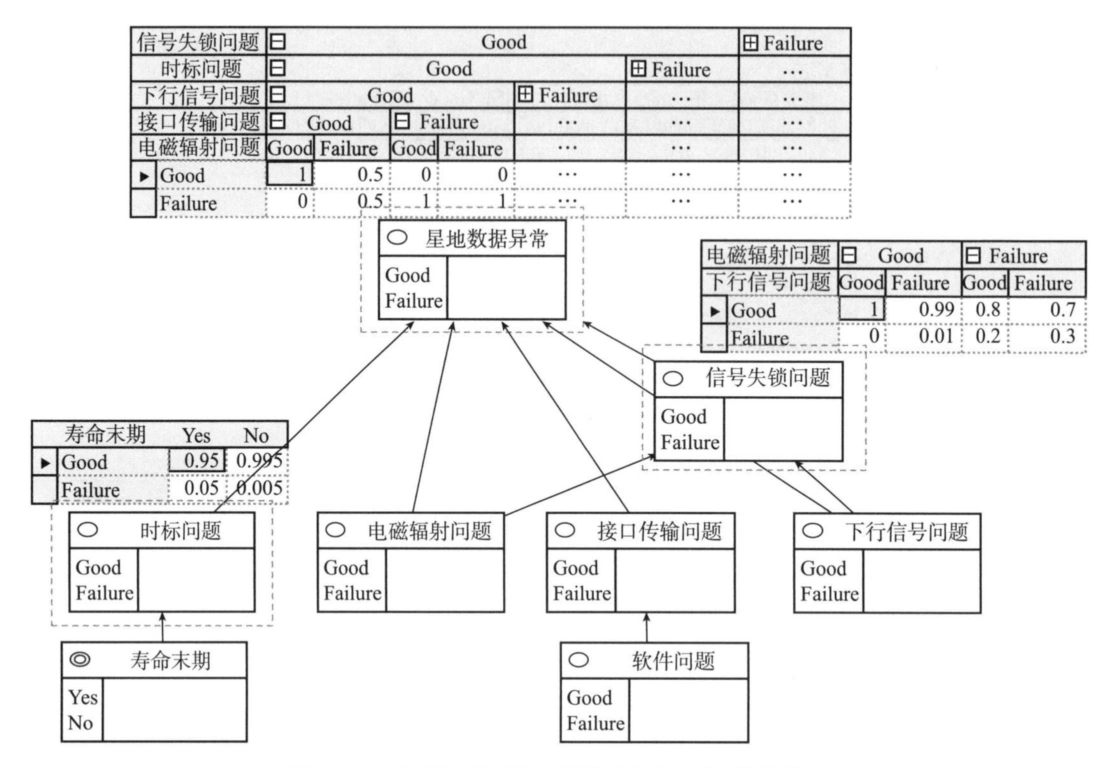

图 5-30 广播星历异常故障诊断拓扑结构-数据部分

5.6.5.4 评估、诊断结果

(1) 评估结果

根据上述模型及参数，按照原始输入条件，初步计算结果如图 5-31 所示。

图 5-31 中仅显示常规定轨模式下，各中间节点的评估计算结果，具体见表 5-10。

(2) 故障诊断

①故障诊断场景 1

故障证据：常规定轨期间，广播星历出现异常，没有其他证据，即常规定轨广播星历状态节点设置为 Failure。

场景 1 故障诊断推断结果如图 5-32 所示。场景 1 故障诊断输入输出结果见表 5-11，计算结果表明：

定轨结果计算出现异常的可能性较大，且数据异常可能性最大，数据来源中，星地数据和时间同步结果异常可能性较大，且星地数据状态为 Lack（对应为缺少 1～2 个监测站数据）的可能性最高，约为 61%；其次为时间同步结果异常，约为 39%。

②故障诊断场景 2

故障证据：在场景 1 基础上，加入运行超时和时间同步结果无故障，运行超时节点设置为 Failure，时间同步中间结果节点设置为 Good。

场景 2 故障诊断推断结果如图 5-33 所示。

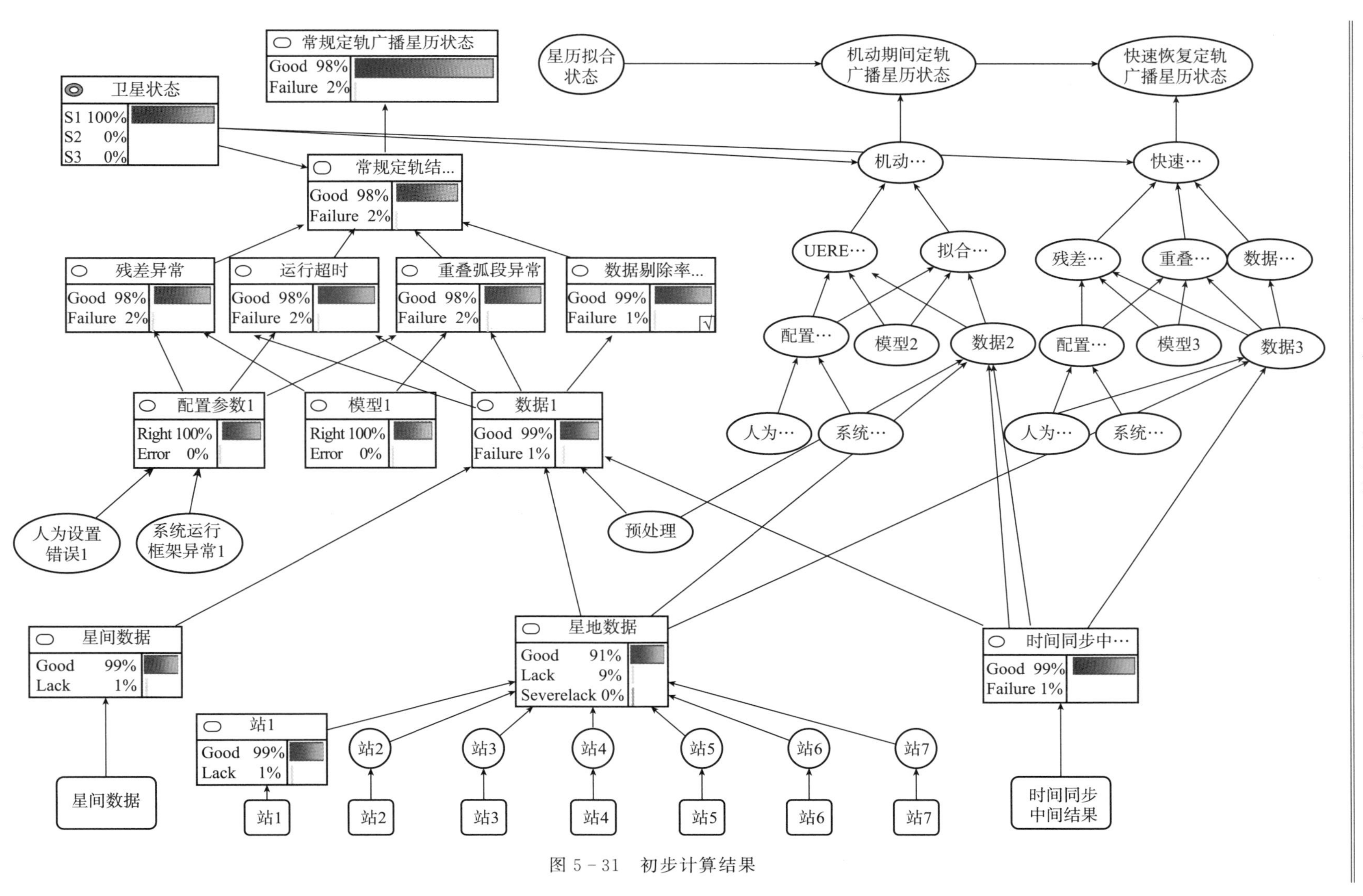

常规定轨广播星历状态
Good 98%
Failure 2%
卫星状态
S1 100%
S2 0%
S3 0%
星历拟合状态
机动期间定轨广播星历状态
快速恢复定轨广播星历状态
常规定轨结...
Good 98%
Failure 2%
机动…
快速…
UERE…
拟合…
残差…
重叠…
数据…
残差异常
Good 98%
Failure 2%
运行超时
Good 98%
Failure 2%
重叠弧段异常
Good 98%
Failure 2%
数据剔除率...
Good 99%
Failure 1%
配置…
模型2
数据2
配置…
模型3
数据3
配置参数1
Right 100%
Error 0%
模型1
Right 100%
Error 0%
数据1
Good 99%
Failure 1%
人为…
系统…
人为…
系统…
人为设置错误1
系统运行框架异常1
预处理
星间数据
Good 99%
Lack 1%
星地数据
Good 91%
Lack 9%
Severelack 0%
时间同步中…
Good 99%
Failure 1%
站1
Good 99%
Lack 1%
站2
站3
站4
站5
站6
站7
星间数据
站1
站2
站3
站4
站5
站6
站7
时间同步中间结果

图 5-31　初步计算结果

表 5-10 常规定轨模式下模型中各节点列表

节点	结果状态概率
常规定轨广播星历状态	Good:0.984 659 95
常规定轨结果状态	Good:0.984 758 42
残差异常	Good:0.984 758 42
运行超时	Good:0.984 856 91
重叠弧段异常	Good:0.984 758 42
数据剔除率异常	Good:0.985 053 91
配置参数	Good:0.999 800 01
数据	Good:0.985 053 91
星间数据	Good:0.990 025 00
星地数据	Enough:0.912 189 8
	Lack:0.087 739 717
	Severelack:0.000 07
时间同步中间结果	Good:0.994 005 00
站 X	Good:0.98 695 622

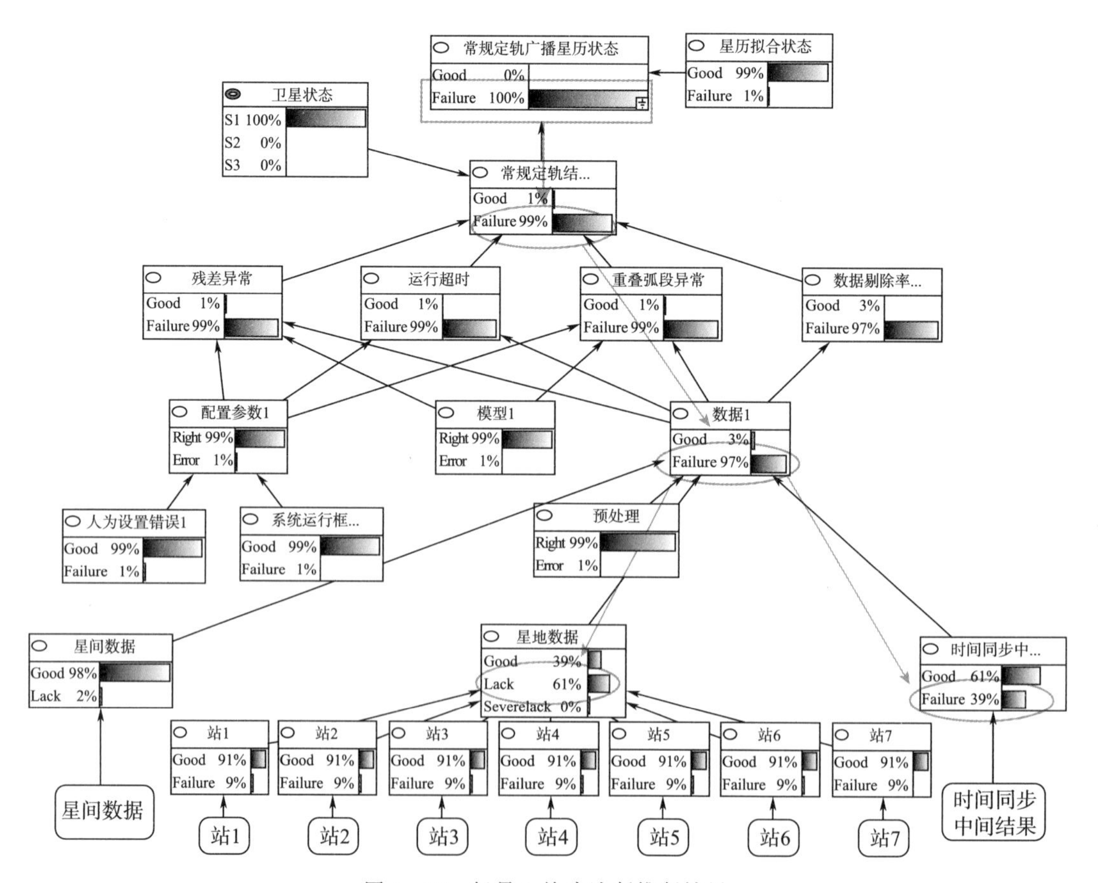

图 5-32 场景 1 故障诊断推断结果

表 5－11　场景 1 故障诊断输入输出结果

故障证据	诊断结果	量化比较
广播星历状态节点设置为 Failure	星地数据状态为 Lack,有 1～2 个监测站数据异常	61%
	时间同步结果异常	39%

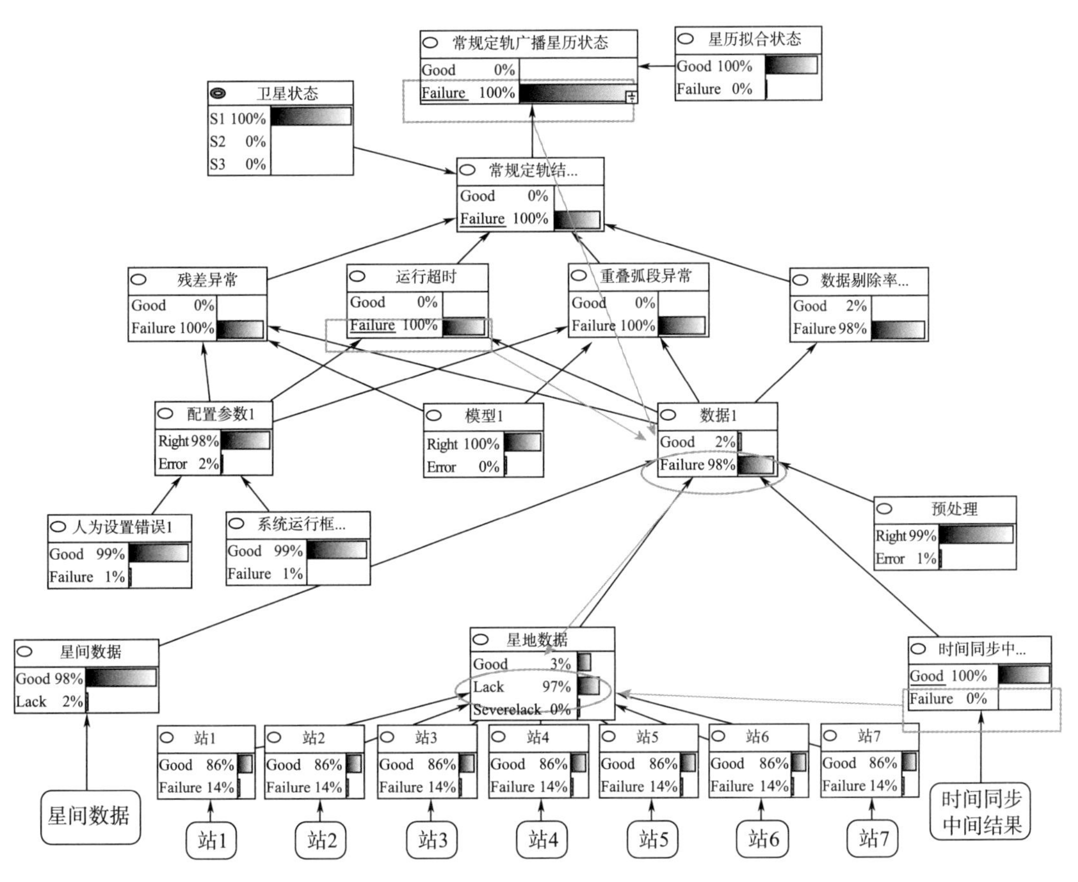

图 5－33　场景 2 故障诊断推断结果

场景 2 故障诊断输入输出结果见表 5－12，计算结果表明：

相比于场景 1，场景 2 中“数据”异常可能性仍然最大。数据来源中，星地数据状态为 Lack（对应为有 1～2 个监测站数据异常）的可能性从场景 1 的 61%上升为 97%；同时，单个监测站数据故障概率从 9%上升为 14%。

表 5－12　场景 2 故障诊断输入输出结果

故障证据	诊断结果	量化比较
广播星历状态节点设置为 Failure 运行超时节点设置为 Failure 时间同步中间结果节点设置为 Good	星地数据状态为 Lack,有 1～2 个监测站数据异常	97%
	站 X 异常	14%

③故障诊断场景 3

故障证据：在场景 2 基础上，加入监测站 1 接收机处于寿命末期，即站 1 子网中寿命末期节点设置为 Yes。

场景 3 故障诊断推断结果如图 5－34 所示。

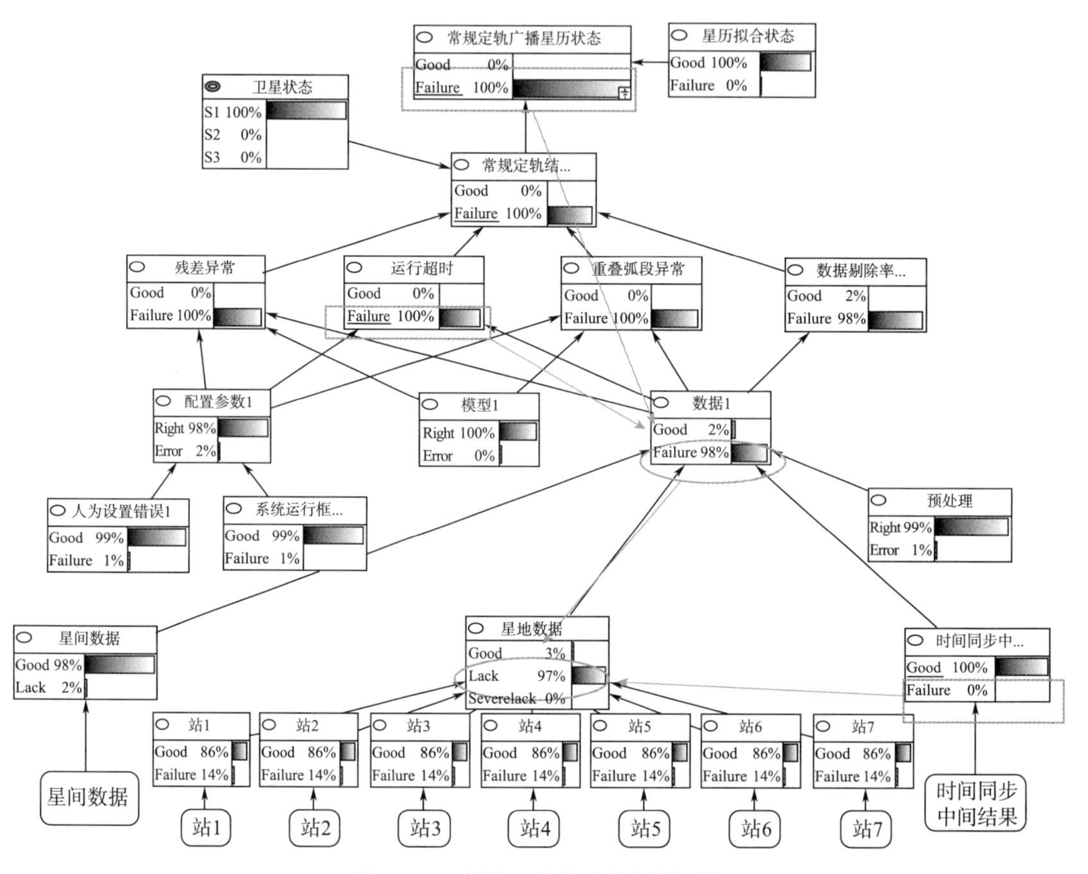

图 5－34　场景 3 故障诊断推断结果

场景 3 故障诊断输入输出结果见表 5－13，计算结果表明：

与场景 2 相比，场景 3 中站 1 数据异常可能性最高，约为 44%，其他站异常概率下降。

表 5－13　场景 3 故障诊断输入输出结果

故障证据	诊断结果	量化比较
广播星历状态节点设置为 Failure 运行超时节点设置为 Failure 时间同步中间结果节点设置为 Good 站 1 子网中寿命末期节点设置为 Yes	星地数据状态为 Lack，有 1～2 个监测站数据异常	97%
	站 1 异常	44%
	站 X 异常	10%

5.6.6　星载氢钟故障预测示例

氢钟是导航卫星关键的载荷，其健康状况直接关系到导航卫星性能，因此，氢钟的故障预测受到学者和工程人员的重点关注。氢钟的故障预测包括基于概率统计和神经网络、深度学习两种方法。

（1）基于概率统计和神经网络的故障预测示例

氢钟故障可分为随机型和耗损型两类。针对随机型故障，利用概率统计分析方法评估氢钟在轨可靠运行寿命；针对耗损型故障，提取反映氢钟退化特性的关键参数（比如电离泡光强、二次谐波幅度），结合氢钟频率稳定度评估结果，利用神经网络方法建立氢钟寿命评估模型，根据当前监测到的氢钟特征参数值，预测氢钟在轨退化寿命。综合在轨可靠运行寿命与在轨退化寿命，利用平均寿命估计方法，评估得到含置信度的氢钟在轨剩余寿命。

针对在轨氢钟的失效信息，可利用非参数估计方法对氢钟的可靠性进行估计。

由于氢钟故障属于随机截尾样本，即：1）卫星成功入轨时间随机，样本单元在不同时间点启动，且该时间点已知；2）故障发生时间以及氢钟失效或异常的发生时间随机；3）截尾检验的发生时间可以是由于某一故障发生前样本中的卫星失效，也可以是由于样本检验末期该卫星仍然运行。针对随机截尾样本的故障可靠性分析，可采用非参数估计的 Kaplan - Meier 估计量分析方法。

非参数估计提供了强有力的结果，其可靠性计算不受任何提前定义的寿命分布的限制。但这种便利性使得非参数估计结果对于不同的使用目的既不容易也不方便应用，但是参数分析得到的一些图形和趋势则更为清晰。卫星可靠性的非参数估计结果可以用威布尔分布很好地拟合，由此可计算得到威布尔分布的形状和寿命参数。

氢源中氢气量的消耗属于耗损失效类型，反映氢气量消耗的参数是电离泡光强遥测，反映氢钟性能退化的参数是频率稳定度。从电离泡光强遥测和频率稳定度的变化趋势分析可以看出，电离泡光强遥测具有明显的单调下降趋势，频率稳定度也有一定的上升趋势，采用 BP 神经网络的方法构建卫星氢钟耗损失效模型。

选取电离泡光强、二次谐波幅度、频率稳定度作为氢钟寿命特征参数，利用神经网络方法对氢钟的耗损寿命进行预测，神经网络模型如图 5 - 35 所示。对于氢钟寿命评估，输入为电离泡光强、二次谐波幅度、频率稳定度三个节点，输出为氢钟剩余寿命。

以某试验卫星为例开展在轨剩余寿命预测，利用蒙特卡罗仿真 5 000 次，得到该卫星工作氢钟的寿命评估结果，结果表明，氢钟剩余寿命预计为 9.8 年，氢钟寿命分布如图 5 - 36 所示。

（2）基于深度学习的故障预测示例

选取与氢钟运行状态相关的遥测参数，包括：二次谐波幅度、二极管电压、电离泡光强、高压源电流、晶振压控电压、微波腔中部温度，用于基于 DBN 的故障预测建模，其一段时间内遥测参数变化趋势如图 5 - 37 所示。

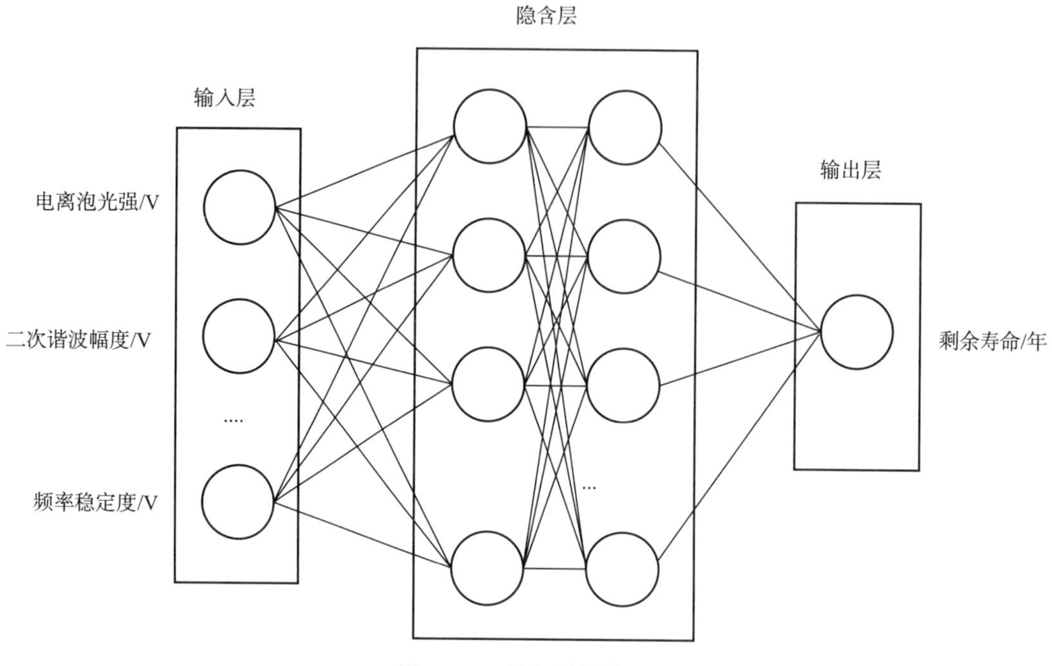

图 5-35　神经网络模型

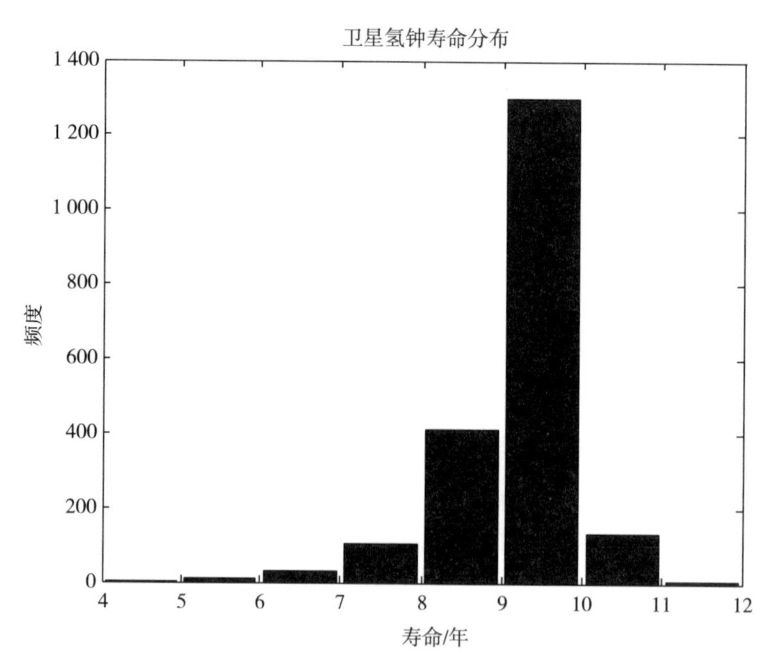

图 5-36　卫星工作氢钟寿命分布

利用深度置信网络算法提取遥测参数的综合数据特征，遥测输入数据由最底层 RBM 的可见层输入，依照上述 RBM 训练的过程自下而上完成 DBN 中所有 RBM 的无监督学习，最顶层的 RBM 输出即输入数据的提取特征。最顶层 RBM 输出可经过 softmax 分类

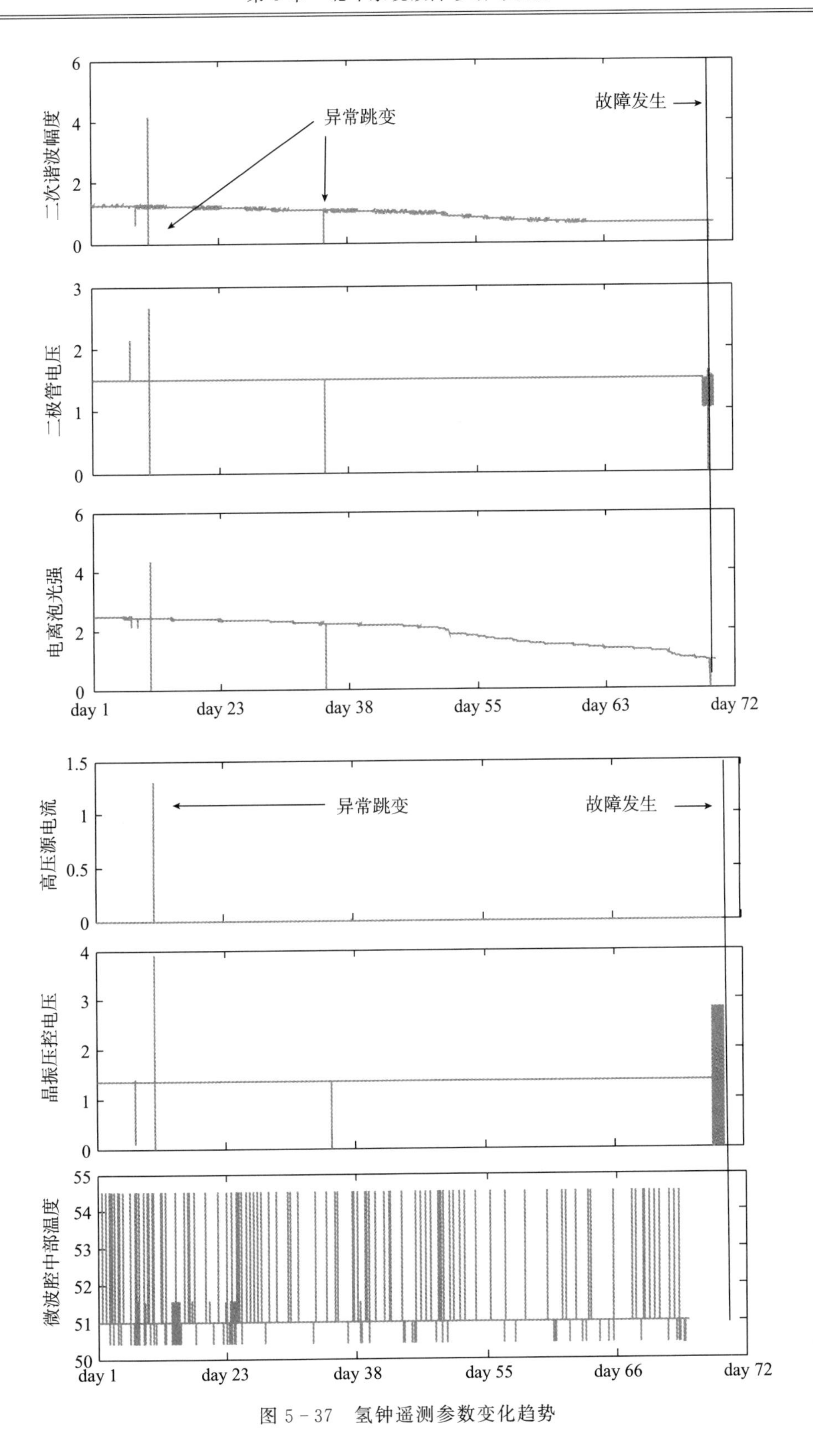

图 5 - 37　氢钟遥测参数变化趋势

器，因遥测数据中有氢钟的正常数据和故障期间数据，依据数据特征形成数据分类标签，该标签与原始数据标签对比并计算形成建模误差，通过误差反向传播算法对 DBN 中的 RBM 连接权值进行有监督的优化。

利用某次氢钟故障数据检验模型正确性，如图 5－38 所示。数据分析过程中设定健康状态“0”为健康，健康状态“1”为发生故障。在真实故障中，day 71 发生故障。由特征参数变化趋势可以看出，通过二次谐波幅度和电离泡光强提取的数据特征在 day 63 前后开始产生波动，并于 day 65 前后稳定处于 0.53 并一直延续至故障实际发生之前（day 71），当故障发生后，特征参数在 0.94～0.99 范围内波动。通过分析可看出，基于遥测参数提取的数据特征能够正确反映氢钟健康状态及退化趋势，较直接的阈值判断而言，能够提前发现隐含在遥测参数内的故障征兆。

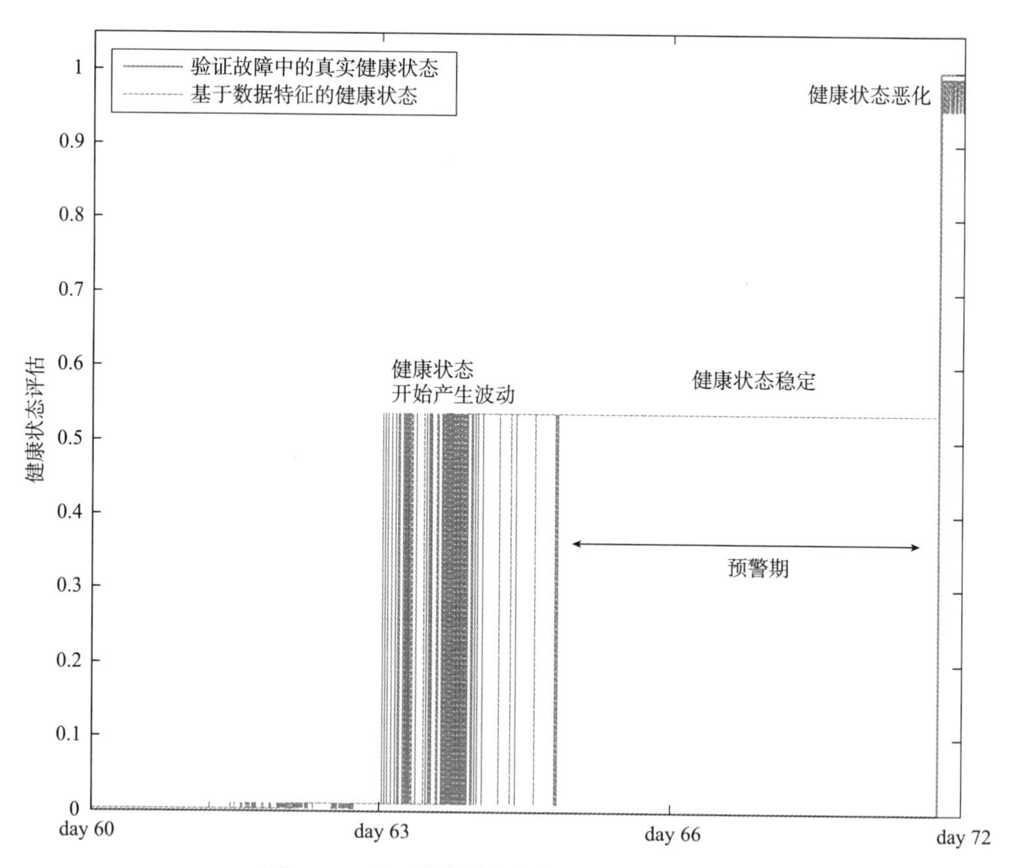

图 5－38　基于数据特征的氢钟故障预测示意图

第6章　北斗系统运维决策

6.1　概述

北斗系统运维决策，是指综合运用多目标决策理论、智能优化算法和可视化技术，促进卫星、地面等各方运行维护保障工作联动，共同开展正常情况下的运行任务调度规划、异常情况下的系统处置决策，以及事前的系统风险应对，为系统运行管理部门和相关研制部门提供面向其任务目标的决策支持，为全面自动化、智能化运维积累经验和奠定基础。

本章主要介绍北斗系统常态运维调度、故障处置决策、系统运行风险管控，同时介绍智能运维决策常用的技术方法，并给出星座薄弱环节分析与备份策略优化研究、主备卫星钟时频信号无缝切换等应用示例。重点阐述多系统联合运维调度及可视化运维支撑，卫星在轨故障处置以及基于在轨支持系统的故障处置流程优化，基于后果和多层级的风险分级分类管控，并介绍基于状态监测的预测维护规划方法、基于遗传算法的多约束智能优化方法，以及支持多平台数据的可视化决策支持技术，为星座备份、补网、卫星软件重构、主备单机切换、地面设备维护、备品备件保障等预防性维护操作提供决策支持。

6.2　常态运维调度

6.2.1　多系统联合运维调度

北斗卫星导航系统在轨管理工作主要由地面运控系统、测控系统、卫星系统以及星间链路运行管理系统四个系统协作完成。北斗系统运维规划图如图6-1所示。北斗系统运行管理实行24小时值班。地面运控系统、测控系统、星间链路运行管理系统和卫星系统分别明确值班岗位和专职联络人员，负责系统运行状态、故障处置、重大操作、性能提升等情况通报协调。

卫星系统负责接收地面系统注入的导航参数、遥控指令、运行管理指令等信息，并按照指令进行数据更新、轨道姿态调整、载荷工作状态设置，按照任务要求进行各类导航信号的播发，遥测参数的产生与下传。

地面运控系统对导航系统的各项业务进行统筹规划，业务包括卫星钟差测定与预报、卫星轨道测定与预报、电离层延迟改正监测处理、系统完好性监测处理、RNSS导航信号观测与监测、RDSS信号收发与业务处理等。地面运控系统根据业务要求和系统状态制定

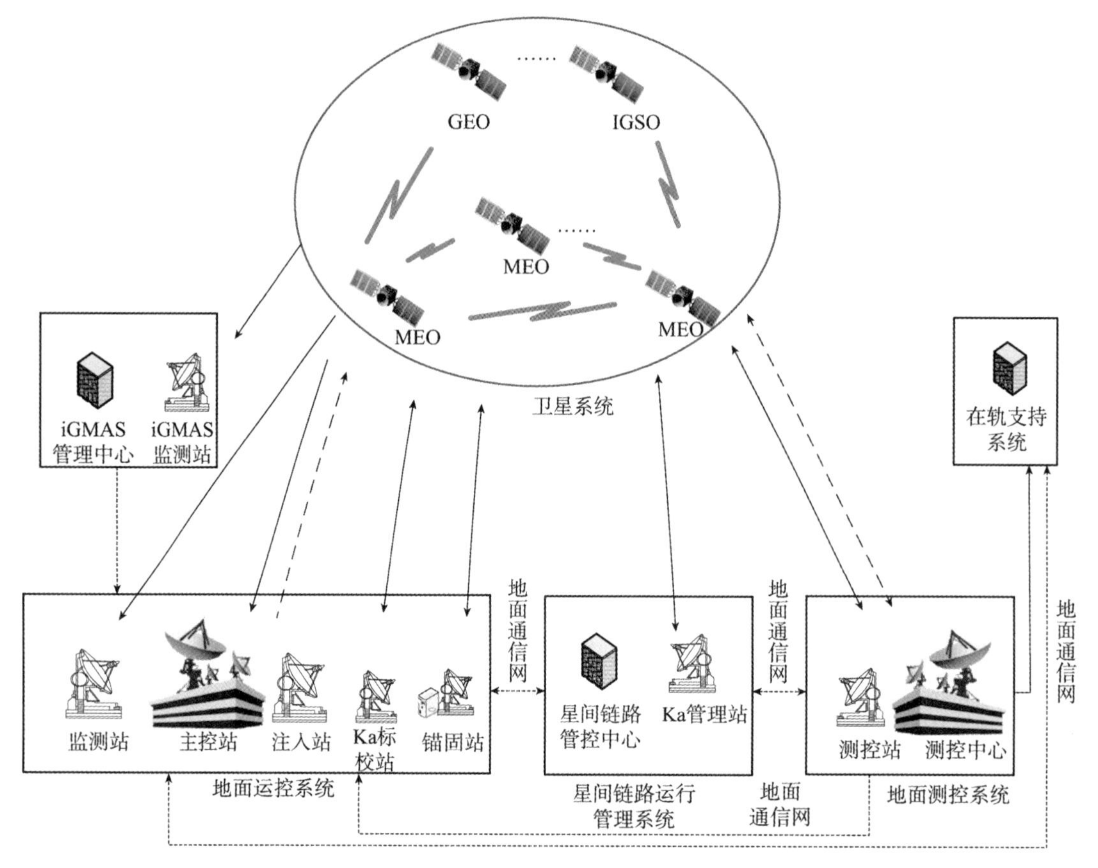

图 6-1　北斗系统运维规划图

卫星和地面站的任务策略和计划。各地面站将星地测量的数据和卫星的遥测下传信息回传至主控站；主控站进行信息处理，产生各类导航数据产品，并按照上行规划进行导航数据的上行注入分发，由地面站执行上行注入操作；对于境外卫星，则通过星间链路实现导航数据的中转注入。同时，主控站通过对卫星遥测信息和地面状态信息的解析提取，实现对卫星载荷、星间链路运行状态、地面站设备的监视，进而对各类业务运行状态、系统服务性能等进行监视评估。在卫星和地面系统发生故障或异常的情况下，及时进行应急处置，保证北斗系统的连续稳定运行。

测控系统进行全球星座的测控调度，调度地面站对卫星进行跟踪测量，获取卫星测量数据并传输至测控管理中心，完成高精度定轨；获取卫星的遥测信息，进行星座状态的监视、故障诊断和在轨维修。利用星间链路，对全球星座的卫星平台进行工程控制，通过调整 GEO 卫星位置，调整 MEO、IGSO 卫星轨道相位，实现星座构型保持和到寿卫星的离轨控制。

星间链路运行管理系统收集卫星、地面运控、测控等用户使用需求，包括测量需求、通信需求等。其中，测量需求主要来自于支持星地星间联合精密定轨与时间同步和系统全球基本完好性服务；通信需求主要来自于地面运控系统和测控系统的上行信息和下行信息的中继传输。星间链路运行管理系统根据使用需求和当前的资源状态进行星间链路资源管理调度、参数配置管理，生成星间链路运行管理指令，并调度地面资源进行运行管理指令的整网分发，同时通过星间链路地面站收集卫星的遥测下行数据，进行星间网络状态监视与故障诊断。星间链路运行管理系统根据用户的使用需求，为不同的用户分配网络接入资源，并收集用户的使用反馈，进而对整网的运行性能和服务性能进行测试评估。

卫星系统、地面运控系统、测控系统和星间链路运行管理系统分工明确，各司其职，24小时值班，联合保障北斗卫星导航系统的正常运行。此外，地面运控系统、测控系统、星间链路运行管理系统之间具有特定程度相互备份的能力，在设备不足或频段受损等特殊情况下，地面运控系统、测控系统、星间链路运行管理系统之间以交互支持的形式进行设备资源和链路资源的共享，确保北斗卫星导航系统的连续稳定运行。

另外，iGMAS跟踪监测北斗/GPS/GLONASS/Galileo四大卫星导航系统的原始观测数据、广播星历等，评估形成四大卫星导航系统的卫星轨道、卫星测站钟差、地球自转参数、对流层、电离层、测站坐标等信息。

在轨技术支持系统，主要实现地面运控系统、测控系统与卫星系统之间的数据交互，实现对卫星平台、卫星基本载荷、星间链路、增量载荷、卫星信号等多源数据的实时接收和处理，掌握卫星实时在轨运行状态，并通过对卫星设计研制阶段、测试阶段、在轨阶段和历史数据的综合分析，实现对未来数据的趋势预测，建立卫星故障模型，丰富卫星健康状态管理手段，对潜在的运行风险进行提前预警，保障系统的稳定运行和平稳过渡；全面评价卫星在轨运行质量、推演评估全球系统服务水平、展示全球系统运行状态，为工程总体和各大系统提供相应的决策支持。

6.2.2 可视化运维支撑

基于目前多系统联合运维调度现状，利用可视化技术开展运维可视化建设，实现可视化支撑下的运维优化。可视化运维支撑主要包含三种应用场景：系统/设备状态可视化（星座可视化、卫星可视化、地面站可视化）、业务逻辑可视化、业务结果可视化。

（1）系统/设备状态可视化

①星座可视化

星座可视化即在二维、三维模式下进行卫星星座的展示。北斗卫星星座包括24颗MEO卫星、3颗IGSO卫星和3颗GEO卫星，利用卫星的轨道根数、卫星星历数据等，在二维、三维平台上对卫星轨道、卫星位置进行直观展现。

②卫星可视化

卫星可视化包括星间链路2D/3D、卫星平台及载荷3D可视化。星间链路2D/3D可视化即在二维、三维模式下进行卫星星间链路的展示，在二、三维场景中展现实时的星间链路建链状态以及星间链路信息传输过程；平台及载荷3D可视化即对卫星平台及载荷进行三维建模，对其进行三维立体展示。

③地面站可视化

地面站可视化包括主控站和注入站园区 3D 可视化、各站机房设备 3D 可视化、园区机房设备可视化同步更新。

1）主控站、注入站园区 3D 可视化是指对主控站、注入站园区的布局、外观等进行三维可视化，支持对园区多视角、多比例尺的浏览。

2）各站机房设备 3D 可视化是指对主控站、注入站、监测站的机房设备进行三维可视化。通过三维建模的方式将各种设备按照实际情况进行仿真，支持显示机房各设备的运行状态，标示出现故障或不可用的设备；支持机房空间使用率、温湿度等信息的统计、查询及可视化显示。

3）园区机房设备可视化同步更新是指能够根据园区、机房设备变化情况对可视化对象进行编辑、添加或删除。

（2）业务逻辑可视化

业务逻辑可视化包括主控站各业务系统之间业务逻辑可视化、主控站业务系统内部业务逻辑可视化、各地面站之间业务逻辑可视化、各系统间计划中断协同联保流程可视化、各系统间非计划中断协同联保流程可视化共五个方面。

1）主控站各业务系统之间业务逻辑可视化是指对主控站分系统各业务系统之间的业务逻辑关系进行可视化展示。

2）主控站业务系统内部业务逻辑可视化是对主控站业务系统内部的业务逻辑关系进行可视化展示。

3）各地面站之间业务逻辑可视化是对主控站、注入站、监测站之间的业务逻辑关系进行可视化展示。

4）各系统间计划中断协同联保流程可视化是对计划中断协同联保流程进行可视化展示。地面运控系统根据轨控计划设置卫星不可用时刻，发送给在轨技术支持系统和测控系统，测控系统实施卫星轨控任务，操作结束后将结果反馈给在轨技术支持系统和地面运控系统，地面运控系统恢复卫星可用状态。期间，在轨技术支持系统全程可视各方业务流程进度，自动转发推送相关信息数据和管理计划。

5）各系统间非计划中断协同联保流程可视化是对非计划中断协同联保流程进行可视化展示。地面运控系统发现卫星运行异常事件后，将相关异常信息发送至在轨技术支持系统。在轨技术支持系统根据异常告警信息分析评估卫星状态、执行故障诊断和处置过程，生成指令单，发送至测控系统。测控系统根据异常处置指令进行卫星遥操作，任务完成后通知在轨技术支持系统和地面运控系统，地面运控系统恢复卫星可用状态。期间在轨技术支持系统全程可视各方业务流程进度，自动转发推送相关信息数据和指令清单。

（3）业务结果可视化

业务结果可视化包括卫星状态评估结果可视化、地面站状态评估结果可视化、系统服务性能评估结果可视化、故障诊断统计结果可视化、星座运行风险评估结果可视化等五个方面。

1）卫星状态评估结果可视化是指通过大数据可视化技术、二三维渲染技术，对卫星有效载荷状态评估结果、卫星钟状态评估结果、星间链路状态评估结果进行可视化展示。

2）地面站状态评估结果可视化是指通过大数据可视化技术、二三维渲染技术，对主控站状态评估结果、注入站状态评估结果、监测站状态评估结果进行可视化展示。

3）系统服务性能评估结果可视化是指对基本导航服务性能评估结果、星基增强服务性能评估结果、定位报告服务性能评估结果进行可视化，主要使用雷达图、散点图、地图、折线图、饼图、柱状图等大数据的表现形式进行形象直观的展示。

4）故障诊断统计结果可视化是指根据时间、类型、等级、对象等对卫星、地面站的故障诊断统计结果进行可视化显示，并可在二三维场景中显示故障发生位置，查看故障事件详细信息；支持卫星、地面站故障诊断知识图谱、故障诊断统计结果等信息的报表输出。

5）星座运行风险评估结果可视化是指通过大数据可视化技术、二三维渲染技术，对星座运行风险评估结果进行可视化展示，包括：风险项目、风险因素、风险评估等级、风险后果严重度、风险发生可能性、风险控制保障措施及风险跟踪情况等。

6.3　故障处置决策

一般情况下发生有预案故障时，各系统按预案进行处置，将处置结果向系统管理单位报告，并通报主控站管控大厅。发生无预案故障，特别是Ⅲ级以上故障时，由相关系统发起，有关系统参加，共同研究制定应对方案，并通报主控站管控大厅，由相关系统总师确认后，按边处置边上报的原则，在主控站管控大厅统一调度下依案实施。卫星平台或星间链路的无预案故障处置，一般在测控或星间链路运行管理系统调度下依案实施。

6.3.1　卫星在轨故障处置

卫星在轨故障处置包括单星异常故障处置与星座异常故障处置。

（1）单星异常故障处置

单星异常故障处置流程如图6-2所示。

卫星方发现异常或收到相关单位的异常通知后，首先排除是否为地面因素导致，若为地面异常，则卫星方根据发令方需求协助分析解决地面问题。若为星上异常，则对星上异常进行分类处置，主要分为星上自主处置的故障以及需地面处置的故障两类。对于需地面处置的故障，若非首次发生且有预案，则在卫星方确认后根据预案由执行方直接处置；若首次发生或无预案，则由卫星方协同执行方处置。

（2）星座异常故障处置

星座异常故障处置流程如图6-3所示。

发现单星异常后，首先将发生异常的单星从星座系统中隔离出来，按单星异常故障处

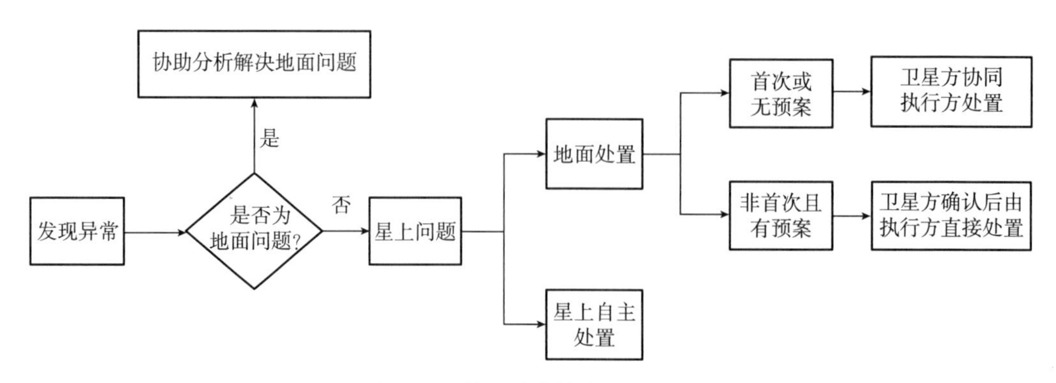

图 6-2　单星异常故障处置流程

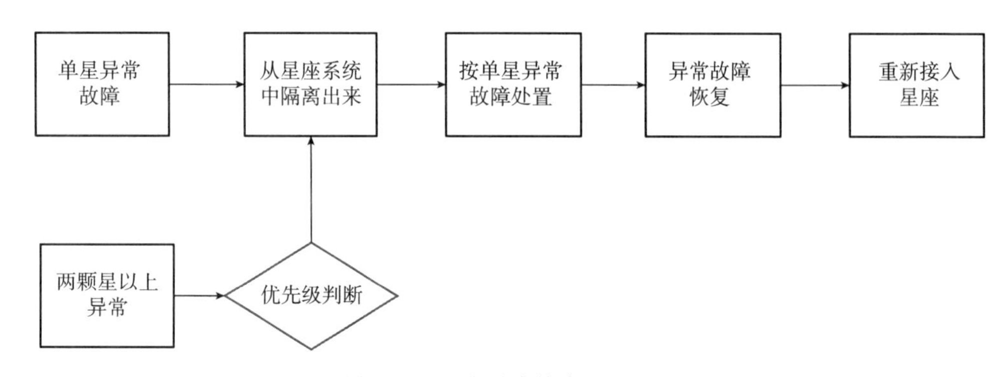

图 6-3　星座异常故障处置流程

置流程进行处置，异常故障恢复后，重新接入星座。若星座中有两颗及两颗以上卫星同时异常，且资源受限情况下，判断各异常卫星处置优先级别，按单星异常处置的流程优先处置级别较高的卫星；单颗组网星异常处置结束后，择机将该星重新接入星座系统。

6.3.2　基于在轨技术支持系统的故障处置流程优化

目前在轨卫星异常故障处置主要采用人工协调的模式，为进一步提高卫星故障快速反应处置能力，建设了北斗卫星在轨技术支持系统，建立多方信息交互的统一平台以及交互式电子手册，对系统间交互信息数据实施数字化、标准化、网络集成化，实现系统间实时联动交互，提高信息数据的共享性和利用率，优化改善异常快速处理过程中的薄弱环节，缩短故障处置管理链条，快速处理恢复，实现异常处置可视化、实时化和透明化。

基于在轨技术支持系统的卫星在轨故障处置流程如图 6-4 所示。

发令方发现卫星运行异常事件后，将相关异常信息发送至在轨技术支持系统；在轨技术支持系统根据异常告警信息分析评估卫星状态、执行故障诊断和处置过程，生成指令单，发送至操作执行方；操作执行方根据异常处置指令进行卫星遥操作，任务完成后通知在轨技术支持系统和发令方；发令方恢复卫星可用状态。期间在轨技术支持系统全程可视各方业务流程进度，自动转发推送相关信息数据和指令清单。

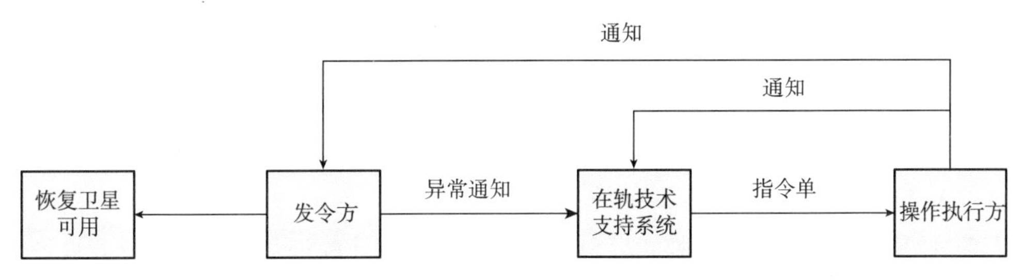

图 6－4　基于在轨技术支持系统的卫星在轨故障处置流程

6.4　系统运行风险管控

6.4.1　基于后果的系统风险分级分类管控

（1）风险分级管控

基于本书第 4 章，从风险后果来看，北斗系统风险分为低风险、中风险、高风险三个等级，针对不同级别的风险，分别制定防控和保障措施。

对于低风险项目（综合等级Ⅰ、Ⅱ类风险）：由系统各自负责，进行持续监控，制定并落实必要的应对措施，跟踪并记录其状态变化情况，形成动态评估和闭环反馈，以便随时掌握风险演变情况，防止其危害程度上升。

对于中风险项目（综合等级Ⅲ类风险）：由系统各自负责，进行持续监控，制定有效的应对措施，并逐一落实，将其作为运行维护过程中重点关注内容，跟踪并记录其状态变化情况，形成动态评估和闭环反馈，保证风险降低至可接受水平。

对于高风险项目（综合等级Ⅳ、Ⅴ类风险）：必须上报开展实时监控跟踪，系统相关单位必须制定消除或降低风险的应对措施，采取计算、分析、试验等手段，验证风险控制措施的有效性，并逐一落实，加强对实施效果的评估，对采取措施后的风险项目重新进行综合评级。若采取措施后的项目综合评级仍为高风险，则继续开展针对高风险项目的管控措施；若降低为中风险或低风险，则按照相关等级的风险应对措施进行管控。

（2）风险分类管控

北斗系统运行风险可分为管理风险、软硬件产品质量风险、技术状态风险和环境影响风险。针对不同类别的风险，分类制定并落实防控和保障措施。

针对管理风险，进一步完善运行维护责任体系，加强运维队伍建设，加强人员能力培训，优化管理机制与操作流程。

针对软硬件产品质量风险，强化地面测试验证、在轨测试与运行验证，实施在线监测与健康评估，加强长期运行可靠性和保障性专题研究，制定有效的故障预案/风险预案并不断完善、滚动修订、组织合练。

针对技术状态风险，严控技术状态，对已暴露出的参数不一致情况及时对系统进行技术状态变更，建立技术状态基线，制定基线控制管理文件，确保技术状态受控。

针对环境影响风险，优化星上产品抗单粒子设计，提升地面产品设备运行环境保障。

6.4.2 基于多层级的风险分级管控

从风险管控层级来看，北斗系统运行风险分为大系统/星座级运行风险、系统/分系统级运行风险。针对不同层级的运行风险开展分级管控。

（1）大系统/星座级运行风险管控

大系统/星座级运行风险管控主要包括：加强接口设计验证与协调、充分开展各大系统的联调联试、持续开展星地一体管控深化研究、优化地面资源调度策略；开展星座可用性、连续性建模分析，动态开展星座风险量化评估，并实现闭环反馈；开展星座备份/补网策略深化论证研究，确定最优备份/补网策略，提高北斗星座的稳定运行适应能力。

为支撑上述风险管控策略制定，需开展星座级风险管控决策模型研究。其中，针对星座薄弱环节分析与备份策略优化问题，风险管控决策模型框架如图 6－5 所示。该模型主要为星座备份、地面补网等重大操作提供决策支持。

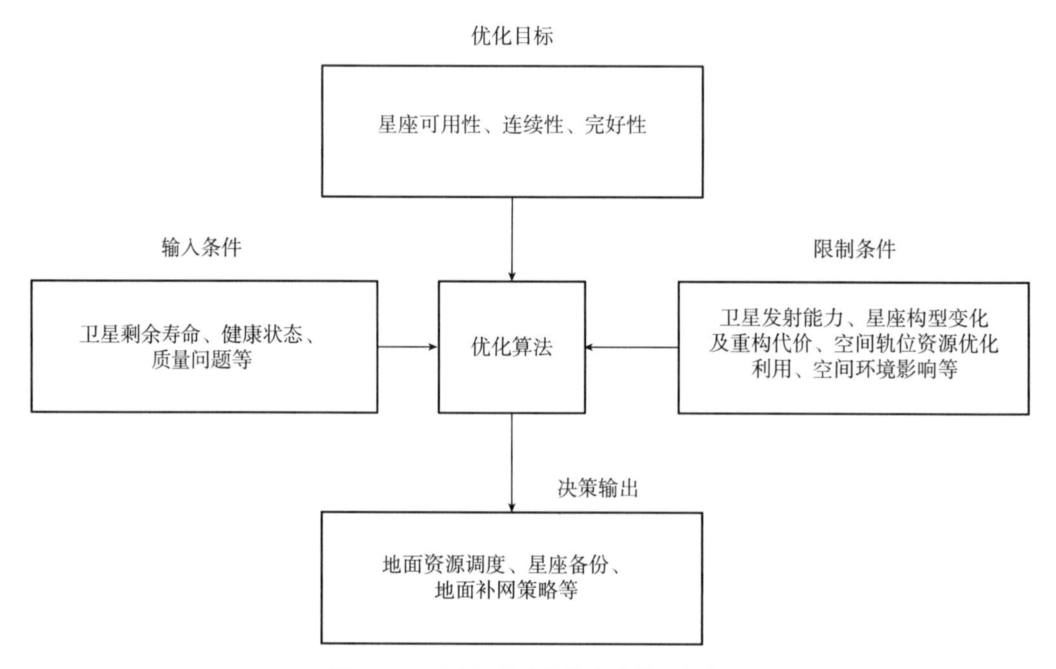

图 6－5 星座级风险管控决策模型框架

以卫星剩余寿命、健康状态、可用性分析结果、在轨质量问题等多源数据信息为输入，设定整个系统的优化目标（如系统星座可用性）和限制条件（如卫星发射能力、星座构型变化及重构代价、空间轨位资源优化利用、空间环境影响等）后，开展多目标决策优化研究，通过智能优化算法（包括遗传算法、粒子群算法等），找到系统最佳的决策方案，为卫星系统运行管理柔性配置提供技术支持。

（2）系统/分系统级运行风管控

系统/分系统级运行风险管控包括卫星系统运行风险管控、地面运控系统运行风险管控、测控系统运行风险管控、星间链路运行管理系统运行风险管控等。下面主要介绍卫星系统以及地面运控系统的运行风险管控。

①卫星系统运行风险管控

卫星系统运行风险管控主要包括：建立产品在轨健康状态评价体系以及全寿命周期的在轨管理方案，定期开展多个维度的健康评估，及时发现在轨卫星运行规律的变化，调整并完善在轨故障预案；对于新的在轨使用策略，开展充分的地面试验验证；不断优化在轨异常处置流程，不断完善多方联保机制，提高在轨异常处置效率，尽可能降低在轨异常的影响；提升在轨软件可靠性与在轨重构能力，降低单粒子翻转事件风险等。

为支撑上述风险管控策略制定，需开展卫星级风险管控决策模型研究。其中，针对卫星在轨预防性维护问题，风险管控决策模型框架如图 6－6 和图 6－7 所示（包括离线统计规划模型以及在线预防维护模型两种），主要为卫星重构、关键单机切换等维护操作提供决策支持。

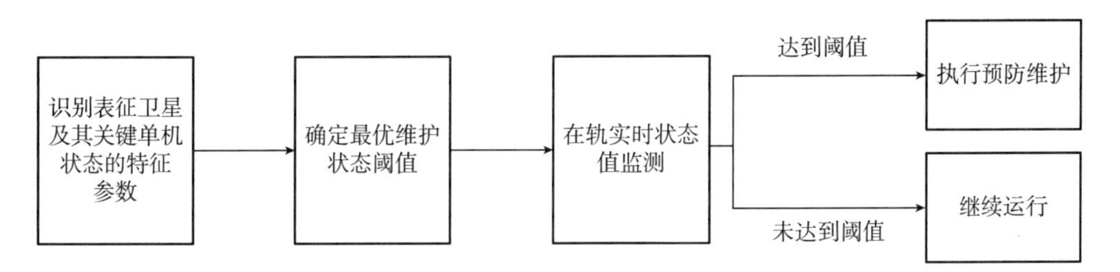

图 6－6　卫星离线统计规划模型框架

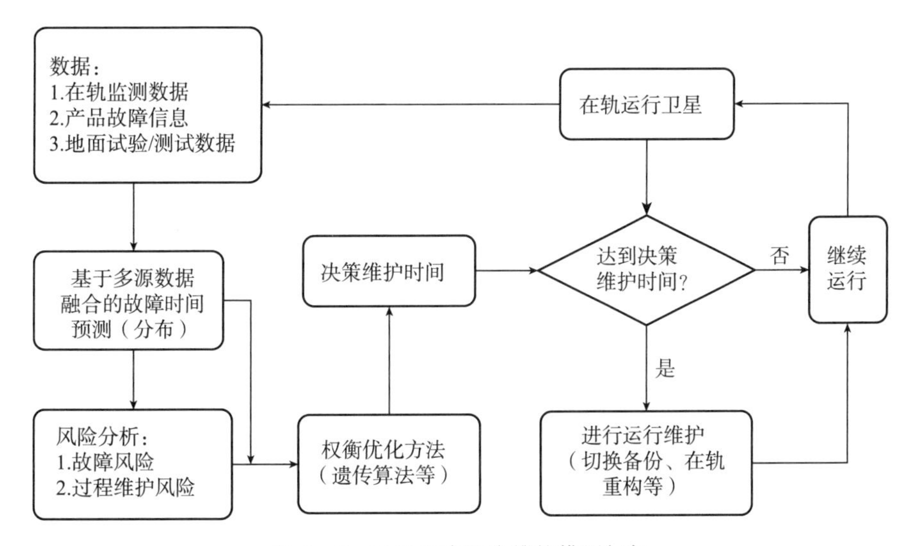

图 6－7　卫星在线预防维护模型框架

离线统计规划模型指依据反映系统群体特征的衰退信息建立的维护模型。维护策略一旦确定（如：确定最优维护状态阈值），并不随某一实际运行设备的实时监测数据改变。在应用离线统计规划模型时，监测某一实际运行卫星或设备的状态数据，观测其状态值是否达到了预先确定的最优维护状态阈值。若未达到，则允许设备继续运行；一旦达到，则执行预防维护。

在线预防维护模型依据对某一系统预测的状态发展趋势，制定最优维护策略，并依据此系统的在线状态不断更新最优维护策略，最后在恰当的时机执行预防维护。预防维护规划模型针对每颗卫星制定不同的预防维护策略。在应用在线预防维护模型时，基于在轨监测数据、故障数据（地面、在轨）以及地面试验/测试数据，预测故障时间分布，进而建立最优控制模型，将其用于在线计算，通过最优化方法的权衡，判断是否达到在轨维护条件。对于达到在轨维护条件的情况，采取相应的运行维护手段，如卫星软件重构、单机主备切换等。

②地面运控系统运行风险管控

地面运控系统运行风险管控主要包括：通过开展地面设备长期稳定运行可靠性研究、试验和任务风险量化评估，完善故障告警策略和处置预案；开展地面系统故障模拟与测试，完善相关处置预案；优化地面设备冗余备份策略、备品备件保障策略等，提高稳定运行保障能力；优化卫星故障后地面支持的快速恢复流程等。

为支撑上述风险管控策略制定，需开展地面运控系统风险管控决策模型研究。其中，针对地面设备预防性维护以及备品备件保障的问题，风险管控决策模型主要有定期维护决策模型和预测性维护决策模型两种，主要为地面运控系统设备维护、冗余备份等维护保障操作提供决策支持。其中定期维护通常称为计划性维护，是按照一定周期进行维护的传统体制。定期维护是一种以时间为基准的维护方式，只要地面设备使用到预先规定的时间，不管其技术状态如何，都要进行规定内容的维护工作。另外维护工作一般可在其任务影响最小时进行，所花费时间比事后维护短，维修质量高，同时具有较好的预防故障作用。这种维护方式比较适合于故障特征随时间变化的设备，不适合无故障时间规律的设备。预测性维护着眼于地面设备的具体技术状况，对设备异常运转情况的发展密切追踪监测，在必要时进行维护。通常以地面运控系统可用性和风险限值为目标，以设备/软件自动切换时间和顺序、单点薄弱环节、设备剩余寿命、备品备件保障性、人员维护操作时间等为约束条件，以智能优化算法为手段，构建多目标的地面运控系统智能维护决策模型。智能优化算法包括遗传算法、模拟退火算法和粒子群算法等，以对多目标的预测维护规划模型进行仿真推理。

6.5 常用技术方法

支撑系统运维决策的常用技术方法包括运筹优化方法和数据可视化方法。

常用的运筹优化方法有基于状态监测的预测维护规划方法、基于遗传算法的多约束智能优化方法等。基于状态监测的预测维护规划方法一般立足于故障机理分析，根据不同的状态监测结果，当维护对象出现潜在故障时进行调整、维修或更换，从而避免故障的发生；基于遗传算法的多约束智能优化方法是利用计算机强大的计算能力模仿自然界生物缓慢的进化机制，在短时间内完成特定目标优化的一种方法，具有较强的全局搜索能力和较高的搜索效率，是复杂环境下全局优化的最佳算法之一。

数据可视化方法是根据数据的特性，例如时间信息、空间信息等，找到合适的可视化方式，例如图、表、地图等，将数据直观地展现出来，以帮助人们理解数据，同时找出包含在海量数据中的规律或信息。本节对上述方法进行详细介绍。

6.5.1　基于状态监测的预测维护规划方法

为提高维护效率和效益，卫星导航系统运行维护策略需要从事后维护（CM）、基于时间的预测维护（PM）转变到基于状态监测的预测维护（CBM）。相对于传统的事后修复维护规划，预测维护规划更有利于风险防控。通过对接受连续监测的系统进行在线计算，预测系统未来状态发展，及时更新最优预测维护时序，在系统不满足性能指标前对系统进行维护，可以有效提升系统可用性和可靠性，降低系统运行风险，保证系统长期运行服务指标和维护费用率达到预期要求。

本节介绍一种智能维护规划模型[30]，该模型采用模块化的方式，将预测维护规划模型与基于设备在线衰退指标估计的失效概率相结合，得到基于状态监测的预测维护规划模型。通过前述的单机/设备寿命预测方法，可根据单机/设备的状态监测数据在线预测其剩余寿命，在失效前开展预测维护。

该智能维护规划模型除使用系统在线状态监测性能数据外，还使用系统离线故障数据，在此基础上实时地计算并更新最优预测维护策略。模型具体描述如下：

1）系统正接受连续监测，且监测不影响系统的衰退指标；

2）通过安排适当的预测维护策略，在一定的系统运行服务风险范围内，最小化长期维护费用率。

模型相关其他要素见表6－1。

表6－1　智能维护规划模型其他要素

编号	要素	要素内容
1	目标	最小化有限时间段的累积系统风险和长期期望维护费用率
2	维护方案	• 切换高风险工作单元； • 变更在轨工作状态； • 重置高风险工作单元； • 软件重构
3	维护质量	确保系统运行可用性、连续性、完好性满足要求
4	退化特性	基于系统性能参数的剩余寿命分布，统计寿命分布

该智能维护规划模型主要有两个阶段：离线统计规划和个体在线执行。第一个阶段，通过分析一批系统的统计寿命分布，建立一个最优控制限度策略，以使系统平均可用度取最大值。值得指出的是，最优的维护策略并不意味着很少的系统失效，事实上，与系统失效相关的维护时间也是维护策略中不可忽视的一部分。第二个阶段，个体执行所建立的维护策略，主要通过考虑两个情况实现。第一个情况是：如果系统快速衰减，预期其无法在

失效前达到维护阈值，则在其即将失效前进行维护；第二个情况是：如果系统在到达维护阈值时，预期其剩余寿命仍非常长，则允许其继续运行一段时间，直至其失效风险恶化到某一阈值。

智能维护规划模型的流程如图 6-8 所示[30]。

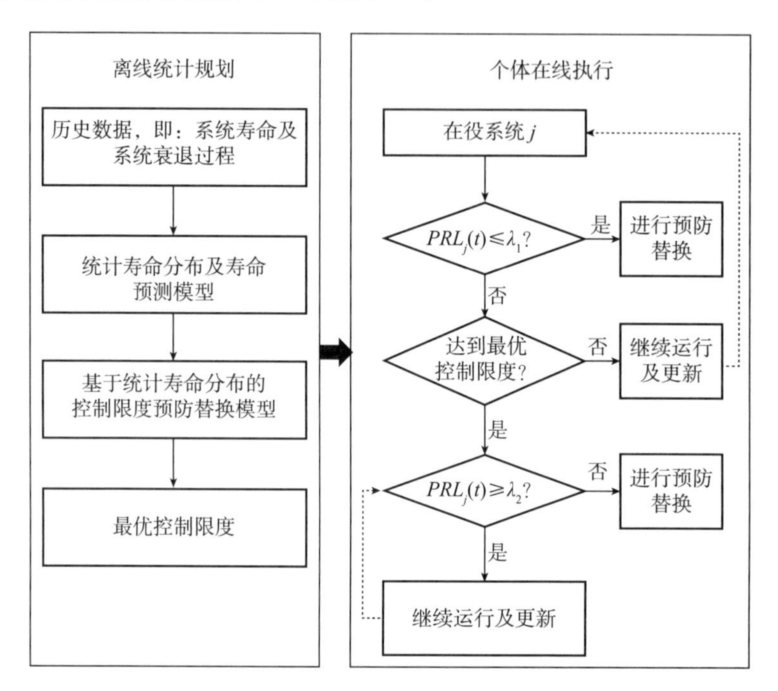

图 6-8 智能维护规划模型流程

$PRL_j(t)$— 系统 j 在时刻 t 的预测剩余寿命；λ_1，λ_2 —两个系统寿命裕度参数

（1）离线统计规划

离线统计规划的主要目的是基于系统统计寿命分布建立一个预测维护策略，并找到最优控制限度。同时，根据历史数据中的系统衰退过程数据建立有效的寿命预测模型或估计寿命预测模型中的先验参数。下面主要论述基于系统统计寿命分布的预测维护策略。通过建立此策略，可在系统实际运行或生产之前估计系统的平均可用度，而此信息可指导中长远规划。预测维护策略的描述如下：

1）找到最低风险限度，使得某一段时间内的系统平均可用度最大；

2）当系统风险达到最低风险限度时，即进行预测性维护；

3）若系统在达到最低风险限度前失效，则进行事后维护；

4）在预测维护或事后维护后，系统完全恢复且规划时间归零。

在上述预测维护策略中，给定一可靠性限度 r，满足 $R(t_r)=r$，其中 $R(\cdot)$ 为系统基于统计寿命分布的可靠性函数，t_r 是 $R(t_r)=r$ 的时刻，则系统极限平均可用度为

$$A_r=EO/(EO+EM) \tag{6-1}$$

其中

$$EO = \int_0^{t_r} R(u)\mathrm{d}u = T_0 / n \tag{6-2}$$

$$= (t_{01} + t_{02} + \cdots + t_{0n}) / n, \text{when } n \to \infty$$

$$EM = (1 - r) \cdot \tau_{CM} + r \cdot \tau_{PM} \tag{6-3}$$

式中　EO ——系统在一个维护周期内的期望运行时间；

EM ——系统在一个维护周期内的期望维护（预测维护或事后维护）时间；

T_0——一个维护周期内的总运行时间；

t_{0n} ——系统 j 在一个维护周期内的运行时间；

n ——系统个数；

τ_{CM} ——一次事后维护时间；

τ_{PM} ——一次预测维护的时间。

将式（6-2）与式（6-3）代入式（6-1）有

$$A_r = \frac{\int_0^{t_r} R(u)\mathrm{d}u}{\int_0^{t_r} R(u)\mathrm{d}u + (1 - r) \cdot \tau_{CM} + r\tau_{PM}}$$

$$= \frac{\int_0^{t_r} R(u)\mathrm{d}u}{\int_0^{t_r} R(u)\mathrm{d}u + [1 - R(t_r)] \cdot \tau_{CM} + R(t_r)\tau_{PM}} \tag{6-4}$$

若 $R(\cdot)$ 一阶可导，则式（6-4）一阶可导。而很多常用的连续时间分布函数都满足 $R(\cdot)$ 一阶可导的条件，如：正态分布、指数正态分布、威布尔分布等。为计算最优可靠性限度 r^* ，设 $A_r = \mathrm{d}A_r / \mathrm{d}t_r = 0$，则有

$$\frac{R(t_r) - R^2(t_r) + R(t_r)\int_0^{t_r} R(u)\mathrm{d}u}{-R^2(t_r) + R(t_r)\int_0^{t_r} R(u)\mathrm{d}u} = \frac{\tau_{PM}}{\tau_{CM}} \tag{6-5}$$

对应于最优可靠性限度的时间 t_r^* 为式（6-5）的根。

（2）个体在线执行

本节说明如何在建立的最优控制限度预测维护策略基础上，结合一部分系统的剩余寿命信息提升系统平均可用度。

最优化的系统平均可用度可以通过每一个系统的运行时间和维护时间予以表达

$$A_{r^*} = \frac{(t_{01} + t_{02} + \cdots + t_{0k}) + (n - k)t_r}{[(t_{01} + t_{02} + \cdots + t_{0k}) + (n - k)t_r] + [k \cdot \tau_{CM} + (n - k)\tau_{PM}]} \tag{6-6}$$

式（6-6）中，假设有 k 个单部件系统在到达 r^* 失效并接受事后维护，而剩余的 $n - k$ 个单部件系统在到达 r^* 时未失效，并在时刻 t_{r^*} 接受预测维护。在下述两种情况下，主要关注提升单个系统的可用度对提升系统平均可用度的影响。

情况1：若系统 j 在最优控制限度预测维护策略中运行了时间 t_{0j}（$< t_{r^*}$）后接受事后维护，则通过恰好在时刻 t_{0j} 进行预测维护，而保持剩余（$n - 1$）个系统表现不变的方法，

能提高系统平均可用度。具体模型如下：

恰好在时刻 t_{0j} 对系统 j 进行预测维护而保持剩余 $(n-1)$ 个系统表现不变时的系统平均可用度为

$$A=\frac{[(t_{01}+t_{02}+\cdots+t_{0k})+(n-k)t_r]/n}{[(t_{01}+t_{02}+\cdots+t_{0k})+(n-k)t_r]/n+[(k-1)\tau_{CM}+(n-k+1)\tau_{PM}]/n}$$
$$=\frac{[(t_{01}+t_{02}+\cdots+t_{0k})+(n-k)t_r]}{[(t_{01}+t_{02}+\cdots+t_{0k})+(n-k)t_r]+[(k-1)\tau_{CM}+(n-k+1)\tau_{PM}]}\tag{6-7}$$

式（6-7）中，事后维护的用时通常比预测维护的用时多，则有

$$[(k-1)\tau_{CM}+(n-k+1)\tau_{PM}]<[k\tau_{CM}+(n-k)\tau_{PM}]\tag{6-8}$$

相应地

$$A=\frac{[(t_{01}+t_{02}+\cdots+t_{0k})+(n-k)t_r]}{[(t_{01}+t_{02}+\cdots+t_{0k})+(n-k)t_r]+[(k-1)\tau_{CM}+(n-k+1)\tau_{PM}]}$$
$$>\frac{[(t_{01}+t_{02}+\cdots+t_{0k})+(n-k)t_r]}{[(t_{01}+t_{02}+\cdots+t_{0k})+(n-k)t_r]+[k\tau_{CM}+(n-k)\tau_{PM}]}=A_{r^*}\tag{6-9}$$

情况 2：若系统 j 在最优控制限度预测维护策略中运行了时间 $t_{0j}(=t_{r^*})$ 后接受预测维护，则通过使系统 j 在接受预测维护前继续安全地运行一段时间 $\Delta t>0$，而保持剩余 $(n-1)$ 个系统表现不变的方法，能提高系统平均可用度。具体模型如下：

使系统 j 在接受预测维护前继续安全地运行一段时间 $\Delta t>0$，而保持剩余 $(n-1)$ 个系统表现不变时的系统平均可用度为

$$A=\frac{[(t_{01}+t_{02}+\cdots+t_{0k})+(n-k-1)t_r+(t_r+\Delta t)]/n}{[(t_{01}+t_{02}+\cdots+t_{0k})+(n-k-1)t_r+(t_r+\Delta t)]/n+[k\tau_{CM}+(n-k)\tau_{PM}]/n}$$
$$=\frac{[(t_{01}+t_{02}+\cdots+t_{0k})+(n-k)t_r+\Delta t]}{[(t_{01}+t_{02}+\cdots+t_{0k})+(n-k)t_r+\Delta t]+[k\tau_{CM}+(n-k)\tau_{PM}]}$$
$$>\frac{(t_{01}+t_{02}+\cdots+t_{0k})+(n-k)t_r}{[(t_{01}+t_{02}+\cdots+t_{0k})+(n-k)t_r]+[k\tau_{CM}+(n-k)\tau_{PM}]}=A_{r^*}\tag{6-10}$$

基于上述两个情况可以看出，在最优控制限度预测维护策略中，在 t_{r^*} 前及时地维护快速衰退系统（情况 1），或在 t_{r^*} 后允许系统仍很好地、安全地运行更多时间（情况 2），均能提升系统平均可用度。

对应于上述两个情况以及图 6-8 中的智能维护规划流程，有两个任务：

1）任务 1：$t<t_{r^*}$ 时，在系统即将失效前进行预测维护的精度；

2）任务 2：$t\geqslant t_{r^*}$ 时，允许系统继续运行，而在其接受预测维护前不失效的可靠程度。

利用现有的系统寿命预测模型，为上述任务推荐下面两个条件：

1）条件 1：若 $PRLj(t)\leqslant\lambda_1$ 且 $t<t_{r^*}$，则在时刻 t 进行预测维护；

2）条件 2：若 $PRLj(t) \geqslant \lambda_2$ 且 $t > t_{r^*}$，则允许系统继续运行。

其中 λ_1 和 λ_2 为两个寿命裕度参数，λ_1 控制着确认系统接近失效情形的精确程度，λ_2 则控制着确保系统实际剩余寿命大于模型更新步长的精确程度。

一般地，在时刻 t 得到预测剩余寿命 $0 < PRLj(t) < \delta$ 通常意味着这样的估计：系统已接近失效，而无法运行至下一个模型更新时刻，其中 δ 为更新步长且通常远小于系统的预期寿命。给定一个适当的寿命预测模型，一个小的预测剩余寿命往往对应于接近失效的情形。因此，设 $0 < \lambda_1 < \delta$ 是较为合理的选择，以保证大多数在时刻 t [满足 $PRLj(t) \leqslant \lambda_1$] 进行的预测维护接近于系统实际失效时刻。

另一方面，一个较大的 λ_2 能将系统在模型更新间失效的风险控制在较低的程度。但相反，较小的 λ_2 意味着允许一状态良好的系统运行更多时间，而这可以提升式（6-6）中的系统平均可用度。因此，这里需要做出权衡，该问题可以建模为

$$\begin{aligned} &\min \lambda_2 \\ &\text{s.t.} \min \mathrm{ARL}(\lambda_2) \geqslant \delta \end{aligned} \tag{6-11}$$

式中　$\mathrm{ARL}(\lambda_2)$——系统实际剩余寿命与预测剩余寿命之间的映射函数。

实际中很难得到 $\mathrm{ARL}(\lambda_2)$ 的确定形式，这是由于特定系统衰退路径或速率的多变性以及剩余寿命预测的不精确性造成的。取而代之，这里采用基于历史数据的经验估计，即采用下列估计：$\min \mathrm{ARL}(\lambda_2) \approx \min \mathrm{cmp\ ARL}(\lambda_2)$，其中，$\min \mathrm{cmp\ ARL}(\lambda_2)$ 为历史数据中，当系统预测剩余寿命为 λ_2 时，实际剩余寿命的最小值。

根据以上的预测维护规划模型，一旦确定了最低风险限度，设定了两个寿命裕度参数，预测维护策略就建立起来了。

6.5.2　基于遗传算法的多约束智能优化方法

在实际系统智能维护决策中，常常遇到如式（6-11）的优化问题。很难得到确定的表达式，难以直接应用解析方法求解。以遗传算法为代表的智能优化方法，更适用于解决这类问题。

遗传算法提供了一种求解系统优化问题的通用框架，通过种群的更新与迭代来搜索全局最优解，适合于大规模、高度非线性及无解析表达式的目标函数优化问题，这些特点使得遗传算法适用于求解卫星导航系统多约束下的运行维护决策。常见思路是，对个体的适应度设置惩罚值（简称罚值），若个体适应度值下降，不满足罚值则最先被淘汰。

在应用遗传算法求解多约束优化问题时，需要根据不同约束的重要程度和特点设定不同的或变化的罚值。针对每一组罚值设定值，运用遗传算法求解最优值，最终在所有组的最优值中选择最优解作为最终优化结果，这便增强了遗传算法对于多约束问题的适用性和搜索性能。

该方法求解流程如图 6-9 所示[30]，具体步骤如下。

步骤 1：估计目标函数值的范围，确定拉丁超立方抽样的范围；其最小值应为 0，最大值应为目标函数值最大值的数倍。应用拉丁超立方方法随机抽样，得出 n 组罚值，其中

每一组包括 m 个罚值，与 m 个约束一一对应。首先选用第一组罚值。

步骤 2：以在轨维护时间与操作作为决策变量，染色体编码方式如式（6－12）所示，确定维护时间范围，在范围内随机生成初始种群

$$[\mathrm{RN}_1,\mathrm{RN}_2,\cdots,\mathrm{RN}_n] \tag{6-12}$$

步骤 3：计算当前种群中的每个个体的优化目标值。

例如，若优化目标为总费用，则优化目标值为该个体对应的所有部件的费用和

$$Cost=\sum_{i=1}^{n}RN_i\cdot Cost_i \tag{6-13}$$

式中 $Cost_i$——第 i 个部件的费用；

$Cost$——优化目标总费用的值。

步骤 4：判断每个个体是否满足各个约束条件，若不满足，以当前组罚值中所有不满足的约束对应的罚值之和，作为该个体的罚值。

对于存在的 m 个约束，若各约束罚值为 $[p_1,\ p_2,\ \cdots,\ p_m]$，则个体的罚值计算式为

$$P=\sum_{i=1}^{m}x_i p_i \tag{6-14}$$

式中 x_i——该个体是否满足约束 i，若不满足，则 $x_i=1$，否则为 0。

步骤 5：用个体对应的优化目标值减去罚值，作为最终的目标函数值，计算式为

$$ObjV=Cost-P \tag{6-15}$$

并采用基于排序的线性尺度变换，将各个个体的目标函数值从小到大排序，基于排序计算适应度，其适应度值计算式为

$$FitnV(Pos)=2-sp+2(sp-1)\cdot\frac{Pos-1}{PopSize-1} \tag{6-16}$$

式中 $PopSize$——种群中个体的数量；

Pos——个体的目标函数值在种群从大到小排序后的位置序号；

sp——选择压差，决定了变换尺度的大小，取值范围为 [1，2]，默认选择为 2。

这种线性尺度变换方法变换了适应度之间的差距，能保持种群内的多样性。

步骤 6：根据整数的编码方式与取值范围，选用适当的选择、交叉、变异等方法，则得出下一代种群；常选用的选择、交叉、变异方法见表 6－2。

表 6－2 适用于整数编码遗传算法的选择、交叉、变异算子

操作	可选
选择	轮盘赌，随机遍历，锦标赛选择等
交叉	单点交叉，两点交叉，多点交叉，均匀交叉等
变异	整数变异方法

步骤 7：判断是否达到进化终止条件，若达到，以当前种群中最优解作为最优运行维护决策；若未达到，回到步骤 2，进行下一代进化。

通过以上的遗传算法求解步骤，可在多种约束条件下，选择最优的维护策略。

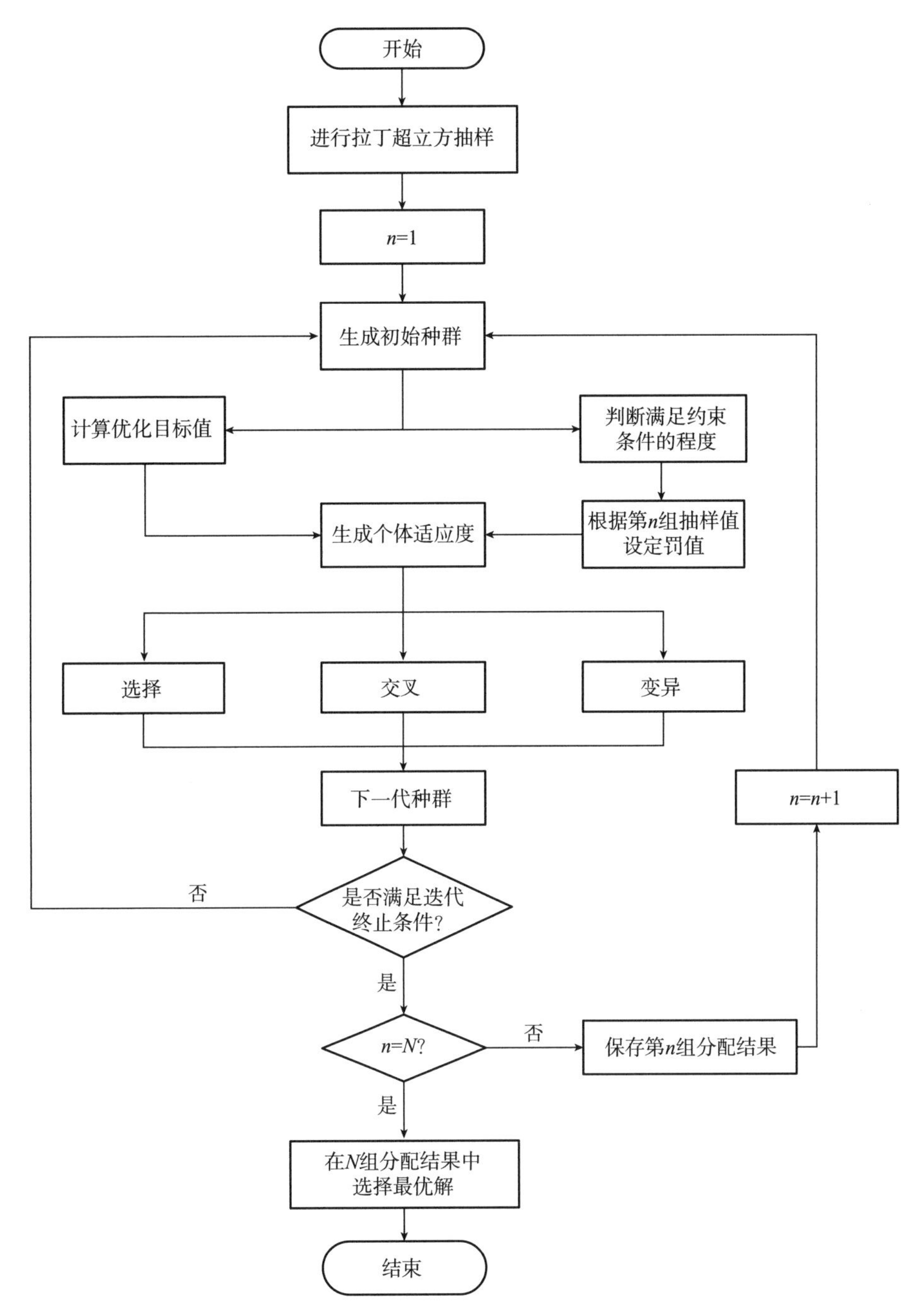

图 6 - 9　遗传算法求解多约束决策优化问题流程

6.5.3　支持多平台数据的可视化决策支持技术

(1) 三维场景组织与渲染

为更有效率地将场景进行渲染，需要优化场景结构设计。可以采用实时渲染与从缓存读取缓存数据相结合的渲染方式来进行渲染。场景的数据组织方式如图 6 - 10 所示。

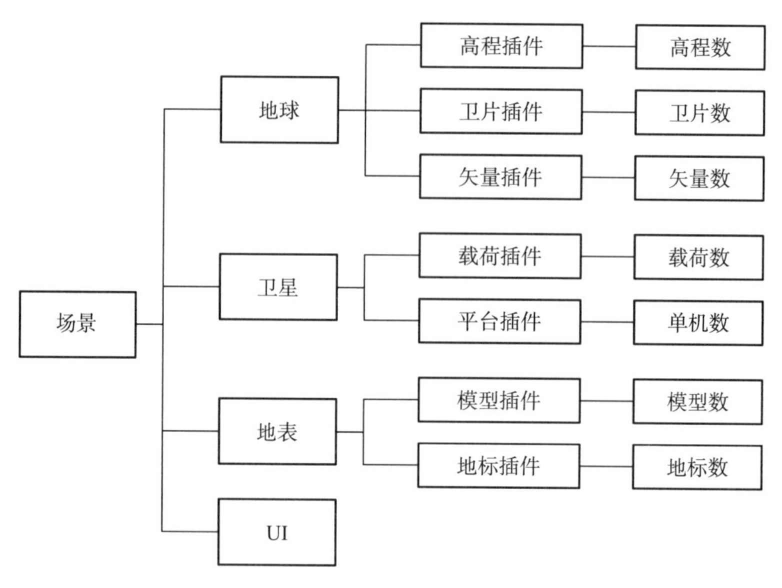

图 6-10　场景的数据组织方式

三维场景采用树状结构进行组织，以更便捷地遍历到需要操作的场景，以及对场景进行遍历渲染。除场景的根节点包括各种层面的数据使用树状结构外，每个以卫片方式存放的模型皆使用四叉树的方式存放和请求数据。

（2）高性能图形渲染引擎

在可视化仿真管理软件中一个核心的问题是如何高效、稳定地展示出卫星在真空环境中的表现关系，航天专用仿真平台主要有以下特点：

1）平台开放性（基于 OpenGL 三维标准），可快速移植于主流系统平台。

2）接口开放性，使用抽象层包装内部场景结构，可快速开发粒子、地景、天体、航天体基本结构。

3）内容丰富性，形成了系统的体系结构，融合了航天坐标标准、高精度地形、高精度月球等系列竞争性资源。

4）操作灵活性，针对部分仿真项目要求，渐渐形成辅助类开发工具，基本结构建模软件，小型验证平台，模型查看、转换类辅助软件。

5）技术前瞻性，使用主流 3D 技术，多线程渲染，LOD 实时地形加载，BSP 场景构建，碰撞检测，复杂粒子系统，动画系统，超大地景阴影生成，大空间物理场景等。

针对高精度地形数据动态加载使用的航天仿真平台的 LOD 数据加载技术，保证性能、硬盘容量大小满足要求。针对专业化航天器驱动参数，部件效果定制功能要求，通过航天仿真平台丰富的场景部件，采用定制、添加相应的物理参数进行包装处理。

（3）数据可视化驱动技术

1）驱动数据源形式：全真实数据驱动汇报，真实可信。

2）三维对象关节驱动形式：利用三维对象以关节形式定义自身的动作（例如：开启轨控发动机）。

3）三维对象声效驱动形式：利用三维对象以类关节形式定义自身的声效，数据直接配置声效启动关闭。

4）风险评估结果驱动形式：利用可视化系统与风险评估系统之间的接口，实时更新风险评估结果，将风险评估结果用三维、二维可视化表现。

系统可以分别对历史仿真数据和实时仿真数据进行展示。在历史仿真数据状态下，系统会自动生成时间轴功能。使用人员可以根据时间轴调整观看的进度和播放速度。

（4）多维度系统态势二、三维显示技术

多维度系统态势显示技术主要是通过多种虚实结合的二、三维显示效果，显示系统中不同维度的信息。下面主要阐述其中两种主要显示技术。

一是信息化系统态势显示技术。在信息化条件下，通过计算机技术、通信技术以及传感器技术等的运用，获取各个方面的系统信息，利用信息融合方法对得到的原始系统信息进行知识的挖掘，从而得到系统态势信息。态势最终为运行维护人员所用，最直观有效的方式是以丰富多样的表现形式从各个角度各个层次展现出来，让运行维护人员对当前形势一目了然，同时能够对下一步的发展趋势加以预测。由于图形图像在展示信息方面具有形象直观、信息量大等特点，是语音、文本等方式不可比拟的，未来基于系统信息的态势发掘和可视化必将是一个重要的研究方向。

二是信息化系统态势显示的支撑技术。主要包括：信息融合与挖掘、信息显示、信息存储与分发。信息融合与挖掘是实现系统态势感知的基础理论。首先通过第一级处理，得到目标级的状态估计信息，以此为基础在第二级的处理中进行态势估计处理，将所观测的目标分布与活动和系统环境有机地联系起来，识别已发生的事件和计划，做出对当前系统情景的合理解释，并对临近时刻的态势做出预测。系统态势感知中的信息显示应当是动态的、统一的，同时系统态势信息的可视化表现不应只是将系统当前的、表面的态势展现出来，这样并不能减轻运行维护决策的难度，而想要辅助决策，就要能够帮助运行维护人员发现这些复杂繁多的态势信息背后隐藏的知识，帮助分析信息。系统空间数据挖掘与知识发现主要是根据系统信息，通过研究积累，形成一套多种显示模式/地图图层多种样式/模型多子材质支持的技术架构和渲染引擎，并允许用户以插件的形式扩展信息化自定义图元开发，从而可以较快捷地实现各种信息化渲染效果。如何保证系统态势信息能够以最稳健的形式进行存储，并保证运行维护人员能够及时获取所需态势信息以进行决策，是决定能否实现系统智能运行维护的重要前提。面对信息存储与分发的不稳定问题，目前的云计算技术给出了一个可行的解决方案。云计算架构的特征：弹性、透明、积木化、通用、动态与多租赁，以及基于云计算架构的成功商业应用案例，对于解决系统态势感知在复杂环境下的超大规模系统、海量数据处理所面临的挑战与困难，提供了一条可供参考的系统架构与技术实现途径。

6.6 应用示例

6.6.1 基于可用性分析评价的星座薄弱环节分析与备份策略优化研究

6.6.1.1 服务可用性建模分析

服务可用性受星座可用性（或称星座状态概率）和星座值（CV）两方面的影响：1）从星座状态层面上，由于单星可用性随时间变化，因此星座状态呈现动态变化，即星座可用性是动态的；2）从星座构型层面上，由于卫星的故障将影响星座构型，影响星座值（CV），从而影响服务可用性。因此服务可用性将根据系统运行时间不断变化。

星座服务可用性分析思路如图 6-11 所示。

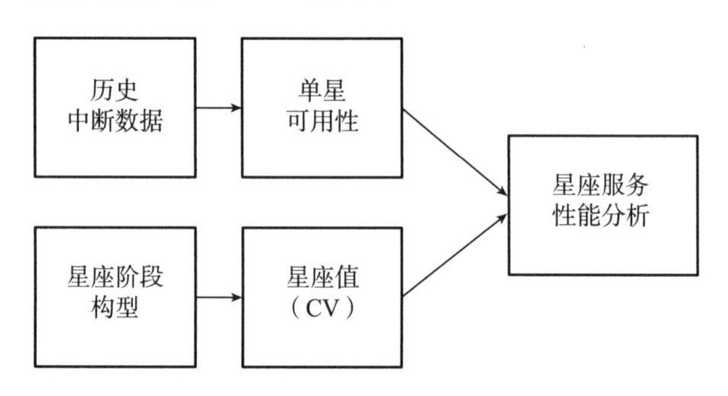

图 6-11 星座服务可用性分析思路

利用单星可用性与星座值（CV）结果构建星座服务可用性分析模型，计算星座服务性能。

（1）单星可用性建模

单星可用性受单星固有可靠性以及稳态可用性两方面的影响，单星可用性建模分析如下。

①单星固有可靠性

威布尔分布能简练而统一地描述出卫星可靠性变化规律的整个浴盆曲线。威布尔分布中的形状参数 m，是决定其分布本质的参数，根据 m 不同，可获得不同失效率的曲线。当 $m<1$ 时，描述早期故障；当 $m>1$ 时，描述耗损失效。由于研究对象是卫星正常运行后的状态，因此主要考虑耗损失效的影响。备份卫星的可靠度 $R(t)$ 假设为

$$R(t)=\mathrm{e}^{\left[-\left(\frac{t}{\eta}\right)^{m}\right]} \tag{6-17}$$

②单星稳态可用性

一般利用马尔科夫链构建单轨位/单星的稳态可用性模型。前期，在仅考虑引起卫星服务的短期中断对单星稳态可用性影响时，所考虑的中断主要包括由调轨、调姿引起的计划类中断，以及空间环境影响和其他影响的非计划类中断。以星座中的某颗卫星为例，构建马尔科夫链模型，如图 6-12 所示。其中，状态 1 表示卫星正常工作，状态 0 表示卫星因故障或干扰而导致的功能失效状态，λ 表示卫星的失效率，μ 表示卫星的修复率。

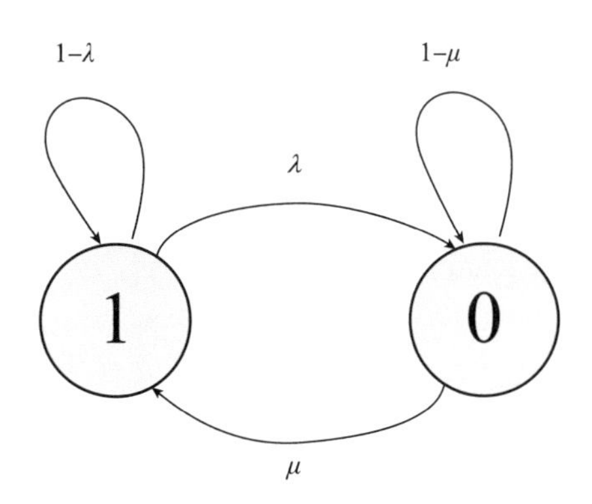

图 6-12　卫星的马尔科夫链模型

对于每种状态，都有四种可能的中断类型，包括：长期非计划中断、长期计划中断、短期非计划中断、短期计划中断。

长期计划中断和短期计划中断都与地面系统有关，并可以根据需要重新制订计划。短期计划中断为常规维修活动，例如原子钟调整、轨道控制机动和备份子系统切换；长期计划中断通常指寿命末期事件。短期非计划中断由突发性故障造成，无法预测和计划，但是可以通过切换备份子系统进行在轨维修，单粒子翻转所造成的中断就属于短期非计划中断；长期非计划中断也是由突发性故障造成的，但是卫星不能进行在轨维修，必须被替换。

针对大系统单颗卫星，利用马尔科夫链建立单星可用性模型，如图 6-13 所示。假设卫星只有可用和不可用两种状态，从可用状态到不可用状态由四种不同中断类型引起。

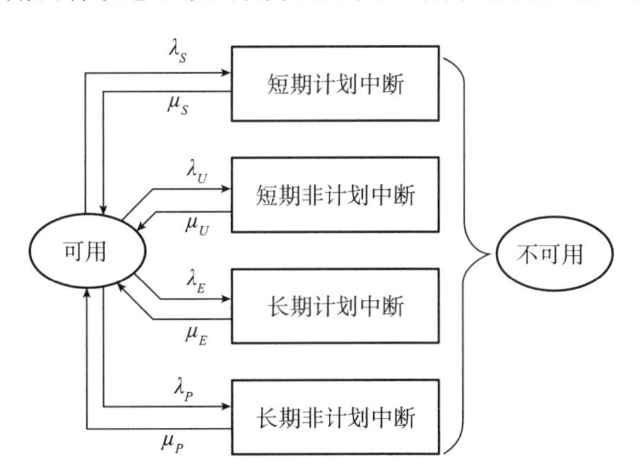

图 6-13　基于马尔科夫链的单星可用性模型

根据四类中断的平均中断间隔时间和平均中断恢复时间可以计算出相应的失效率和修复率，综合后可以得到单星的失效率和修复率

$$\lambda_m = \lambda_S + \lambda_U + \lambda_P + \lambda_E \tag{6-18}$$

$$\mu_m = \frac{\lambda_S + \lambda_U + \lambda_P + \lambda_E}{\dfrac{\lambda_S}{\mu_S} + \dfrac{\lambda_U}{\mu_U} + \dfrac{\lambda_P}{\mu_P} + \dfrac{\lambda_E}{\mu_E}} \tag{6-19}$$

式中　λ_m ——大系统中卫星 m 由可用状态变为不可用状态的失效率；

μ_m ——大系统中卫星 m 由不可用状态恢复为可用状态的修复率；

λ_S ，λ_U ，λ_P ，λ_E ——分别为卫星 m 四类中断的失效率；

μ_S ，μ_U ，μ_P ，μ_E ——分别为卫星 m 四类中断的修复率。

根据单星的失效率和修复率可以得到单星的可用度

$$K_n = \frac{\mu_m}{\lambda_m + \mu_m} \tag{6-20}$$

式中　K_n ——大系统中卫星 n 的可用度，备份卫星的稳态可用性假设为 1。

（2）星座值（CV）

对所观察地区进行各网点划分，在不同卫星故障组合状态下，对各网点的 PDOP 进行仿真，每隔一定的时间仿真一次，仿真一个回归周期。假设有 n 个网格，则 PDOP 总数为 $s=12n$。按照 PDoP 小于 6 可用，统计其中 PDoP 小于 6 的个数 s_1，则 CV 值 $=s_1/s$。

6.6.1.2　星座运行薄弱环节分析

星座运行薄弱环节分析是在备份卫星按照计划发射、在轨运行卫星到寿退出服务的基本前提下，以卫星入网运行以来的表现和健康现状，结合单星失效对服务性能的影响，而综合给出星座中的薄弱卫星，分析过程如图 6-14 所示。

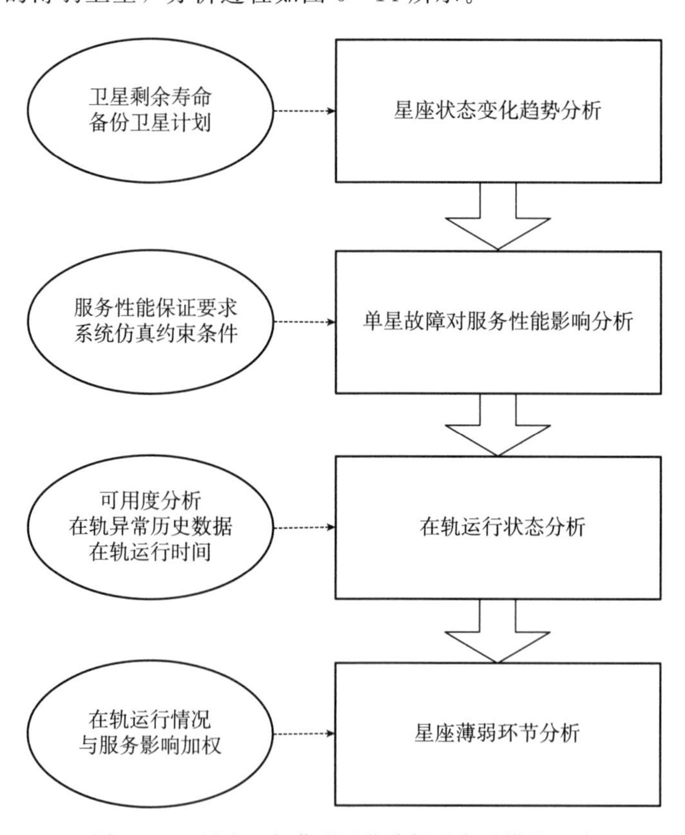

图 6-14　星座运行薄弱环节分析及应对措施思路

该过程描述如下：

1）根据卫星寿命及备份计划，开展星座状态变化趋势分析，给出星座状态随时间的阶段演变，为星座性能仿真提供输入；

2）在明确系统星座服务性能保证要求和系统仿真约束条件的基础上，仿真分析单星故障对服务性能的影响；

3）根据在轨卫星的可用度分析、在轨异常历史数据及在轨运行时间，综合分析单星的在轨运行状态情况；

4）结合星座性能仿真和单星运行状态，通过加权策略开展星座薄弱环节分析与排序。

①星座状态变化趋势分析

按照在轨卫星、备份卫星发射计划以及各卫星在轨寿命综合确定星座变化趋势。以北斗区域系统星座为例，按照备份卫星发射入轨计划以及卫星到寿（卫星寿命暂用 8 年）后即退役的原则，北斗区域系统星座构型变化主要分为两个阶段：

1）阶段 1：2016 年年底—2018 年年底，服务星座构型为“5G＋6I＋3M”；

2）阶段 2：2018 年年底及以后，在轨卫星渐次到寿，星座构型逐步退化。

以下仅以阶段 1 为例，开展薄弱环节分析。

②单星故障对服务性能影响分析

单星故障对星座服务性能影响采用单星故障对星座 PDoP 可用性影响来表示，对于重点服务区和全球服务区，考虑不同故障星情况的星座平均 PDoP 可用性。

③在轨卫星运行状况分析

在轨卫星运行状态主要考虑短期中断影响的卫星可用性、在轨卫星健康状况及卫星在轨运行时间三方面的影响因素，分别用不可用度、故障风险和寿命风险表示。不可用度、故障风险和寿命风险权重系数按照一定比例进行加权，根据权重和在轨卫星运行状态排序，权重越大，卫星越薄弱。

④星座薄弱环节分析

星座薄弱环节分析根据卫星故障对服务性能的影响和在轨卫星运行状态综合确定权重及排序，加权分析考虑因素如图 6－15 所示。在轨卫星的运行状态包括受短期中断（计划的和非计划的）影响的单星可用性，考虑卫星常驻（含单点）故障、卫星钟（组）状态和频发/偶发异常的卫星健康状况，卫星在轨运行时间及预计寿命等几个方面。

6.6.1.3　星座备份策略优化

结合星座薄弱环节分析结果，利用多约束智能优化算法，开展基于服务性能分析的星座备份策略优化研究。主要包括星座备份策略优化目标函数构建、约束条件分析，以及优化计算三部分。

（1）目标函数构建

北斗系统是一个动态系统，服务可用性随着星座构型变化而变化，为了使北斗系统连续、稳定运行，确保系统服务性能满足设计要求，不影响广大用户的使用，经分析验证，选择服务可用性作为备份策略研究优化目标。以服务可用性的计算公式作为备份策略优化

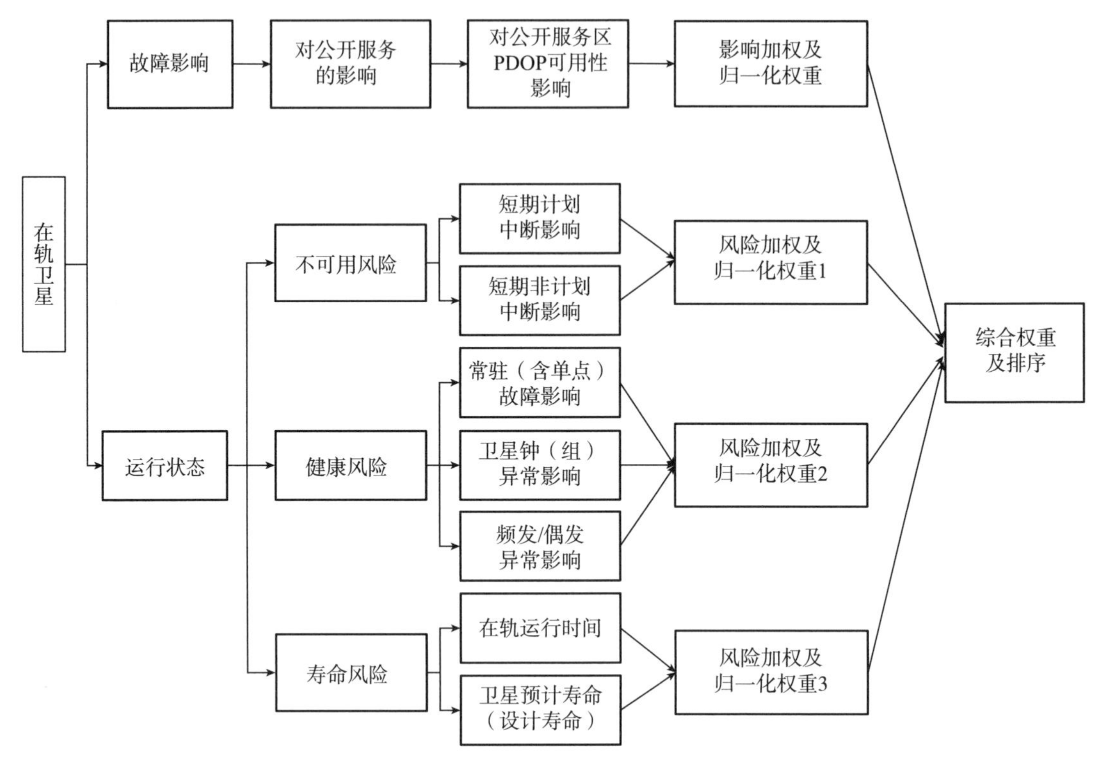

图 6-15　薄弱环节分析加权思路

的目标函数。

考虑星座可用性和星座值情况，服务可用性可以表达为

$$A=\sum_{k=0}^{M}P_{k}\alpha_{k}=\sum_{k=0}^{M}P_{k}\frac{1}{\binom{M}{k}}\sum_{n=1}^{\binom{M}{k}}\alpha_{k,n} \tag{6-21}$$

式中　A ——服务可用性；

M ——星座卫星数量；

P_k —— k 颗卫星失效情况下的星座可用概率；

α_k —— k 颗卫星失效情况下的星座值（CV）；

$\alpha_{k,n}$ ——有 k 颗卫星失效情况下各种组合中第 n 种组合的星座值（CV）。

P_k 受单星可靠性、单星稳态可用性两方面的影响，可以表示为

$$P_{k}=\prod_{n=1}^{M=k}R_{n}A_{n}\prod_{k=0}^{M}(1-R_{n}A_{n}) \tag{6-22}$$

式中　R_n ——第 n 颗卫星的可靠度；

A_n—— 第 n 颗卫星的稳态可用性。

（2）约束条件分析

1）在轨卫星工作数量。以完整系统星座为例，卫星数量 30 颗，包括 24 颗 MEO 卫

星，3颗IGSO卫星，以及3颗GEO卫星。假设备份MEO卫星 s_1 颗，GEO卫星 s_2 颗，IGSO卫星 s_3 颗。

按照已公开发布的《北斗卫星导航系统空间信号接口控制文件》中各类卫星的编号数量（除非出现重大问题，一般情况下不应轻易更改），综合考虑备份数量，得到下述约束条件：

a）MEO卫星编号数量允许值 $\geqslant s_1 \geqslant 0$，取整数；

b）GEO卫星编号数量允许值 $\geqslant s_2 \geqslant 0$，取整数；

c）IGSO卫星编号数量允许值 $\geqslant s_3 \geqslant 0$，取整数。

故由上述可知，在轨卫星数量：$30 + s_1 + s_2 + s_3 > M > 30$。

2）备份卫星生产以及经济约束。

3）备份轨位，根据工程需求分析，确定卫星备份轨位。

4）备份卫星发射窗口。根据工程需求，分析确定备份卫星发射窗口。

5）星座薄弱环节分析结果。按照薄弱环节分析排序结果，对薄弱环节卫星优先备份。

（3）优化计算

基于上述目标函数以及约束条件，利用遗传理论开展星座备份策略优化计算，主要流程如图6-16所示。

1）基于约束条件，生成 n 组初始种群。

2）进行初始种群适应度计算，根据适应性（服务可用性计算结果）优先原则，淘汰不适应种群 $n - n_1$ 组，选择 n_1 组适应种群。

3）基于选择的 n_1 组适应种群，进行交叉、变异，形成下一代 n 组种群。

4）进行种群平均适应度计算，判断是否满足终止条件（服务可用性大于0.98），若满足则输出最优解，若不满足则重新开始上述过程。

6.6.2　主备星载原子钟时频信号无缝切换方法

高精度时间和频率信号在授时、导航和测量领域都有着至关重要的地位。为了实现高精度、高可靠和方便使用的时间和频率信号，一般会采用多个星载原子钟基准进行冗余备份，并在主钟失效的情形下，使用基准无缝切换至备钟，从而输出信号不受任何影响。

传统的星载主备钟的无缝切换方法是，使用两个原子钟信号作为参考，分别使用三个处理时段实现主备钟频率同步、相位同步和时间同步。其中，主备钟相差测量采用双混时差测量方法，主备频率信号和时间信号的切换利用开关矩阵实现，系统的硬件复杂度高，且同步实现过程较复杂，存在时频信号切换信号瞬间丢失或切换前后信号频率和相位不连续的问题。

针对现有技术中时频信号切换瞬间信号丢失或切换前后信号频率和相位不连续的问题，提出了一种星载主备钟时频信号无缝切换方法，省去双混时差测量环节，误差测量和主备同步及主钟与OCXO同步通过数字处理的方式，不采用硬件开关方式进行主备输出

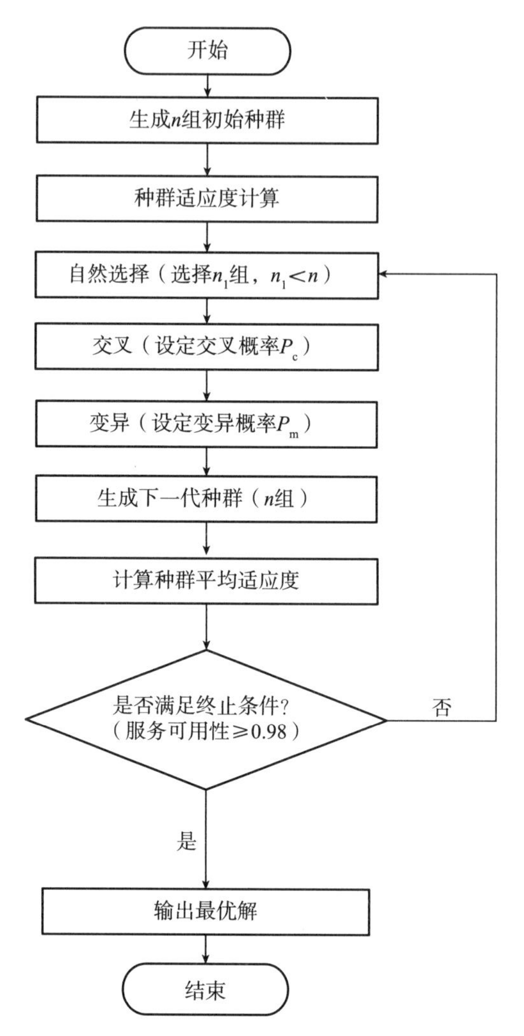

图 6-16　遗传算法求解多约束决策优化流程图

切换，从而避免了切换瞬间的信号不连续问题。

该方法所用星载主备钟时频信号无缝切换装置架构如图 6-17 所示。

原子钟组包含 3 台原子钟，每一台原子钟对应连接至一路 AD 采样器；输入信号选择单元与所有 AD 采样器及主控单元相连；第一、二频率与相位提取单元、移相控制单元以及第一、二移相单元，实现频率和相位提取及移相；主备钟频差与相差测量单元测量主备钟频差与相差完成主备钟同步；主钟与恒温晶振相差测量单元与主备钟信号选择单元相连，并通过滤波单元、DA 输出单元与恒温晶振单元形成反馈回路，实现主钟与恒温晶振同步；主控单元对主备钟相差和频差测量值以及主钟与恒温晶振相差测量值进行实时监控，并在两测量值同时超过预先设定的阈值时，通过控制信号切换主钟与备钟。

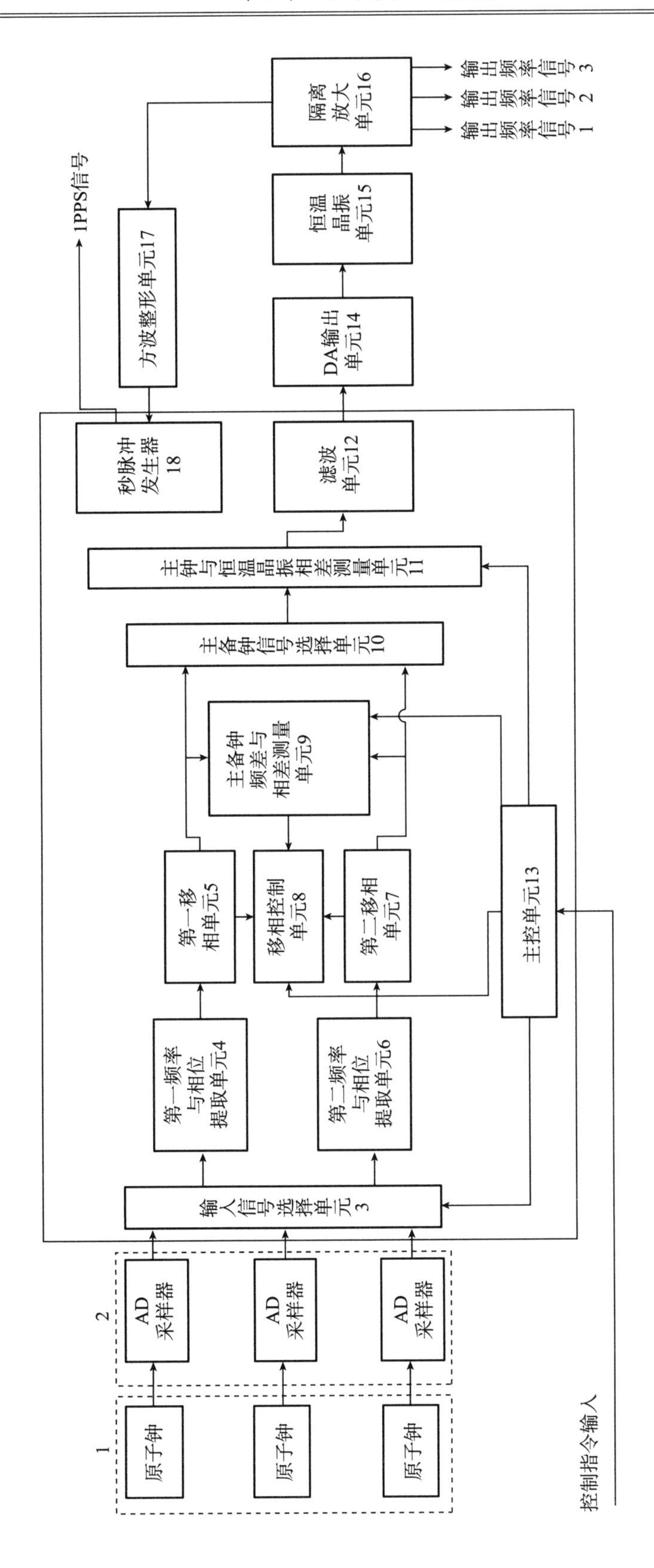

图 6－17　星载主备钟时频信号无缝切换装置

切换装置的主要工作原理为：通过 AD 采样器 2 对原子钟组 1 提供的模拟基准频率信号进行 AD 采样，得到数字化的正弦采样信号；采样后信号经过输入信号选择、频率和相位提取、移相、主备钟频差与相差测量，完成主备钟同步；主备钟信号选择单元选择同步后的主钟信号作为主钟与恒温晶振相差测量单元的输入，主钟信号与恒温晶振信号的相差测量值经过滤波后经 DA 输出单元 14 输出，驱动电压控制恒温晶振单元 15，实现主钟与恒温晶振同步。恒温晶振单元 15 输出的恒温晶振频率信号经隔离放大后提供三路信号（输出频率信号 1、输出频率信号 2 以及输出频率信号 3）为最终频率输出，同时一路频率信号经方波整形单元后经秒脉冲发生器 18 输出 1PPS（Pulse Per Second，秒脉冲）的基准时间信号。主控单元 13 对主备钟相差和频差测量值以及主钟与恒温晶振相差测量值进行实时监控，并在两测量值同时超过预先设定的阈值时，通过控制信号切换主钟与备钟。

主备钟时频信号无缝切换方法流程如图 6-18 所示。

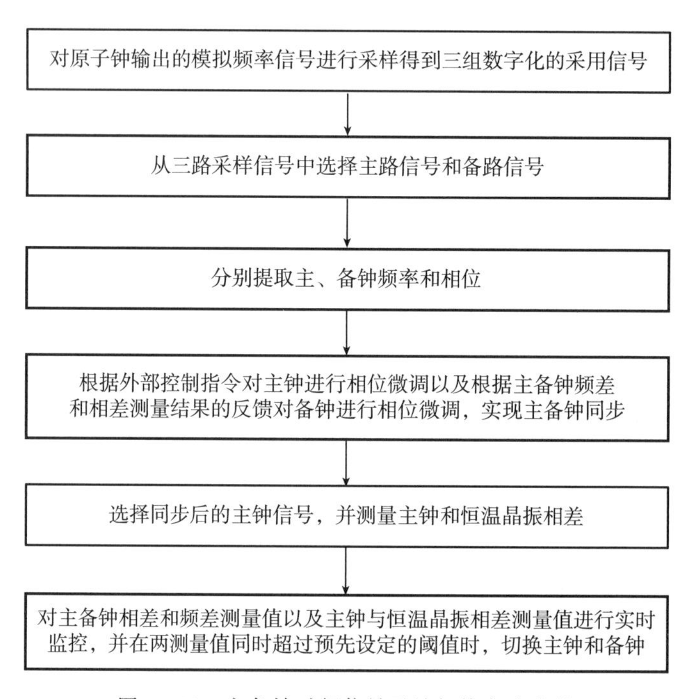

图 6-18　主备钟时频信号无缝切换方法流程

该方法省去了双混时差测量环节，且误差测量和主备同步及主钟与 OCXO 同步全部采用数字实现，最终仅一片数字芯片即可，极大地降低了系统的硬件复杂度；通过数字处理的方式，大大简化了相位和频率测量及主备钟同步控制等电路，同时仅采用一个 OCXO 输出频率和时间信号，不采用硬件开关方式进行主备输出切换，从而避免了切换瞬间的信号不连续问题，有利于系统的小型化和高精度实现。

6.6.3　系统多通道融合互备决策

北斗系统建立了星地测控链路、星地运控链路、星间链路等多种传输通道，实现星地一体化系统控制与管理及星地一体化信息传输的技术体制。多通道融合互备是实现星地一体化智能运行管理的核心，也是可靠安全地提供导航服务的重要保证，体现在以下两个方面。

1）星地测控、星地运控与星间链路结合各种平台的综合信息，同时涵盖传输、感知、处理、时空基准和应用，提供全球化信息支持，多通道融合互备完成卫星在线状态监测和故障诊断，实现系统调度、参数配置及用户接入。

2）在功能相对独立的通信链路之间建立信息信道，当恶劣的空间环境导致链路通信设备失效时，由其他通道实现信息传输的完全替代，避免无法针对卫星紧急故障采取有效措施。极端情况下，当导航下行链路之外的通道永久失效时，保证卫星导航服务能力。

地面段各站之间通过地面网络通信链路进行信息传输以实现站间通信，支持各星地通信链路通道的信息交互。空间段完成多信源、多频点、多通道的各类业务信息的识别、处理、分发与执行。

（1）测控链路通信设备上下行均失效

当测控链路通信设备失效时，卫星失去了遥控指令注入及遥测数据下行的主用通道。此时，遥控指令的备份路径包括：

1）由星地运控备份测控上行注入路径，由地面运控系统主控站将遥控指令发至卫星执行；

2）由星间链路 Ka 上行备份测控上行注入路径，由 Ka 站将遥控指令发至卫星执行。

遥测数据的备份路径包括：

1）由星间链路 Ka 下行备份测控下行路径，由 Ka 站将遥测数据转发至测控中心；

2）星间转发路径，由其他卫星将遥测转发至测控中心。

（2）运控上行链路失效

当运控注入链路通信设备失效时，卫星失去导航业务信息注入的主用通道。此时，导航业务信息注入的备份路径包括：

1）由星地测控备份运控路径，由测控中心将导航信息发送至卫星；

2）星间转发路径，由其他卫星将导航信息转发至卫星。

6.6.4　能源智能控制决策

北斗系统要求平台具备在轨自主运行能力，为满足这一任务需求，能源智能控制管理设计了分层次自主管理体系。对于一次电源功率调节和调节器的故障保护等功能，由于需要快速的响应和高可靠地执行，这部分功能由硬件实现。对于电源控制器相关的遥测、遥控信息流管理、模块状态和参数设置等功能，允许存在秒级的时间延迟，由电源控制器中的软件实现。对于将锂离子电池均衡管理、长光照期管理等功能，需要提出相应的管理策略，并需要随着锂离子电池应用研究的深入和在轨工作情况的变化进行一定的改变，通过综合电子系统软件实现。同时，电源控制器中的软件与综合电子系统软件之间，以及软件与硬件之间需要采用协调的接口，相互配合完成信息流传递和管理功能。

6.6.4.1　软件实现的能源智能控制管理策略

包括两种工作模式：长光照期模式和地影季模式。

1）参数采集和有效性判断。能源智能控制管理使用遥测参数之前，需要对使用到的遥测参数进行采集，并对还原为物理量后的参数进行有效性判定。

2）工作模式转换：长光照期模式和地影季模式之间自主实现转换。

3）地影季模式的能源智能控制管理功能包括过充电管理、放电管理和荷电量计算功能。

4）长光照期模式下完成均衡管理器电压遥测健康性检查、蓄电池组单体电压离散度提示、蓄电池组均衡管理，以及温度超限提示功能。

卫星在轨运行过程中，一旦发生姿态翻转，需重新搜索太阳或者电源分系统是否出现某种故障，导致能源紧张，为保证平台基本功能，能源智能控制管理自主进入最小能源模式。

6.6.4.2　硬件实现的自主能源管理

电压控制器的充电调节模块在 MEA 统一控制下，能够由硬件完成以下充电自主控制功能：

1）在下位机全断电情况下，提供硬件的默认充电电压档和充电电流档；

2）根据充电电压档和充电电流档设置恒压充电阶段的充电电压和恒流充电阶段的充电电流；

3）在恒流充电阶段，根据充电电流档位设定自主调节充电电流；

4）在恒压充电阶段，根据充电电压设定和蓄电池组电压自主减小充电电流，维持充电过程中蓄电池组电压不变；

5）充电调节器始终与蓄电池组接通，在蓄电池组放电后能够自主开始充电。

除了自主调节和充电控制外，电源控制器设置了多种硬件故障保护电路，能够自主实现以下故障保护功能：

1）母线过压保护，当母线电压超过过压阈值时，自主接通过压保护组件；

2）放电调节模块的输入过流保护，保护后处于锁定状态，可通过指令解锁；

3）放电调节模块的输出限流保护，限制每个模块最大输出电流；

4）充电调节模块的输出过流保护，可通过模块断电后再加电恢复。

为防止某节电池性能严重衰降影响整组电池性能，能源智能控制管理采用了 By－Pass 旁路开关设计措施。在电池组上每节电池配备一个旁路开关，在单体电池模块发生性能严重衰减甚至开路失效之前，可以启动相应的 By－Pass 旁路开关将该节电池从电池组中旁路出去。电流从 By－Pass 旁路开关中通过，防止电池开路失效导致整个电池组失效。

6.6.5　姿态智能控制决策

对于倾角55°的倾斜轨道，太阳和轨道面的夹角变化范围很大，如果采用单自由度太阳帆板跟踪太阳在轨道面内的运动，则无法满足整星能源需求。根据太阳、卫星的位置，卫星进行自主偏航姿态动态控制，增加了太阳帆板在三维空间的转动自由度，实现了卫星帆板自主实时跟踪太阳的精度要求，满足了整星的能源需求。

卫星提供高精度星历的服务，要求卫星在空间受到的力是有规律的、连续变化的、非突变的、可高精度建模并预测的，这就要求卫星在姿态控制策略设计上确保卫星姿态控制规律的连续性，姿态控制执行机构的选择上要避免引起对轨道的变化。为此，倾斜轨道卫星通过智能动态规划偏航姿态路径，解决了太阳和轨道面夹角较小时，偏航姿态机动过快导致动量轮控制能力不足的问题，实现了卫星姿态的连续动态控制，确保了卫星受到的太阳光压力的连续性、规律性，为后续地面高精度定轨模型的建立奠定了基础，满足了导航卫星提供高精度星历的服务需求。同时选择了动量轮作为在轨长期正常运行的执行机构，磁力矩器作为动量轮的卸载执行机构，避免了姿态控制时对轨道产生的影响。

同时卫星在轨运行期间，其姿态控制具有常态化的自主维护和管理能力。

控制分系统具有一定的星上部件级单机的自主健康管理及故障自主处置恢复能力，并通过轨道外推技术及卫星星历数据实现自主地影预报以及太阳、月亮干扰保护策略，满足自主运行期间姿态稳定控制要求。

6.6.5.1　偏航姿态智能规划

1）为实现太阳帆板法向精确跟踪太阳矢量，以保证最大的能源供应，正常模式下卫星采用偏航角机动控制和帆板转角主动控制策略。

2）为有效提升卫星的设备布局面积，增加卫星 $-X$ 板作为设备主安装板和散热板，卫星通过偏航姿态控制使星体 $-X$ 面持续不见太阳（除短时间的偏航姿态掉头过程外），太阳始终在卫星的 $+XOZ$ 面内，保证帆板法向指向太阳的同时，保证 $-X$ 面不受照。

3）考虑导航服务特点，要求卫星姿态控制规律的连续性，为此在偏航控制策略上进行了优化设计，针对太阳高度角较小时卫星反作用轮输出控制力矩和角动量有限的问题，卫星会根据太阳和卫星位置智能规划偏航姿态的控制路径，采取提前开始机动、延迟结束机动的方法，从而降低偏航机动角速度，减小偏航角动量的变化，实现了全寿命周期内的连续偏航控制策略，使反作用轮仍具有足够的控制力矩裕度和偏航角动量裕度，并且满足整个任务期间服务、能源与热控的要求。

6.6.5.2　姿态的自主控制和角动量的自主卸载

高精度的卫星姿态和轨道保持是导航卫星定位的基础。地面运控系统要不断测量卫星的轨道参数，并将轨道测量结果转换为导航电文，供用户解算当时的卫星位置，进而确定用户自身位置。由于各种摄动因素对卫星的作用，会引起卫星姿态和轨道的变化。这些摄动因素包括地球非球形引力、太阳引力、月球引力、潮汐、自转效应、太阳辐射压力等。

卫星轨道存在有规律的变化，可以通过轨道预报对轨道参数进行修正，对导航精度的影响可以忽略。而卫星轨道存在的随机变化，对导航精度有影响。因此，为配合地面完成精密定轨，卫星姿态的控制要避免对卫星轨道产生影响，同时在满足轨道精度要求条件下，尽量减少对轨道的控制次数。

为了降低推力器工作引起的影响，卫星采取了以下措施：

1）控制系统的姿态控制执行机构改为反作用轮，由反作用轮转速变化提供力矩，实施卫星姿态的自主控制，正常情况下不使用推力器。

2）对于外界干扰力矩的长期项或长周期项引起反作用轮转速在一个时期持续下降（或上升），超过允许范围，需要为反作用轮卸载，导航卫星选用磁力矩器作为卸载执行机构，并且星上根据反作用轮角动量和转速情况自主完成卸载工作，卸载不会对卫星轨道产生影响。

6.6.5.3 姿态的自主健康管理

卫星姿态控制具有自动故障判别和故障处理的能力。卫星在发生故障引起卫星姿态失控时，控制分系统能自动切换相关主备份、开关相关部件，并自动将卫星转成安全模式，最大限度保证卫星能源安全；同时可通过地面遥控指令重新建立正常运行姿态。

控制分系统通过轨道外推技术及卫星星历数据实现自主地影预报以及太阳、月亮干扰保护策略，满足自主运行期间姿态稳定控制要求。

第7章　北斗系统智能运维平台

7.1　概述

北斗系统智能运维平台是实现北斗系统智能运维的载体，通过运用大数据、人工智能与云平台技术，实现北斗系统数据共享、实时准确健康评估、快速故障诊断、寿命预测、优化决策支持等功能，为北斗系统智能运维提供平台支撑。

本章主要介绍北斗系统智能运维平台总体架构与系统组成、系统主要功能、技术指标体系，以及平台的主要特点。

7.2　智能运维平台总体架构与系统组成

7.2.1　平台总体架构

北斗系统智能运维平台总体架构和技术流程如图7-1所示。在现有测控系统、地面运控系统、星间链路运行管理系统、卫星系统基础上，通过各系统间的信息资源共享，构建多源多维数据治理融合平台，通过大数据挖掘和大数据可视化技术，建立各系统间统一的管理调度平台和系统服务性能评估系统，并以可视化的方式实时显示监控运行控制的调度流程和系统服务性能的动态变化过程，从而实现实时准确的量化评估、快速智能的故障诊断、风险可视化决策支持、多方共享的服务平台等目标，支持北斗系统运行维护。

智能运维平台逻辑结构采取灵活的分层架构，各层之间通过标准的接口进行衔接。工作任务（数据收发、数据治理、业务处理、数据存储管理等）按照工作流驱动的可灵活配置方式执行，平台每层内部组件之间通过标准的接口来实现集成。

7.2.2　平台系统组成

北斗系统智能运维平台主要由云平台与监控调度子系统、管理与监控子系统、信息交互子系统、载荷信号监测评估与维护子系统、健康状态评估与维护子系统、卫星系统性能评估与仿真子系统、故障诊断子系统、星座运行风险评估与预警子系统、质量综合分析评估子系统、运维决策与可视化子系统组成，如图7-2所示。

(1) 云平台与监控调度子系统

云平台与监控调度子系统为北斗系统智能运维平台提供网络、计算和存储资源，为各大系统提供实时数据交互接口，实现卫星信息资源的共享，为不同业务提供交互支持，主

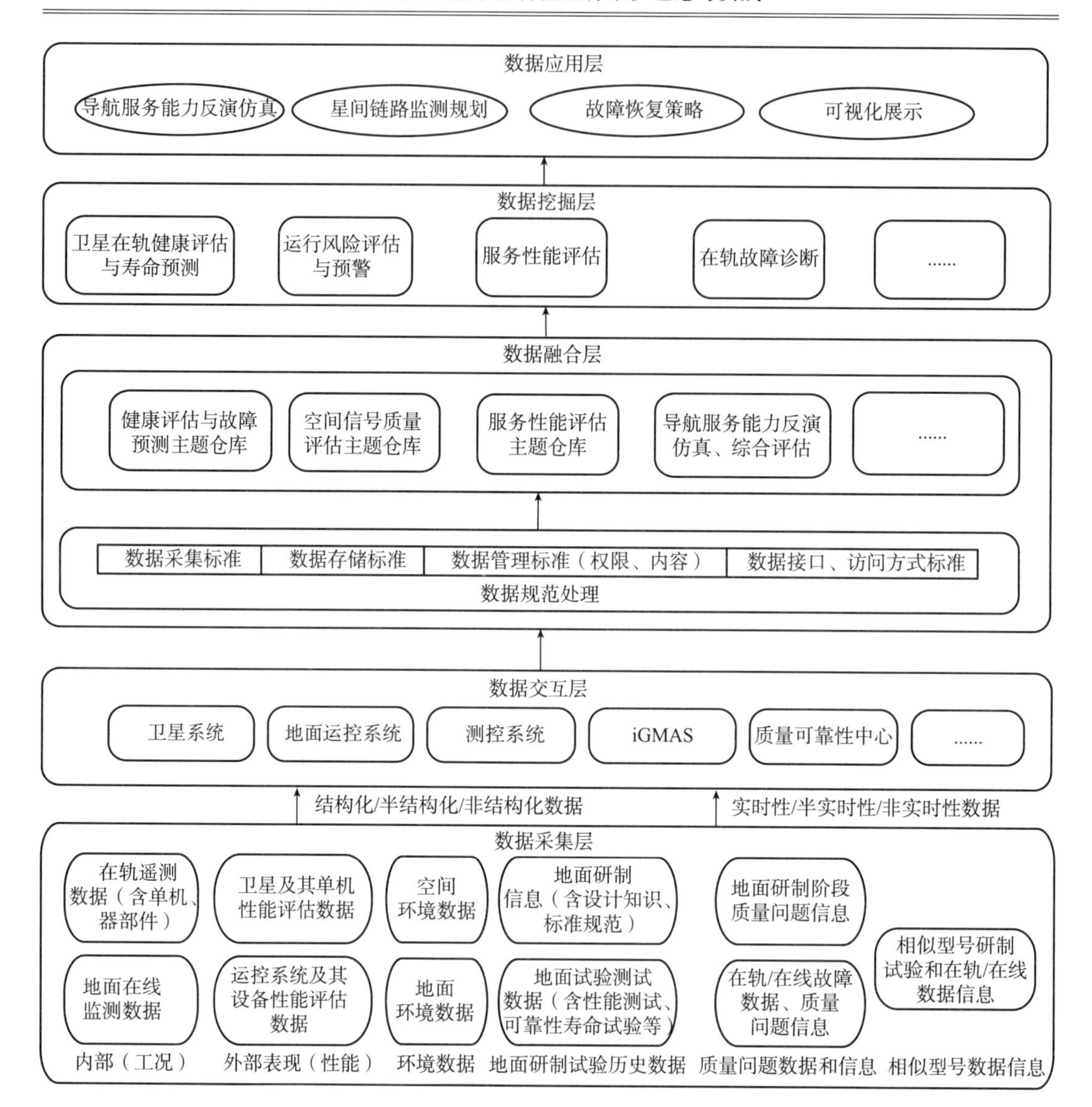

图 7-1　北斗系统智能运维平台的总体架构和技术流程

要由信息存储与传输设备等硬件组成，可实现各大系统信号、信息、指令等相关数据和信息的分类集中云存储。

（2）管理与监控子系统

管理与监控子系统为在轨卫星和地面关键设备提供实时监控和运行管理。主要包括多星遥测处理软件、卫星下行信息处理软件、数据预处理软件、数据库软件、数据库访问中间件软件、数据查询软件、一体化综合监视与控制软件、各类显示软件等。

（3）信息交互子系统

信息交互子系统是信号监测评估子系统等业务功能子系统与云平台的信息交互节点，主要是为了保障不同系统间通过云平台进行数据交互时的信息通畅，由数据接收转发服务器等设备组成。

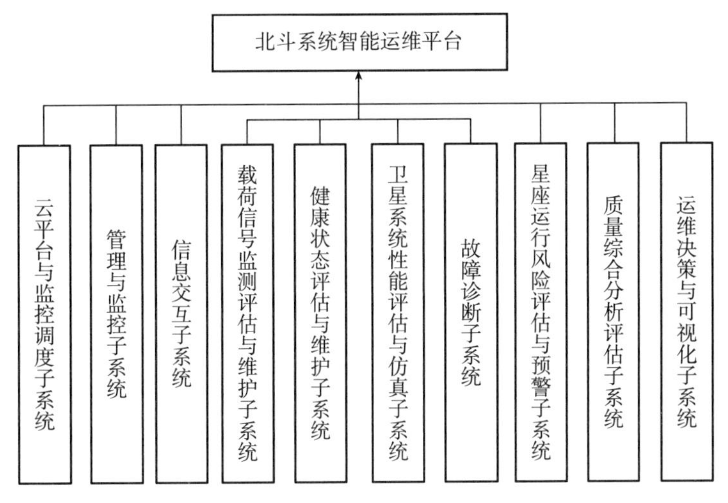

图7-2　智能运维平台系统组成图

（4）载荷信号监测评估与维护子系统

载荷信号监测评估与维护子系统主要包括地面采集数据处理软件、导航电文监测软件、导航信号评估软件、RNSS信号功率采集存储软件、发射EIRP评估软件、导航信号频谱分析软件、导航信号质量评估软件、信号播发精度评估软件、短报文长期监测评估软件、短报文服务情况评估软件、搜救载荷服务性能评估软件、星载时频工作状态评估软件等。

（5）健康状态评估与维护子系统

健康状态评估与维护子系统由卫星健康评估软件、健康维护软件、卫星完好性监测软件、卫星连续性软件四个软件组成，另包含两个专家知识库：卫星健康状态库、维护策略库。卫星健康状态库包含系统级、分系统级、设备级的性能评估结果、故障评估结果和寿命预测相关信息；维护策略库包含与在轨操作有关的各种日常维护策略、应用控制方案和故障处理对策。两个专家知识库是进行健康状态评估和维护的重要支持和依据，并具有可扩展性，可对知识库进行查询、添加和删减，通过大量知识积累和专家的参与不断丰富和完善知识库。

（6）卫星系统性能评估与仿真子系统

卫星系统性能评估与仿真子系统由卫星导航系统服务能力评估软件、全球短报文服务能力仿真评估软件组成，主要实现在不同场景下卫星导航服务能力、全球短报文服务能力的评估，以及通过星间链路监测实现对星间测距等能力的评估。

（7）故障诊断子系统

故障诊断子系统主要包括卫星异常遥测告警软件、故障模型库管理软件、故障推理软件、故障数据/诊断结果管理软件以及决策响应支持软件等。故障模型库管理软件对专家诊断规则库和贝叶斯网络故障诊断模型库进行管理，故障推理软件对专家诊断推理模型和贝叶斯网络故障诊断模型进行调用。

(8) 星座运行风险评估与预警子系统

星座运行风险评估与预警子系统主要由星座可用性、连续性、完好性分析评估软件，风险保障链软件，单机可靠性评估软件，单机成熟度评价软件，贝叶斯网络软件，概率风险评价软件等组成，各软件利用评估结果对系统运行风险进行预警。

(9) 质量综合分析评估子系统

质量综合分析评估子系统主要由质量问题存储与查询子模块、质量问题统计分析子模块、质量可视化展示子模块组成。

(10) 运维决策与可视化子系统

运维决策与可视化子系统由三级运维驾驶舱软件（总师驾驶舱、设计师驾驶舱、运维驾驶舱）、3D可视化驱动软件、可视化渲染驱动软件、支持多种形式的显示终端（包括PC、大屏和特定授权移动终端显示）组成。

7.2.3 平台与各系统间接口关系

北斗系统智能运维平台涵盖系统运行过程中涉及的各个系统，包括在轨支持系统、地面运控系统、测控系统、星间链路运行管理系统、地面试验验证系统、地基增强系统(GBAS)、空间环境监测中心等。北斗系统智能运维平台与各系统间接口如图7-3所示。

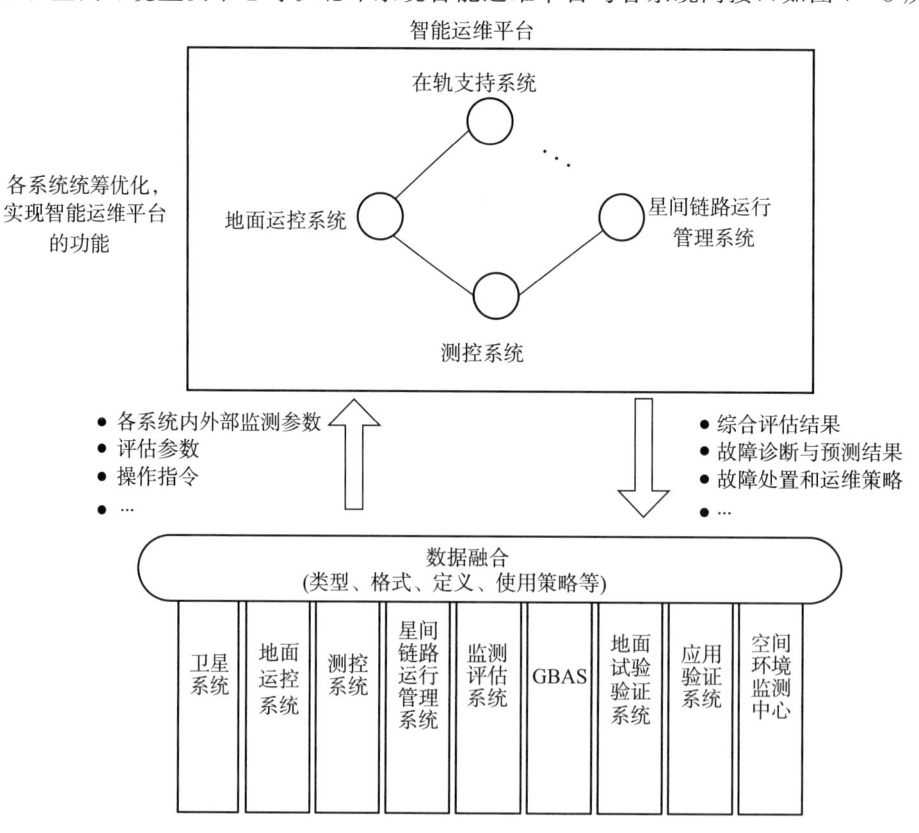

图7-3 北斗系统智能运维平台与各系统间接口

北斗系统智能运维平台与各系统间建设了通信链路，规范了共享数据接口协议，包括数据类型、格式要求、定义、使用策略等内容，同时通过平台开展统一数据时标，剔除数据野值，补全缺失数据，确保数据连续、完整、可信、有效。数据进入智能运维平台后，开展数据分类融合，按照所需的功能进行数据仓库归类，支撑系统综合评估、系统故障诊断与预测、系统运维决策的功能实现。

7.3　系统主要功能

7.3.1　云平台与监控调度子系统功能

根据各大系统的数据应用需求，云平台与监控调度子系统进行任务调度和资源的管理，实现各类信息的分类集中云存储，接收各大系统的相关数据和信息，接收管理与监控子系统各类命令信息，并将接收到的信息转发给云平台各节点，实现各类信息资源的共享；支持多方远程协同工作的自动化交互，支持远程集同办公环境，具备远程电子交互、远程语音通话、视频会议等功能；同时实现对星座整网业务工作状态的实时评估及融合处理。

7.3.2　管理与监控子系统功能

通过管理与监控子系统统一管理云平台，根据各大系统的数据应用需求进行本系统内部的任务调度和资源的管理，便于及时掌握系统的整体工作状态，完成在轨已知任务流程的自动化、电子化，实现将在轨未知突发事件向总体以及各大系统告警及紧急通知的功能。协同交互过程全部默认为基于数据驱动的系统自动化处理，同时人工处理设为最高级别，可中断和更改自动处理流程。

管理与监控子系统具体功能如下。

(1) 数据存储

能够自动存储云平台的各类原始数据，包括卫星遥测数据、卫星轨道信息、卫星在轨故障信息、测控与运控操作信息、导航电文信息、iGMAS数据、空间环境数据等，为业务子系统提供数据支撑；能够按类存储业务子系统产生的中间数据与最终结果数据；自动存储系统日志数据等。

本系统采用分布式存储结构，支持结构化、非结构化以及文件数据存储，可以根据实际需求动态扩容。为充分保障数据的安全性，系统数据库设计了一定的安全保护机制。

(2) 数据分析

数据分析功能通过访问数据存储提供的数据服务接口，为用户提供数据查询与数据分析业务，具备满足用户对在轨遥测数据进行事后分析的能力。通过集成多种工程中常用的数据分析方法，能够快速地完成数据事后分析任务，并可以方便地导出分析结果，提供高效、便捷的自动化数据分析工具。

（3）数据处理

自动完成各类数据的处理任务，并按照处理结果的显示要求将结果数据发送到显示工具。对信息交互子系统接收到的数据进行数据预处理，将预处理后的数据形成数据主题仓库；对业务子系统的结果数据进行归类处理。

（4）数据显示

数据显示主要提供在线实时遥测数据、故障信息显示能力。具备以主动索取或者被动接收的方式获取实时数据，能够按照自定义方式显示各类实时数据，并同时显示卫星代号、数据来源、数据时间等相关信息。

（5）综合管理

综合管理主要包括系统状态监控、业务软件管理、统计查询、日志记录管理、可视化管理五大方面。

系统状态监控：能够监控各个系统间的光纤链路状态、参与运维各系统相关软硬件运行状态。

业务软件管理：对各系统内部系统业务软件进行统一管理，包括版本更新、软件安装、软件卸载等操作。

统计查询：能够对地面运控、卫星、质量可靠性中心等各节点计算产生的相关历史数据进行统计与查询。

日志记录管理：记录运维各方内部系统的运行日志，具备日志查询、统计、分析、管理维护功能。

可视化管理：对业务子系统的可视化软件进行统一管理，包括可视化展示、可视化切换等操作。

北斗系统智能运维平台管理与监控子系统功能业务流程如图 7-4 所示。

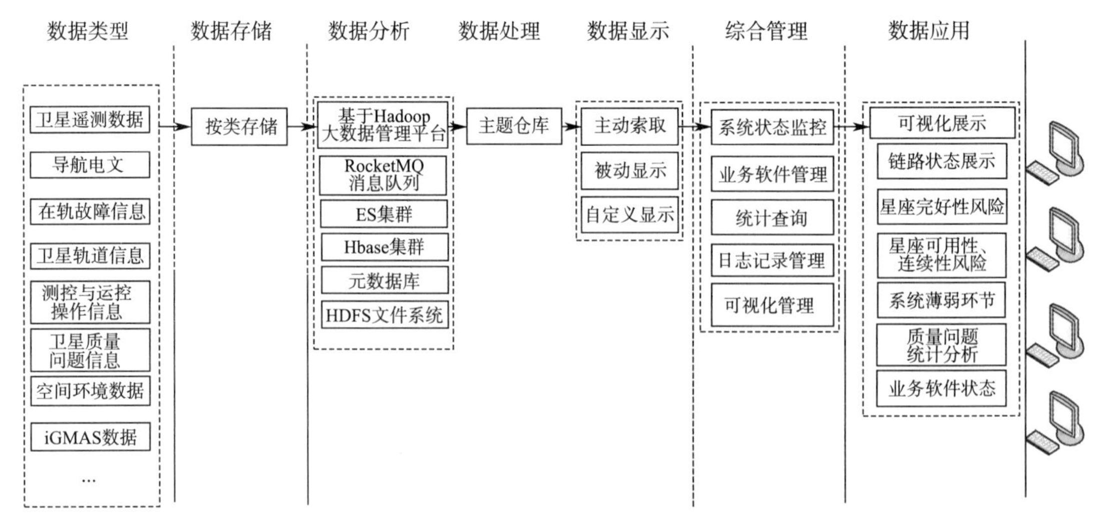

图 7-4　管理与监控子系统功能业务流程

7.3.3 信息交互共享子系统功能

通过专网进行信息交互，是参与北斗智能运维的各方与云平台联通的桥梁，专网信息交互内容包括遥测数据的交互、视频会议系统以及文件交互。各方通过专线（沿用或新建）与管理监控子系统中转后与云平台进行交互，实现数据的存储、分析、处理；视频会议功能可实现运维各方一对一、一对多、多对多的远程视频会议并记录；文件管理功能实现各方文件类数据（如各类评估结果、分析报告等）的上传与下载，实现文件的交互。

信息交互共享子系统主要有数据采集与视频会议两方面的功能，架构如图7-5所示。

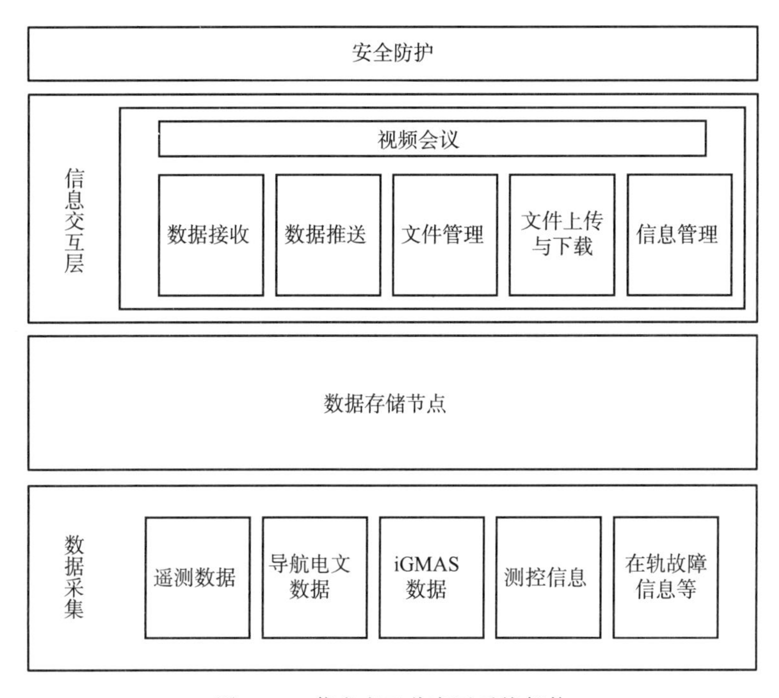

图7-5　信息交互共享子系统架构

（1）数据采集

1）接收来自云平台的各类数据，包括卫星遥测数据、导航电文数据、iGMAS数据、测控信息以及其他信息等；

2）能够满足最高码速率数据的接收需求且保障网络长期不中断；

3）具备将这些数据通过管理与监控子系统分发给各个对应子系统的功能；

4）能够实现将各方业务子系统的结果信息推送到云平台的功能。

（2）视频会议

提供开展视频会议的手段，可以满足一对一、一对多、多对多的召开视频会议的要求，视频会议具备记录功能。

7.3.4　载荷信号监测评估与维护子系统功能

载荷信号监测评估与维护子系统主要是对有效载荷下播的导航信号进行下行信号测试评估、RNSS载荷信号监测评估、短报文通信载荷监测评估、搜救载荷监测评估、时频载荷监测评估等，如图7-6所示。

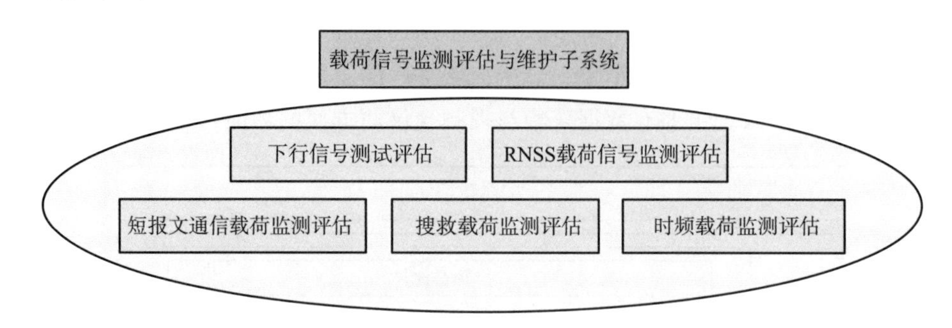

图7-6　载荷信号监测评估与维护子系统功能

（1）下行信号测试评估

具备对采集到的境内北斗MEO卫星下播的民用导航信号进行监测、解析，并经放大、滤波、跟踪等操作后完成伪距、载波相位、多普勒测量，完成导航电文解析，并将测量结果、电文送至测试控制与评估设备，完成测试数据的处理与分析。

（2）RNSS载荷信号监测评估

具备对MEO卫星的下行输出功率、频谱数据、评估数据进行实时监测与异常报警功能，并能对上述数据进行数据库存储、调用及回放。支持对此类数据的实时处理与后期处理功能，对目标卫星的下行B1/B2/B3频点EIRP、各支路URE、信号质量（频域、测量域、调制域、相关域、时域）等性能进行全面分析。

（3）短报文通信载荷监测评估

具备对搭载全球短报文通信载荷的MEO卫星的短报文通信载荷工作状态进行监测、评估与异常报警的功能，重点监视全球短报文载荷的中频信号功率和干扰检测情况，以及用户数据有效帧计数和数据缓存情况，利用以上数据对短报文服务的在轨干扰情况、短报文用户接入量、当前服务能力开展全面分析与预测。

（4）搜救载荷监测评估

具备对转发遇险报警信号的变频信号进行状态评估，重点包括其发射信号的EIRP、发射信号质量等，并可根据后续使用需求，进行二次开发及优化。

（5）时频载荷监测评估

具备对地面采集和星上下传的时频相关数据与遥测数据进行星载时频系统整体性评估的能力，包含实时钟差稳定度统计、星载原子钟频率输出稳定度评估、时频功能可靠性预测、原子钟和基频寿命预估等，以及时准确地反映星载时频系统健康状态与服务性能。

7.3.5　健康状态评估与维护子系统功能

健康状态评估与维护子系统主要是实现对设备异常状态进行预测、对设备/分系统/系统健康状态进行评估、对设备/分系统/系统的可靠性进行评估、日常维护策略生成功能。

（1）异常状态预测

1）主要针对卫星和地面设备稳定型遥测和渐变型故障进行分析，能提前发现故障征兆；

2）能对损耗型单机进行剩余寿命预测。

（2）设备/分系统/系统健康状态评估

1）能对空间段和地面段重要的设备/分系统/系统进行定期的健康状态评估；

2）能以图形化的方式显示空间段和地面段重要设备/分系统/系统测量数据的长期状态、退化趋势等；

3）具备状态评估结果导出功能。

（3）设备/分系统/系统可靠性评估

1）梳理在轨卫星遥测，通过分析系统级指标，完成组网卫星可用性、连续性、完好性数据分析，完成整星的可靠性评估；

2）梳理地面运控系统和测控系统的监测数据，通过分析系统级可靠性指标，完成系统级的可靠性评估；

3）通过分析空间段及地面段分系统级指标，完成分系统的可靠性评估，对分系统进行分析和评分，找到最优及最薄弱的分系统，为后续设计提供优化方案；

4）通过分析空间段单机级和地面段设备可靠性指标，完成单机的可靠性评估，对单机遥测数据进行分析和评估，找到最优单机和最薄弱单机，分析其设计、生产、测试等环节的优势结合薄弱环节，为后续优化设计提供方案。

（4）日常维护策略生成

根据健康状态评估结果，调用日常维护策略库生成维护策略，并推送到管理与监控子系统。

7.3.6　卫星系统性能评估与仿真子系统功能

卫星系统性能评估与仿真子系统主要包括导航服务能力仿真评估功能和全球短报文服务能力仿真评估功能。

（1）导航服务能力仿真评估

导航服务能力仿真评估功能用于实现导航服务的实时性能评估，以及反演出由于卫星故障或者卫星器件功能退化导致的卫星下行信号质量的参数退化、城市环境下多径和遮挡干扰、战场环境的复杂电磁干扰等不同特定场景下的信号畸变情况，并根据畸变后的信号计算导航定位偏差，评估导航服务能力。

（2）全球短报文服务能力仿真评估

全球短报文服务能力仿真评估功能，用于仿真和评估北斗导航系统建设中和建设后全球不同地区的用户服务接入能力，为后续系统改进和用户使用提供参考。

7.3.7 故障诊断子系统功能

故障诊断子系统包括两大功能：一是用于实时接收管理与监控子系统发送的地面设备参数测量结果和卫星遥测处理结果等实时数据，并根据设备/分系统/系统健康诊断条件实时对参数进行自动检查和故障诊断定位；二是进行异常等级判决及对策、决策权限人群推送和决策响应表决。

故障诊断子系统需具备四大功能：故障诊断、故障结果管理、诊断知识库管理以及决策响应支持。

故障诊断功能主要是接收从任务管理平台发送或提取的处理结果，并根据诊断规则库对处理结果进行实时/长期诊断，并在判断异常时及时向值班人员告警，向诊断结果管理功能模块提交异常记录。主要包括：实时健康诊断、异常告警、异常记录等。

故障结果管理功能主要是保存健康诊断的异常结果，并为用户提供事后查询与分析的能力和手段。支持远程查询，未来可以扩展至其他平台进行诊断结果查询，更好地满足未来系统扩展需求。主要包括：故障数据记录、诊断结果存储、故障信息查询等。

诊断知识库管理功能主要是快捷高效地建立地面系统及在轨卫星健康诊断知识数据库，并提供诊断知识的查询能力。主要包括：基于专家规则的故障诊断模型库、基于贝叶斯网络的故障模型库等。

决策响应支持功能主要负责接收健康诊断维护子系统的告警信息，根据具体告警单机及参数和故障诊断结果，给出异常等级判决及处理建议，并向决策权限人群推送故障具体信息，对决策权限人群的处置建议进行收集和优化。

7.3.8 星座运行风险评估与预警子系统功能

星座运行风险评估与预警子系统主要功能包括运行风险识别感知、运行风险分析评估、运行风险控制与预警。

（1）运行风险识别感知

利用数据感知融合技术，结合研制和运行全过程多维度的试验、测试、监测数据和质量问题信息，充分识别和感知系统运行风险因素，动态更新运行风险项目清单。

（2）运行风险分析评估

综合运用中断分析、概率风险评估等定性和定量风险评估技术，摸清系统连锁故障风险链的传播与控制规律，建立星座可用性、连续性、完好性模型，开展分析与评估，从而对系统运行风险进行及时准确的评估与预测。

（3）运行风险控制与预警

根据运行风险动态评估结果，及时发布风险预警，更新系统运行风险预案，制定可操作可检查的风险控制保障措施。考虑多种边界约束条件，进行北斗星座动态演化分析、星座性能分析、系统服务可用性分析，制定/优化备份补网策略，并将相关评估结果、预警信息、控制措施、备份补网策略等进行可视化集中展示。

7.3.9　质量综合分析评估子系统功能

质量综合分析评估子系统主要完成卫星系统、单机产品质量基础分析及评价工作，为星座运行风险评估与预警子系统提供数据支撑，同时通过信息交互子系统向云平台输送相关的分析评价结果，供其他业务分系统获取使用。质量综合分析评估子系统主要功能如下所示。

（1）卫星在轨质量问题统计分析

对卫星在轨发生的质量问题，用固定的表格形式进行存储，实现质量问题的存储与查询功能。按照质量问题所属产品、所属产品的单位、产生原因、发生的阶段四个层次，对卫星在轨质量问题进行统计分析。

（2）卫星关键单机在轨可靠性评估与剩余寿命预测

支持融合单机产品在轨遥测数据、地面试验/测试数据等多源数据，开展关键单机的可靠性评估与寿命预测的功能。

（3）关键单机产品成熟度评价

支持开展卫星关键单机成熟度评价，并给出相关单机成熟度评价结论，为其他业务分系统提供参考。

7.3.10　运维决策可视化子系统功能

运维决策可视化子系统主要由不同的驾驶舱组成。驾驶舱是专门面向卫星和地面设备综合管理的可视化产品，具有卫星星座、地面站设备、业务流程等信息展示，多维度数据查询，流程化业务处理和决策控制等功能。驾驶舱除系统运行的常规信息演示外，还采用雷达图、风险链、故障地图、趋势图等手段，展示系统综合态势、运行情况、系统健康状况，支持系统运维决策。按照驾驶舱的信息内容、层次结构与服务对象，分为总师驾驶舱、运维方驾驶舱和设计师驾驶舱。

7.3.10.1　总师驾驶舱

总师驾驶舱分为对外服务、全系统和全过程三个维度。对外服务维度以服务规范等用户关注的服务性能为视角；全系统维度以系统运维关注的系统状态为视角；全过程维度从系统研制、建设、发展等工程建设过程为视角，按照服务性能、系统状态和工程演化三大分支展开系统数据信息地图。

（1）服务性能

①大系统 RNSS 服务性能及走势

输出定位精度、连续性、完好性、可用性等指标实现情况，含本系统和其他系统（横向比较）。

②大系统 RDSS 服务性能及走势，用户数量、分布

服务精度、服务成功率、最大响应用户数、用户数量、用户分布、各类站入站成功率等。

③星座实时 DOP 分布及平均 DOP 可用性

全球 PDOP、HDOP、VDOP 分布图，PDOP、HDOP、VDOP 可用性统计值等。

④卫星信号性能及走势、中断统计分析

卫星信号精度、连续性、完好性、可用性，计划中断、非计划中断影响服务比重统计。轨道机动、动转零、调频调相等计划中断影响服务时间比对；非计划中断（含导航任务处理机、卫星钟、MERE 超限等非计划中断）影响服务时间比对。

将以上信息按照信息地图的呈现方式，从总体到具体逐层细化，相关内容如下。

• 第一层：服务性能综合信息，见表 7－1。

表 7－1　服务性能综合信息

第一层			近期（天/周/月）	长期（季度/年/自运行）	备注
RNSS 服务性能	基本导航	服务	精度、完好性、连续性、可用性等性能指标 本系统及其他系统		含服务规范中的指标； 服务指标指连续监测站均值；单星指标指所有卫星平均值及同轨卫星平均值等
		卫星	精度、完好性、连续性、可用性等性能指标 本系统及其他系统		
	增强服务		性能指标，本系统及其他系统		
RDSS 服务性能	定位授时		性能指标		
	短报文		性能指标		

• 第二层：以基本导航服务性能为例展开，见表 7－2。

表 7－2　基本导航服务性能信息

第二层			本系统内比较	备注
基本导航	服务	精度	站分布地图及单站性能比较； 单站随时间变化等	上层为平均值； 本层为单站/单星/单因素平均值
		完好性		
		连续性		
		可用性		
	卫星	精度	卫星随时间变化；同轨卫星比较； 不同轨（GEO、IGSO、MEO）比较； 不同星同因素比较；不同因素比较等	
		完好性	原因分布；持续时间分布；发生时段分布； 不同轨卫星间比较；卫星间比较等	
		连续性	不同轨卫星间比较；卫星间比较等； 计划与非计划时间/次数占比； 计划/非计划中断原因时间/次数占比等	
		可用性		

• 第三层：以卫星可用性展开为例，见表 7－3。

表 7-3　卫星可用性信息

第三层		不同原因比较	备注
基本导航卫星可用性	计划中断	轨道机动、动转零、调频调相等计划中断影响服务时间/次数比较等	饼图、柱状图等
	非计划中断	导航任务处理机、卫星钟、MERE 超限等非计划中断影响服务时间/次数比较等	

• 第四层：以轨道机动、导航任务处理机故障为例展开，见表 7-4。

表 7-4　轨道机动、导航任务处理机故障信息

第四层	时间、空间、环境关联性	备注
计划中断轨道机动	时间关联性：轨道机动间隔时间、卫星调轨时间、轨道恢复时间等、单步持续时间及三方联保情况（操作步骤、时长）。 空间关联性：轨道高度、轨道位置、其他因素等	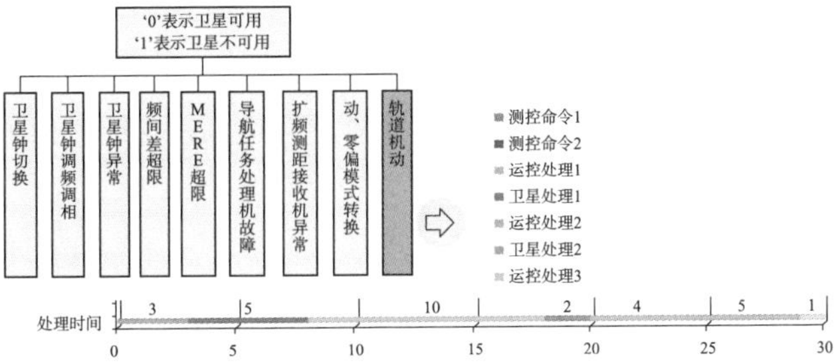
非计划中断导航任务处理机故障	时间关联性：发生时间（白天/晚上、季节、间隔、工作寿命）；响应恢复时间（三方联保时间分布）。 空间环境关联性：高能粒子活跃程度/时间与故障的关联等	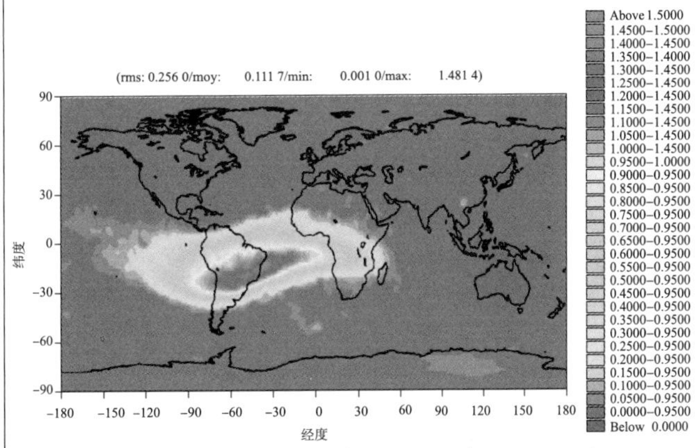 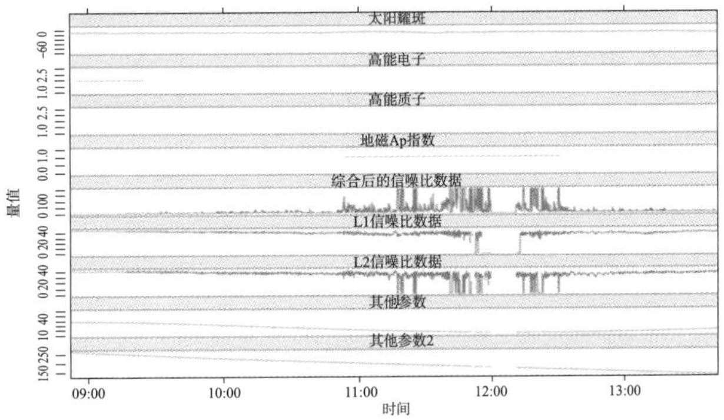

（2）系统状态

①空间星座和地面站分布及大系统逻辑信息流图

星座、地面站分布，星地链路、星星链路、地面链路及信息流转动态演示。

（a）星座可视化

星座可视化模块读取数据库中有关星座的信息，以 3D 方式实时展示当前时刻星座中所有卫星的运行状态，包括卫星的实时位置、轨迹以及基本信息，同时提供交互手段，显示星座中各个卫星的详细信息，包括卫星类型、编号、发射时间、生产厂商等。

北斗三号卫星导航系统卫星星座由 30 颗卫星组成，包括 GEO 卫星 3 颗，IGSO 卫星 3 颗，MEO 卫星 24 颗。GEO 卫星位于赤道上空，相对地球处于静止状态；IGSO 卫星分为 3 个轨道面，每个轨道面包括 1 颗卫星；MEO 卫星分为 3 个轨道面，每个轨道面包括 8 颗卫星，卫星在轨道面内均匀分布。

GEO、IGSO 星座实现了中国区域三重覆盖、中国周边的服务区域两重覆盖。MEO 星座为 Walker 24/3/1：55°类型，轨道高度 21 528 km，MEO 星座构型如图 7－7 所示。

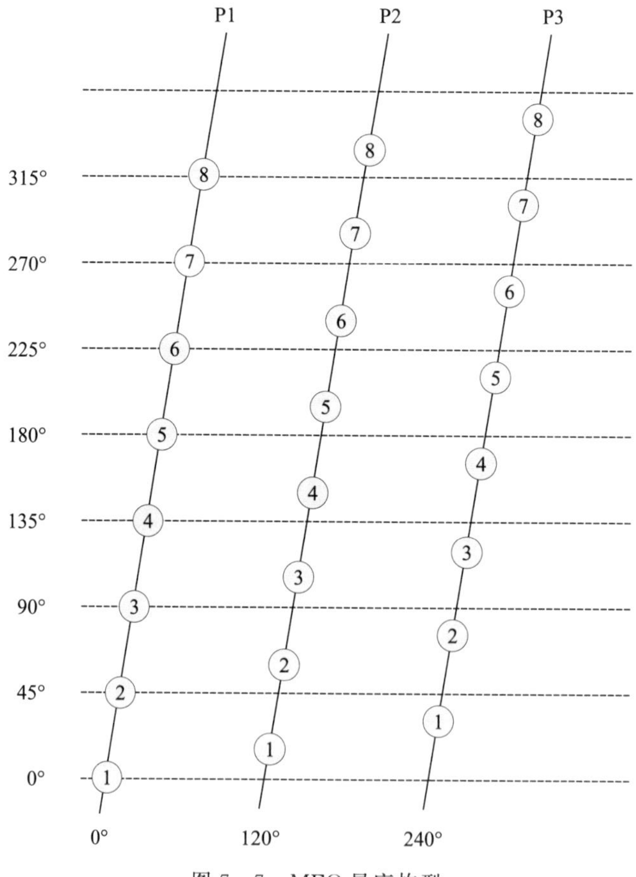

图 7－7　MEO 星座构型

星座可视化模块包括全部 30 颗卫星的飞行轨迹显示、轨道信息显示以及卫星产品信息显示。利用 3D 界面显示所有卫星的运行状态，查看卫星之间的位置关系，利用 2D 界面显示卫星的星下点轨迹，查看所有卫星在地表某一点的过境情况。

(b) 卫星飞行轨迹可视化

可视化分系统支持沿各种运行轨道飞行的卫星轨迹的展示，同时展示卫星的实时位置信息，整体展示卫星星座的运作状态，直观展示卫星之间的相对位置关系。通过卫星飞行轨迹可视化能直观地查看星座中的卫星是否满轨位运行、卫星在轨道面的分布是否合理等。

(c) 星间链路可视化

星间链路是北斗卫星之间建立的兼顾精密测量和数据传输功能的动态链路网络系统，是全球系统核心技术体制和技术制高点，是提升系统性能指标和安全性可靠性、使系统总体性能达到世界一流水平的主要技术手段，也是构建天基信息网的主要技术支撑。利用星间链路，实现无海外站全星座测控指令、遥测状态信息中继分发和回传，提升状态监视实时性能，提高对境外卫星的控制管理水平。

利用3D可视化技术实现卫星与卫星之间、卫星与地面之间链路可视化展示。读取数据库中有关星间链路运行的有关信息，真实展示当前时刻星间链路的运行状态，将可以联通的链路用可视化的形式展示。遍历星间链路时序表中所有的链路，实时显示未能成功建立连接的链路，以告警的形式通知用户。

实时显示卫星与卫星之间、卫星与地面站之间通信的内容，以及通信的有关信息，包括误码率、联通时间、数据包大小等；实时显示卫星与卫星之间、卫星与地面站之间测距的内容，包括距离、时间等。

②空间环境数据展示

卫星轨道空间环境演示、空间电离层环境演示、对流层环境演示、地面站环境演示。

③运行星座状态及单星健康状态

工作卫星数、单星健康状态、工作年限等。

④运行地面网状态及单站健康状态

地面站健康状态、关键设备工作年限等。

⑤卫星基本信息，及在轨异常、质量问题统计

卫星发射时间、启用时间、轨道参数，单星各阶段试验数据统计、计划类操作、在轨故障统计情况，卫星各类故障全方位查询。

(a) 轨道信息可视化

实时展示三种运行轨道的参数信息，包括静止轨道、中圆轨道和地球同步轨道的轨道半长轴、轨道偏心率、轨道离心率、升焦点黄道经度、近日点角、平近点角等。

(b) 卫星信息可视化

实时展示星座中各个卫星的名称、当前飞行轨道类型、连接状态和运行状态。

基本信息：卫星类型（GEO、IGSO、MEO）、卫星编号、发射时间、发射顺序号、承制单位信息、平台和载荷信息、发射地点、运载火箭或上面级型号、卫星发射时间、轨道参数、设计寿命、基本配置信息及工作主机、剩余推进剂等。

卫星状态信息：正常工作/计划中断（轨道机动、动转零、调频调相等）/非计划中断（导航任务处理机故障、上行测距接收机故障、卫星钟故障、扩频应答机故障、其他故障等）。

操作信息：轨道机动、调频调相、切钟、漂星等。

⑥地面站基本信息及地面系统质量问题统计

地面站位置信息、功能信息、启用时间，单站故障统计情况，地面站各类故障全方位查询。

将以上信息按照信息地图的呈现方式，从总体到具体逐层细化，相关内容详见表7-5~表7-7。

• 第一层：系统运行状态。

表7-5　系统运行状态信息

第一层	展示内容	备注
星座	卫星数、星座空间分布、工作状态、工作时间等	
地面站	地面站数目、地面站分布、工作状态、基本信息	
链路	星星、星地链路数目、主要链路信息等	
质量问题	故障总计，星、地故障数； 近一月/季度/年新增故障数； 新增数同平均值、同时段相比	

• 第二层：以星、站状态、故障为例。

表7-6　卫星、地面站状态及故障信息

第二层	展示内容	备注
卫星	基本信息：卫星发射时间、轨道参数、设计寿命、基本配置信息及工作主机、剩余推进剂等； 状态信息：正常工作/计划中断（轨道机动、动转零、调频调相等）/非计划中断（导航任务处理机故障、上行测距接收机故障等）； 性能情况：精度天/周/月/季度/年/长期性能趋势，近一个季度/近一年/自启用以来的完好、连续、可用性； 故障信息：单点故障、常驻故障、已发故障统计； 操作信息：几次轨道机动、调频调相、切钟、漂星等； 空间环境信息：地磁扰动强度、高能粒子密度等	

续表

第二层	展示内容	备注
地面站（主控站为例）	基本信息：地面站类型、工作时间、地理位置、配置与功能等； 环境信息：气象环境条件、温度、湿度等； 状态信息：当前信处、管控、测通、时频等各分系统工作状态，近一个月/季度/年状态； 业务信息； 故障信息：影响服务故障次数、原因等； 维护信息：临寿设备、备品备件、故障更换等信息； 其他信息：安防、消防	
卫星故障	新增故障：近一月新增，同比、环比等； 历史故障：按照故障单机类型分：平台类（控制、推进、热控、供配电、数管、测控等）、载荷类（导航任务处理机、上行测距接收机、卫星钟等）； 按照单星统计： 按照单机厂商统计： ……	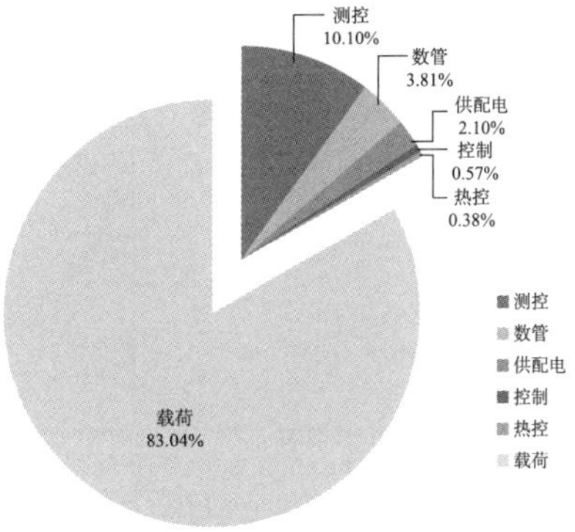 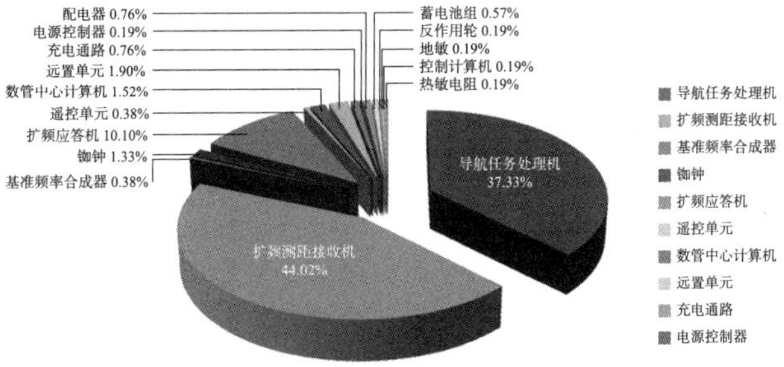 测控 10.10% 数管 3.81% 供配电 2.10% 控制 0.57% 热控 0.38% 载荷 83.04% 测控 数管 供配电 控制 热控 载荷 配电器 0.76% 电源控制器 0.19% 充电通路 0.76% 远置单元 1.90% 数管中心计算机 1.52% 遥控单元 0.38% 扩频应答机 10.10% 铷钟 1.33% 基准频率合成器 0.38% 蓄电池组 0.57% 反作用轮 0.19% 地敏 0.19% 控制计算机 0.19% 热敏电阻 0.19% 导航任务处理机 37.33% 扩频测距接收机 44.02% 导航任务处理机 扩频测距接收机 基准频率合成器 铷钟 扩频应答机 遥控单元 数管中心计算机 远置单元 充电通路 电源控制器

续表

第二层	展示内容	备注
地面站故障	新增故障：近一月新增，同比、环比等； 历史故障：某年、某季、某月等； 故障类型：软件故障、硬件故障； 故障影响：影响服务、影响运行； 故障机理：设备老化、软件故障、人为操作等； 故障部位：信处、测通、数管、天线等	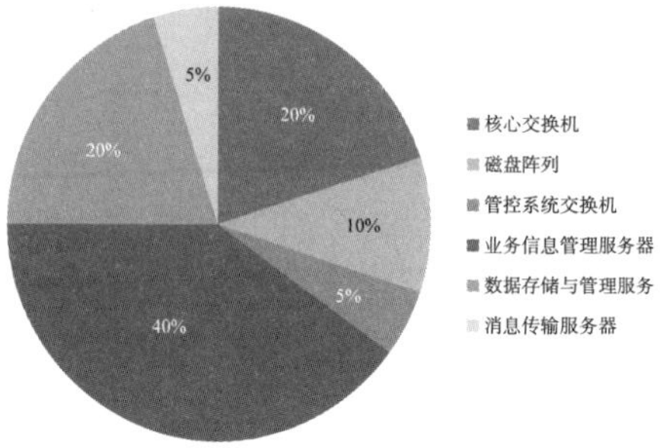 5% 20% 20% 10% 5% 40% 核心交换机 磁盘阵列 管控系统交换机 业务信息管理服务器 数据存储与管理服务 消息传输服务器 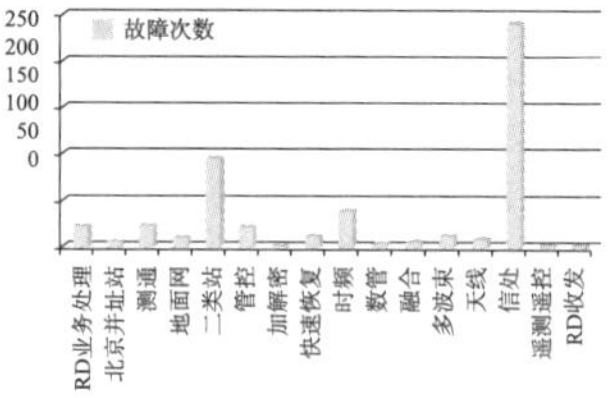 250 200 150 100 50 0 故障次数 RD业务处理 北京井址站 测通 地面网 二类站 管控 加解密 快速恢复 时频 数管 融合 多波束 天线 信处 遥测遥控 RD收发 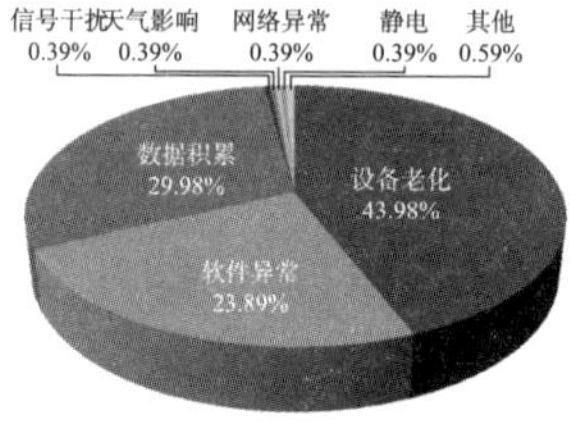 信号干扰 0.39% 天气影响 0.39% 网络异常 0.39% 静电 0.39% 其他 0.59% 数据积累 29.98% 设备老化 43.98% 软件异常 23.89%

• 第三层：以卫星单机某故障为例。

表 7-7 卫星钟故障信息

第三层	内容	备注
某卫星钟故障	基本信息：钟组配置情况、卫星钟类型、生产厂家、启用时间等； 性能状态：卫星钟频率稳定度、准确度、漂移率等近期/历史走势； 故障表现：灯电压抗干扰能力、光强超限、钟差跳变； 故障原因：铷耗尽、铷分布不均、空间环境； 操作信息：切换、调频调相等； 性能、故障时间、空间环境相关性分析； ……	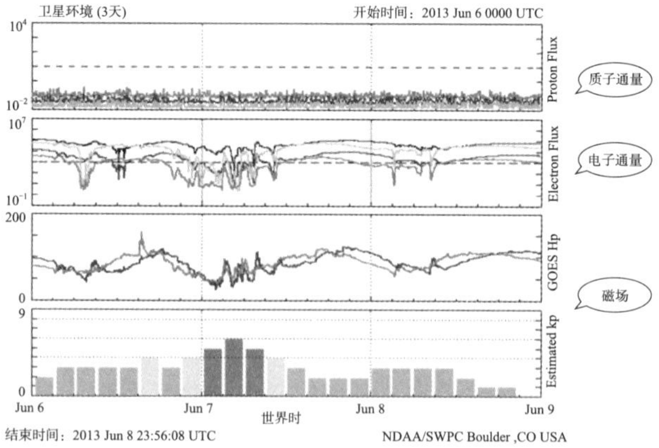 卫星环境 (3天) 开始时间：2013 Jun 6 0000 UTC Proton Flux 质子通量 Electron Flux 电子通量 GOES Hp 磁场 Estimated kp Jun 6 Jun 7 Jun 8 Jun 9 世界时 结束时间：2013 Jun 8 23:56:08 UTC NDAA/SWPC Boulder ,CO USA

（3）系统维护规划/后续建设

①大系统薄弱环节、风险点，成因及预案措施

对星座构型影响大的、存在单点的卫星，服务性能有所下降的、接近寿命末期的站、星；影响星、站的故障及其历史成因；对薄弱环节、单点故障等风险点的防范、补救措施。

②星、地关键故障、质量问题归零情况及后续改进措施

对卫星和地面频发的、影响服务等的质量问题的归纳、归零情况，对后续设计、改进的建议措施。

③星座系统演化及维护建议

卫星按设计或预测寿命到寿、备份/补网卫星按计划发射入轨、卫星及星座更新换代的星座长期演化及服务性能变化，星座扩展、漂星调整等长期运行维护建议。

④地面系统演化及维护建议

地面站长期运行备品备件更替、升级换代的演化及对服务性能的影响，地面站更新换代、服务平稳过渡的策略和维护建议。

⑤大系统服务升级/更新换代演化

信号频率变化、覆盖范围变化、用户增加、系统服务过渡等系统服务演化及性能升级。

将以上信息按照信息地图的呈现方式，从总体到具体逐层细化，相关内容详见表7-8。

• 第一层：北斗系统各阶段概况。

表7-8　北斗系统各阶段概况信息

第一层（按大系统分）	展示内容	备注
北斗一号	已退役； 规划性能对比实际性能：服务区域、精度、寿命等； 各大系统情况：几星几箭几站，用户分类及数量； 质量问题归纳总结； 对后续工程的启示	
北斗二号	正在运行：规划性能对比实际性能，长期运行性能演化趋势； 各大系统情况：星（含备份等）、箭、地面运控、测控、发射场、应用及外围系统； 质量问题归纳：几个问题，是否归零。重大质量问题及归零情况； 当前系统薄弱环节或风险点及应对措施	
试验卫星	已完成：规划试验项目完成情况、拓展试验项目进行情况； 各大系统情况； 新研技术、设备验证情况、成熟度等	
北斗三号	正在运行：服务性能、运行状态、运行风险等； 各大系统情况：功能性能、运行状态、健康状态等	

7.3.10.2　运维方驾驶舱

运维驾驶舱的功能是为系统运维人员设计的，主要是为了让运维人员能够快速把握系统状态，在系统故障发生时能够快速处置，功能主要包括：星座状态及卫星状态监视、地

面站健康状态监视、网络节点联通性及薄弱环节分析、故障记录与系统维护日志、故障诊断与恢复预案或流程推送、三方联保协同平台。

(1) 星座状态及卫星状态监视

星座工作卫星数，各卫星飞行轨迹及运行状态（正常工作、轨道机动、动零偏转、调频调相、故障修复等）及未来一周卫星操作规划与流程、卫星关键设备参数状态及变化趋势等。

(2) 地面站健康状态监视

主控站、注入站、监测站等关键设备健康情况、性能变化趋势，主控站关键业务结果符合情况，站址健康情况等。

(3) 网络节点联通性及薄弱环节分析

星星、星地、地地链路的通信、信号接收联通性等，业务流程中的薄弱环节。

(4) 故障记录与系统维护日志

故障、操作、维护的全方位记录、查询、分析等。

(5) 故障诊断与恢复预案或流程推送

已发故障图谱（故障表现、故障传播路径）与故障诊断（异常参数比较、故障定位、故障原因）；已发故障恢复流程，含操作步骤、恢复过程表现等。

(6) 三方联保协同平台

指令收发，操作协同、衔接以及记录。

7.3.10.3 设计师驾驶舱

设计师驾驶舱主要为系统设计师提供系统级的运行参数和质量信息的总体观澜，包括卫星设计师驾驶舱和地面运控设计师驾驶舱。卫星设计师驾驶舱展示的信息包括卫星基本信息、卫星质量问题、单机质量问题、卫星故障与空间环境关联分析、故障预警及故障诊断分析、故障恢复及故障预案查询、故障复现、卫星平台及载荷可视化等；地面运控设计师驾驶舱展示的信息包括地面站、站内健康情况、关键设备参数变化情况及趋势，主控站关键业务信息流转及输出结果情况，站内关键设备设计、试验、备品备件及分布、工作年限等信息，故障图谱、关联分析预测，设备/分系统故障查询检索，站内关键设备/分系统故障查询检索，故障处置流程可视化，星座工作卫星及所处工作状态、健康情况，地面站可视化等。

(1) 卫星设计师

①卫星基本信息

空间星座分布图，卫星轨道、发射时间、工作寿命、试验分析等基本信息，卫星轨控与姿态等参数变化，卫星在轨性能、关键单机参数变化及趋势分析。

②卫星质量问题

卫星组成、分系统、关键单机结构图，单星关键设备健康状态、运行年限、常驻故障、单点故障情况、中断情况等，单星故障分类统计情况。

③单机质量问题

卫星钟、导航任务处理机、上行测距接收机等关键单机的配置、使用情况、故障及处置情况，单机应对空间环境的防护设计等。单机故障分类统计，例如点击某单机某类故障，共发生了多少次，在哪些星上发生过及次数等。

④卫星故障与空间环境关联分析

卫星工作轨道空间环境演化，卫星防护、卫星故障与空间环境的关联分析，含时间维度、空间维度、不同防护效果对比，维护前后（例 FPGA 转 ASIC）对比等。

⑤故障预警及故障诊断分析

卫星关键单机故障征兆、剩余寿命预测分析；卫星故障报警、预警；卫星故障诊断知识图谱，含创建与更新，故障诊断分析。

⑥故障恢复及故障预案查询

卫星故障信息查询检索，故障恢复流程与操作步骤；已发故障归零信息；影响单星服务的故障及其历史成因；对薄弱环节、单点故障等风险点的防范、预案措施。

⑦故障复现

以时间为坐标，同步展示多维度信息：1）表征故障的参数从正常到故障征兆出现，再到故障期间、故障恢复期间、故障恢复后，最后到系统服务恢复正常变化情况；2）对应故障参数变化的各阶段，故障部位/单机的表现情况；3）对应时间线上，各阶段维护操作准备工作，以及对卫星的操作步骤，服务恢复操作；4）时间线上，各阶段服务性能（精度等）变化或者对服务的影响情况。

⑧卫星平台及载荷可视化

地面系统通过遥测等手段收集卫星平台和载荷的在轨信息。卫星平台及载荷可视化子系统利用 3D 可视化技术，读取数据库中的卫星平台及载荷在轨信息，展示卫星平台及载荷关键单机的相关信息。包括：平台及载荷关键单机生产厂家信息、研制信息、尺寸信息、质量信息、功能性能信息、冗余备份信息、工况信息等。

以卫星平台关键单机为例展示卫星平台可视化。卫星平台可视化包括关键单机爆炸图（如图 7-8 所示）、星敏感器可视化（如图 7-9 所示）、动量轮可视化（如图 7-10 所示）、陀螺可视化（如图 7-11 所示）等。

（2）地面运控设计师

①地面站、站内健康情况、关键设备参数变化情况及趋势

对地面运控系统主控站、注入站、监测站等在线情况进行统计展示，对站内关键设备的健康情况进行统计显示，展示关键设备参数的变化趋势。

②主控站关键业务信息流转及输出结果情况

针对主控站进行的 RNSS、RDSS 等关键业务过程的中间结果进行监视，对实际输出的星历、钟差等产品进行分析统计，以信息流的方式展示整个业务进行流程，结合系统管理和维护日志，发现主要业务过程中的薄弱环节和风险点。

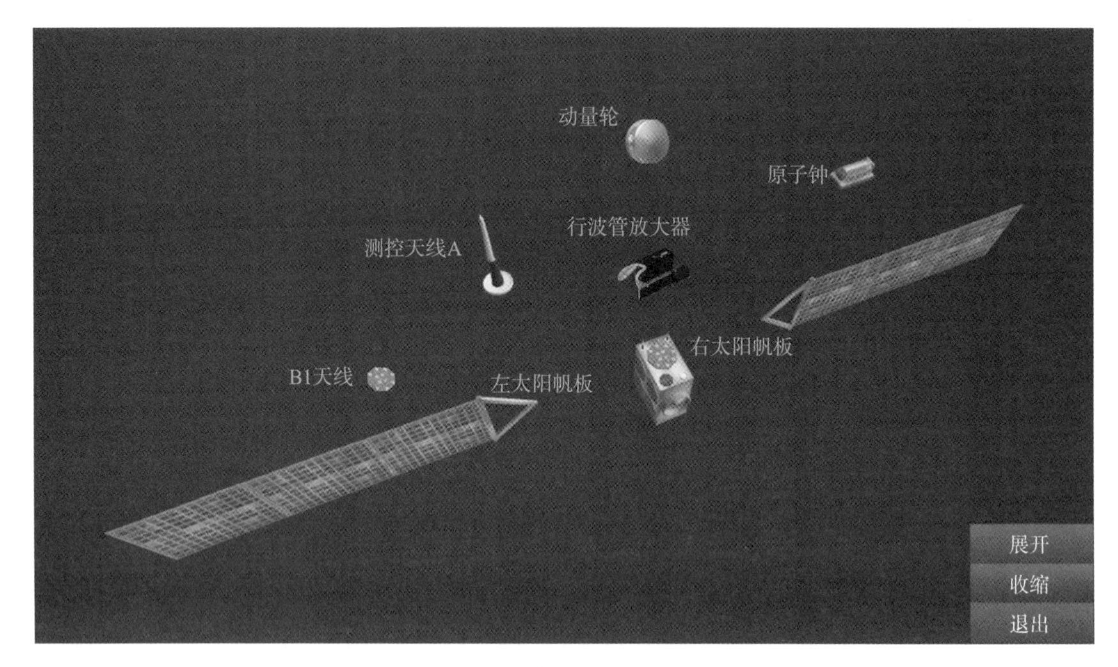

图 7-8　卫星单机爆炸图（见彩插）

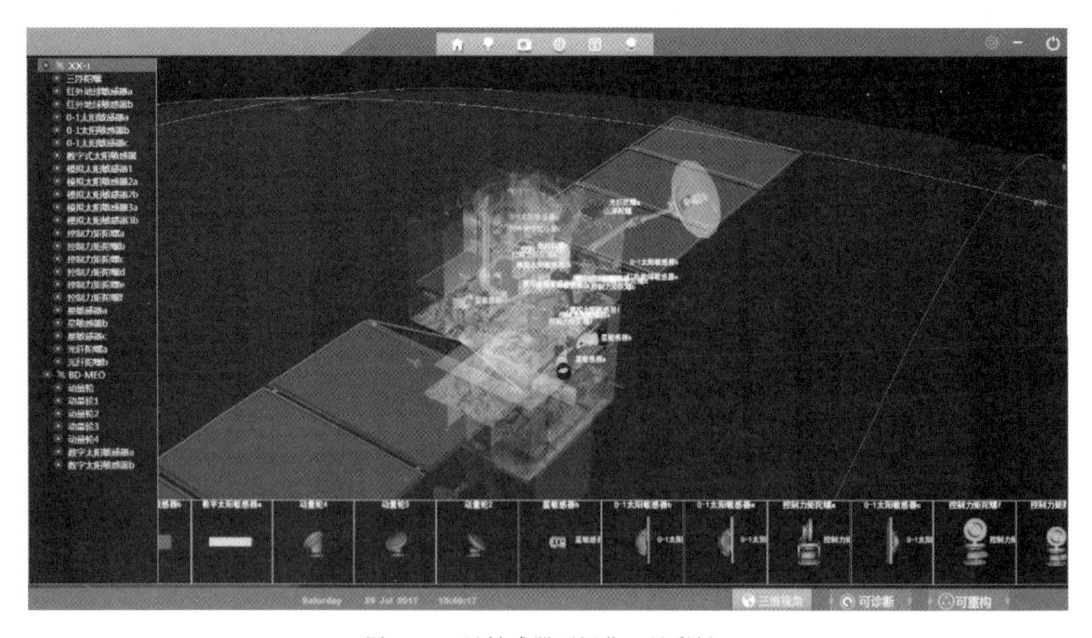

图 7-9　星敏感器可视化（见彩插）

③站内关键设备设计、试验、备品备件及分布、工作年限等信息

对地面运控系统站内关键设备进行全生命周期管理，分析、存储和展示关键设备的设计、试验和使用过程中的数据，统计配套的备品备件的数量、供应商和设计工作年限等参数，为视情维修提供决策支持。

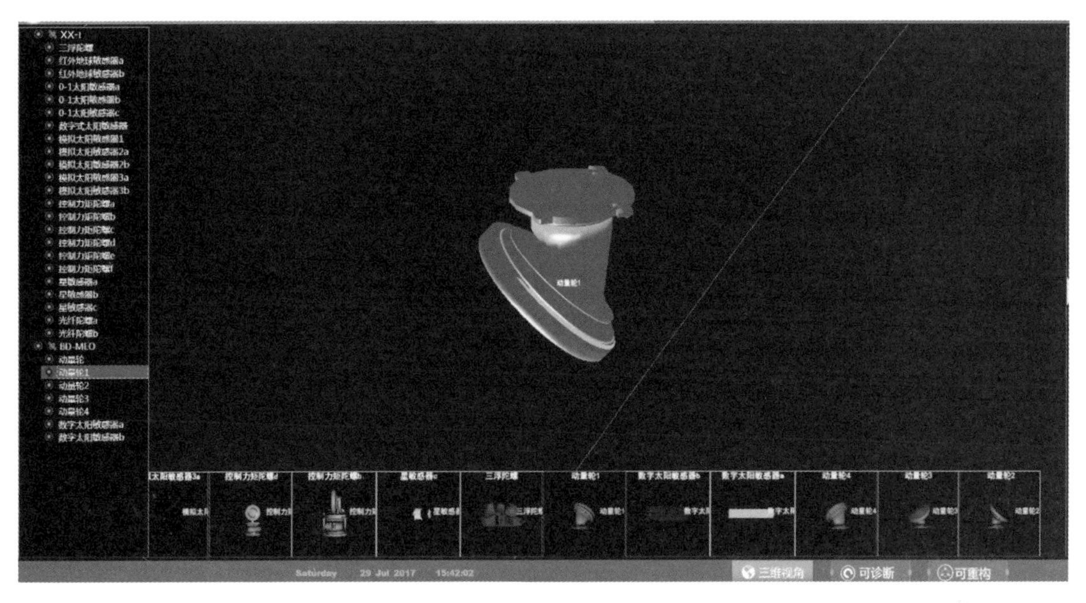

图 7－10　动量轮可视化（见彩插）

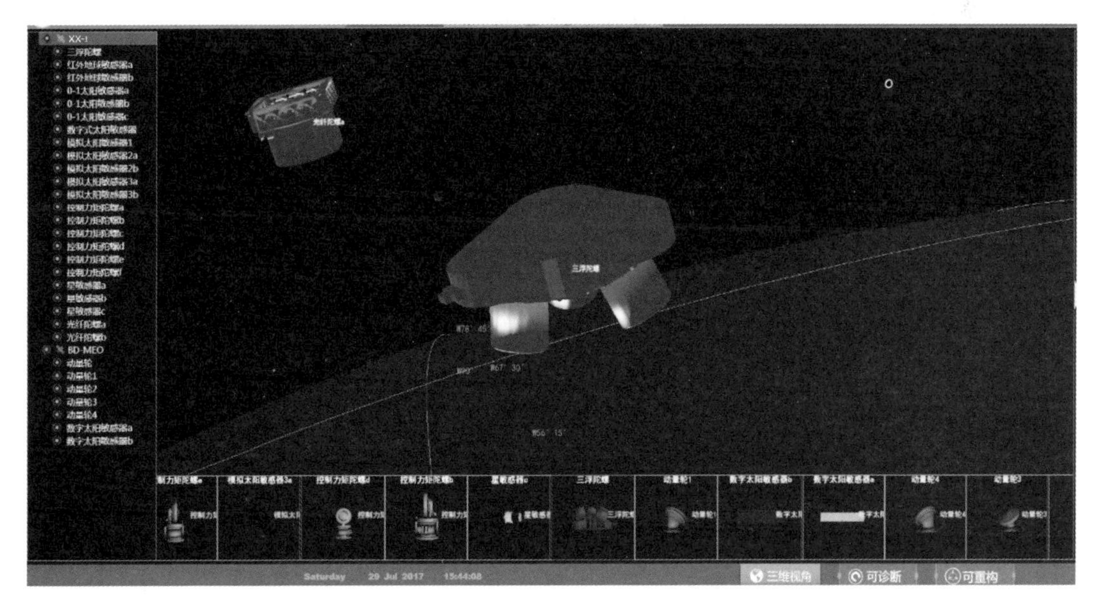

图 7－11　陀螺可视化（见彩插）

④故障图谱、关联分析预测

利用贝叶斯网络、故障树等技术，对运控系统关键分系统或关键任务建立故障知识图谱，在系统发生故障时进行准确的故障诊断，在监测参数开始发生异常时进行关联预测，及时预警。

⑤站内关键设备/分系统故障查询检索

建立地面系统故障数据库，对系统发生的故障进行记录和管理，支持按照日期、设备、分系统等索引方式进行查询。

⑥故障处置流程可视化

对故障处置流程进行可视化展示，特别是针对需要多方联合保障处置的故障，对故障处理的方案、各级确认、执行操作等各流程进行详细展示。

⑦星座工作卫星及所处工作状态、健康情况

支持进行卫星工作状态和健康状态的查询，方便地面系统人员进行天地一体化统筹管理和异常状况处置，提高故障处置效率。

⑧地面站可视化

采用VR、3D互动技术，实现对地面站资产信息的可视化管理，包括主控站、注入站、监测站机房设备可视化，机房设备可视化同步更新等。提供分级信息浏览和高级信息搜索的功能。依据真实的经纬度信息展示各卫星地面站的地理位置分布，结合直观互动的可视化交互技术，通过点击图标进入该地面站的3D虚拟仿真管理场景。

7.4　技术指标体系

北斗系统智能运维平台技术指标体系包含数据感知融合、系统运行评估、系统故障诊断预测、系统运维保障，如图7-12所示。

7.4.1　数据感知融合

（1）平台建设

平台建设指标包括存储能力、计算能力、搭建模式、虚拟化能力、传输能力、共享能力、可视化展示能力等，例如：

1）卫星、地面运控、测控、星间链路运行管理、地面试验验证系统联通与数据共享能力，可获取空间预警中心、地基增强系统、质量可靠性中心等数据；

2）具有可扩展性，具备分布式存储、计算能力，具备分级服务能力；

3）能同时处理北斗所有在轨卫星、北斗所有在线的地面站，数据处理跨度≥5年等。

（2）状态监测

状态监测指标包括数据收集全面性、数据收集实时性、数据收集质量、数据收集效率等，例如：

1）数据采集包括原始观测数据、遥测遥控信息、设备工况数据、故障记录和处置信息，以及空间环境监测数据等。

2）数据状态监测采集24 h不间断，数据采集频率≤1 h，状态监测更新频率≤1 h。

（3）数据融合

数据融合指标包括数据入库全面性、数据入库规范性、数据入库速度、实时查询能力、同时查询用户数、海量数据查询时间等，例如：

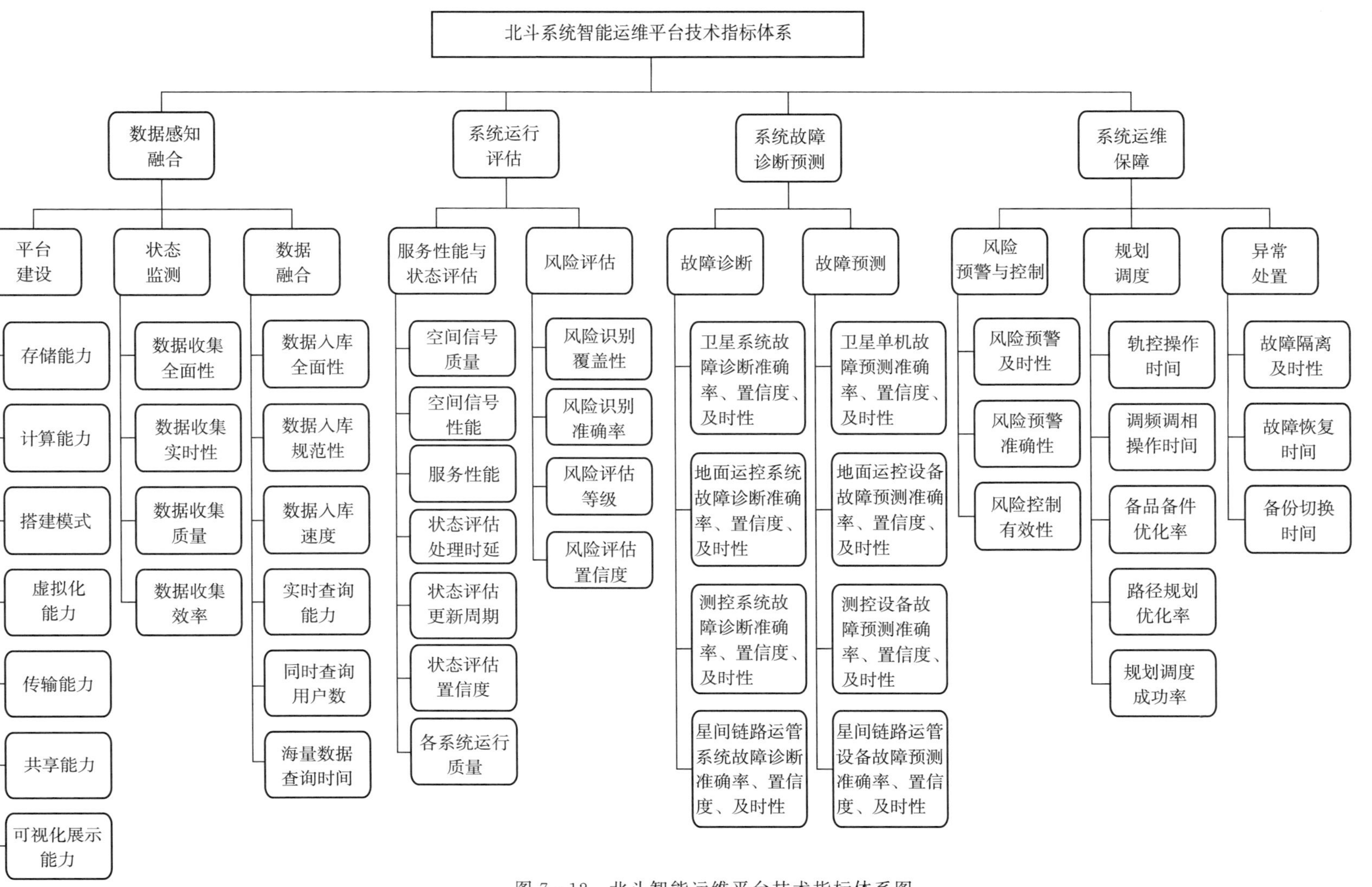

图 7-12　北斗智能运维平台技术指标体系图

1）建立北斗运维及服务数据目录，主题数据仓库不少于20个，涵盖卫星和地面故障诊断、故障/寿命预测、健康评估、大系统服务性能评估、质量问题综合分析、空间环境等的数据主题仓库。

2）数据查询与处理时延：小于5 s等。

7.4.2 系统运行评估

（1）服务性能与状态评估

服务性能与状态评估指标包括空间信号质量、空间信号性能、服务性能、状态评估处理时延、状态评估更新周期、状态评估置信度、各系统运行质量，例如：

1）系统服务性能实时监测与评估时延：<1 h；

2）提高服务性能评估结果反馈与信息发布的时效性和准确性，服务性能评估结果反馈时效性由原来的1个月缩短至1日；

3）缩短卫星、地面等状态评估时间，缩短卫星钟评估时间（缩短到1 h）；

4）准实时共享卫星、地面等系统状态评估结果等。

（2）风险评估

风险评估指标包括风险识别覆盖性、风险识别准确率、风险评估等级、风险评估置信度，例如：

1）风险识别覆盖性：大于99%；

2）风险识别准确率：大于95%；

3）风险评估等级：高、中、低三类风险；

4）风险评估置信度：70%，90%，99%。

7.4.3 系统故障诊断预测

（1）故障诊断

故障诊断指标包括卫星、地面运控、测控、星间链路运行管理等系统的故障诊断准确率、置信度、及时性等，例如：

1）准实时定位已发故障，故障准确率大于90%；

2）具备自适应自学习能力，模型结构和参数实时自动更新能力。

（2）故障预测

故障预测指标包括卫星、地面运控、测控、星间链路运行管理等设备/单机的故障预测的准确率、置信度、及时性等，例如：

1）卫星单机/地面设备寿命预测准确率达到90%；

2）具备自适应自学习能力，空间环境的自适应故障预测。

7.4.4　系统运维保障

（1）风险预警与控制

风险预警与控制指标包括风险预警及时性、准确性和风险控制有效性等，例如：

1）可量化评估发射组网风险、星座稳定运行风险、备份组网风险等；

2）可实时显示星座、地面运行状态、质量问题分析结果。

（2）规划调度

规划调度指标包括轨控操作时间、调频调相操作时间、备品备件优化率、路径规划优化率、规划调度成功率等，例如：

1）备品备件优化率和路径规划优化率均达 95％；

2）轨控前至少提前 12 h 发出通知；

3）具备自适应自学习能力，路径调度的自学习能力。

（3）异常处置

异常处置指标包括故障隔离及时性、故障恢复时间、备份切换时间等，例如：

1）故障排查时间小于 1 h；

2）短期非计划中断恢复时间小于 0.2 h。

7.5　智能运维平台主要特点

1）内外部数据可在平台上充分融合。智能运维平台通过应用云平台等技术将分散存储的数据联通起来，融合卫星、地面运控、测控、星间链路运行管理系统等内部监测数据，系统和产品研制过程数据，以及空间环境监测、全球连续监测等外部监测数据，打破北斗各系统间数据孤岛屏障，实现数据共享。通过利用数据清洗、数据融合的技术与方法，实现数据格式化处理，形成数据主题仓库，为北斗系统智能运维提供基础的数据支撑。

2）智能化技术可在平台上落地实现。智能运维平台通过应用人工智能技术，对卫星导航服务性能、系统/分系统/单机健康状态、系统运行风险进行实时监测和定量评估，并采用模型库（包括知识规则库、贝叶斯网络模型库、神经网络模型库等）对系统/分系统/单机故障诊断与预测智能化模型进行综合管理和调用，性能/健康与风险评估、故障诊断和故障预测结果在平台实现高度信息融合，评估、诊断和预测的准确性得到有效提高。

3）系统运维操作可在平台上高效完成。智能运维平台动态接入各大系统，是一个准实时的系统，服务性能评估、运行风险评估、故障诊断等功能软件通过实时计算，动态提供星座备份策略和异常处置策略等运行维护建议，并通过各级驾驶舱进行分类推送，系统异常实际处置流程在平台上按权限进行审批和告知，有效提高运维效率。

名词说明

ACS	Anomaly Character Sheet	异常特性表
AEP	Architecture Evolution Plan	体系演进计划
AFSCN	Air Force Satellite Control Network GPS	空军卫星控制网
AFSPC	Air Force Space Command	空军太空司令部（美国）
ARMA	Autoregressive Moving Average	自回归滑动平均
AWS	Amazon Web Service	亚马逊网络服务
BDS	Beidou System	北斗卫星导航系统
BDT	Beidou Time	北斗时间
BFN	Bayesian Fusion Node	贝叶斯融合节点
BN	Bayesian Net	贝叶斯网络
CBM	Condition - Based Maintenance	状态监控维护
CDMA	Code Division Multiple Access	码分多址
CFD	Conditional Functional Dependency	条件函数依赖
CNAV	Civil Navigation	民用导航
CPT	Conditional Probability Table	（贝叶斯网络）条件概率表
CRA	Constellation Risk Assessment	星座风险评估
CRC	Cyclical Redundancy Check	循环冗余校验
CV	Constellation Value	星座值
DCB	Differential Code Biases	差分码偏差
DISA	Defense Information Systems Agency	国防信息系统局（美国）
EIRP	Effective Isotropic Radiated Power	有效全向辐射功率
ESA	European Space Agency	欧洲空间局
ETL	Extract Transform Load	抽取转换加载
EUVE	Extreme Ultraviolet Explorer	远紫外线探测器

FD	Functional Dependency	函数依赖
FMEA	Failure Mode and Effects Analysis	故障模式及影响分析
FPGA	Field Programmable Gate Array	现场可编程门阵列
FTA	Fault Tree Analysis	故障树分析
Galileo		伽利略卫星导航系统
GAP	Generalized Availability Program	通用可用性程序
GBAS	Ground - Based Augmentation System	地基增强系统
GDMS	Global Dual Monitoring System	全球双重监测系统
GEO	Geostationary Earth Orbit	地球静止轨道
GLONASS		格洛纳斯导航卫星系统（俄罗斯）
GNSS	Global Navigation Satellite System	全球导航卫星系统
GPS	Global Positioning System	全球定位系统（美国）
GPST	GPS Time	GPS 时间
HDFS	Hadoop Distributed File System	分布式文件存储系统
ICD	Interface Control Document	接口控制文件
IFMEA	Integrity Failure Mode Effect Analysis	完好性故障模式影响分析
IGEB	Interagency GPS Executive Board	GPS 跨部门管理委员会
iGMAS	International GNSS Monitoring Assessment System	全球连续监测评估系统
IGS	International GPS Service	国际全球定位系统服务
IGSO	Inclined Geosynchronous Orbit	倾斜地球同步轨道
IVHM	Integrated Vehicle Health Management	飞行器综合健康管理
JPO	Joint Positioning office	定位联合计划局
LADO	Launch, Anomaly Resolution, and Disposal Operations GPS	异常恢复和处置操作系统
L - AII		GPS 运控系统精度改进计划
MAP	Maximum A Posteriori	最大后验假设

MEO	Medium Earth Orbit	中圆地球轨道
MLD	Main Logical Diagram	主逻辑图
MLE	Mean Life Evaluation	加权平均寿命估计
ML	Machine Learning	机器学习
MTBO	Mean Time Between Outage	平均中断间隔时间
MTBRO	Mean Time Between Recover Outage	平均中断恢复时间
NASA	National Aeronautics and Space Administration	（美国）国家航空航天局
NGA	National Geospatial - intelligence Agency	（美国）国家地球空间信息局
NN	Neural Network	神经网络
OCX		GPS 新一代运行控制系统
PDOP	Position Dilution of Precision	精度衰减因子
PHM	Prognostics and Health Management	故障预测与健康管理
PMD	Program Management Directive	项目管理指导小组
PNT	Positioning Navigation Timing	定位导航授时
PPS	Precise Positioning Service	精密定位服务
PRA	Probabilistic Risk Assessment	概率风险评价
PRN	Pseudo Random Noise code	伪随机噪声码
RDSS	Radio Determination Satellite Service	卫星无线电测定服务
RUL	Remaining Useful Life	剩余寿命
SAASM	Selected Availability Anti Spoofing Module	选择可用性反欺骗模块
SAIM	Satellite Autonomous Integrity Monitoring	卫星自主完好性监测
SBAS	Satellite - Based Augmentation System	星基增强系统
SIS	Signal in Space	空间信号
SISA	Signal in Space Accuracy	空间信号精度
SISRE	Signal in Space Range Error	空间信号测距误差
SISURE	Signal in Space User Range Error	空间信号用户测距误差
SPS	Standard Positioning Service	标准定位服务
SVM	Support Vector Machine	支持向量机

TGD	Time Ground Delay	时间群时延
URAE	User Range Acceleration Error	用户测距二阶变化率误差
URE	User Rang Error	用户测距误差
URRE	User Range Rate Error	用户测距变化率误差
USCG	United States Coast Guard	美国海岸警卫队
UTC	Universal Time Coordinated	协调世界时

参考文献

[1] 孙家栋，杨长风，李祖洪，等．北斗二号卫星工程系统工程管理［M］．北京：国防工业出版社，2017.

[2] GPS constellation status [N/OL]. https：//www. gps. gov/systems/gps/space. 2020 - 03 - 31.

[3] Karen Van Dyke，Karl Kovach，John Lavrakas，et al. GPS intergrity failure modes and effect analysis [J]. ION NTM，2003，Anaheim，CA.

[4] Sattellite constellation risk assessment [N/OL]. http：//aerospace. org. 2018 - 10 - 25.

[5] 李祖洪，杨维垣，杨东文．卫星工程管理［M］. 北京：中国宇航出版社，2007.

[6] 谢军，王海红，李鹏，等．卫星导航应用［M］. 北京：北京理工大学出版社，2018.

[7] Len Nosik. Making Getting to Space Safe by Upgrading the Satellite and Launch Vehicle Factory Testing with a Prognostic Analysis [J]. AIAA SPACE 2012，pesadena，California.

[8] Len Nosik. Predicting Space Command's Satellite Availability Using Proprietary Predictive Algorithms to Stop Premature and Surprise Equipment Failures [J]. AIAA SPACE 2011，Long beach，California.

[9] Len Nosik. Telemetry Prognostic for Upgrading Space Flight Equipment Design，Manufacture，Test，Integration，Launch and On - Orbit Spacecraft Operations [J]. AIAA SPACE 2008，San Diego，California.

[10] Len Nosik. Making Commercial Space Safe by Measuring Spacecraft Equipment Remaining Usable Life Before and After Launch [J]. AIAA SPACE 2012，Pasadena，California.

[11] 贾利民，李平．铁路智能运输系统——体系框架与标准体系［M］. 北京：中国铁道出版社，2004.

[12] 文云峰，崔建磊，张金江，等．面向调度运行的电网安全风险管理控制系统（一）概念及架构与功能设计［J］. 电力系统自动化，2013，9（37）：66 - 73.

[13] 陈竟成，等．电网运行风险预警管控工作规范［M］. 北京：中国电力出版社，2016.

[14] Ulrich Sendler. 工业 4.0［M］. 邓敏，李现民，译. 北京：机械工业出版社，2014.

[15] 李杰．工业大数据［M］. 邱伯华，等译．北京：机械工业出版社，2015.

[16] 维克多·迈克- 舍恩伯格，肯尼思·库克耶．大数据时代［M］. 盛杨燕，周涛，译. 杭州：浙江人民出版社，2013.

[17] Jiawei Han，等．数据挖掘：概念与技术［M］. 范明，等译．北京：机械工业出版社，2015.

[18] 谭磊，等．大数据挖掘［M］. 北京：电子工业出版社，2013.

[19] 周英，卓金武，卞月青．大数据挖掘系统方法与实例分析［M］. 北京：机械工业出版社，2016.

[20] 邓力，等．深度学习：方法及应用［M］. 谢磊，译．北京：机械工业出版社，2016.

[21] 张会根，张博，赵焕芳．基于大数据分析技术的智能运维体系探索［J］. 金融电子化，2015.

[22] S B Johnson. 系统健康管理及其在航空航天领域的应用［M］. 景博，等译．北京：国防工业出版社，2014.

[23] 闫纪红．可靠性与智能维护［M］. 哈尔滨：哈尔滨工业大学出版社，2012.

[24] 李向前. 复杂装备故障预测与健康管理关键技术研究 [D]. 北京：北京理工大学，2014.
[25] 姜连祥，李华旺，等. 航天器自主故障诊断技术研究进展 [J]. 宇航学报，2009，30 (4).
[26] 梁克，邓凯文，等. 载人航天器在轨自主健康管理系统体系结构及关键技术探讨 [J]. 载人航天，2014，20 (2).
[27] 彭宇，刘大同. 数据驱动故障预测和健康管理综述 [J]. 仪器仪表学报，2014，35 (3).
[28] 于功敬，熊毅，房红征. 健康管理技术综述及卫星应用设想 [J]. 电子测量与仪器学报，2014，28 (3).
[29] David L Hall，James Llinas. 多传感器数据融合手册 [M]. 杨露菁，耿伯英，译. 北京：电子工业出版社，2001.
[30] 尤明懿. 基于状态监测数据的产品寿命预测与预防维护规划方法研究 [D]. 上海：上海交通大学，2012.
[31] 周林，等. 装备故障预测与健康管理技术 [M]. 北京：国防工业出版社，2015.
[32] 祝志博. 融合聚类分析的故障检测和分类研究 [D]. 杭州：浙江大学，2012.
[33] 张力元. 基于贝叶斯网络的航天器健康管理系统 [D]. 哈尔滨：哈尔滨工业大学，2015.
[34] 李俭川. 贝叶斯网络故障诊断与维修决策方法及应用研究 [D]. 长沙：国防科技大学，2002.
[35] 孙亮. 基于定性模型的卫星姿轨控制系统故障诊断方法的研究 [D]. 哈尔滨：哈尔滨工业大学，2009.
[36] 郑恒，周海京. 概率风险评价 [M]. 北京：国防工业出版社，2011.
[37] 房红征，史慧，等. 基于粒子群优化神经网络的卫星故障预测方法 [J]. 计算机测量与控制，2013，21 (7).
[38] 姜维，庞秀丽. 提高卫星服务寿命的任务规划方法研究 [J]. 自动化学报，2014，40 (5).
[39] 曹国荣. 航天器在轨自主健康管理技术的研究和应用 [D]. 长沙：国防科技大学，2007.
[40] 厉海涛. 基于贝叶斯网络的动量轮可靠性建模与分析 [D]. 长沙：国防科技大学，2007.
[41] 《中国北斗卫星导航系统》白皮书 [M]. 中国卫星导航系统管理办公室，2016.
[42] 北斗卫星导航系统公开服务性能规范（1.0 版）[M]. 中国卫星导航系统管理办公室，2013.
[43] 北斗卫星导航系统空间信号接口控制文件（2.1 版）[M]. 中国卫星导航系统管理办公室，2014.
[44] Abbie M Stovall，Jonathan T Black，David R Jacques. Satellite Risk Analysis Literature Review [C]. AIAA SPACE 2011 Conference & Exposition，2011.
[45] Christopher Bowman，Gary Haith，Paul Zetocha. GPS Scintillation Outage Prediction [C]. AIAA Infotech @ Aerospace Conference，2015.
[46] Datong Liu，Hong Wang. Satellite Lithium - Ion Battery Remaining Cycle Life Prediction with Novel Indirect Health Indicator Extraction [J]. Energies，2013.
[47] Christopher Bowman. Condition - Based Health Management (CBHM) Architectures [C]. AIAA Infotech @ Aerospace Conference，2011.
[48] Christopher Bowman，Paul Zetocha. Abnormal Orbital Event Detection，Characterization，and Prediction [C]. AIAA Infotech @ Aerospace Conference，2015.
[49] Rubyca Jaai. A Comparison Between Data - Driven and Physics of Failure PHM Approaches for Solder Joint Fatigue [D]. University of Maryland，2010.
[50] Dawn An Nam Ho Kim，Joo Ho Choi. Options for Prognostics Methods：A review of data - driven and physics - based prognostics [C]. Structures，Structural Dynamics，and Materials and Co -

located Conferences, 2013.

[51] Nagi Gebraeel, Mark Lawley. Residual Life Predictions from Vibration - Based Degradation Signals: A Neural Network Approach [C]. IEEE TRANSACTIONS ON INDUSTRIAL ELECTRONICS, 2004.

[52] Christopher Bowman. Process Assessment and Process Management for Intelligent Data Fusion & Resource Management Systems [C]. AIAA SPACE 2012 Conference & Exposition, 2012.

[53] William F Kraus, Christopher Bowman. Assessing Abnormal Space Catalog Updates [C]. AIAA Infotech @ Aerospace Conference, 2011.

[54] Christopher Tschan, Christopher Bowman, Gary Haith, Tatum Poole. Process - Management - Driven Intelligent System for Mission Assurance of Satellite Operations [C]. AIAA SPACE 2012 Conference & Exposition, 2012.

[55] Katharine Brumbaugh Gamble, E Glenn Lightsey. Decision Analysis Applied to Small Satellite Risk Management [C]. The 53rd AIAA Aerospace Sciences Meeting, 2015.

[56] Christopher Bowman. Engineering Resource Management Solutions by Leveraging Dual Data Fusion Solutions [C]. AIAA Infotech @ Aerospace Conference, 2010.

[57] Gary Haith, Christopher Bowman. Data - Driven Performance Assessment and Process Management for Space Situational Awareness [J]. JOURNAL OF AEROSPACE INFORMATION SYSTEMS, 2014, 3 (11).

[58] David L Iverson. Data Mining Applications for Space Mission Operations System Health Monitoring [C]. SpaceOps Conference, 2008.

[59] Duane DeSieno, Christopher Bowman. Data Clustering for Training Set Selection [C]. Infotech @ Aerospace Conference, 2011.

[60] Sandra C Hayden, Adam J Sweet, Scott E Christa. Livingstone Model - Based Diagnosis of Earth Observing One [C]. AIAA 1st Intelligent Systems Technical Conference, 2004.

[61] Sandra C Hayden, Adam J Sweet, Seth Shulman. Lessons Learned in the Livingstone 2 on Earth Observing One Flight Experiment [C]. AIAA Infotech @ Aerospace Conference, 2005.

[62] Enrique A Sierra, Juan J Quiroga, Roberto Fernandez. An Intelligent Maintenance System for Earth - based Failure Analysis and Self - repairing of Microsatellites [C]. The 52nd International Astronautical Congress Conference, 2001.

[63] Saha B, Goebel K. Uncertainty Management for Diagnostics and Prognostics of Batteries using Bayesian Techniques [C] // Aerospace Conference, 2008 IEEE. IEEE, 2008.

[64] Saha B, Goebel K, Poll S, et al. A Bayesian Framework for Remaining Useful Life Estimation [C] // Aaai Fall Symposium: Ai for Prognostics, 2010.

[65] Kozlowski J D, Byington C S, Garga A K, et al. Model - based predictive diagnostics for electrochemical energy sources [J]. 2001.

后　记

北斗三号工程实施以来，围绕着如何突破一系列数据处理方法，建设一个数据融合平台，形成一整套管理机制，不断提升系统智能运维水平，实现北斗系统高稳定、高可靠、高安全运行目标，北斗总设计师系统带领工程全线奋力攻关，开展探索实践。北斗三号系统在建成并正式开通服务时，达到初步智能运维水平，智能运维工作取得了阶段性成果，验证了智能运维方向的正确性。

理论探索永无止境、工程实践永无止境、北斗智能运维道路永无止境。后续工作中，在技术理论方面，我们将以信息化、智能化技术的发展为牵引，不断丰富北斗系统智能运维的理论，持续探索先进的运维方法和技术；在工程实践方面，我们将立足于北斗系统运维实际情况，将理论方法与工程实践有机融合，不断提高北斗系统智能运维水平。

欢迎广大读者对北斗系统智能运维工作提出意见建议，通过中国卫星导航系统管理办公室官方网站、中国卫星导航年会等交流平台进行广泛交流讨论，共同推动北斗系统建设发展，更好地造福全人类。

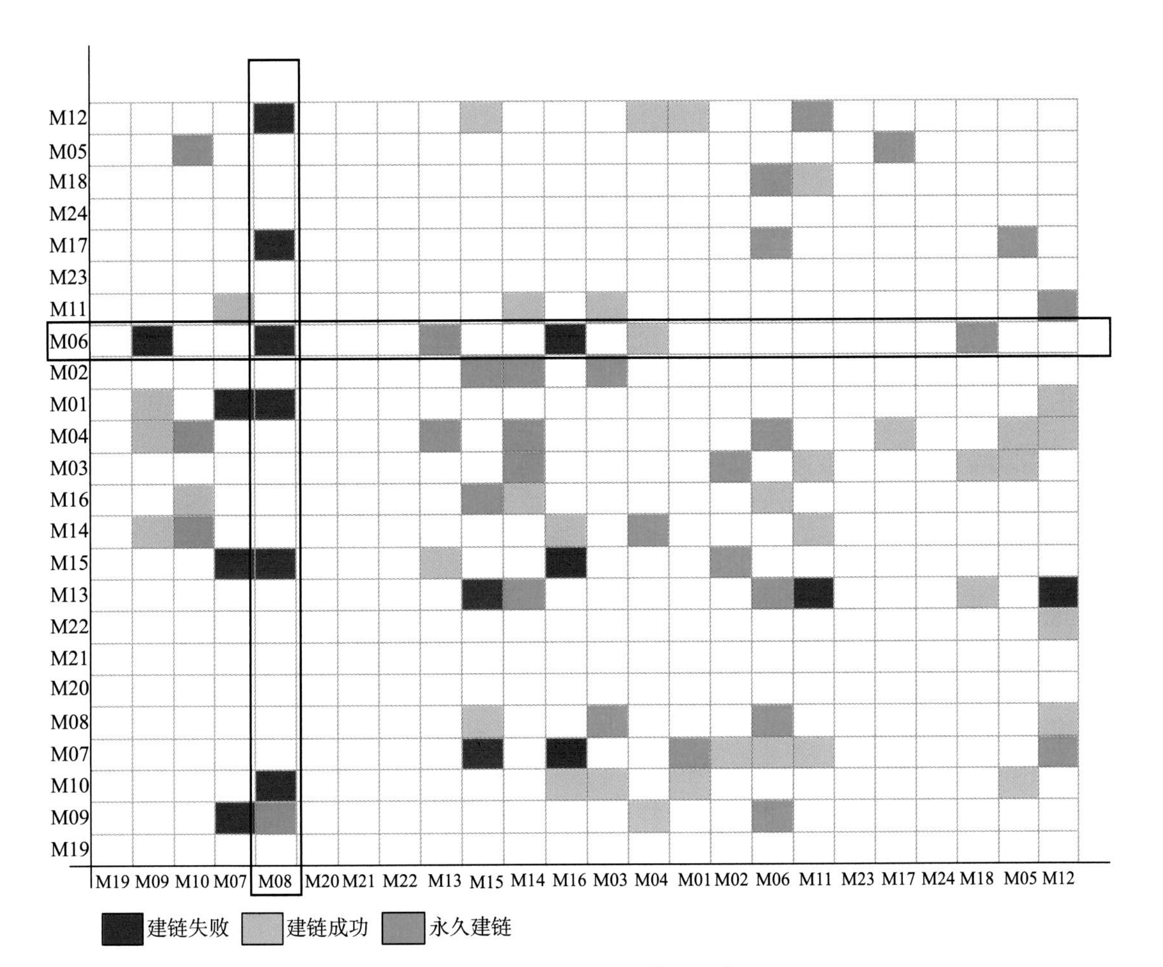

图 4－9　星间链路建链状态监测结果示意图（P105）

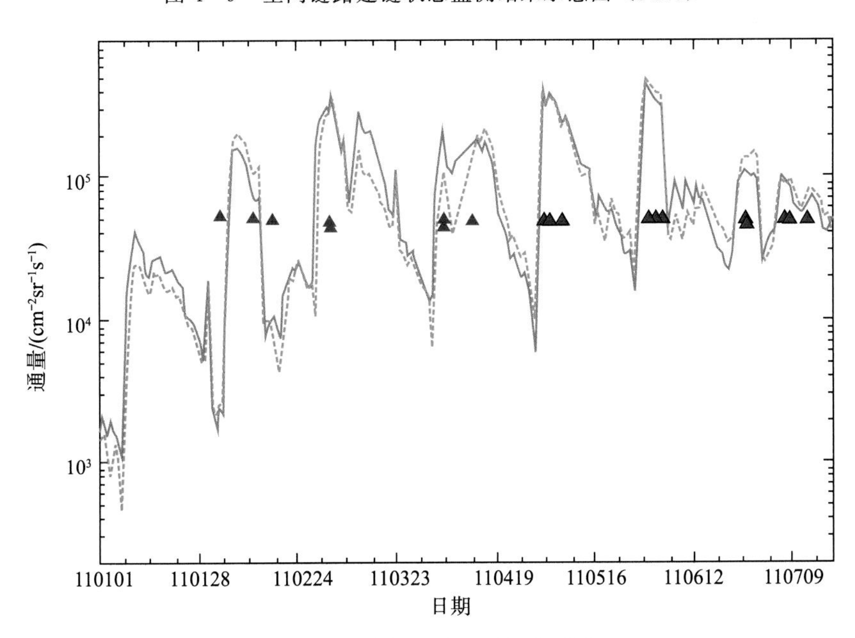

图 4－35　卫星故障与高能电子的关联性（P151）

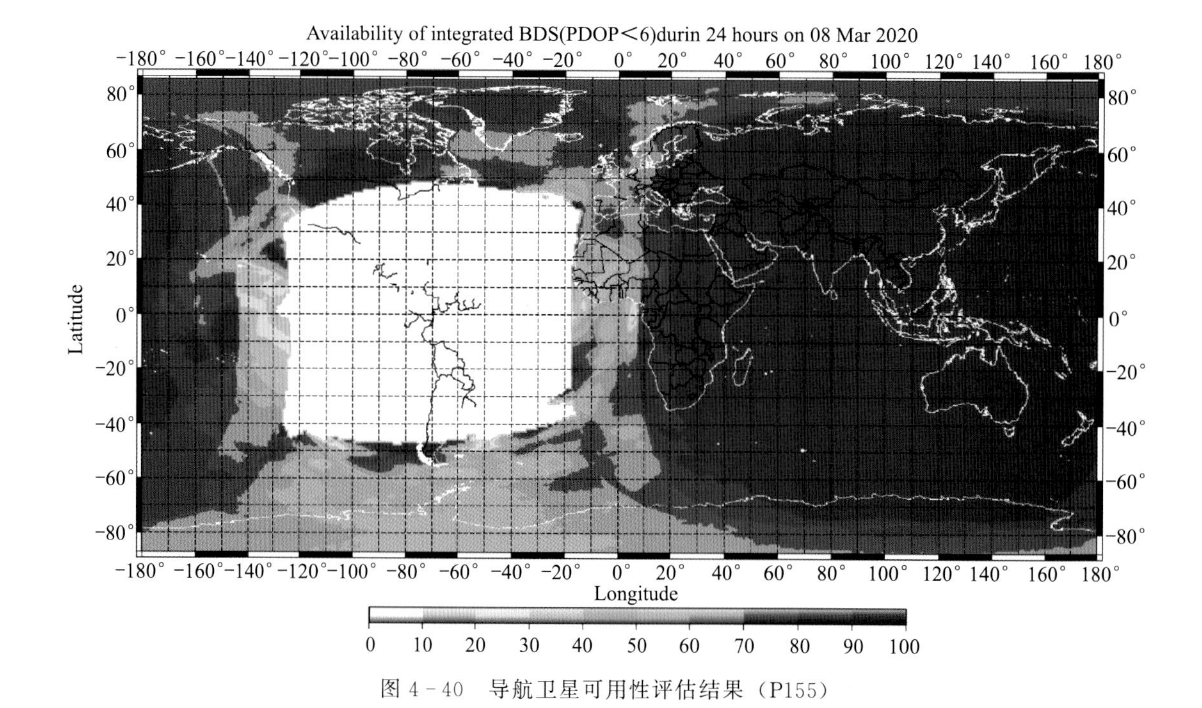

图 4-40　导航卫星可用性评估结果（P155）

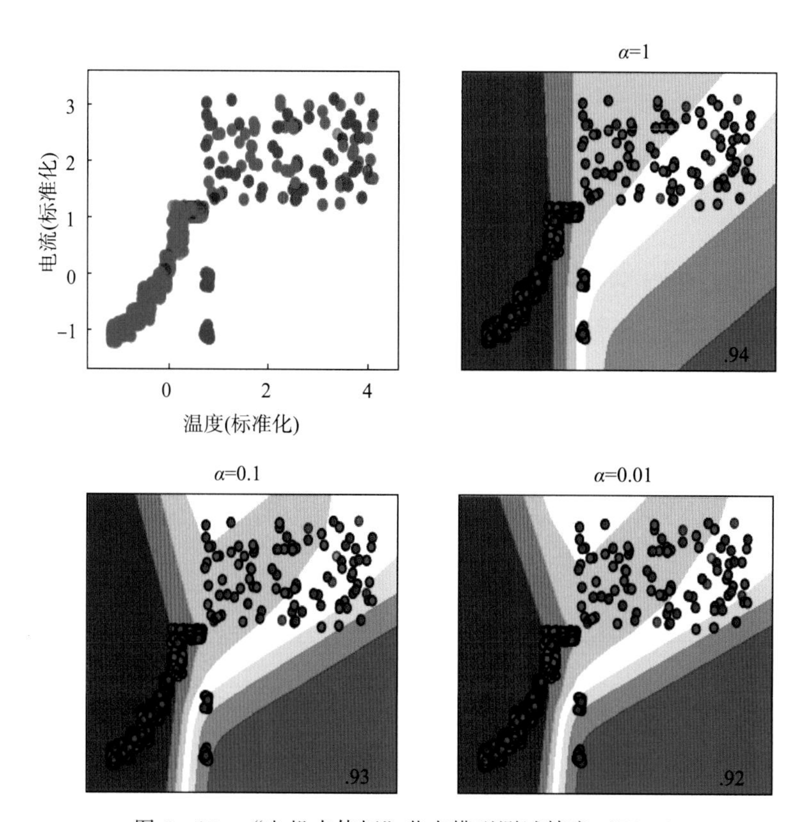

图 5-23　“电机本体坏”节点模型测试精度（P190）

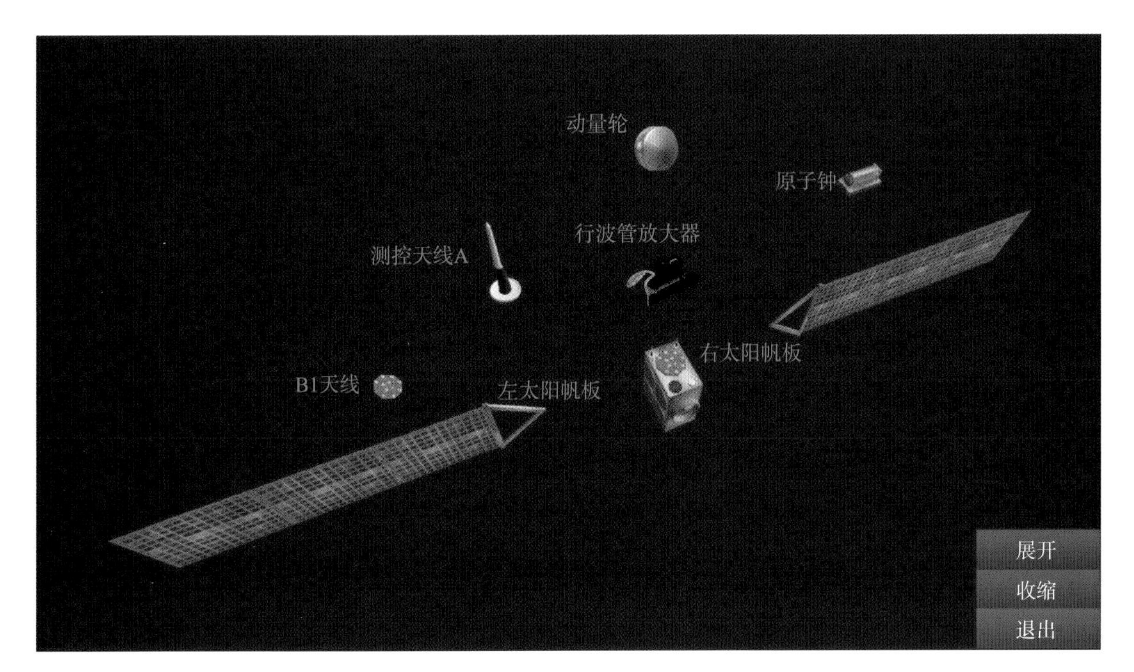

图 7－8　卫星单机爆炸图（P260）

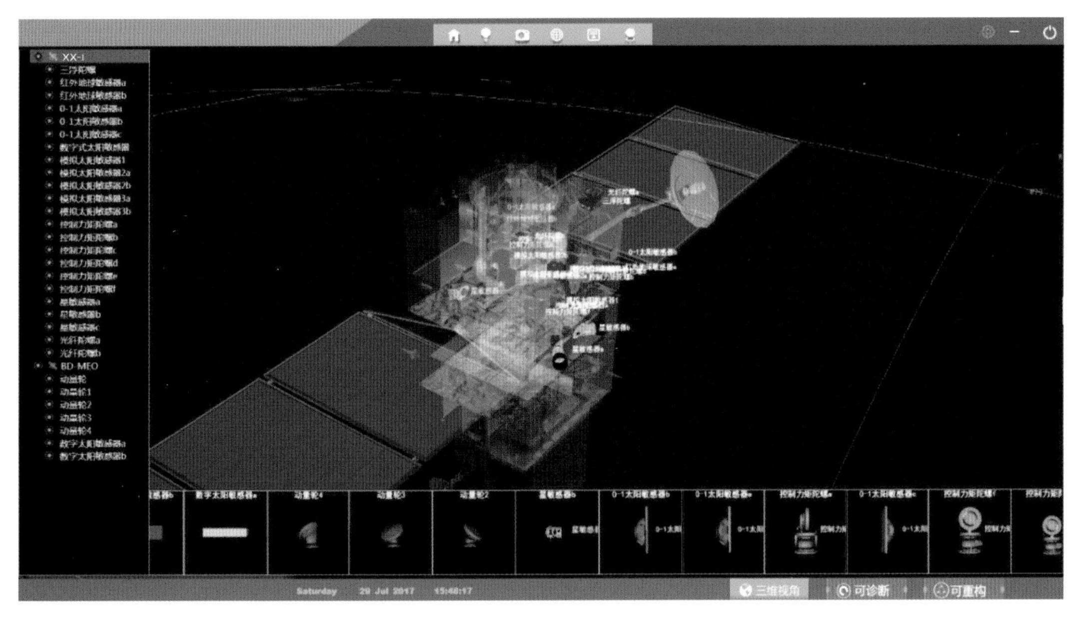

图 7－9　星敏感器可视化（P260）

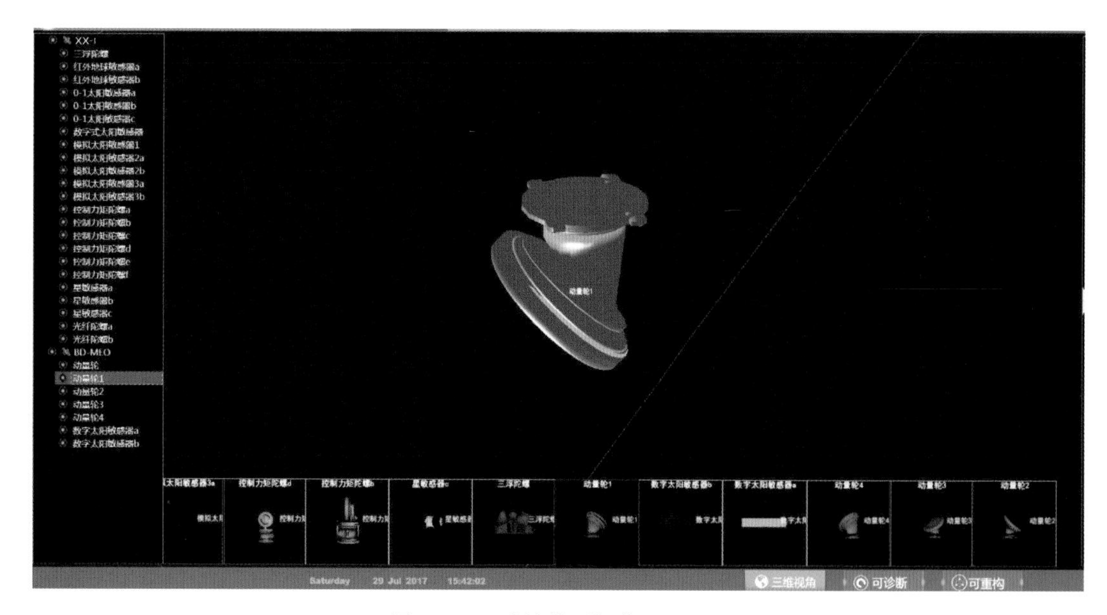

图 7-10　动量轮可视化（P261）

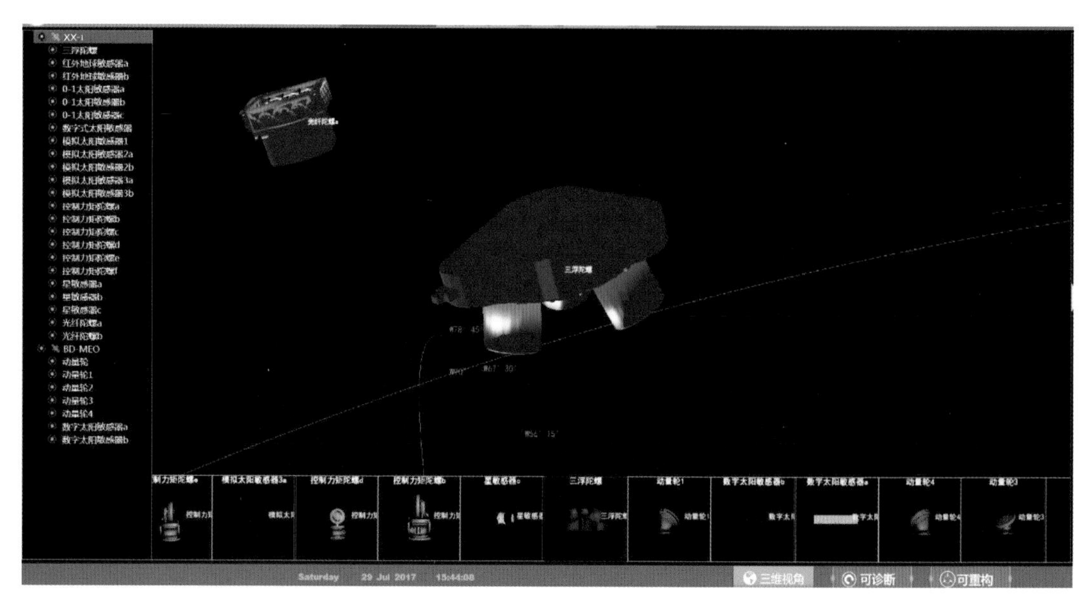

图 7-11　陀螺可视化（P261）